大数据技术丛书

Big Data Mining Based on Hadoop, Second Edition

Hadoop与大数据挖掘

第2版

王哲 张良均 李国辉 卢军 梁晓阳 ◎著

图书在版编目（CIP）数据

Hadoop 与大数据挖掘 / 王哲等著 . --2 版 . -- 北京：机械工业出版社，2022.7
（大数据技术丛书）
ISBN 978-7-111-70947-3

I. ① H…　II. ① 王…　III. ① 数据处理软件　IV. ① TP274

中国版本图书馆 CIP 数据核字（2022）第 094268 号

Hadoop 与大数据挖掘　第 2 版

出版发行：机械工业出版社（北京市西城区百万庄大街 22 号　邮政编码：100037）
责任编辑：陈　洁　　李　艺　　　　责任校对：殷　虹
印　　刷：三河市宏达印刷有限公司　　　　版　　次：2022 年 7 月第 2 版第 1 次印刷
开　　本：186mm×240mm　1/16　　　　印　　张：24.75
书　　号：ISBN 978-7-111-70947-3　　　　定　　价：99.00 元

客服电话：（010）88361066　88379833　68326294　　　　投稿热线：（010）88379604
华章网站：www.hzbook.com　　　　读者信箱：hzjsj@hzbook.com

Preface 前　言

为什么要写这本书

伴随着 Web 2.0、云计算、物联网等概念和技术的提出与快速发展，信息时代的“大数据”特征越来越明显。大数据相关的数据仓库、数据挖掘技术在商业、军事、经济、学术等众多领域也开始发挥越来越大的作用。与此同时，庞大的数据规模也给传统的数据挖掘工作带来了巨大的挑战。分布式计算平台具有强劲的数据处理能力，因此，数据挖掘与分布式计算平台相结合的方式正在成为行业的趋势，并不断地显现出强大的优势和潜力。以 Hadoop 为代表的分布式系统，正在逐渐成为大数据挖掘系统的必要组成部分。结合 Hadoop 分布式架构进行数据挖掘的方式具备更高的计算效率，且计算能力的扩展性也更好。

如何将大数据技术和数据挖掘技术相结合，解决企业实际遇到的大数据相关问题，并从数据中挖掘出有价值的信息，是企业面临的难题。因此，目前企业对大数据人才依旧有比较大的需求，并且对大数据人才的专业技能、实操能力提出了更高的要求。

在大数据领域中，Hadoop 技术的应用无疑很广泛。Hadoop 技术除了自身强大的功能之外，也可以与 Mahout、Spark MLlib 等技术结合使用，这样不仅可以帮助企业对海量数据进行基础分析，还能构建挖掘模型，从大数据中挖掘出有价值的信息。

本书提供了大数据相关技术的介绍、原理、实践、真实业务场景应用等内容，能够有效指导高校教师与学生理解和掌握大数据相关技术原理及技术实践，并为数据挖掘与分布式计算平台的结合使用打下良好的技术基础，同时也能够促进教学实践与行业技术及应用发展的动态融合。

本书特色

本书采用“基础篇 + 实战篇”的编写结构，深入浅出地介绍了大数据相关技术的原理、知识点及具体应用，适合教师教学使用和零基础自学者使用。

本书的基础篇从大数据的概念、特点、应用及大数据平台出发，较为全面地介绍了大数据相关的技术框架，包括 Hadoop、HBase、Hive、Spark、Flume、Kafka 等框架，内容讲解由浅入深。此外，基础篇的第 2 ～ 8 章在讲解了相关技术的知识点后，还通过相对独立的场景应用实例，帮助读者使用大数据技术对业务数据进行分析。通过对基础篇的学习，读者可以学习大数据相关技术的原理并掌握大数据技术的相关操作，为后续数据挖掘与分布式计算平台的结合使用打下良好的技术基础。

本书的实战篇介绍了多个综合实战案例，描述了企业在实际业务中遇到的真实场景问题，通过对整个案例流程进行详细分析，并综合运用大数据技术完成数据的采集、预处理、分析挖掘等操作，最终实现了案例的目标。实战篇的内容对读者有一定的实践指导作用，也能够帮助读者提高使用大数据相关技术进行数据挖掘的基本能力。学生或技术人员在通过实战篇进行实践的同时，也可以学习案例的分析方法，培养良好的案例分析能力及思考能力。

本书基础篇各章都配有课后习题，可以帮助读者巩固大数据技术的知识点，更加深刻地理解书中所介绍的大数据技术的基本内容。

为了帮助读者更好地使用本书，本书提供了配套原始数据文件、程序代码以及 PPT 课件，读者可以从泰迪云教材（https://book.tipdm.org/）免费下载。

本书适用对象

- ❑ 开设大数据、大数据挖掘相关课程的高校的师生。
- ❑ 大数据技术开发人员。
- ❑ 大数据架构师。
- ❑ 数据挖掘方面的技术人员或数据挖掘技术爱好者。

如何阅读本书

本书使用基于开源 Hadoop 生态圈的主流技术与真实案例相结合的方式，深入浅出地介绍了 Hadoop、Hive、HBase、Spark、Flume、Kafka 等大数据技术的原理、操作及具体应用。本书共 11 章，分两个部分：基础篇、实战篇。

基础篇（第 1 ～ 8 章）：从大数据的概念、特点、应用以及大数据平台入手，主要介绍与数据挖掘相关的 Hadoop 生态系统组件技术的基础知识与应用，包括大数据基础架构 Hadoop、数据仓库 Hive、分布式协调框架 ZooKeeper、分布式数据库 HBase、分布式计算框架 Spark、大数据采集框架 Flume、消息订阅系统 Kafka 等，并通过场景应用案例帮助读者掌握各大数据组件的基础操作。

实战篇（第 9 ～ 11 章）：包括 3 个案例，分别为图书热度实时分析系统、O2O 优惠券个性化投放、消费者人群信用智能评分。实战篇主要关注实战用例，通过 3 个综合实战案例提升读者对大数据技术的综合运用能力。各章从案例的背景与目标入手，分析案例需求，在明确案例的流程后通过大数据技术解决实际的业务问题，同时也让读者切身感受到大数据技术解决大数据企业应用的魅力。

第 2 版更新内容

结合近几年 Hadoop 大数据技术与数据挖掘的发展情况和广大读者的意见反馈，本书在保留第 1 版特色的基础上，进行了代码与内容的全方位升级。在代码方面，将教材所介绍的大数据组件的版本进行全面升级，充分考虑了大数据技术的发展情况。在内容方面，对基础篇和实战篇均进行了升级。

基础篇具体升级内容如下。

1）全面升级教材所有组件的版本，并同步更新组件知识点的讲解及基础操作。

2）删除了原第 5 章和第 7 章。

3）新增了第 4 章、第 7 章、第 8 章。

4）第 2 ～ 8 章中新增了场景应用实例，帮助读者巩固所学的知识点，快速掌握书中所介绍的大数据技术的基础操作。

5）各章增加了课后习题，可以帮助读者巩固所学的知识点，更加深刻地理解书中所介绍的大数据技术的基本内容。

实战篇增加了多个综合实战案例，旨在提升读者对大数据技术的综合运用能力。具体升级内容如下。

1）删除原第 8 章。

2）新增第 9 章、第 10 章和第 11 章。

勘误和支持

由于作者水平有限，书中难免存在一些疏漏和不足的地方。如果你有更多的宝贵意见，欢迎在泰迪学社微信公众号（TipDataMining）回复“图书反馈”进行反馈。本系列图书的更多信息可以在泰迪云教材（https://book.tipdm.org/）查阅。

张良均

2022年4月于广州

Contents 目　录

前言

第一部分　基础篇

第1章　浅谈大数据 ······ 2

1.1　大数据产生的背景 ······ 2

1.1.1　信息化浪潮 ······ 2

1.1.2　信息技术变革 ······ 3

1.1.3　数据生产方式变革 ······ 4

1.1.4　大数据的发展历程 ······ 5

1.1.5　大数据时代的挑战 ······ 6

1.1.6　大数据时代面临的机遇 ······ 7

1.2　大数据概述 ······ 7

1.2.1　大数据的概念 ······ 8

1.2.2　大数据的特征 ······ 8

1.2.3　大数据的影响 ······ 8

1.2.4　大数据与互联网、云计算的关系 ······ 11

1.3　大数据挖掘概述 ······ 11

1.3.1　数据挖掘的概念 ······ 11

1.3.2　大数据环境下的数据挖掘 ······ 12

1.3.3　数据挖掘的过程 ······ 12

1.3.4　数据挖掘常用工具 ······ 13

1.4　大数据平台 ······ 14

1.5　小结 ······ 15

第2章　大数据基础架构Hadoop——实现大数据分布式存储与计算 ······ 16

2.1　Hadoop 技术概述 ······ 16

2.1.1　Hadoop 的发展历史 ······ 16

2.1.2　Hadoop 的特点 ······ 17

2.1.3　Hadoop 存储框架——HDFS ······ 18

2.1.4　Hadoop 计算引擎——MapReduce ······ 20

2.1.5　Hadoop 资源管理器——YARN ······ 21

2.2　Hadoop 应用场景介绍 ······ 23

2.3　Hadoop 生态系统 ······ 23

2.4　Hadoop 安装配置 ······ 24

2.4.1　创建 Linux 虚拟机 ······ 25

2.4.2　设置固定 IP ······ 33

2.4.3　远程连接虚拟机 ······ 35

2.4.4 配置本地 yum 源及安装常用软件 …… 38
2.4.5 在 Linux 下安装 Java …… 42
2.4.6 修改配置文件 …… 43
2.4.7 克隆虚拟机 …… 48
2.4.8 配置 SSH 免密登录 …… 50
2.4.9 配置时间同步服务 …… 51
2.4.10 启动关闭集群 …… 53
2.5 Hadoop HDFS 文件操作命令 …… 54
2.5.1 创建目录 …… 54
2.5.2 上传和下载文件 …… 55
2.5.3 查看文件内容 …… 56
2.5.4 删除文件或目录 …… 56
2.6 Hadoop MapReduce 编程开发 …… 57
2.6.1 使用 IDEA 搭建 MapReduce 开发环境 …… 57
2.6.2 通过词频统计了解 MapReduce 执行流程 …… 67
2.6.3 通过源码认识 MapReduce 编程 …… 68
2.7 场景应用：电影网站用户影评分析 …… 74
2.7.1 了解数据字段并分析需求 …… 74
2.7.2 多维度分析用户影评 …… 76
2.8 小结 …… 91

第3章 数据仓库Hive——实现大数据查询与处理 …… 92

3.1 Hive 技术概述 …… 92
3.1.1 Hive 简介 …… 92
3.1.2 Hive 的特点 …… 93
3.1.3 Hive 的架构 …… 93
3.2 Hive 应用场景介绍 …… 94
3.3 Hive 安装配置 …… 95
3.3.1 配置 MySQL 数据库 …… 95
3.3.2 配置 Hive 数据仓库 …… 96
3.4 HiveQL 查询语句 …… 99
3.4.1 Hive 的基础数据类型 …… 99
3.4.2 创建与管理数据库 …… 100
3.4.3 创建与管理数据表 …… 101
3.4.4 Hive 表的数据装载 …… 108
3.4.5 掌握 select 查询 …… 111
3.4.6 了解运算符的使用 …… 112
3.4.7 掌握 Hive 内置函数 …… 115
3.5 Hive 自定义函数的使用 …… 120
3.5.1 了解 Hive 自定义函数 …… 120
3.5.2 自定义 UDF …… 121
3.5.3 自定义 UDAF …… 124
3.5.4 自定义 UDTF …… 127
3.6 场景应用：基站掉话率排名统计 …… 129
3.6.1 创建基站数据表并导入数据 …… 130
3.6.2 统计基站掉话率 …… 130
3.7 小结 …… 132

第4章 分布式协调框架ZooKeeper——实现应用程序分布式协调服务 …… 133

4.1 ZooKeeper 技术概述 …… 133
4.1.1 ZooKeeper 简介 …… 133

4.1.2 ZooKeeper 的特点…………135
4.2 ZooKeeper 应用场景介绍………135
4.3 ZooKeeper 分布式安装配置……136
4.4 ZooKeeper 客户端常用命令……138
4.4.1 创建 znode……………………138
4.4.2 获取 znode 数据……………138
4.4.3 监视 znode……………………139
4.4.4 删除 znode……………………140
4.4.5 设置 znode 权限……………140
4.5 ZooKeeper Java API 操作………142
4.5.1 创建 IDEA 工程并连接 ZooKeeper……………………142
4.5.2 获取、修改和删除 znode 数据…………………………143
4.6 场景应用：服务器上下线动态监控……………………………146
4.7 小结………………………………149

第5章 分布式数据库HBase——实现大数据存储与快速查询………151

5.1 HBase 技术概述…………………151
5.1.1 HBase 的发展历程…………151
5.1.2 HBase 的特点………………152
5.1.3 HBase 的核心功能模块……153
5.1.4 HBase 的数据模型…………155
5.1.5 设计表结构的原则…………155
5.2 HBase 应用场景介绍……………156
5.3 HBase 安装配置…………………157
5.4 HBase Shell 操作………………159
5.4.1 创建与删除表………………159
5.4.2 插入数据……………………161
5.4.3 查询数据……………………162
5.4.4 删除数据……………………163
5.4.5 扫描全表……………………163
5.4.6 按时间版本查询记录………164
5.5 HBase 高级应用…………………165
5.5.1 IDEA 开发环境搭建………165
5.5.2 HBase Java API 使用………169
5.5.3 HBase 与 MapReduce 交互…174
5.6 场景应用：用户通话记录数据存储设计及查询……………………180
5.6.1 设计通话记录数据结构……180
5.6.2 查询用户通话记录…………181
5.7 小结………………………………187

第6章 分布式计算框架Spark——实现大数据分析与挖掘……………189

6.1 Spark 技术概述…………………189
6.1.1 Spark 的发展历史…………189
6.1.2 Spark 的特点………………190
6.1.3 Spark 生态圈………………191
6.2 Spark 应用场景介绍……………192
6.3 Spark 集群安装配置……………192
6.4 Spark Core——底层基础框架…196
6.4.1 Spark 集群架构……………196
6.4.2 Spark 作业运行模式………197
6.4.3 弹性分布式数据集 RDD……199
6.4.4 RDD 算子基础操作…………200
6.4.5 场景应用：房屋销售数据分析…………………………201

6.5 Spark SQL——查询引擎框架 …… 205
6.5.1 Spark SQL 概述 …… 205
6.5.2 DataFrame 基础操作 …… 205
6.5.3 场景应用：广告流量作弊识别探索分析 …… 220
6.6 Spark MLlib——机器学习库 …… 225
6.6.1 Spark MLlib 概述 …… 225
6.6.2 MLlib 数据类型 …… 226
6.6.3 MLlib 常用算法包 …… 226
6.6.4 场景应用：超市客户聚类分析 …… 240
6.7 Spark Streaming——流计算框架 …… 247
6.7.1 Spark Streaming 概述 …… 247
6.7.2 Spark Streaming 运行原理 …… 248
6.7.3 DStream 编程模型 …… 248
6.7.4 DStream 基础操作 …… 249
6.7.5 场景应用：热门博文实时推荐 …… 258
6.8 小结 …… 264

第7章 大数据采集框架Flume——实现日志数据实时采集 …… 265

7.1 Flume 技术概述 …… 265
7.1.1 Flume 的发展历程 …… 265
7.1.2 Flume 的基本思想与特性 …… 266
7.1.3 Flume 的基本架构 …… 266
7.1.4 Flume 的核心概念 …… 267
7.1.5 Flume Agent 的核心组件 …… 267
7.2 Flume 应用场景介绍 …… 268
7.3 Flume 安装与配置 …… 268
7.3.1 Flume 的安装 …… 269
7.3.2 Flume 运行测试 …… 270
7.4 Flume 核心组件的常见类型及参数配置 …… 270
7.5 Flume 采集方案设计与实践 …… 272
7.5.1 将采集的数据缓存在内存中 …… 272
7.5.2 将采集的数据缓存在磁盘中 …… 275
7.5.3 采集监控目录的数据 …… 277
7.5.4 采集端口数据并存储至 HDFS 路径 …… 278
7.5.5 采集本地文件数据并存储至 HDFS 路径 …… 281
7.5.6 时间戳拦截器 …… 283
7.5.7 正则过滤拦截器 …… 286
7.5.8 Channel 选择器 …… 288
7.6 场景应用：广告日志数据采集系统 …… 291
7.6.1 广告系统日志数据采集 …… 292
7.6.2 广告曝光日志数据采集 …… 293
7.7 小结 …… 296

第8章 消息订阅系统Kafka——实现大数据实时传输 …… 298

8.1 Kafka 技术概述 …… 298
8.1.1 Kafka 的概念 …… 298
8.1.2 Kafka 的基本框架 …… 299
8.1.3 Kafka 的优势 …… 300

8.2 Kafka 应用场景介绍 …… 300
8.3 Kafka 集群的安装 …… 301
8.4 Kafka 的基础操作 …… 303
8.4.1 Kafka 操作的基本参数 …… 303
8.4.2 Kafka 单代理操作 …… 304
8.4.3 Kafka 多代理操作 …… 305
8.5 Kafka Java API 的使用 …… 307
8.5.1 Kafka Producer API …… 308
8.5.2 Kafka Consumer API …… 312
8.5.3 Kafka Producer 与 Consumer API 结合使用 …… 314
8.6 场景应用：广告日志数据实时传输 …… 317
8.6.1 创建脚本文件 …… 317
8.6.2 创建 Kafka 主题 …… 319
8.6.3 Flume 采集日志 …… 320
8.7 小结 …… 321

第二部分 实战篇

第9章 图书热度实时分析系统 …… 324
9.1 背景与目标 …… 324
9.2 创建 IDEA 项目并添加依赖 …… 325
9.3 图书数据采集 …… 326
9.3.1 准备数据并启动组件 …… 327
9.3.2 创建 topic 并启动 Consumer …… 327
9.3.3 替换与添加库依赖 …… 327
9.3.4 编写 Flume 配置文件 …… 328
9.3.5 编写脚本定时采集数据 …… 329
9.3.6 运行 Flume 配置文件 …… 330
9.3.7 编写 Spark Streaming 代码 …… 331
9.4 图书热度指标构建 …… 332
9.4.1 计算用户评分次数及平均评分 …… 332
9.4.2 计算图书被评分次数及平均评分 …… 333
9.5 图书热度实时计算 …… 335
9.6 图书热度实时分析过程的完整实现 …… 336
9.7 小结 …… 338

第10章 O2O优惠券个性化投放 …… 339
10.1 背景与目标 …… 339
10.1.1 案例背景 …… 339
10.1.2 数据说明及存储 …… 340
10.1.3 案例目标 …… 341
10.2 数据探索及预处理 …… 342
10.2.1 数据探索 …… 343
10.2.2 数据预处理 …… 350
10.3 多维度指标构建 …… 351
10.4 模型构建 …… 355
10.4.1 决策树分类模型 …… 355
10.4.2 梯度提升分类模型 …… 356
10.4.3 XGBoost 分类模型 …… 357
10.5 模型评价 …… 358
10.6 O2O 平台营销手段和策略分析 …… 360
10.6.1 用户分级 …… 360
10.6.2 优惠券分级 …… 360
10.6.3 商户分级 …… 360

10.7 小结 …… 361

第11章 消费者人群画像——信用智能评分 …… 362

11.1 背景与目标 …… 362

11.2 数据探索 …… 362

11.2.1 数据集说明 …… 363

11.2.2 字段分析 …… 364

11.3 数据预处理 …… 369

11.3.1 用户年龄处理 …… 369

11.3.2 用户话费敏感度处理 …… 369

11.3.3 应用使用次数偏差值剔除 …… 370

11.4 消费者信用特征关联 …… 371

11.4.1 Pearson 相关系数 …… 372

11.4.2 构建关联特征 …… 373

11.5 模型构建 …… 376

11.5.1 随机森林及梯度提升树算法简介 …… 376

11.5.2 模型构建与评估 …… 377

11.6 模型加载应用 …… 380

11.7 小结 …… 381

第一部分 *Part 1*

基 础 篇

第1章 浅谈大数据

第2章 大数据基础架构Hadoop——实现大数据分布式存储与计算

第3章 数据仓库Hive——实现大数据查询与处理

第4章 分布式协调框架ZooKeeper——实现应用程序分布式协调服务

第5章 分布式数据库HBase——实现大数据存储与快速查询

第6章 分布式计算框架Spark——实现大数据分析与挖掘

第7章 大数据采集框架Flume——实现日志数据实时采集

第8章 消息订阅系统Kafka——实现大数据实时传输

Chapter 1 第1章

浅谈大数据

新一轮的科技革命和产业变革正在加速推进，技术创新逐步变为重塑经济发展模式和促进经济增长的重要驱动力，而大数据则是核心驱动力之一。大数据技术已经进入我们生活的各个层面。我们在享受大数据带来的便利的同时，也在源源不断地产生大数据。

本章将主要介绍大数据产生的背景、大数据概述、大数据挖掘概述以及大数据平台。

1.1 大数据产生的背景

伴随着人类信息文明的跨越式发展，以及一波又一波的信息化建设浪潮，时至今日，大数据时代真的来临了。人类社会信息科技的发展为大数据时代的到来提供了技术支撑，而数据产生方式的变革是促进大数据时代到来的至关重要的因素。

1.1.1 信息化浪潮

根据IBM公司前首席执行官郭士纳的观点，IT领域每隔15年就会迎来一次重大变革（见表1-1)。1980年前后，个人微型计算机（Microcomputer）开始普及，尤其是随着制造技术的完善带来的计算机销售价格的大幅降低，计算机逐步进入企业和千家万户，大大提高了整个社会的生产力，同时丰富了家庭的生活方式，使人类迎来了第一次信息化浪潮。Intel、AMD、IBM、Apple、Microsoft、联想等信息企业成为第一次信息浪潮的“弄潮儿”。

表1-1　3次信息化浪潮

信息化浪潮	发生时间	标志	解决的问题	企业界代表
第一次	1980年前后	个人计算机	信息处理	Intel、AMD、IBM、Apple、Microsoft、联想等

（续）

信息化浪潮	发生时间	标志	解决的问题	企业界代表
第二次	1995 年前后	互联网	信息传输	Yahoo、谷歌、阿里巴巴、百度、腾讯等
第三次	2010 年前后	大数据	信息挖掘	Amazon、谷歌、IBM、VMware、Cloudera 等

15 年后的 1995 年，人类开始全面进入互联网时代，实现了世界五大洲数字资源的共享，并正式进入“地球村”时代，也从此宣布了第二次信息化浪潮的到来。这次信息化的“弄潮儿”是人们所熟知的 Yahoo、谷歌、阿里巴巴、百度、腾讯等 IT 行业的互联网巨头。

又过了 15 年，在 2010 年前后，云计算、大数据、物联网、人工智能逐步进入人们的视野，从此拉开了第三次信息化浪潮的大幕。目前不少互联网企业如谷歌、亚马逊等已经创建了自己的“互联网大脑”，这些“互联网大脑”往往都以物联网作为触角，以云计算作为支撑平台，以大数据作为决策基础，实现对海量数据的处理。

事物的发展不是一蹴而就的，大数据时代的来临一样经历了多方面的技术积累和更替，而人类信息文明的充分发展是大数据时代到来的主要推手。可以说，信息技术的发展和不断的快速革新造就了信息量的指数级增长，而信息量的不断堆积直接造就了大数据概念的出现。随着相关技术的不断成熟，人们终于迎来了大数据时代。

1.1.2 信息技术变革

大数据时代的到来得益于信息科技的跨越式持久发展，而信息技术主要解决的是信息采集、信息存储、信息处理和信息显示 4 个核心问题。这 4 个核心问题的不断成熟的相关技术真正支撑着整个大数据时代的全面到来。

1. 信息采集技术的不断完善和实时程度的不断提升

大数据时代的到来离不开信息的大量采集。数据采集技术随着人类信息文明的发展已经有了质的飞跃。数据的采集越来越实时化，如随处可见的实时音频直播和实时视频传播。可以说信息的采集环节已经基本实现实时化，而信息延迟主要在信息传输和信息处理阶段。

2. 信息存储技术的不断提升

早期存储设备的信息存储量十分有限，而且体积庞大、价格高昂。闪存技术的进步使小型快速存储芯片得到了长足发展，而闪存芯片的发展也带来了移动通信设备尤其是个人移动手机的快速发展，为信息存储和应用直接开辟了移动端市场，不断地改变着人们的生活和生产方式。

3. 信息处理速度和处理能力的急速提升

信息处理速度主要依靠计算机处理核心（CPU）的运算能力。CPU 单核心处理能力的演变长期遵循摩尔定律。如今提高 CPU 单核心主频带来的商业成本的成倍增加，直接促使技术模式由简单的提高单核心主频向多核心多线程发展。CPU 的实际运算核心数量的增加，同样实现了运算速度的高速提升。

4. 信息显示技术的完备和日臻成熟

信息显示技术尤其是可视化技术近些年有了突破性进展，特别是随着图形像素技术的不断提升，图形显示越来越细腻、逼真和生动。图形显示技术的发展突破了简单文字显示和图表显示的技术界限，使得信息显示由一维、二维显示拓展到了三维乃至更多维度显示，给整个信息技术带来了从量到质的跨越式发展，也更加深远地影响着整个大数据时代的发展。

1.1.3 数据生产方式变革

大数据时代的到来依托于信息技术的不断革新和发展，而信息技术的发展又为大数据时代的到来提供了技术支持。信息技术的发展促进了数据生产方式的变革，而反过来数据生产方式的革新也倒逼着信息技术的不断发展和完善，两者相辅相成，互相促进。总体而言，人类社会的数据生产方式大致经历了 3 个阶段：运行式系统阶段、用户原创内容阶段和感知式系统阶段。

1. 运营式系统阶段

人类最早大规模管理和使用数据是从数据库的诞生开始的。大型零售超市销售系统、银行交易系统、股票交易系统、医院医疗系统、企业客户管理系统等大量运营式系统都是建立在数据库基础之上的，数据库中保存了大量结构化的企业关键信息，用来满足企业的各种业务需求。在这个阶段，数据的生产方式是被动的，即只有当实际的企业业务发生时，新的数据才会产生并存入数据库。比如，对于股票交易市场而言，只有当发生一笔股票交易时，股票交易系统才会有相关数据生成。

2. 用户原创内容阶段

互联网的出现使得数据传播更加快捷，例如数据不需要借助磁盘、磁带等物理存储介质进行传播。网页的出现进一步加速了大量网络内容的产生，使得人类社会数据量开始呈现“井喷式”增长趋势。但是，真正的互联网数据爆发产生于以“用户原创内容”为特征的 Web 2.0 时代。Web 1.0 时代主要以门户网站为代表，强调内容的组织与提供，但大量用户本身并不参与内容的产生。而 Web 2.0 时代以微博、微信、抖音等应用所采用的自服务模式为主，强调自服务，大量用户本身就是内容的生成者。尤其是随着移动互联网和智能手机终端的普及，人们更是可以随时随地使用手机发微博、传照片等，使得数据量开始急剧增长。这些数据不断地被存储和加工，使得互联网世界里的“公开数据”不断被丰富，大大加速了大数据时代的到来。

3. 感知式系统阶段

物联网的发展带来人类社会数据量的第三次跃升。物联网中包含大量传感器，如温度传感器、湿度传感器、压力传感器、位移传感器、光电传感器等，每个传感器都是一个信息源，不同类别的传感器所捕获的数据是不同的，且传感器获得的数据具有实时性，按一定频率周期性地采集环境信息，不断更新数据。此外，视频监控摄像头也属于物联网中产生数据的主要设备。物联网中的这些设备，每时每刻都会自动产生大量数据，与 Web 2.0 时代的人工数据生产方式相比，物联网中的自动数据生产方式，将在短时间内生成更集中、更大量的数据，使人类社会迅速步入“大数据时代”。

1.1.4 大数据的发展历程

从发展历程来看，大数据的发展历程总体上可以划分为 3 个重要阶段：萌芽阶段、成熟阶段和兴盛阶段，如表 1-2 所示。

表 1-2 大数据发展的 3 个重要阶段

重要阶段	时间	内容
萌芽阶段	约为 20 世纪 90 年代至 21 世纪初	随着数据挖掘理论和数据库技术的逐步成熟，一批商业智能工具和知识管理技术开始被应用，如数据仓库、专家系统、知识管理系统等
成熟阶段	约为 21 世纪前 10 年	Web 2.0 应用迅猛发展，非结构化数据大量产生，传统处理方法难以应对，带动了大数据技术的快速突破，使大数据解决方案逐渐走向成熟，形成了并行计算与分布式系统两大核心技术，谷歌的 GFS 和 MapReduce 等大数据技术受到追捧，Hadoop 平台开始盛行
兴盛阶段	约为 2010 年以后	大数据应用渗透各行各业，数据驱动决策，信息社会智能化程度大幅提高

大数据的主要发展历程如下。

1980 年，著名未来学家阿尔文·托夫勒在《第三次浪潮》一书中将大数据热情地赞颂为“第三次浪潮的华彩乐章”。

1997 年 10 月，迈克尔·考克斯和大卫·埃尔斯沃思在第八届美国电气和电子工程师学会（IEEE）关于可视化的会议论文集中发表了《为外存模型可视化而应用控制程序请求页面调度》的文章，这是在美国计算机学会的数字图书馆中第一篇使用“大数据”这一术语的文章。

1999 年 10 月，美国电气和电子工程师学会关于数据可视化的年会设置了名为“自动化或者交互：什么更适合大数据?”的专题讨论小组，探讨大数据问题。

2001 年 2 月，梅塔集团分析师道格·莱尼发布题为《3D 数据管理：控制数据容量、处理速度及数据种类》的研究报告。10 年后，“3V”（Volume、Variety 和 Velocity）作为定义大数据的 3 个维度而被广泛接受。

2005 年 9 月，蒂姆·奥莱利发表了《什么是 Web 2.0》一文，并在文中指出“数据将是下一项技术核心”。

2008 年，《自然》杂志推出大数据专刊；计算社区联盟（Computing Community Consortium）发表了报告《大数据计算：在商业、科学和社会领域的革命性突破》，阐述了大数据技术及其面临的一些挑战。

2010 年 2 月，肯尼斯·库克尔在《经济学人》上发表了一篇关于管理信息的特别报告《数据，无所不在的数据》。

2011 年，维克托·迈尔·舍恩伯格出版著作《大数据时代：生活、工作与思维的大变革》，引起轰动。

2011 年 5 月，麦肯锡全球研究院发布《大数据：下一个具有创新力、竞争力与生产力的前沿领域》，提出“大数据”时代到来。

2012 年 3 月，美国政府发布了《大数据研究和发展倡议》，正式启动“大数据发展计划”，将大数据上升为美国国家发展战略，被视为美国政府继信息高速公路计划之后在信息科学领域的又一重大举措。

2014 年 5 月，美国政府发布 2014 年全球“大数据”白皮书——《大数据：抓住机遇、守护价值》，鼓励使用数据来推动社会进步。

2015 年 8 月，国务院印发《促进大数据发展行动纲要》，全面推进我国大数据发展和应用，加快建设数据强国。

2017 年 1 月，为加快实施国家大数据战略，推动大数据产业健康快速发展，工业和信息化部印发了《大数据产业发展规划（2016—2020 年）》。

2017 年 4 月，《大数据安全标准化白皮书（2017）》正式发布，从法规、政策、标准和应用等角度，勾画了我国大数据安全的整体轮廓。

2017 年 10 月，十九大报告提出“推动大数据与实体经济深度融合”。

1.1.5 大数据时代的挑战

大数据时代下的信息技术日渐成熟，但是在高科技发展的今天，将大数据与现代生活融合仍面临诸多挑战。

1. 业务部门无清晰的大数据需求

很多企业的业务部门不了解大数据，也不了解大数据的应用场景和价值，因此难以了解大数据的需求。由于业务部门需求不清晰，导致企业决策层因担心投入产出比在搭建大数据部门时犹豫不决，甚至由于暂时没有应用场景，删除了很多有价值的历史数据。

2. 企业内部数据“孤岛”严重

企业开展大数据建设面临的最大的挑战之一就是数据的碎片化。在大型企业中，不同类型的数据常常散落在不同部门，使得同一企业内部数据无法共享，无法发挥大数据的价值。

3. 数据可用性低，质量差

很多企业对大数据的预处理阶段很不重视，导致数据处理很不规范。大数据预处理阶段需要抽取数据，将数据转化为方便处理的数据类型，对数据进行清洗和去噪，以提取有效的数据等。

4. 数据相关管理技术和架构

传统数据库部署处理 TB 级别的数据时十分复杂；传统数据库不能很好地考虑数据的多样性，尤其是在处理结构化数据、半结构化数据和非结构化数据的兼容问题时；传统数据库对数据的处理时间要求并不高。大数据数据库则需要实时地处理海量数据，还需要保证数据稳定，使服务器能够在支持高并发的同时减少服务器负载。

5. 数据安全

互联网的迅猛发展和数字经济的快速推进，使得全球数据呈现爆发增长、海量聚集的特点，对经济发展、社会治理、人民生活都产生了重大影响。数据作为前沿技术开发、隐私安全保护的重要内容，让数据安全的重要性提到了前所未有的高度。此外，在日常生产和生活中，每个个体、每台机器都在源源不断地产生海量数据，这就意味着对数据存储的物理安全性要求会越来越高，对数据的多副本与容灾机制的要求也越来越高。

6. 大数据人才缺乏

大数据建设的每一个组件的搭建与维护都需要依靠专业人员完成，因此必须培养一支掌握大数据、懂管理、有大数据应用经验的大数据建设专业队伍。

1.1.6 大数据时代面临的机遇

基于大数据潜在的巨大影响，很多国家都将大数据视作战略资源。大数据的发展也已上升至我国的国家战略层面，国内大数据产业发展非常迅速，行业应用得到快速推广，市场规模增速明显。总体来看，大数据技术和应用呈现纵深发展趋势和以下几个技术趋势。

1. 数据分析成为大数据技术的核心

数据分析在数据处理过程中占据十分重要的位置。通过对大规模数据集合的智能处理，我们可以从数据中获取有用的信息，因此必须对数据进行分析和挖掘，而数据的采集、存储和管理都是数据分析的基础步骤。数据分析得到的结果将会被应用于大数据相关的各个领域。

2. 广泛采用实时性的数据处理方式

信息具有时效性，一般来说，越新颖、越及时的信息，其价值越高，过时的消息的价值则会迅速降低。大数据强调数据的实时性，因而对数据处理也要体现实时性，如在线实时推荐、股票交易信息、各类购票信息、实时路况信息等数据的处理时间都要求在分钟级甚至秒级。

3. 基于云的数据分析平台将更加完善

云计算技术的发展为大数据技术的发展提供了数据处理平台和技术支持。云计算技术为大数据提供了分布式的计算方法以及可以弹性扩展且相对便宜的存储空间和计算资源。这些都是大数据技术发展的重要因素。

1.2 大数据概述

大数据被认为是继人力、资本之后的一种新的非物质生产要素，蕴含巨大价值，是不可或缺的战略资源。各类基于大数据的应用正日益对全球生产、流通、分配、消费活动以及社会生活方式产生重要影响。

1.2.1 大数据的概念

对于“大数据”，研究机构 Gartner 给出了这样的定义：大数据是需要新处理模式才能具有更强的决策力、洞察发现力和流程优化能力来适应海量、高增长率和多样化的信息资产。

麦肯锡全球研究所给出的定义是：大数据是一种在获取、存储、管理、分析方面的规模大大超出传统数据库软件工具能力范围的数据集合，具有海量的数据规模、快速的数据流转、多样的数据类型和低价值密度四大特征。

1.2.2 大数据的特征

大数据数据层次的特征是最先被整个大数据行业所认识、定义的，其中最为经典的是大数据的 4V 特征，即规模庞大（Volume）、类型繁多（Variety）、处理速度快（Velocity）、价值密度低（Value）。

1. 规模庞大

一方面，由于互联网的广泛应用，使用网络的用户、企业、机构增多，数据获取、分享变得相对容易，用户可通过网络非常方便地获取数据，也可通过有意地分享和无意地单击、浏览快速地产生大量的数据；另一方面，各种传感器数据获取能力的大幅度提高，使得人们获取的数据越来越接近原始事物本身，描述同一事物的数据激增。数据规模如此庞大，必然对数据的获取、传输、存储、处理、分析等带来挑战。

2. 种类繁多

数据种类繁多、复杂多变是大数据的重要特征。随着传感器种类的增多及智能设备、社交网络等的流行，数据种类也变得更加复杂，包括结构化数据、半结构化数据和非结构化数据等类型。

3. 处理速度快

在 Web 2.0 时代下，人们从信息的被动接收者变成信息的主动创造者，数据从生成到消耗的时间窗口非常小，可用于生成决策的时间非常短。大数据对处理数据的响应速度有更严格的要求，例如实时分析而非批量分析，数据输入、处理与丢弃立刻见效，几乎无延迟。数据的增长速度和处理速度是大数据高速性的重要体现。

4. 价值密度低

虽然大数据中有价值的数据所占比例很小，但是大数据背后潜藏的价值却巨大。大数据的实际价值体现在从大量不相关的各种类型的数据中挖掘出对未来趋势与模式预测分析有价值的数据，并通过机器学习方法、数据挖掘方法进行深度分析，以期创造更大的价值。

1.2.3 大数据的影响

大数据对科学研究、思维方式和社会发展都具有重要而深远的影响，具体分析如下。

1. 大数据对科学研究的影响

大数据最根本的价值在于为人类提供了认识复杂系统的新思维和新手段。图灵奖获得者、著名数据库专家吉姆·格雷（Jim Gray）博士观察并总结出，人类自古以来在科学研究上先后经历了实验科学、理论科学、计算科学和数据密集型科学四种范式。

第一种范式：实验科学。在最初的科学研究阶段，人类采用实验来解决科学问题，著名的比萨斜塔实验就是一个典型实例。1590年，伽利略在比萨斜塔上做了“两个铁球同时落地”的实验，得出了重量不同的两个铁球同时下落的结论，从此推翻了亚里士多德“物体下落速度和重量成比例”的学说，纠正了这个持续1900年之久的错误结论。

第二种范式：理论科学。实验科学的研究会受到当时实验条件的限制，难以更精确地理解自然现象。随着科学的进步，人类开始采用数学、几何、物理等理论，构建问题模型，寻找解决方案。比如牛顿第一定律、牛顿第二定律、牛顿第三定律构成了牛顿经典力学体系，奠定了经典力学的概念基础，它的广泛传播和运用对人们的生活及思想产生了重大影响，也在很大程度上推动了人类社会的发展。

第三种范式：计算科学。1946年，随着人类历史上第一台通用计算机ENIAC的诞生，人类社会步入计算机时代，科学研究也进入一个以“计算”为中心的全新时期。在实际应用中，计算科学主要用于对各个科学问题进行计算机模拟和其他形式的计算。人类可以借助计算机的高速运算能力去解决各种问题。计算机具有存储容量大、运算速度快、精度高、可重复执行等特点，这推动了人类社会的飞速发展。

第四种范式：数据密集型科学。随着数据的不断累积，其宝贵价值日益得到体现，物联网和云计算的出现，更促成了事物发展从量到质的转变，使人类社会进入全新的大数据时代。在大数据环境下，一切决策都以数据为中心，从数据中发现问题、解决问题，真正体现数据的价值。大数据成为科学工作者的宝藏。从大数据中，我们可以挖掘未知模式和有价值的信息，服务于生产和生活，推动科技创新和社会进步。

2. 大数据对思维方式的影响

在统计方法中，由于数据不容易获取，所以数据分析的主要方式是随机采样分析，目前这种方式已成功应用到人口普查、商品质量监管等领域。但是随机采样的成功依赖于采样的绝对随机性，而实现绝对随机性非常困难，只要采样过程中出现任何偏见，都会使分析结果产生偏差。而大数据不仅体现在数据量大，更体现在“全”。当有条件和方法获取到海量信息时，随机采样的方法和意义就大大降低了。存储资源、计算资源价格的大幅降低以及云计算技术的飞速发展，不仅使得大公司的存储能力和计算能力大大提升，也使得中小企业有了一定的大数据处理与分析的能力。

对于小数据而言，由于收集的信息较少，对数据的基本要求是数据尽量精确、无错误。特别是在进行随机抽样时，少量错误将可能导致错误的无限放大，从而影响数据的准确性。对于大数据而言，保持数据的精确性几乎是不可能的。首先，大数据通常源于不同领域产生的多个数据，容易出现多源数据之间的不一致。同时，由于数据是通过传感器、网络爬虫等形式获取的，很容易出现数据丢失等情况，使得数据不完整。因此，大数据无法实现精确性。

通常人们通过对数据进行分析从而预测某事是否会发生，其中基于因果关系分析和关联关系分析进行预测是常用的方法。因果关系分析通常基于逻辑推理，需要考虑的因素非常多；关联关系分析则可能面临数据量不足的问题。在大数据时代，对于已经获取到的大量数据，目前广泛采用的处理方法是使用关联关系进行预测。因为经验表明，在大数据时代，因果关系的严格性使得数据量的增加并不一定有利于得到因果关系，反而更容易得到关联关系。当然，重视关联关系并不代表否定探寻因果关系的重要性，二者同样具有应用价值。

3. 大数据对社会发展的影响

大数据将对社会发展产生深远的影响，具体表现在以下几个方面：大数据决策成为一种新的决策方式；大数据成为提升国家治理能力的新方法；大数据应用促进信息技术与各行业的深度融合；大数据开发推动新技术和新应用不断涌现。

大数据决策成为一种新的决策方式。根据数据制定决策，并非大数据时代所特有。从20世纪90年代开始，大量数据仓库和智能工具就开始用于企业决策。但是，数据仓库以关系数据库为基础，无论是在数据类型方面还是在数据量方面都存在较大的限制。现在，大数据决策可以面向类型繁多的、非结构化的海量数据进行决策分析，已经成为全新的决策方式。比如，可以把大数据技术融入“舆情分析”，通过对论坛、博客、社区等多种来源的数据进行综合分析，弄清或测验信息中本质性的事实和趋势，揭示信息中包含的隐性情报内容，对事物发展做出情报预测，协助政府决策，有效应对各种突发事件。

大数据成为提升国家治理能力的新方法。大数据是提升国家治理能力的新方法，可以透过大数据揭示政治、经济、社会事务中传统技术难以展现的关联关系，并对事物的发展趋势进行准确预判，从而在复杂情况下做出合理优化的决策；大数据是促进经济转型增长的新引擎，大数据与实体经济深度融合，将大幅度推动传统产业提质增效，促进经济转型、催生新业态；大数据是提升社会公共服务能力的新手段，通过打通各政府、公共服务部门的数据，促进数据流转共享，将有效促进行政审批事务的简化，提高公共服务的效率。

大数据应用促进信息技术与各行业的深度融合。针对互联网、银行、保险、交通、材料、能源、服务等行业，不断累积的大数据将加速推进这些行业与信息技术深度融合，开拓行业发展的新方向。比如，大数据可以帮助快递公司选择运输成本最低的运输路线，协助投资者选择收益最大的股票投资组合，辅助零售商有效定位目标客户群体，帮助互联网公司实现广告精准投放等。总之，大数据所触及的每个角落，都会使我们的社会生产和生活发生巨大而深刻的变化。

大数据开发推动新技术和新应用不断涌现。大数据的应用需求，是新的大数据技术开发的源泉。在各种应用需求的强烈驱动下，各种突破性的大数据技术将被不断提出并得到广泛应用，数据的能量也将不断得到释放，关于大数据的应用将越来越广泛。

1.2.4 大数据与互联网、云计算的关系

大数据与互联网、云计算是相互促进、相互影响的关系，具体分析如下。

1. 大数据与互联网

随着互联网技术的不断普及，数据量化的节奏不断加快，互联网所催生的巨量数据使得世间万物不断走向数据化，由“万事皆数”向“万物皆数”过渡。互联网每天所产生的数据，对大数据时代的来临起着关键性作用。

互联网的迅猛发展和快速普及使得大量的数据信息在采集、存储、传输、处理、管理等方面越来越便捷。同时，互联网的发展也使得其所产生的数据类型变得复杂多样。2021年全球每天收发约3 200亿封电子邮件，而预计到2022年年底，全球每天将收发约3 300亿封电子邮件。

2. 大数据与云计算

大数据、云计算代表了IT领域最新的技术发展趋势，二者既有区别又有联系。大数据侧重于海量数据的存储、处理与分析，从海量数据中发现价值，服务于生产和生活；云计算旨在整合和优化各种IT资源，并通过网络以服务的方式廉价地提供给用户。大数据、云计算是相辅相成的。大数据根植于云计算，因此与大数据相关的技术都来自云计算，例如基于云计算的分布式数据存储和管理系统（包括分布式文件系统和分布式数据库系统）提供了海量数据的存储和管理能力，基于云计算的分布式并行处理框架MapReduce则提供了对海量数据的分析能力。如果没有这些云计算技术作为支撑，大数据分析就无从谈起。反之，大数据也为云计算提供了“用武之地”，没有大数据这个“练兵场”，云计算技术再先进，也不能发挥它的应用价值。未来，二者会继续相互促进、相互影响，更好地服务于社会生产和生活的各个领域。

1.3 大数据挖掘概述

社会信息化水平的不断提高和数据库应用的日益普及，使人类积累的数据量正在以指数级增长。自20世纪80年代数据挖掘技术逐步发展以来，人们迫切希望能对海量数据进行更加深入的分析，发现并提取隐藏在其中的有价值信息，以便更好地利用这些数据。

1.3.1 数据挖掘的概念

数据挖掘（Data Mining，DM），是从大量的、有噪声的、不完全的、模糊的和随机的数据中提取出隐藏在其中的、人们事先不知道的、具有潜在利用价值的信息和知识的过程。

数据挖掘是一门交叉学科，涉及数据库技术、人工智能、数理统计、机器学习、模式识别、高性能计算、知识工程、神经网络、信息检索、信息可视化等众多领域，其中数据库技术、机器学习、统计学对数据挖掘的影响最大。对数据挖掘而言，数据库为其提供数据管理技术，机器学习和统计学为其提供数据分析技术。数据挖掘所采用的算法，一部分

是机器学习的理论和方法，如神经网络、决策树等：另一部分是基于统计学习理论，如支持向量机、分类回归树和关联分析等。

1.3.2 大数据环境下的数据挖掘

大数据挖掘是从体量巨大、类型多样、动态快速流转及价值密度低的大数据中挖掘有巨大潜在价值的信息和知识，并以服务的形式提供给用户。与传统数据挖掘相比，大数据挖掘同样是以挖掘有价值的信息和知识为目的，然而就技术发展背景、所面临的数据环境及挖掘的广度与深度而言，二者存在很大差异。

1. 技术背景的差异

传统数据挖掘在数据库、数据仓库及互联网发展等背景下，实现了从独立、横向到纵向数据挖掘的发展。在大数据背景下，大数据挖掘则得益于云计算、物联网、移动智能终端等技术的产生与发展，借助先进技术与系统的整合和改进，实现海量数据的挖掘。

2. 数据来源的差异

传统数据挖掘的数据来源主要是某个特定范围的管理信息系统的被动数据加少数的Web信息系统中由用户产生的主动数据，数据类型以结构化数据为主，外加少量的半结构化或非结构化数据。相比传统数据挖掘，大数据挖掘的数据来源更广、体量巨大、类型更加复杂；采集方式不再局限于被动，采集范围更为全面，吞吐量高，处理实时且快速，但由于对数据的精确度要求不高致使数据的冗余度和不确性较高。

3. 挖掘技术广度与深度的差异

大数据挖掘与传统数据挖掘处理分析数据的广度、深度也存在差异。在复杂类型、结构及模式的数据交错融合时，大数据挖掘能利用云平台集成多种计算模式与挖掘算法对庞杂的数据进行实时处理与多维分析，其处理数据的范围更广，挖掘分析更加全面深入。

总体而言，大数据挖掘是在大数据环境下，以大数据为来源，依托云计算及大数据相关技术，利用挖掘工具发现潜在的有价值信息和知识，并将结果以云服务的方式提供给用户。

1.3.3 数据挖掘的过程

1999年，欧盟创建了跨行业的数据挖掘标准流程（Cross Industry Standard Process for Data Mining，CRISP-DM），提供了一个数据挖掘生命周期的全面评述，包括业务理解、数据理解、数据准备、数据建模、模型评估与部署6个阶段。

第1阶段：业务理解，主要任务是深刻理解业务需求，在需求的基础上制定数据挖掘的目标和实现目标的计划。

第2阶段：数据理解，主要是收集数据、熟悉数据、识别数据的质量问题，并探索引起兴趣的子集。

第3阶段：数据准备，从收集来的数据集中选择必要的属性（因素），并按关联关系将它们连接成一个数据集，然后进行数据清洗，即空值和异常值处理、离群值剔除和数据标准化等。

第 4 阶段：数据建模，选择应用不同的数据挖掘技术，并确定模型的最佳参数。如果初步分析发现模型的效果不太满意，要跳回数据准备阶段，甚至数据理解阶段。

第 5 阶段：模型评估，对建立的模型进行可靠性评估和合理性解释，未经过评估的模型不能直接应用。彻底地评估模型，检查构造模型的步骤，确保模型可以完成业务目标。如果评估结果没有达到预想的业务目标，要跳回数据理解阶段。

第 6 阶段：部署，根据评估后认为合理的模型，制定将其应用于实际工作的策略，形成应用部署报告。

1.3.4　数据挖掘常用工具

数据挖掘是一个反复探索的过程，只有将数据挖掘工具提供的技术和实施经验与企业的业务逻辑和需求紧密结合，并在实施过程中不断地磨合，才能取得好的效果。由于数据挖掘技术在各领域产生的巨大商业价值，一些著名的大学和国际知名公司纷纷投入数据挖掘工具的研发中，开发出很多优秀的数据挖掘工具。数据挖掘工具可分为商用工具和开源工具两类。下面简单介绍几种常用的数据挖掘建模工具。

1. SAS Enterprise Miner

SAS Enterprise Miner 是一种通用的数据挖掘工具，是按照 SAS 定义的数据挖掘 SEMMA 方法，即抽样（Sample）、探索（Explore）、修改（Modify）、建模（Model）、评价（Assess）的方式进行数据挖掘。它把统计分析系统和图形用户界面（GUI）集成起来，为用户提供了用于建模的图形化流程处理环境，可利用具有明确代表意义的图形化模块将数据挖掘的工具单元组成一个处理流程图，并以此来组织数据挖掘过程。它支持并提供一组常用的数据挖掘算法，包括决策树、神经网络、回归、关联、聚类等，还支持文本挖掘。

2. SPSS Clementine

Clementine 是 SPSS 公司开发的数据挖掘工具，支持整个数据挖掘过程，即从数据获取、转化、建模、评估到部署的全部过程，还支持数据挖掘的行业标准 CISP-DM。Clementine 结合了多种图形使用接口的分析技术，不仅具有分析功能，还能提供可使用的、简单的、可视化程序环境。Clementine 的资料读取能力强大，支持多种数据源的读取，而且为用户提供了大量的人工智能、统计分析的模型（如神经网络、聚类分析、关联分析、因子分析等）。

3. Mahout

Mahout 是 Apache Software Foundation（ASF）旗下的一个开源项目，在机器学习领域提供了一些可扩展的经典算法的实现和数据挖掘的程序库。它可以实现很多功能，包括聚类、分类、推荐过滤、频繁子项挖掘等。Mahout 的算法既可以在单机上运行，也可以在

Hadoop 平台上运行。

4. Spark MLlib

Spark 是一个开源集群运算框架，最初是由加州大学伯克利分校 AMPLab 开发的。MLlib（Machine Learning lib）是 Spark 的一个可扩展的机器学习库，由通用的学习算法和工具组成，包括分类、线性回归、聚类、协同过滤，梯度下降以及底层优化原语。MLlib 是专为集群上的并行运行而设计的，只包含能够在集群上运行良好的并行算法，因此 MLlib 中的每个算法都适用于大规模数据集。

5. TipDM 开源数据挖掘建模平台

除了商业数据挖掘软件外，市场上也出现了一批优秀的开源数据挖掘软件，它们在数据挖掘方面同样具有自己的特点和优势。TipDM 开源数据挖掘建模平台是一个基于 Python 引擎搭建、用于数据挖掘建模的开源平台，它采用 B/S 结构，不需要用户下载客户端，可通过浏览器直接进行访问。平台支持数据挖掘流程所需的主要过程：数据探索（相关性分析、主成分分析、周期性分析等）；数据预处理（特征构造、记录选择、缺失值处理等）；模型构建（聚类模型、分类模型、回归模型等）；模型评价（R-Squared、混淆矩阵、ROC 曲线等）。用户可在没有 Python 编程基础的情况下，通过拖曳的方式进行操作，将数据输入输出、数据预处理、模型构建、模型评估等环节通过流程化的方式进行连接，以达到数据分析挖掘的目的。

1.4 大数据平台

大数据平台包括硬件平台和软件平台。硬件平台是指数据的产生、采集、存储、计算处理、应用等一系列与大数据产业环节相关的硬件设备，包括传感器、移动终端、传输设备、存储设备、服务器、网络设备和安全设备等。软件平台主要是把多个节点资源（可以是虚拟节点资源）进行整合，作为一个集群对外提供存储和运算分析服务，软件平台也可以狭义理解为 Hadoop 生态圈。Hadoop 生态圈主要包括 HDFS、YARN、MapReduce、Hive、HBase、ZooKeeper、Sqoop、Flume、Mahout、Pig 等组件。

Hadoop 平台按发行方式又大致可以分为三种：Apache Hadoop（原生开源 Hadoop）、Hadoop Distribution（Hadoop 发行版）、Big Data Suite（大数据开发套件）。

1. Apache Hadoop

Hadoop 是由 Apache 软件基金会设计的一套框架，用于在大型集群上运行应用程序。它实现了 Map/Reduce 编程范型，其计算任务会被分割成小块（多次）运行在不同的节点上。Apache Hadoop 完全开源免费，社区活跃，并且文档、资料翔实，适合初学者使用。但是 Apache Hadoop 版本管理比较混乱，各种版本层出不穷，组件之间容易发生冲突；集群部署、安装、配置复杂。

2. Hadoop Distribution

Hadoop Distribution 在兼容性、安全性、稳定性上比 Apache Hadoop 有所增强。Hadoop Distribution 通常都会经过大量的测试验证，有众多部署实例，并广泛运行到各种生产环境中；提供了部署、安装、配置工具，大大提高了集群部署的效率；运维简单，提供了管理、监控、诊断、配置修改的工具，管理配置方便，定位问题快速、准确，使运维工作简单、有效。Cloudera、Hortonworks、MapR、华为等公司都开发了自己的商业版本，以便提供更为专业的技术支持，并且不同发行版有自己不同的特点。

3. Big Data Suite

Big Data Suite 提供了海量数据的离线加工分析、数据挖掘的能力。通过 Big Data Suite，我们可以对数据进行数据传输、数据转换等相关操作，从不同的数据存储引入数据，对数据进行转化处理，最后将数据提取到其他数据系统。它不仅能够解决数据挖掘中的各种问题，还能够为用户节省很多精力和资金。

Big Data Suite 是一个集数据开发、离线调度、数据管理、数据集成工具为一体的为用户提供一个开箱即用的 B/S 架构的开发 IDE 和在线运维平台，并且提供高安全保障的多租户模型，以确保用户的数据安全。

1.5　小结

本章首先介绍了大数据的产生背景、基本概念、特征以及影响，接着讨论了大数据在电子商务、金融等行业中的应用，大数据与人工智能的关系，以及大数据的应用发展前景，让读者对大数据有一个基本的了解，然后概述了大数据挖掘的概念、过程、技术和工具，最后介绍了大数据平台的概念以及 3 种常见的大数据平台形式。

课后习题

（1）下列选项中，由第三次信息化浪潮促生的企业是（　　）。

A. Intel　　B. Apple　　C. Cloudera　　D. IBM

（2）下列不属于大数据特征的是（　　）。

A. 体量巨大　　B. 类型繁多　　C. 处理速度快　　D. 价值密度高

（3）下列选项中，不属于人类在科学研究上经历的范式的是（　　）。

A. 智能范式　　B. 理论范式　　C. 实验范式　　D. 计算范式

（4）下列不属于大数据对思维方式影响的是（　　）。

A. 因果与关联　　B. 采样与全样　　C. 部分与整体　　D. 精确与非精确

（5）下列不属于数据挖掘的工具是（　　）。

A. SAS Enterprise Miner　B. SPSS Clementine　　C. MapReduce　　D. Mahout

Chapter 2 第 2 章

大数据基础架构 Hadoop——实现大数据分布式存储与计算

大数据正在成为经济社会发展的新的驱动力。随着云计算、移动互联网等网络新技术的应用和发展，社会信息化进程进入大数据时代，海量数据的产生与流转成为常态。而大数据技术也如雨后春笋般正在蓬勃发展中。Hadoop 分布式架构无疑是当前应用最广泛、最具代表性的大数据技术之一。

本章将首先介绍 Hadoop 技术概述，包括 Hadoop 框架的概念、架构、核心组件，接着将对 Hadoop 的应用场景和生态系统进行介绍，并介绍 Hadoop 的安装配置过程，然后将对 Hadoop HDFS 的基础操作命令和 MapReduce 编程进行详细介绍，最后通过实际的场景应用，基于 HDFS 文件系统并使用 MapReduce 编程实现电影网站用户影评分析。

2.1 Hadoop 技术概述

在大数据时代，针对大数据处理的新技术也在不断地开发和运用中，并逐渐成为数据处理挖掘行业广泛使用的主流技术。Hadoop 作为处理大数据的分布式存储和计算框架，已在国内外大、中、小型企业中得到了广泛应用。学习 Hadoop 技术是从事大数据行业工作必不可少的一步。

2.1.1 Hadoop 的发展历史

Hadoop 是由 Apache 的 Lucence 项目创始人道格 · 卡廷创建的，Lucence 是一个应用广泛的文本搜索系统库。Hadoop 起源于开源的网络搜索引擎 Nutch，Nutch 本身也是 Lucence 项目的一部分。Hadoop 的发展历史如图 2-1 所示。

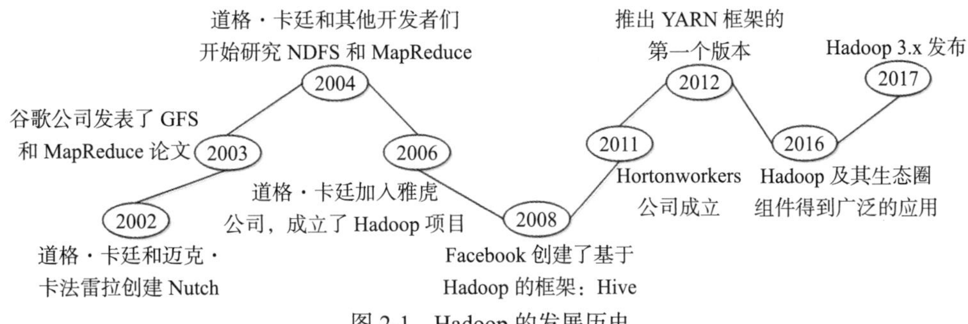

图 2-1 Hadoop 的发展历史

2002 年，道格·卡廷和迈克·卡法雷拉两位开发者开发了开源搜索引擎 Nutch。

2003 年，谷歌发表的论文 *The Google File System* 描述了谷歌产品的架构 GFS。Nutch 的开发者们发现 GFS 架构能够满足网页抓取和搜索过程中生成的超大文件存储需求，节省系统管理所使用的大量时间。于是在 2004 年，Nutch 的开发者们借鉴谷歌新技术开发了 Nutch 分布式文件系统（NDFS）。

2004 年，谷歌又发表了论文 *MapReduce: Simplified Data Processing on Large Clusters*，向全世界介绍了 MapReduce 框架。Nutch 的开发者们发现谷歌的 MapReduce 框架可以解决大规模数据的处理问题，因此 Nutch 的开发者们模仿了 MapReduce 框架的设计思路，使用 Java 设计并开发了一个可工作的 MapReduce 并行计算框架。

2006 年，道格·卡廷加入雅虎公司，并将 Nutch 的 NDFS 和 MapReduce 框架移出了 Nutch，命名为 Hadoop。

2008 年，Facebook 团队发现对于大多数分析人员来说，编写 MapReduce 程序的难度较大，他们更熟悉 SQL 语句，因此 FaceBook 在 Hadoop 的基础上开发了一个数据仓库工具 Hive，专门将 SQL 语句转换为 Hadoop 的 MapReduce 程序。

2011 年，Yahoo 将 Hadoop 项目独立并成立了一个子公司 Hortonworks，专门提供 Hadoop 相关的服务。

2012 年，Hortonworks 推出了与原框架有很大不同的 YARN 框架的第 1 个版本，从此对 Hadoop 的研究又迈进一个新的层面。

2016 年，Hadoop 及其生态圈组件（如 Hive、HBase、Spark 等）在各行各业落地并且得到广泛的应用，YARN 也在持续发展以支持更多的应用。

2017 年 12 月，Hadoop 发布 3.0.0 的稳定 GA（General Availability，正式发布）版本（即 GA 版本），修复了 6242 个问题，Hadoop 3.x 正式开始使用。目前，Hadoop 版本还在不断地优化更新。2020 年 8 月 3 日，3.x 系列 Hadoop 发布了第 2 个稳定的版本 Apache Hadoop 3.1.4，意味着 Hadoop 的 API 稳定性和质量均有了保障。本书所使用的也是 Hadoop 3.1.4 版本。

2.1.2 Hadoop 的特点

Hadoop 是一个能够让用户轻松搭建和使用的分布式计算平台，能够让用户轻松地在

Hadoop 上开发和运行处理海量数据的应用程序。Hadoop 的主要特点如下。

1）高可靠性。Hadoop 的数据存储有多个备份，集群部署在不同机器上，可以防止一个节点宕机造成集群损坏。当数据处理请求失败时，Hadoop 将自动重新部署计算任务。

2）高扩展性。Hadoop 是在可用的计算机集群间分配数据并完成计算任务的。为集群添加新的节点并不复杂，因此可以很容易地对集群进行节点的扩展。

3）高效性。Hadoop 可以在节点之间动态地移动数据，在数据所在节点进行并行处理，并保证各个节点的动态平衡，因此处理速度非常快。

4）高容错性。Hadoop 的分布式文件系统 HDFS 在存储文件时将在多台机器或多个节点上存储文件的备份副本，当读取该文件出错或某一台机器宕机时，系统会调用其他节点上的备份文件，保证程序顺利运行。

5）低成本。Hadoop 是开源的，即不需要支付任何费用即可下载并安装使用，节省了购买软件的成本。

6）可构建在廉价机器上。Hadoop 不要求机器的配置达到极高的标准，大部分普通商用服务器即可满足要求，通过提供多个副本和容错机制提高集群的可靠性。

7）Hadoop 基本框架是基于 Java 语言编写的。Hadoop 是一个基于 Java 语言开发的框架，因此运行在 Linux 系统上是非常理想的。Hadoop 上的应用程序也可以使用其他语言编写，如 C++ 和 Python。

2.1.3 Hadoop 存储框架——HDFS

HDFS 是一种旨在普通硬件上运行的分布式文件系统，与现有的分布式文件系统有许多相似之处，但也存在明显的区别。HDFS 具有非常好的容错能力，旨在部署在低成本硬件上。HDFS 支持对应用程序数据进行高吞吐量访问，并且适用于具有海量数据集的读写。HDFS 是 Hadoop 的核心组件之一，用于存储数据。

1. HDFS 简介及架构

HDFS 是以分布式进行存储的文件系统，主要负责集群数据的存储与读取。分布式系统可以划分成多个子系统或模块，各自运行在不同的机器上，子系统或模块之间通过网络通信进行协作，以实现最终的整体功能。利用多个节点共同协作完成一项或多项具体业务功能的系统即为分布式系统。

HDFS 作为一个分布式文件系统，其分布式主要体现在如下 3 个方面。

1）HDFS 并不是一个单机文件系统，而是分布在多个集群节点上的文件系统。节点之间通过网络通信进行协作，提供多个节点的文件信息，使每个用户均可以看到文件系统的文件，使多台机器上的多用户可以分享文件和存储空间。

2）当存储文件时，文件的数据将分布在多个节点上。数据存储不是按一个文件存储，而是将一个文件分成一个或多个数据块进行存储。数据块在存储时并不是都存储在一个节点上，而是被分别存储在各个节点中，并且数据块会在其他节点存储副本。

3）数据从多个节点读取。读取一个文件时，从多个节点中找到该文件的数据块，分别读取所有数据块，直至最后一个数据块读取完毕。

HDFS 是一个主 / 从（Master/Slave）体系架构的分布式文件系统。HDFS 支持传统的层次型文件组织结构，使得用户或应用程序可以创建目录，再将文件保存至目录中。文件系统命名空间的层次结构和大多数现有的文件系统类似，可以通过文件路径对文件执行创建、读取、更新和删除操作。HDFS 的基本架构如图 2-2 所示。

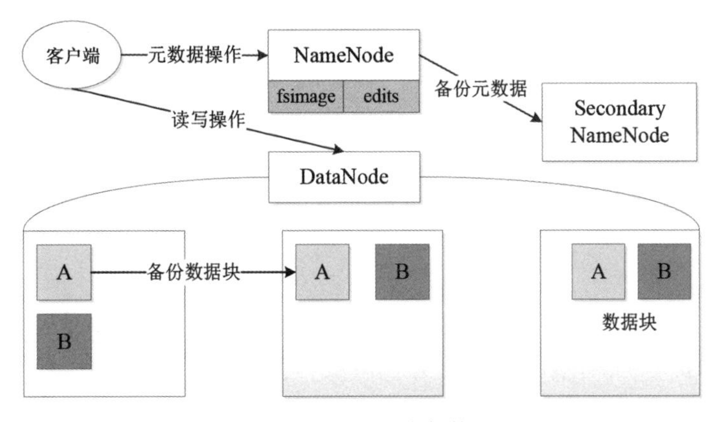

图 2-2　HDFS 基本架构图

HDFS 文件系统主要包含一个 NameNode、一个 Secondary NameNode 和多个 DataNode。

（1）NameNode

NameNode 用于存储元数据以及处理客户端发出的请求。元数据不是具体的文件内容，它包含 3 类重要信息。第 1 类信息是文件和目录自身的属性信息，如文件名、目录名、父目录信息、文件大小、创建时间、修改时间等；第 2 类信息是记录文件内容存储的相关信息，如文件分块情况、副本个数、每个副本所在的 DataNode 信息等；第 3 类信息是用于记录 HDFS 中所有 DataNode 的信息，用于 DataNode 管理。

在 NameNode 中存放元信息的文件是 fsimage 文件。在系统运行期间，所有对元数据的操作均保存在内存中，并被持久化到另一个文件 edits 中。当 NameNode 启动时，fsimage 文件将被加载至内存，再对内存里的数据执行 edits 文件所记录的操作，以确保内存所保留的数据处于最新的状态。

（2）Secondary NameNode

Secondary NameNode 用于备份 NameNode 的数据，周期性地将 edits 文件合并到 fsimage 文件并在本地备份，然后将新的 fsimage 文件存储至 NameNode，覆盖原有的 fsimage 文件，删除 edits 文件，并创建一个新的 edits 文件继续存储文件当前的修改状态。

（3）DataNode

DataNode 是真正存储数据的地方。在 DataNode 中，文件以数据块的形式进行存储。Hadoop 3.x 默认 128 MB 为一个数据块，如果存储一个大小为 129 MB 的文件，那么文件将被分为两个数据块进行存储。当文件上传至 HDFS 端时，HDFS 会将文件按 128MB 的数据块大小进行切割，将每个数据块存储至不同的或相同的 DataNode 并备份副本，一般默认备份 3 个副本。NameNode 负责记录文件的分块信息，以确保在读取该文件时可以找到并整合所有数据块。

2. HDFS 的特点

随着数据量越来越多，传统的单机式文件存储系统已经不能满足日益增长的数据存储需求，分布式文件存储系统——HDFS 应运而生。作为分布式文件系统，HDFS 能够解决海量数据的存储问题，其优点列举如下。

1）高容错性。HDFS 上传的数据会自动保存多个副本，通过增加副本的数量增加 HDFS 的容错性。如果某一个副本丢失，那么 HDFS 将复制其他节点上的副本。

2）适合大规模数据的处理。HDFS 能够处理 GB、TB 甚至 PB 级别的数据，数量级规模可达百万，数量非常大。

3）流式数据访问。HDFS 以流式数据访问模式存储超大文件，有着“一次写入，多次读取”的特点，且文件一旦写入，不能修改，只能增加，以保证数据的一致性。

当然 HDFS 也不是完美的，同样存在局限性，如不适合低延迟数据访问，无法高效存储大量小文件、不支持多用户写入及任意修改文件。

2.1.4 Hadoop 计算引擎——MapReduce

MapReduce 是一个分布式运算程序的编程框架，是基于 Hadoop 的数据分析应用的核心框架。MapReduce 的核心功能是将用户编写的业务逻辑代码和自带的组件整合成一个完整的分布式运算程序，并行运行在 Hadoop 集群上。认识 MapReduce 分布式计算框架，并了解 MapReduce 的执行流程，有利于后续的 MapReduce 编程学习。

MapReduce 是 Hadoop 的核心计算框架，是用于大规模数据集（大于 1TB）并行运算的编程模型，主要包括 Map（映射）和 Reduce（规约）两个阶段。

1）当启动一个 MapReduce 任务时，Map 端将会读取 HDFS 上的数据，将数据映射成所需要的键值对类型并传至 Reduce 端。

2）Reduce 端接收 Map 端键值对类型的中间数据，并根据不同键进行分组，对每一组键相同的数据进行处理，得到新的键值对并输出至 HDFS。

MapReduce 作业执行流程如图 2-3 所示。

一个完整的 MapReduce 过程涉及数据的输入与分片、Map 阶段数据处理、Shuffle&Sort 阶段数据整合、Reduce 阶段数据处理、数据输出等操作。

1）数据的输入与分片。MapReduce 过程中的数据是从 HDFS 分布式文件系统中读取的。文件上传至 HDFS 时，一般按照 128 MB 分成若干个数据块，所以在运行 MapReduce 程序时，每个数据块均会对应一个 Map 任务。也可以通过重新设置文件分片大小调整 Map 的个数，在运行 MapReduce 程序时系统会根据所设置的分片大小对文件重新分片（Split）。

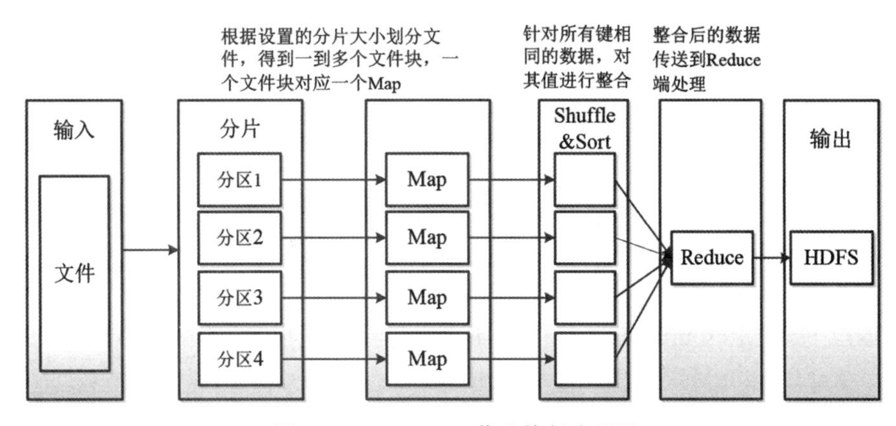

图 2-3　MapReduce 作业执行流程图

2）Map 阶段数据处理。一个程序有一个或多个 Map 任务，具体由默认存储或分片个数决定。在 Map 阶段，数据将以键值对的形式被读入，键的值一般为每行首字符与文件最初始位置的偏移量，即中间所隔字符个数，值为该行的数据记录。根据具体的需求对键值对进行处理，映射成新的键值对并传输至 Reduce 端。

3）Shuffle&Sort 阶段数据整合。此阶段是指从 Map 端输出开始，传输至 Reduce 端之前的过程。该过程会对同一个 Map 中输出的键相同的数据先进行整合，减少传输的数据量，并在整合后将数据按照键进行排序。

4）Reduce 阶段数据处理。Reduce 任务可以有一个或多个，具体由 Map 阶段设置的数据分区确定，一个分区数据将被一个 Reduce 处理。针对每一个 Reduce 任务，Reduce 会接收到不同 Map 任务传来的数据，并且每个 Map 传来的数据都是有序的。一个 Reduce 任务中的每一次处理均是针对所有键相同的数据，对数据进行规约，形成新的键值对。

5）数据输出。Reduce 阶段处理完数据后即可将数据文件输出至 HDFS，输出的文件个数和 Reduce 的个数一致。如果只有一个 Reduce，那么输出只有一个数据文件，默认命名为“part-r-00000”。

2.1.5　Hadoop 资源管理器——YARN

YARN 是 Hadoop 的资源管理器，可以提高资源在集群的利用率，加快执行速率。早期的 Hadoop 1.0 版本的任务执行效率低下，Hadoop 2.x 版本开始引入了 YARN 框架。YARN 框架为集群在利用率、资源统一管理和数据共享等方面带来了巨大好处。

Hadoop YARN 提供了一个更加通用的资源管理和分布式应用框架。该框架使得用户可以根据自己的需求实现定制化的数据处理应用，既可以支持 MapReduce 计算，也可以很方便地管理如 Hive、HBase、Pig、Spark/Shark 等组件的应用程序。YARN 的架构设计使得各类型的应用程序可以运行在 Hadoop 上，并通过 YARN 从系统层面进行统一管理。拥有了 YARN 框架，各种应用可以互不干扰地运行在同一个 Hadoop 系统中，以共享整个集群资源。

YARN 框架总体上仍然是主 / 从结构，在整个资源管理框架中，ResourceManager 为 Master，NodeManager 为 Slave，ResourceManager 负责对各个 NodeManager 上的资源进行统一管理和调度。用户提交一个应用程序时，需要提供一个用于跟踪和管理这个程序的 ApplicationMaster，ApplicationMaster 负责向 ResourceManager 申请资源，并要求 NodeManger 启动可以占用一定资源的任务。由于不同的 ApplicationMaster 被分布到不同的节点上，所以它们之间不会相互影响。

YARN 的基本组成框架如图 2-4 所示。

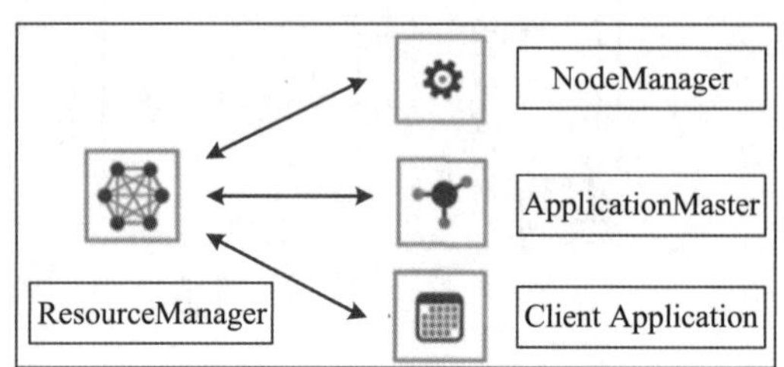

图 2-4　YARN 的基本组成框架

YARN 主要由 ResourceManager、NodeManager、ApplicationMaster 和 Client Application 这 4 个部分构成，具体说明如下。

1）ResourceManager（RM）。一个全局的资源管理器，负责整个系统的资源管理和分配。ResourceManager 主要由两个组件构成，即调度器（Scheduler）和应用程序管理器（Applications Manager，ASM）。

- 调度器负责将系统中的资源分配给各个正在运行的应用程序，不从事任何与具体应用程序相关的工作，如监控或跟踪应用的执行状态等，也不负责重新启动因应用执行失败或硬件故障而产生的失败任务。
- 应用程序管理器负责处理客户端提交的 Job 以及协商第一个 Container（包装资源的对象）以供 ApplicationMaster 运行，并且在 ApplicationMaster 失败时将其重新启动。其中，Container 是 YARN 中的资源抽象，它封装了某个节点上的多维度资源，如内存、CPU、磁盘、网络等。当 ApplicationMaster 向 RM 申请资源时，RM 为 ApplicationMaster 返回的资源就是使用 Container 表示的。YARN 会为每个任务分配一个 Container，且该任务只能使用该 Container 中描述的资源。

2）NodeManager（NM）。每个节点上的资源和任务管理器。一方面，NM 会定时地向 RM 汇报本节点上的资源使用情况和各个 Container 的运行状态；另一方面，NM 会接收并处理来自 ApplicationMaster 的 Container 启动或停止等各种请求。

3）ApplicationMaster（AM）。在用户提交每个应用程序时，系统会生成一个 ApplicationMaster 并保存到提交的应用程序里。ApplicationMaster 的主要功能如下。

- 与 ResourceManager 调度器协商以获取资源（用 Container 表示）。
- 对得到的任务进行进一步分配。
- 与 NodeManager 通信以启动或停止任务。
- 监控所有任务运行状态，在任务运行失败时重新为任务申请资源并重启任务。

4）Client Application。Client Application 是客户端提交的应用程序。客户端会将应用程序提交到 RM，然后 RM 将创建一个 Application 上下文件对象，再设置 AM 必需的资源请求信息，最后提交至 RM。

2.2 Hadoop 应用场景介绍

在大数据背景下，Apache Hadoop 作为一种分布式存储和计算框架，已经被广泛应用到各行各业，业界对于 Hadoop 这一开源分布式技术的应用也在不断地拓展中。了解 Hadoop 的应用场景，从而可以更深刻地了解 Hadoop 在实际生活中的应用。

1）在线旅游。目前全球范围内大多数在线旅游网站都使用了 Cloudera 公司提供的 Hadoop 发行版，Expedia 作为全球最大的在线旅游公司也在使用 Hadoop。在国内目前比较受欢迎的一些旅游网站如携程、去哪儿网等也采用了大数据技术对数据进行存储和计算。

2）移动数据。中国移动于 2010 年 5 月正式推出大云 BigCloud 1.0，集群节点达到了 1024 个。华为对 Hadoop 的 HA 方案及 HBase 领域也有深入研究，并已经向业界推出了自己的基于 Hadoop 的大数据解决方案。

3）电子商务。阿里巴巴的 Hadoop 集群拥有 150 个用户组、4500 个集群用户，为淘宝、天猫、一淘、聚划算、CBU、支付宝提供底层的基础计算和存储服务。

4）诈骗检测。一般金融服务或政府机构会使用 Hadoop 存储所有的客户交易数据，包括一些非结构化的数据，以帮助机构发现客户的异常活动，预防欺诈行为。例如国内支付宝、微信钱包这类庞大的互联网支付平台，对诈骗、黑客、病毒的防护都十分重视，均使用大数据技术进行诈骗检测，以保障线上资金的安全。

5）IT 安全。除企业 IT 基础机构的管理外，Hadoop 还可以用于处理机器生成的数据以便识别出来自恶意软件或网络中的攻击。国内奇虎 360 安全软件在应用方面也使用 Hadoop 的 HBase 组件进行数据存储，缩短了异常恢复的时间。

6）医疗保健。医疗行业也可以使用 Hadoop，如 IBM Watson 技术平台使用 Hadoop 集群作为语义分析等高级分析技术的基础。医疗机构可以利用语义分析为患者提供医护人员，并协助医生更好地为患者进行诊断。

7）搜索引擎。我们在使用搜索引擎的过程中会产生大规模的数据，此时，使用 Hadoop 进行海量数据挖掘可以提高数据处理的效率。国外的雅虎已将 Hadoop 应用到搜索引擎中，国内的百度和阿里巴巴也将 Hadoop 应用到搜索引擎、推荐、数据分析等多个领域。

8）社交平台。目前网络社交已经成为人们日常生活的一部分，网络社交平台每天产生的数据量十分庞大。腾讯和脸书作为国内外的大型社交平台，在数据库存储方面均利用了 Hadoop 生态系统中的 Hive 组件进行数据存储和处理。

2.3 Hadoop 生态系统

Hadoop 经过多年的发展，已经形成了一个相当成熟的生态系统。现代生活节奏快速，各行各业无时无刻产生着大量的数据，Hadoop 发挥着重要的作用。因为各行各业的需求不同，很多时候需要在 Hadoop 的基础上进行一些改进和优化，也因此产生了许多围绕

Hadoop 衍生的工具，逐渐地演变成一个庞大的 Hadoop 生态系统，如图 2-5 所示。

图 2-5 Hadoop 生态系统

Hadoop 生态系统中常用的组件列举如下，不同的组件分别提供特定的服务。

1）Hive。Hive 是建立在 Hadoop 基础上的数据仓库基础框架，提供了一系列工具，可存储、查询和分析存储在 Hadoop 中的大规模数据。Hive 定义了一种类 SQL 语言为 HQL，该语言编写的查询语句在 Hive 的底层将转换为复杂的 MapReduce 程序，运行在 Hadoop 大数据平台上。

2）ZooKeeper。ZooKeeper 主要用于保证集群各项功能的正常进行，并能够在功能出现异常时及时通知集群进行处理，保持数据一致性。ZooKeeper 是对整个集群进行监控，可解决分布式环境下的数据管理问题。

3）HBase。HBase 是一个针对非结构化数据的可伸缩、高可靠、高性能、分布式和面向列的动态模式数据库。HBase 提供了对大规模数据的随机、实时读写访问。同时，HBase 中保存的数据可以使用 MapReduce 进行处理。HBase 将数据存储和并行计算很好地结合在一起。

4）Spark。Spark 是一种快速、通用、可扩展的大数据处理引擎，继承了 MapReduce 分布式计算的优点并改进了 MapReduce 明显的缺点。Spark 的中间输出结果可以保存在内存中，因此能更好地适用于数据挖掘与机器学习中迭代次数较多的算法。

5）Flume。Flume 是 Cloudera 提供的一个高可用的、高可靠的、分布式的海量日志采集、聚合和传输系统，适用于日志文件的采集。

6）Kafka。Kafka 是一个分布式的基于发布 / 订阅模式的消息队列，主要应用于大数据实时处理领域。Kafka 是一个事件流平台，能够连接其他数据源进行持续的数据导入或导出，并且可以根据需求持久可靠地存储数据。

2.4 Hadoop 安装配置

为贴近真实的生产环境，建议搭建完全分布式模式的 Hadoop 集群环境。因此，本章将介绍在个人计算机上安装配置虚拟机，在虚拟机中搭建 Hadoop 完全分布式环境的完整过程。为了保证能够顺畅地运行 Hadoop 集群，并能够进行基本的大数据开发调试，建议个人计算机硬件的配置为：内存至少 8 GB，硬盘可用容量至少 100 GB，CPU 为 Intel i5 以上的多核（建议八核及以上）处理器。在搭建 Hadoop 完全分布式集群前，我们需要准备好必要的软件安装包。软件安装包及其版本说明如表 2-1 所示。

表 2-1　Hadoop 相关软件及版本

软件	版本	安装包名称	备注
Linux OS	CentOS 7.8	CentOS-7-x86_64-DVD-2003.iso	64 位
JDK	1.8+	jdk-8u281-linux-x64.rpm	64 位
VMware	15	VMware-workstation-full-15.5.7-17171714.exe	虚拟机软件
Hadoop	3.1.4	hadoop-3.1.4.tar.gz	已编译好的安装包
IDEA	2018.3.6	ideaIC-2018.3.6.exe	64 位
SSH 连接工具	5	Xme5.exe	远程连接虚拟机

Hadoop 完全分布式集群是主从架构，一般需要使用多台服务器组建。本书中使用的 Hadoop 集群的拓扑结构如图 2-6 所示。请注意各个服务器的 IP 与名称，在后续的集群配置过程中将会经常使用。

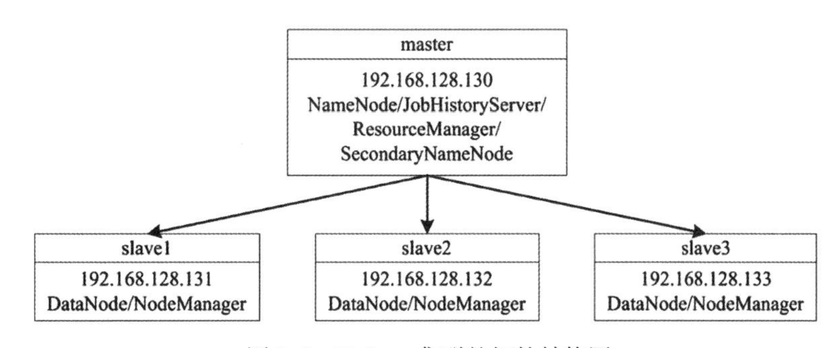

图 2-6　Hadoop 集群的拓扑结构图

2.4.1　创建 Linux 虚拟机

VMware Workstation 是一款功能强大的虚拟机软件，在不影响本机操作系统的情况下，可以让用户在虚拟机中同时运行不同版本的操作系统。从 VMware 官网中下载 VMware 安装包，名称为 VMware-workstation-full-15.5.7-17171714.exe。安装 VMware Workstation 的过程比较简单，双击下载的 VMware 安装包，选择安装的目录，再单击“下一步”按钮，继续安装，之后输入产品序列号，即可成功安装 VMware 软件。

打开 VMware 软件，在 VMware 上安装 CentOS 7.8 版本的 Linux 操作系统，具体安装步骤如下。

1）打开安装好的 VMware 软件，进入 VMware 主界面，选择“创建新的虚拟机”选项，如图 2-7 所示。

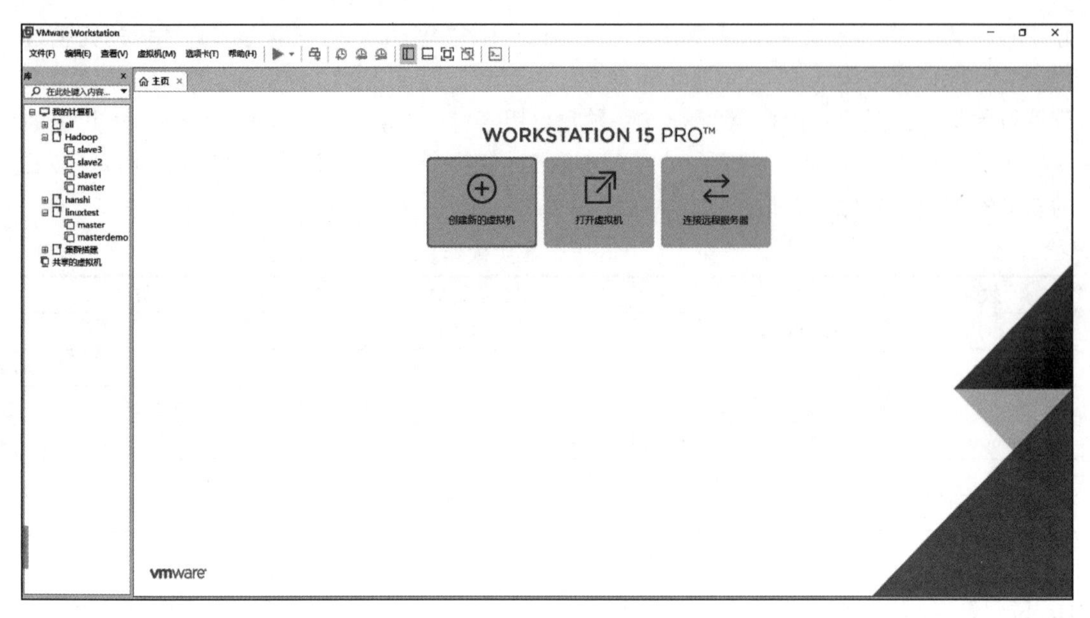

图 2-7 新建虚拟机

2）弹出“新建虚拟机向导”对话框，选择“典型（推荐)(T)”模式，再单击“下一步”按钮，如图 2-8 所示。

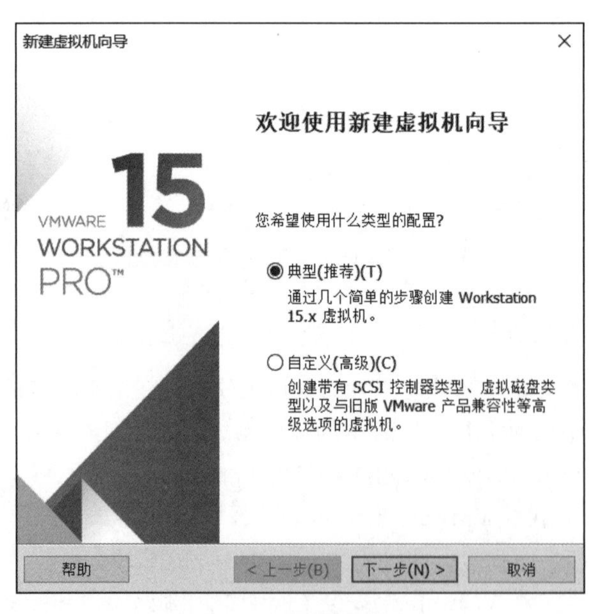

图 2-8 选择配置模式

3）安装客户机操作系统，选择“稍后安装操作系统 (S)”单选按钮，单击“下一步”按钮，如图 2-9 所示。

4）选择客户机操作系统，选择“Linux(L)”单选按钮，版本是CentOS 7 64位，然后直接单击“下一步”按钮，如图2-10所示。

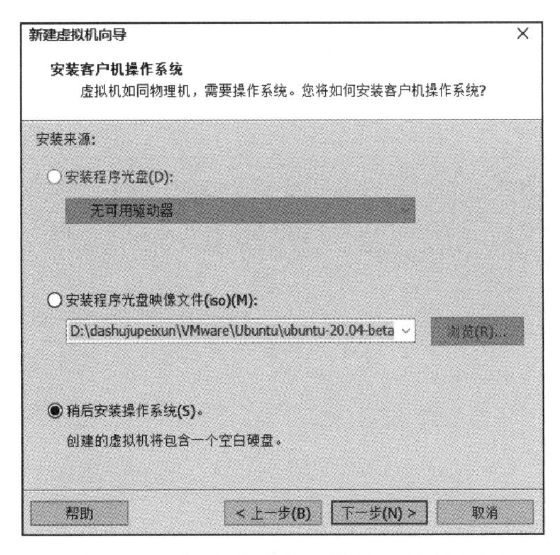

图2-9　选择安装客户机操作系统的来源

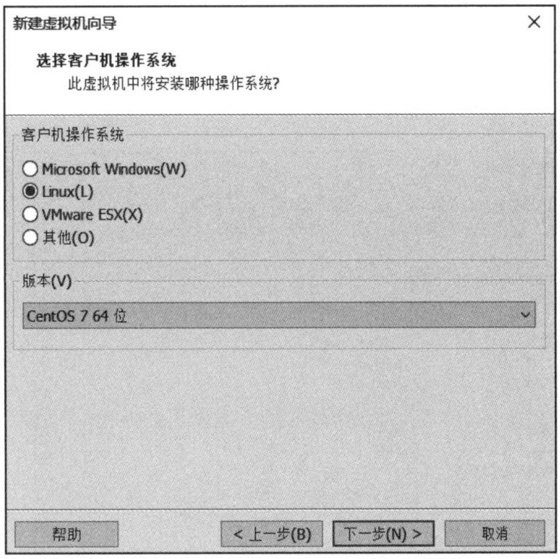

图2-10　选择客户机操作系统

5）命名虚拟机，将虚拟机命名为master。在E盘创建一个以VMware命名的文件夹，并在该文件夹下建立一个文件命名为master。本文选择的安装位置为E:\VMware\master，单击“下一步”按钮，如图2-11所示。注意，虚拟机的位置可根据个人计算机的硬盘资源情况进行调整。

6）指定磁盘容量，指定最大磁盘大小为20 GB，选择“将虚拟磁盘拆分成多个文件(M)”单击“下一步”按钮，如图2-12所示。

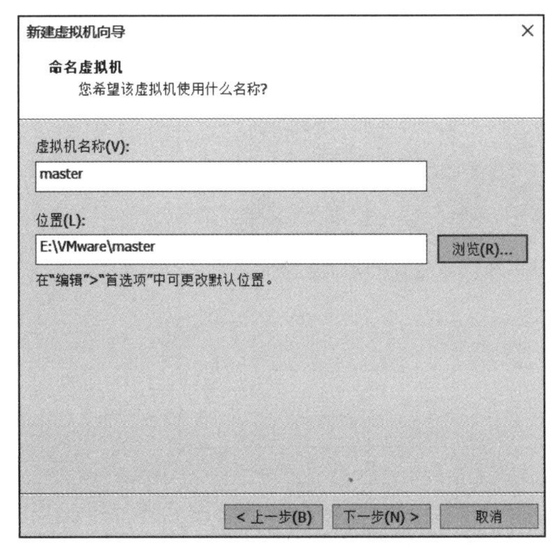

图2-11　命名虚拟机并选择位置

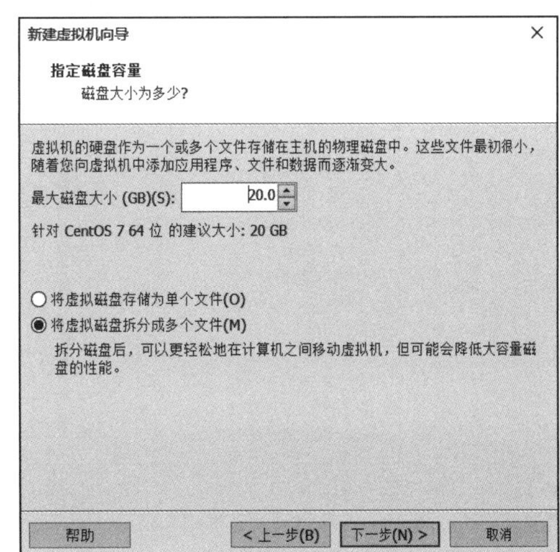

图2-12　指定磁盘容量

7）准备创建虚拟机，单击“自定义硬件 (C)”按钮，如图 2-13 所示。

8）进入“硬件”对话框，单击“新 CD/DVD (IDE)”选项所在的行，在右侧的“连接”组中选择“使用 ISO 映像文件 (M)”单选按钮，并单击“浏览 (B)”按钮，指定 CentOS-7-x86_64-DVD-2003.iso 镜像文件的位置，如图 2-14 所示，最后单击“关闭”按钮，返回图 2-13 所示界面，单击“完成”按钮。

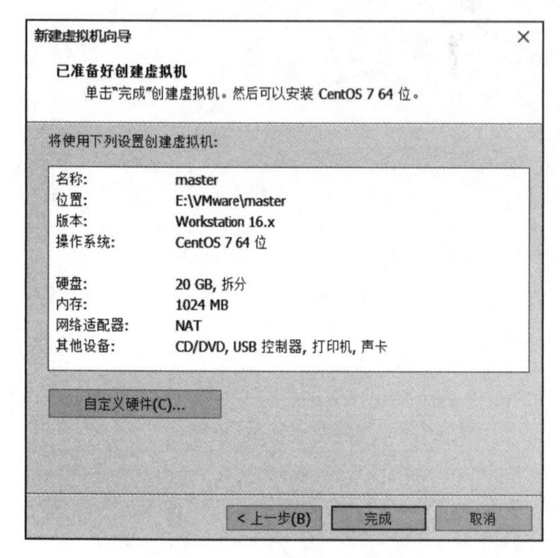

图 2-13 准备创建虚拟机

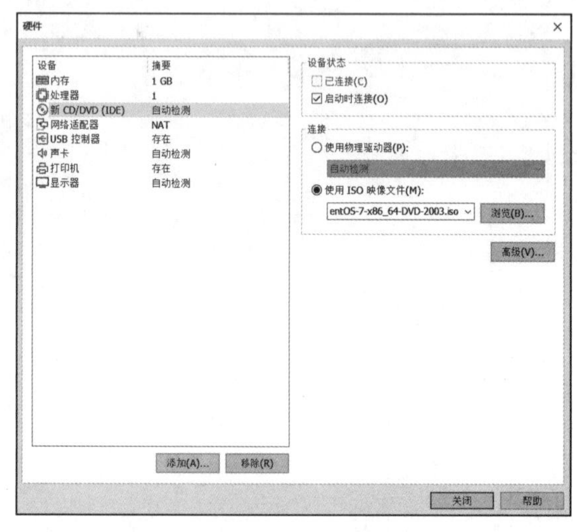

图 2-14 自定义硬件

9）打开虚拟机，选择虚拟机“master”，单击“开启此虚拟机”选项，如图 2-15 所示。

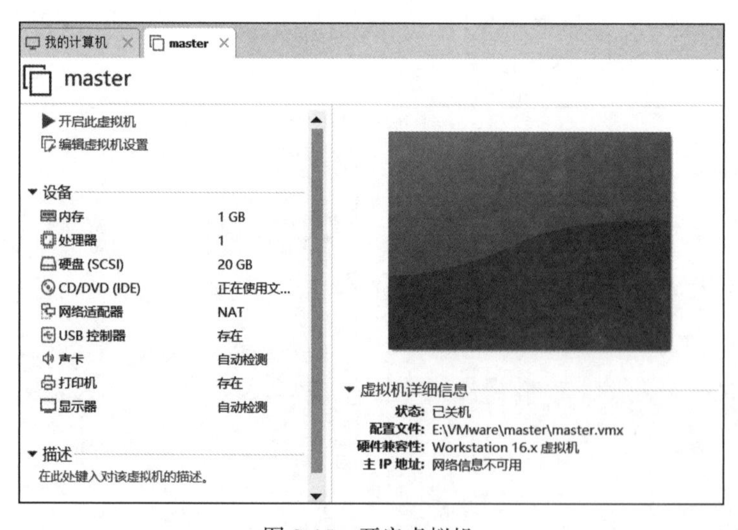

图 2-15 开启虚拟机

10）开启虚拟机后，将出现 CentOS 7 的安装界面，选择“Install CentOS 7”选项，如图 2-16 所示。

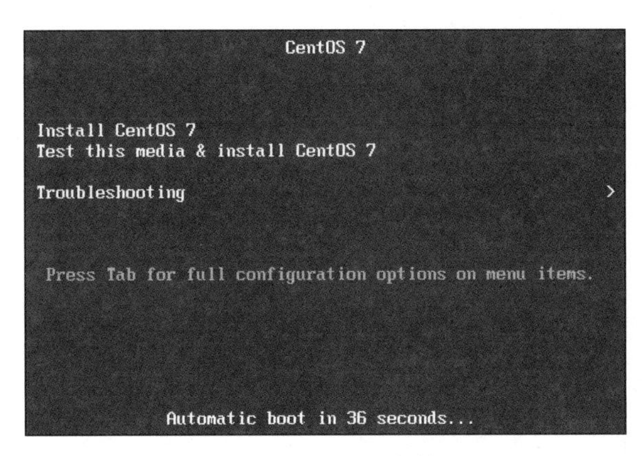

图 2-16　CentOS 7.8 安装界面

11）进入语言选择页面，在左侧列表框选择“English”选项，在右侧列表框选择“English (United States)”选项，并单击“Continue”按钮，如图 2-17 所示。

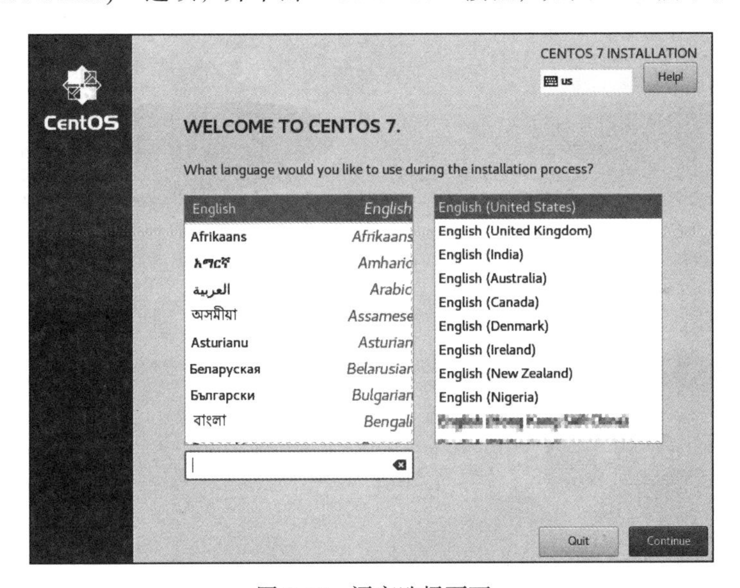

图 2-17　语言选择页面

12）单击“LOCALIZATION”组中的“DATE & TIME”选项，如图 2-18 所示。进入地区和时间选择界面，选择“Asia”和“Shanghai”，完成后单击“Done”按钮，如图 2-19 所示。

13）单击“SYSTEM”组中的“INSTALLATION DESTINATION”选项，如图 2-20 所示。进入分区配置界面，默认选择自动分盘，单击“Done”按钮即可，如图 2-21 所示。

14）完成以上设置后，返回图 2-18 所示的界面，单击“Begin Installation”按钮，如图 2-22 所示。

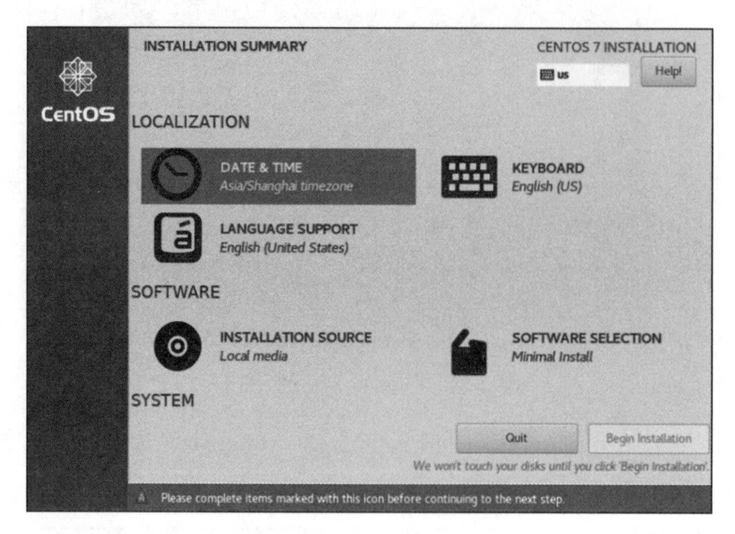

图 2-18 DATE & TIME

图 2-19 地区时间选择

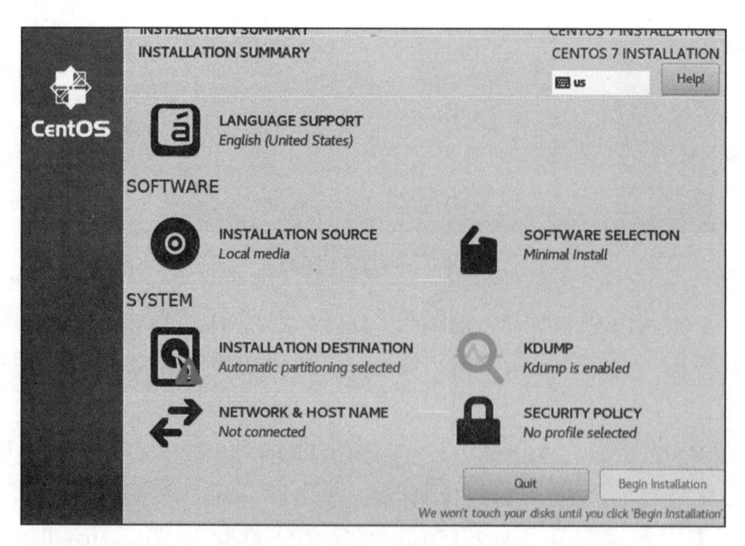

图 2-20 “INSTALLATION DESTINATION”选项

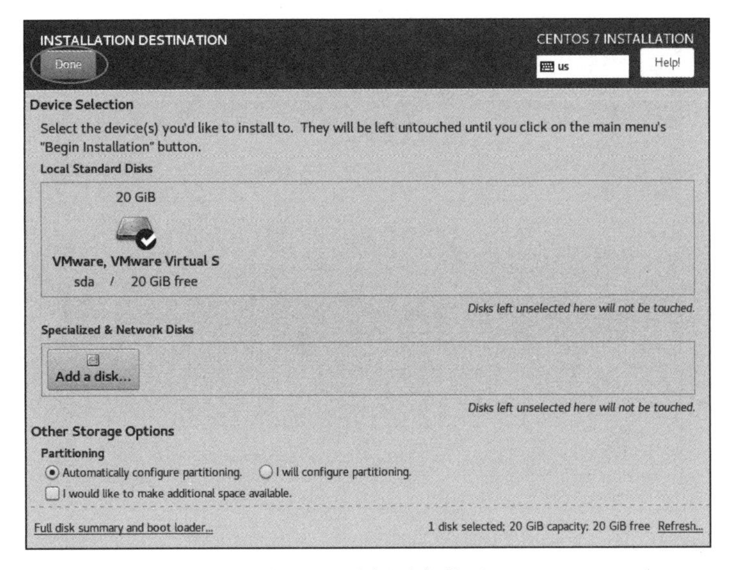

图 2-21　选择磁盘分区

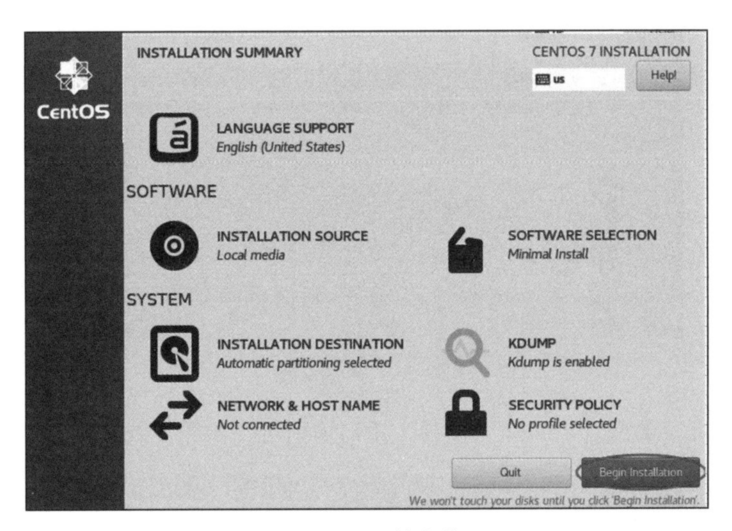

图 2-22　开始安装

15）进入 root 密码设置界面，单击“USER SETTINGS”组中的“ROOT PASSWORD”选项，如图 2-23 所示。设置密码为 123456，需要输入两次，如图 2-24 所示，设置完毕后单击“Done”按钮。注意，因为密码过于简单，所以需要连续单击两次。

16）设置密码后，返回如图 2-25 所示的界面，单击“Finish configuration”按钮完成配置，开始安装 CentOS 7.8 版本的 Linux 虚拟机。

图 2-23 “ROOT PASSWORD”选项

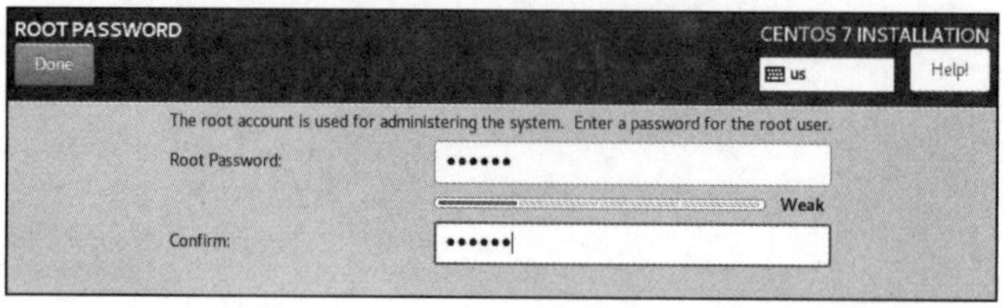

图 2-24 设置密码

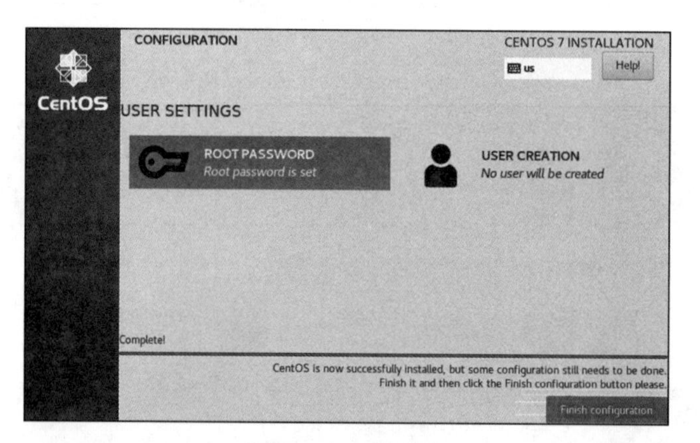

图 2-25 开始安装

17）安装完成，单击“Reboot”按钮，重启虚拟机，如图 2-26 所示。

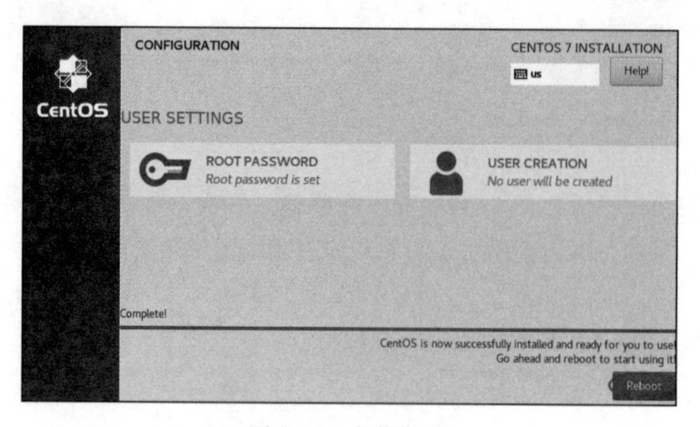

图 2-26 安装完成

18）进入 Linux 系统，输入用户名“root”以及密码“123456”，如图 2-27 所示，如果出现“[root@master ~]#”的提示，那么表示成功登录并进入了 Linux 系统。

```
CentOS Linux 7 (Core)
Kernel 3.10.0-1127.el7.x86_64 on an x86_64

master login: root
Password:
Last login: Wed Apr 14 15:54:20 from 192.168.128.1
[root@master ~]#
```

图 2-27 登录

2.4.2 设置固定 IP

本书使用的 Hadoop 集群为完全分布式集群，有 4 个节点，因此需要安装 4 台虚拟机。每台虚拟机均使用 NAT 模式接入网络，所以需要为每台虚拟机分配 IP，并保证每台虚拟机的 IP 处于同一子网内。为每台虚拟机配置固定 IP，下面以虚拟机 master 为例详细介绍虚拟机固定 IP 的步骤，具体操作步骤如下。

1）使用 service network restart 命令重启网卡服务，如图 2-28 所示。

```
[root@master ~]# service network restart
Restarting network (via systemctl):                        [  OK  ]
[root@master ~]#
```

图 2-28 重启服务命令

2）查看 /etc/sysconfig/network-scripts/ifcfg-ens33 配置文件的内容。不同于 Windows 系统采用菜单方式修改网络配置，Linux 系统的网络配置参数是写在配置文件里的，ifcfg-ens33 是 CentOS 7.8 版本的 Linux 系统中的网络配置文件，可以设置 IP 地址、子网掩码等网络配置信息。使用 vi /etc/sysconfig/network-scripts/ifcfg-ens33 命令，打开 ifcfg-ens33 文件，内容如代码清单 2-1 所示。

代码清单 2-1 ifcfg-ens33 文件原有的内容

```
TYPE="Ethernet"
PROXY_METHOD="none"
BROWSER_ONLY="no"
BOOTPROTO="dhcp"
DEFROUTE="yes"
IPV4_FAILURE_FATAL="no"
IPV6INIT="yes"
IPV6_AUTOCONF="yes"
IPV6_DEFROUTE="yes"
IPV6_FAILURE_FATAL="no"
IPV6_ADDR_GEN_MODE="stable-privacy"
NAME="ens33"
UUID="6c2a466f-a4b0-4f29-aeee-8ea96252aee4"
DEVICE="ens33"
ONBOOT="no"
```

在代码清单2-1所示的内容中，ONBOOT用于设置系统启动时是否激活网卡，BOOTPROTO用于设置指定方式获得IP地址。BOOTPROTO的值可以设置为dhcp、none、bootp或static，每个值的解释说明如表2-2所示。

表2-2 设置BOOTPROTO的值

BOOTPROTO的值	说明
dhcp	设置网卡绑定时通过DHCP（动态主机配置协议）的方法获得地址
none	设置网卡绑定时不使用任何协议
bootp	设置网卡绑定时使用BOOTP（引导程序协议）的方法获得地址
static	设置网卡绑定时使用静态协议，此时地址需要自己配置

3）修改/etc/sysconfig/network-scripts/ifcfg-ens33配置文件。将该文件中ONBOOT的值修改为“yes”，将BOOTPROTO的值修改为“static”，并添加IP地址IPADDR、子网掩码NETMASK、网关GATEWAY以及域名解析服务器DNS1的网络配置信息，如代码清单2-2所示。

代码清单2-2 修改ifcfg-ens33文件后的内容

```
TYPE="Ethernet"
PROXY_METHOD="none"
BROWSER_ONLY="no"
BOOTPROTO="static"
DEFROUTE="yes"
IPV4_FAILURE_FATAL="no"
IPV6INIT="yes"
IPV6_AUTOCONF="yes"
IPV6_DEFROUTE="yes"
IPV6_FAILURE_FATAL="no"
IPV6_ADDR_GEN_MODE="stable-privacy"
NAME="ens33"
UUID="6c2a466f-a4b0-4f29-aeee-8ea96252aee4"
DEVICE="ens33"
ONBOOT="yes"
# 添加内容
IPADDR=192.168.128.130
GATEWAY=192.168.128.2
NETMASK=255.255.255.0
DNS1=8.8.8.8
```

4）使用service network restart命令再次重启网卡服务，并使用ip addr命令查看IP，结果如图2-29所示。从图2-29中可以看出，IP地址已经设置为192.168.128.130，说明该虚拟机的IP地址固定已设置成功。

```
[root@master ~]# service network restart
Restarting network (via systemctl):                        [  OK  ]
[root@master ~]# ip addr
1: lo: <LOOPBACK,UP,LOWER_UP> mtu 65536 qdisc noqueue state UNKNOWN group default qlen 1000
    link/loopback 00:00:00:00:00:00 brd 00:00:00:00:00:00
    inet 127.0.0.1/8 scope host lo
       valid_lft forever preferred_lft forever
    inet6 ::1/128 scope host
       valid_lft forever preferred_lft forever
2: ens33: <NO-CARRIER,BROADCAST,MULTICAST,UP> mtu 1500 qdisc pfifo_fast state DOWN group default qle
n 1000
    link/ether 00:0c:29:91:0f:d9 brd ff:ff:ff:ff:ff:ff
    inet 192.168.128.130/24 brd 192.168.128.255 scope global ens33
       valid_lft forever preferred_lft forever
```

图 2-29　重启服务并查看 IP

2.4.3　远程连接虚拟机

在 VMware 软件中操作 Linux 系统十分麻烦，如无法进行命令的复制和粘贴，因此推荐使用 Xmanager 工具通过远程连接的方式操作 Linux 系统。Xmanager 是应用于 Windows 系统的 Xserver 服务器软件。通过 Xmanager，用户可以将远程的 Linux 桌面无缝导入 Windows 系统中。在 Linux 和 Windows 网络环境中，Xmanager 是非常适合的系统连通解决方案之一。

通过 Xmanager 官网下载 Xmanager 安装包，安装包名称为 Xme5.exe。下载安装包后，双击 Xme5.exe 即可完成 Xmanager 的安装。

使用 Xmanager 远程连接 Linux 系统的操作步骤如下。

1）使用 Xmanager 连接虚拟机前，需要先设置 VMware Workstation 的虚拟网络。在 VMware 的“编辑”菜单中单击“虚拟网络编辑器 (N)”选项，如图 2-30 所示。

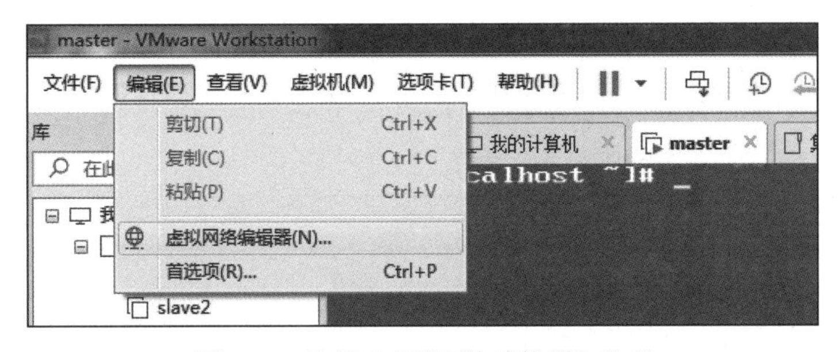

图 2-30　选择“虚拟网络编辑器”选项

2）进入“虚拟网络编辑器”对话框后，需要管理员权限才能修改网络配置。如果没有管理员权限，那么单击“更改设置”按钮，重新进入对话框即可。选择“ VMnet8”选项所在行，再将“子网 IP(I)”修改为“192.168.128.0”，如图 2-31 所示，单击“确定”按钮关闭该对话框。

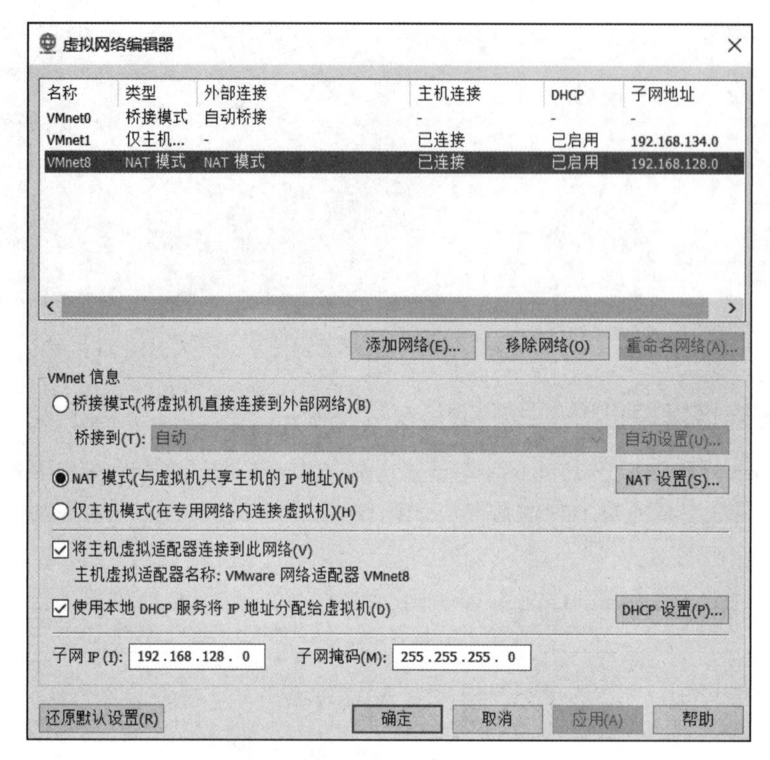

图 2-31　修改子网 IP

3）设置 VMware 的虚拟网络后，即可开始使用 Xmanager 中的 Xshell 工具远程连接虚拟机。在个人计算机的开始菜单找到程序图标 Xshell，如图 2-32 所示，双击打开 Xshell。

图 2-32　双击打开 Xshell

4）单击“文件”菜单，在出现的菜单栏中选择“新建 (N)”选项，建立会话，如图 2-33 所示。

图 2-33　新建会话

5）配置新建会话。在弹出的“新建会话属性”对话框中的“常规”组的“名称（N)”对应的文本框中输入“ master”。该会话名称是由用户自行指定的，建议与要连接的虚拟机主机名称保持一致。在“主机 (H)”对应的文本框中输入“192.168.128.130”，表示 master 虚拟机的 IP 地址，如图 2-34 所示。再单击左侧的“用户身份验证”选项，在右侧输入用户名“root”和密码“123456”，如图 2-35 所示，单击“确定”按钮，创建会话完成。

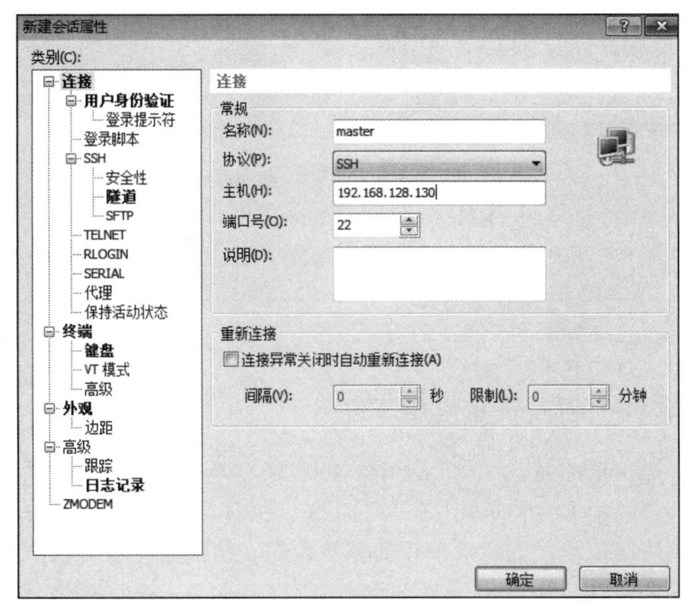

图 2-34 创建会话属性 1

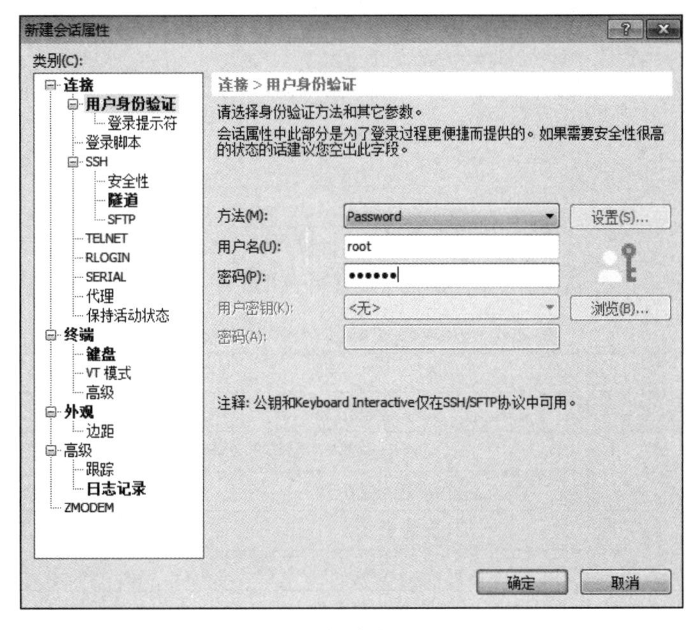

图 2-35 创建会话属性 2

6）在 Xshell 的菜单栏中选择“打开 (O)”选项，弹出“会话”对话框，选中会话“master”，并单击“连接 (C)”按钮，如图 2-36 所示，将弹出 SSH 安全警告，单击“接受并保存 (S)”按钮即可成功连接 master 虚拟机，如图 2-37 所示。

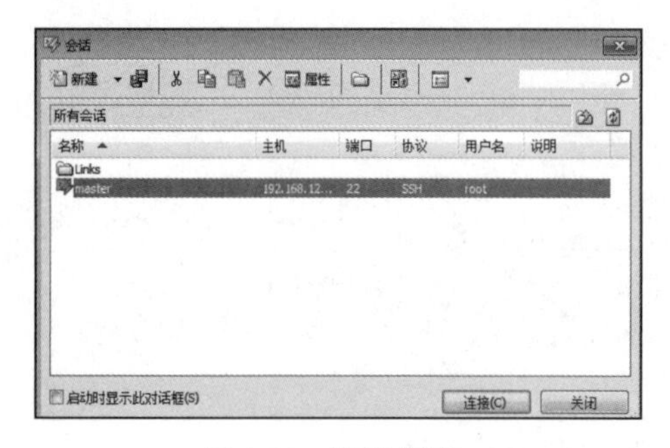

图 2-36 连接会话

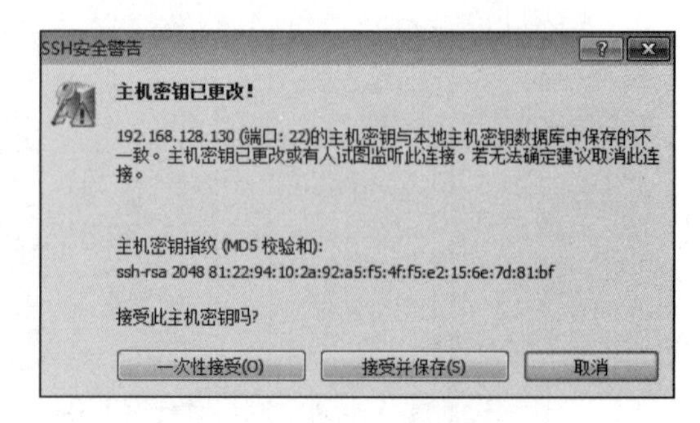

图 2-37 SSH 安全警告

2.4.4 配置本地 yum 源及安装常用软件

RPM Package Manager（RPM）是一个强大的命令行驱动的软件包管理工具，用于安装、卸载、校验、查询和更新 Linux 系统上的软件包。使用 RPM 安装软件包存在一个缺点，即软件包之间存在关联与依赖，安装一个软件需要预先安装该软件包关联依赖的其他软件包，因此，安装软件包的操作比较麻烦。在这种情况下，通过 yum 源安装软件包的方法应运而生。yum 源安装软件包方法可以彻底解决 RPM 安装软件包时的包关联与依赖问题。

yum 是杜克大学为了提高 RPM 软件包的安装性而开发的一个软件包管理器，能够在线从指定的服务器中自动下载 RPM 包并且安装，自动处理依赖性关系，并且一次安装所有依赖的软件包，无须重复下载、安装。yum 提供了查找、安装、删除某一个、一组甚至全部软件包的命令，而且命令简洁、易记。

yum 命令的语法格式如下。

```
yum [options] [command] [package ...]
```

在 yum 命令的语法格式中，[options] 参数是可选的，其支持的可选项说明如表 2-3 所示。

表 2-3 yum 命令的 [options] 选项说明

选项	说明
-h	显示帮助信息
-y	对所有的提问都回答“yes”
-c	指定配置文件
-q	安静模式
-v	详细模式
-d	设置调试等级（0 ～ 10）
-e	设置错误等级（0 ～ 10）
-R	设置 yum 得出一个命令的最大等待时间
-C	完全从缓存中运行，不下载或更新任何文件

[command] 参数表示要进行的操作，部分可供选择的操作如表 2-4 所示。

表 2-4　yum 的 [command] 参数说明

参数	说明
install	安装 RPM 软件包
update	更新 RPM 软件包
check-update	检查是否有可用的 RPM 软件包更新
remove	删除指定的 RPM 软件包
list	显示所有可用的软件包的信息
search	检查软件包的信息
info	显示指定的 RPM 软件包的描述信息和概要信息
clean	清理 yum 过期的缓存
resolvedep	显示 RPM 软件包的依赖关系
localinstall	安装本地的 RPM 软件包
localupdate	更新本地 RPM 软件包
deplist	显示 RPM 软件包的所有依赖关系

[package...] 参数表示的是操作的对象，即需要安装的软件包名称。

配置本地 yum 源的操作步骤如下。

1）使用 cd /etc/yum.repos.d 命令，进入 /etc/yum.repos.d 目录。

2）查看 yum.repos.d 目录下的文件，发现目录下存在 CentOS-Base.repo、CentOS-Debuginfo. repo、CentOS-fasttrack.repo、CentOS-Vault.repo、CentOS-Media.repo5 个文件，其中 CentOS-Media.repo 是 yum 本地源的配置文件。配置本地 yum 源，将除 yum 本地源以外的其他 yum 源禁用，将 CentOS-Base.repo、CentOS-Debuginfo.repo、CentOS-fasttrack.repo、CentOS-Vault.repo 分别重命名为 CentOS-Base.repo.bak、CentOS-Debuginfo.repo.bak、CentOS-fasttrack. repo.bak、CentOS-Vault.repo.bak，如代码清单 2-3 所示。

代码清单 2-3　将除 yum 本地源以外的其他 yum 源禁用

```
mv CentOS-Base.repo CentOS-Base.repo.bak
mv CentOS-Debuginfo.repo CentOS-Debuginfo.repo.bak
mv CentOS-fasttrack.repo CentOS-fasttrack.repo.bak
mv CentOS-Vault.repo CentOS-Vault.repo.bak
```

3）使用 vi CentOS-Media.repo 命令，打开并查看 CentOS-Media.repo 文件内容，如代码清单 2-4 所示。

代码清单 2-4　CentOS-Media.repo 修改前的内容

```
[c7-media]
name=CentOS-$releasever - Media
baseurl=file:///media/CentOS/
        file:///media/cdrom/
        file:///media/cdrecorder/
gpgcheck=1
enabled=0
gpgkey=file:///etc/pki/rpm-gpg/RPM-GPG-KEY-CentOS-7
```

4）将 baseurl 的值修改为“ file:///media/”，将 gpgcheck 的值改为“0”，将 enabled 的值改为“1”，修改后的内容如代码清单 2-5 所示。

代码清单 2-5 CentOS-Media.repo 修改后的内容

```
[c7-media]
name=CentOS-$releasever - Media
baseurl=file:///media/
gpgcheck=0
enabled=1
gpgkey=file:///etc/pki/rpm-gpg/RPM-GPG-KEY-CentOS-7
```

5）使用 mount /dev/sr0 /media 命令挂载本地 yum 源。如果返回“ mount:you must specify the filesystem type”，那么说明挂载没有成功，如图 2-38 所示。解决方案为：在 VMware 软件中右键单击 master 虚拟机，在弹出的快捷菜单中选择“设置”命令，弹出“虚拟机设置”对话框，然后在“硬件”选项卡中选择“ CD/DVD（IDE)”所在行，并在右侧的“设备状态”组中选择“已连接 (C)”复选框，如图 2-39 所示。

```
[root@master ~]# mount /dev/sr0 /media
mount: you must specify the filesystem type
```

图 2-38 挂载光盘失败

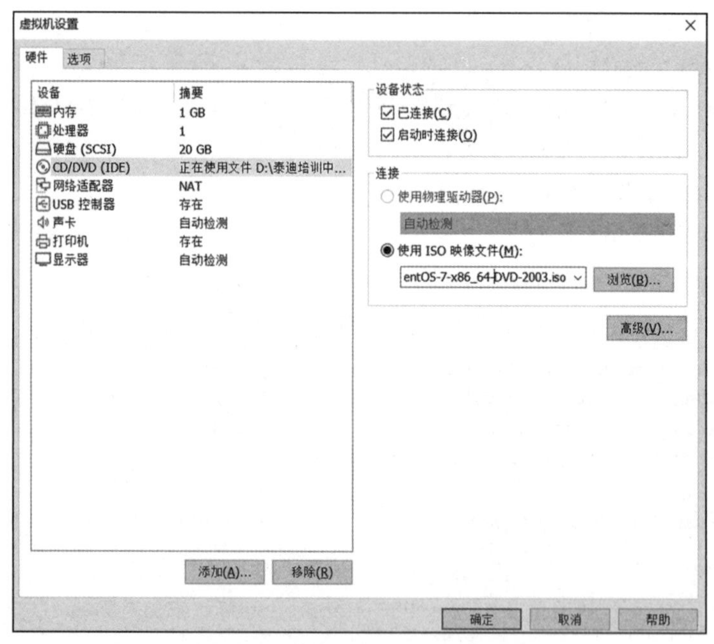

图 2-39 挂载光盘失败的解决方案

6）再次执行挂载本地 yum 源命令，如果返回“ mount:block device /dev/sr0 is write-protected,mounting read-only”，说明挂载成功，如图 2-40 所示。

7）更新 yum 源。执行 yum clean all 命令，出现图 2-41 所示的信息，说明更新 yum 源成功。

```
[root@master yum.repos.d]# mount /dev/sr0 /media
mount: /dev/sr0 is write-protected, mounting read-only
```

图 2-40　挂载成功

```
[root@master ~]# yum clean all
Loaded plugins: fastestmirror
Cleaning repos: c7-media
```

图 2-41　更新 yum 源成功

8）使用 yum 安装软件。以安装 vim、zip、openssh-server、openssh-clients 为例，每个软件的说明如表 2-5 所示。

表 2-5　软件说明

软 件	说明
vim	类似于 vi 的文本编辑器
zip	压缩文件命令
openssh-server	主要是作为一个服务运行在后台，如果这个服务开启，那么人们即可用一些远程连接工具连接 CentOS
openssh-clients	类似于 Xshell，可以作为一个客户端连接 openssh-server

使用 yum install -y vim zip openssh-server openssh-clients 命令安装软件，安装过程中会自动搜索目标软件以及所必需的依赖包，如图 2-42 所示。安装完成后会显示所有已安装的相关软件，如图 2-43 所示。

```
================================================================================================
 Package                     Arch          Version                    Repository          Size
================================================================================================
Installing:
 vim-enhanced                x86_64        2:7.4.629-6.el7            c7-media           1.1 M
 zip                         x86_64        3.0-11.el7                 c7-media           260 k
Installing for dependencies:
 gpm-libs                    x86_64        1.20.7-6.el7               c7-media            32 k
 perl                        x86_64        4:5.16.3-295.el7           c7-media           8.0 M
 perl-Carp                   noarch        1.26-244.el7               c7-media            19 k
 perl-Encode                 x86_64        2.51-7.el7                 c7-media           1.5 M
 perl-Exporter               noarch        5.68-3.el7                 c7-media            28 k
 perl-File-Path              noarch        2.09-2.el7                 c7-media            26 k
 perl-File-Temp              noarch        0.23.01-3.el7              c7-media            56 k
 perl-Filter                 x86_64        1.49-3.el7                 c7-media            76 k
 perl-Getopt-Long            noarch        2.40-3.el7                 c7-media            56 k
 perl-HTTP-Tiny              noarch        0.033-3.el7                c7-media            38 k
 perl-PathTools              x86_64        3.40-5.el7                 c7-media            82 k
 perl-Pod-Escapes            noarch        1:1.04-295.el7             c7-media            51 k
 perl-Pod-Perldoc            noarch        3.20-4.el7                 c7-media            87 k
 perl-Pod-Simple             noarch        1:3.28-4.el7               c7-media           216 k
 perl-Pod-Usage              noarch        1.63-3.el7                 c7-media            27 k
 perl-Scalar-List-Utils      x86_64        1.27-248.el7               c7-media            36 k
 perl-Socket                 x86_64        2.010-5.el7                c7-media            49 k
 perl-Storable               x86_64        2.45-3.el7                 c7-media            77 k
 perl-Text-ParseWords        noarch        3.29-4.el7                 c7-media            14 k
 perl-Time-HiRes             x86_64        4:1.9725-3.el7             c7-media            45 k
 perl-Time-Local             noarch        1.2300-2.el7               c7-media            24 k
 perl-constant               noarch        1.27-2.el7                 c7-media            19 k
 perl-libs                   x86_64        4:5.16.3-295.el7           c7-media           689 k
 perl-macros                 x86_64        4:5.16.3-295.el7           c7-media            44 k
 perl-parent                 noarch        1:0.225-244.el7            c7-media            12 k
 perl-podlators              noarch        2.5.1-3.el7                c7-media           112 k
 perl-threads                x86_64        1.87-4.el7                 c7-media            49 k
 perl-threads-shared         x86_64        1.43-6.el7                 c7-media            39 k
 vim-common                  x86_64        2:7.4.629-6.el7            c7-media           5.9 M
 vim-filesystem              x86_64        2:7.4.629-6.el7            c7-media            11 k

Transaction Summary
================================================================================================
```

图 2-42　安装依赖包

```
Installed:
  vim-enhanced.x86_64 2:7.4.629-6.el7                    zip.x86_64 0:3.0-11.el7

Dependency Installed:
  gpm-libs.x86_64 0:1.20.7-6.el7               perl.x86_64 4:5.16.3-295.el7
  perl-Carp.noarch 0:1.26-244.el7              perl-Encode.x86_64 0:2.51-7.el7
  perl-Exporter.noarch 0:5.68-3.el7            perl-File-Path.noarch 0:2.09-2.el7
  perl-File-Temp.noarch 0:0.23.01-3.el7        perl-Filter.x86_64 0:1.49-3.el7
  perl-Getopt-Long.noarch 0:2.40-3.el7         perl-HTTP-Tiny.noarch 0:0.033-3.el7
  perl-PathTools.x86_64 0:3.40-5.el7           perl-Pod-Escapes.noarch 1:1.04-295.el7
  perl-Pod-Perldoc.noarch 0:3.20-4.el7         perl-Pod-Simple.noarch 1:3.28-4.el7
  perl-Pod-Usage.noarch 0:1.63-3.el7           perl-Scalar-List-Utils.x86_64 0:1.27-248.el7
  perl-Socket.x86_64 0:2.010-5.el7             perl-Storable.x86_64 0:2.45-3.el7
  perl-Text-ParseWords.noarch 0:3.29-4.el7     perl-Time-HiRes.x86_64 4:1.9725-3.el7
  perl-Time-Local.noarch 0:1.2300-2.el7        perl-constant.noarch 0:1.27-2.el7
  perl-libs.x86_64 4:5.16.3-295.el7            perl-macros.x86_64 4:5.16.3-295.el7
  perl-parent.noarch 1:0.225-244.el7           perl-podlators.noarch 0:2.5.1-3.el7
  perl-threads.x86_64 0:1.87-4.el7             perl-threads-shared.x86_64 0:1.43-6.el7
  vim-common.x86_64 2:7.4.629-6.el7            vim-filesystem.x86_64 2:7.4.629-6.el7

Complete!
```

图 2-43　yum 安装软件完成

2.4.5　在 Linux 下安装 Java

由于 Hadoop 是基于 Java 语言开发的，所以 Hadoop 集群的使用依赖于 Java 环境。因此，在安装 Hadoop 集群前，我们需要先安装 Java，本书使用的 Java 开发工具包的版本为 JDK 1.8。

在 Linux 下安装 Java 的操作步骤如下。

1）上传 JDK 安装包至虚拟机 master，按“Ctrl+Alt+F”组合键，进入文件传输对话框，左侧为个人计算机的文件系统，右侧为 Linux 虚拟机的文件系统。在左侧的文件系统中查找到 jdk-8u281-linux-x64.rpm 安装包，右键单击该安装包，选择“传输 (T)”命令上传至 Linux 的 /opt 目录下，如图 2-44 所示。

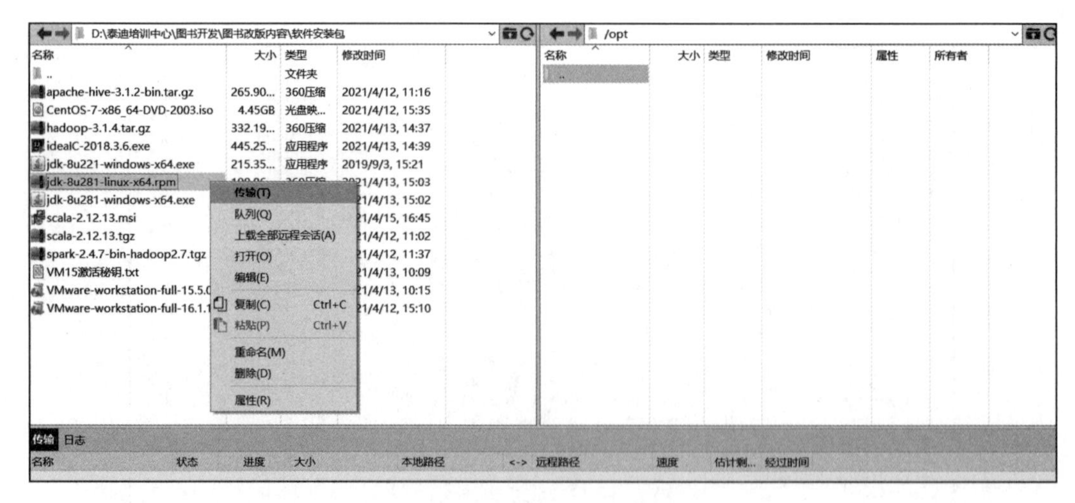

图 2-44　上传 JDK 安装包

2）切换至 /opt 目录并使用 rpm -ivh jdk-8u281-linux-x64.rpm 命令安装 JDK，如图 2-45 所示。

```
[root@master opt]# rpm -ivh jdk-8u281-linux-x64.rpm
warning: jdk-8u281-linux-x64.rpm: Header V3 RSA/SHA256 Signature, key ID ec551f03: NOKEY
Preparing...                          ################################# [100%]
Updating / installing...
   1:jdk1.8-2000:1.8.0_281-fcs        ################################# [100%]
Unpacking JAR files...
        tools.jar...
        plugin.jar...
        javaws.jar...
        deploy.jar...
        rt.jar...
        jsse.jar...
        charsets.jar...
        localedata.jar...
```

图 2-45　安装 JDK

3）验证 JDK 是否配置成功，使用 java -version 命令查看 Java 版本，结果如图 2-46 所示，说明 JDK 配置成功。

```
[root@master ~]# java -version
java version "1.8.0_281"
Java(TM) SE Runtime Environment (build 1.8.0_281-b09)
Java HotSpot(TM) 64-Bit Server VM (build 25.281-b09, mixed mode)
```

图 2-46　验证 JDK 配置成功

2.4.6　修改配置文件

创建及配置了虚拟机 master 后，即可在虚拟机 master 上进行 Hadoop 集群的相关配置，通过修改配置文件内容进行设置。首先需要将 Hadoop 安装包 hadoop-3.1.4.tar.gz 上传至虚拟机 master 的 /opt 目录下，使用 tar -zxf/opt/hadoop-3.1.4.tar.gz -C /usr/local 命令，将 Hadoop 安装包解压至 master 的 /usr/local 目录下。

进入 /usr/local/hadoop-3.1.4/etc/hadoop 目录，并修改 core-site.xml、hadoop-env.sh、yarn-env.sh、mapred-site.xml、yarn-site.xml、workers、hdfs-site.xml 共 7 个配置文件的内容，具体操作步骤如下。

1）修改 core-site.xml 文件。core-site.xml 是 Hadoop 的核心配置文件，用于配置两个属性，即 fs.defaultFS 和 hadoop.tmp.dir。fs.defaultFS 配置了 Hadoop 的 HDFS 文件系统的 NameNode 端口。注意：若 NameNode 所在的虚拟机名称不是"master"，则需要将"hdfs://master:8020"中的"master"替换为 NameNode 所在的虚拟机名称。hadoop.tmp.dir 配置了 Hadoop 的临时文件的目录。core-site.xml 文件添加的内容如代码清单 2-6 所示。

代码清单 2-6　core-site.xml 文件添加的内容

```
<configuration>
    <property>
    <name>fs.defaultFS</name>
        <value>hdfs://master:8020</value>
        </property>
    <property>
        <name>hadoop.tmp.dir</name>
        <value>/var/log/hadoop/tmp</value>
```

```
    </property>
</configuration>
```

2）修改 hadoop-env.sh 文件。hadoop-env.sh 文件设置了 Hadoop 运行基本环境的相关配置，需要修改 JDK 所在目录。因此，在该文件中，将 JAVA_HOME 的值修改为 JDK 在 Linux 系统中的安装目录，如代码清单 2-7 所示。

代码清单 2-7 修改 hadoop-env.sh

```
export JAVA_HOME=/usr/java/jdk1.8.0_281-amd64
```

3）修改 yarn-env.sh 文件。yarn-env.sh 文件设置了 YARN 框架运行环境的相关配置，同样需要修改 JDK 所在目录，如代码清单 2-8 所示。

代码清单 2-8 修改 yarn-env.sh 文件

```
# export JAVA_HOME=/home/y/libexec/jdk1.6.0/
export JAVA_HOME=/usr/java/jdk1.8.0_281-amd64
```

4）修改 mapred-site.xml 文件。mapred-site.xml 设置了 MapReduce 框架的相关配置，由于 Hadoop 3.x 使用了 YARN 框架，所以必须指定 mapreduce.framework.name 配置项的值为“yarn”。mapreduce.jobhistory.address 和 mapreduce.jobhistoryserver.webapp.address 是 JobHistoryserver 的相关配置，即运行 MapReduce 任务的日志相关服务端口。mapred-site.xml 文件添加的内容如代码清单 2-9 所示。

代码清单 2-9 mapred-site.xml 文件添加的内容

```
<configuration>
<property>
    <name>mapreduce.framework.name</name>
    <value>yarn</value>
</property>
<!-- jobhistory properties --><property>
    <name>mapreduce.jobhistory.address</name>
    <value>master:10020</value>
</property>
<property>
     <name>mapreduce.jobhistory.webapp.address</name>
     <value>master:19888</value>
</property>
</configuration>
```

5）修改 yarn-site.xml 文件。yarn-site.xml 文件设置了 YARN 框架的相关配置，文件中命名了一个 yarn.resourcemanager.hostname 变量，在 YARN 的相关配置中可以直接引用该变量，其他配置保持不变即可。yarn-site.xml 文件修改的内容如代码清单 2-10 所示。

代码清单 2-10 yarn-site.xml 文件修改的内容

```
<configuration>
```

```
<!-- Site specific YARN configuration properties -->
<property>
        <name>yarn.resourcemanager.hostname</name>
        <value>master</value>
    </property>
    <property>
        <name>yarn.resourcemanager.address</name>
        <value>${yarn.resourcemanager.hostname}:8032</value>
    </property>
    <property>
        <name>yarn.resourcemanager.scheduler.address</name>
        <value>${yarn.resourcemanager.hostname}:8030</value>
    </property>
    <property>
        <name>yarn.resourcemanager.webapp.address</name>
        <value>${yarn.resourcemanager.hostname}:8088</value>
    </property>
    <property>
        <name>yarn.resourcemanager.webapp.https.address</name>
        <value>${yarn.resourcemanager.hostname}:8090</value>
    </property>
    <property>
        <name>yarn.resourcemanager.resource-tracker.address</name>
        <value>${yarn.resourcemanager.hostname}:8031</value>
    </property>
    <property>
        <name>yarn.resourcemanager.admin.address</name>
        <value>${yarn.resourcemanager.hostname}:8033</value>
    </property>
    <property>
        <name>yarn.nodemanager.local-dirs</name>
        <value>/data/hadoop/yarn/local</value>
    </property>
    <property>
        <name>yarn.log-aggregation-enable</name>
        <value>true</value>
    </property>
    <property>
        <name>yarn.nodemanager.remote-app-log-dir</name>
        <value>/data/tmp/logs</value>
    </property>
<property>
    <name>yarn.log.server.url</name>
    <value>http://master:19888/jobhistory/logs/</value>
    <description>URL for job history server</description>
</property>
<property>
    <name>yarn.nodemanager.vmem-check-enabled</name>
        <value>false</value>
    </property>
```

```
<property>
        <name>yarn.nodemanager.aux-services</name>
        <value>mapreduce_shuffle</value>
    </property>
    <property>
        <name>yarn.nodemanager.aux-services.mapreduce.shuffle.class</name>
            <value>org.apache.hadoop.mapred.ShuffleHandler</value>
            </property>
<property>
            <name>yarn.nodemanager.resource.memory-mb</name>
            <value>2048</value>
</property>
<property>
            <name>yarn.scheduler.minimum-allocation-mb</name>
            <value>512</value>
</property>
<property>
            <name>yarn.scheduler.maximum-allocation-mb</name>
            <value>4096</value>
</property>
<property>
        <name>mapreduce.map.memory.mb</name>
        <value>2048</value>
</property>
<property>
        <name>mapreduce.reduce.memory.mb</name>
        <value>2048</value>
</property>
<property>
        <name>yarn.nodemanager.resource.cpu-vcores</name>
        <value>1</value>
</property>
</configuration>
```

6）修改 workers 文件。workers 文件保存的是从节点（slave 节点）的信息，在 workers 文件中添加的内容如代码清单 2-11 所示。

代码清单 2-11 workers 文件中添加的内容

```
slave1
slave2
slave3
```

7）修改 hdfs-site.xml 文件。hdfs-site.xml 设置了与 HDFS 相关的配置，例如 dfs.namenode.name.dir 和 dfs.datanode.data.dir 分别指定了 NameNode 元数据和 DataNode 数据存储位置。dfs.namenode.secondary.http-address 配置了 SecondaryNameNode 的地址。dfs.replication 配置了文件块的副本数，默认为 3 个副本，不作修改。hdfs-site.xml 文件修改的内容如代码清单 2-12 所示。

代码清单 2-12　hdfs-site.xml 文件修改的内容

```
<configuration>
<property>
    <name>dfs.namenode.name.dir</name>
    <value>file:///data/hadoop/hdfs/name</value>
</property>
<property>
    <name>dfs.datanode.data.dir</name>
    <value>file:///data/hadoop/hdfs/data</value>
</property>
<property>
     <name>dfs.namenode.secondary.http-address</name>
     <value>master:50090</value>
</property>
<property>
     <name>dfs.replication</name>
     <value>3</value>
</property>
</configuration>
```

为了防止 Hadoop 集群启动失败，需要修改 Hadoop 集群启动和关闭服务的文件。启动和关闭服务的文件在 /usr/local/hadoop-3.1.4/sbin/ 目录下，需要修改的文件分别是 start-dfs.sh、stop-dfs.sh、start-yarn.sh 和 stop-yarn.sh。

1）修改 start-dfs.sh 和 stop-dfs.sh，在 start-dfs.sh 和 stop-dfs.sh 文件开头添加如代码清单 2-13 所示的内容。

代码清单 2-13　start-dfs.sh 和 stop-dfs.sh 文件开头添加的内容

```
HDFS_DATANODE_USER=root
HADOOP_SECURE_DN_USER=hdfs
HDFS_NAMENODE_USER=root
HDFS_SECONDARYNAMENODE_USER=root
```

2）修改 start-yarn.sh 和 stop-yarn.sh，在 start-yarn.sh 和 stop-yarn.sh 文件开头添加如代码清单 2-14 所示的内容。

代码清单 2-14　start-yarn.sh 和 stop-yarn.sh 文件开头添加的内容

```
YARN_RESOURCEMANAGER_USER=root
HADOOP_SECURE_DN_USER=yarn
YARN_NODEMANAGER_USER=root
```

除此之外，还需要修改 /etc/hosts 文件。/etc/hosts 文件配置的是主机名与 IP 地址的映射。设置主机名与 IP 地址映射后，各主机之间通过主机名即可进行通信和访问，简化并方便了访问操作。本书搭建的 Hadoop 集群共有 4 个节点，集群的节点主机名及 IP 地址如图 2-6 所示，因此可在 /etc/hosts 文件的末尾添加如代码清单 2-15 所示的内容。

代码清单 2-15 /etc/hosts 文件末尾添加的内容

```
192.168.128.130 master master.centos.com
192.168.128.131 slave1 slave1.centos.com
192.168.128.132 slave2 slave2.centos.com
192.168.128.133 slave3 slave3.centos.com
```

2.4.7 克隆虚拟机

在虚拟机 master 上配置完成 Hadoop 集群相关配置后，我们需要克隆虚拟机 master，生成 3 个新的虚拟机 slave1、slave2、slave3。

在虚拟机 master 的安装目录 E:\VMware 下建立 3 个文件 slave1、slave2、slave3。下面以克隆 master 生成虚拟机 slave1 为例详细介绍虚拟机的克隆过程。

1）右键单击虚拟机 master，依次选择“管理”→“克隆”命令，进入“克隆虚拟机向导”的界面，直接单击“下一步”按钮。

2）选择克隆源，选择“虚拟机中的当前状态 (C)”单选按钮，如图 2-47 所示。

3）选择“创建完整克隆 (F)”单选按钮，并单击“下一步”按钮，如图 2-48 所示。

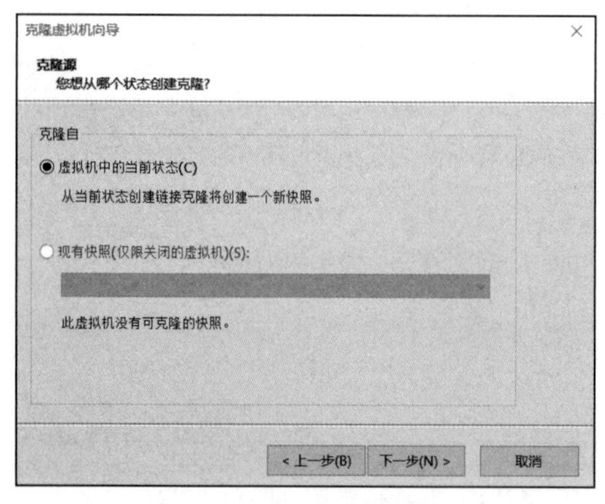

图 2-47 选择克隆源

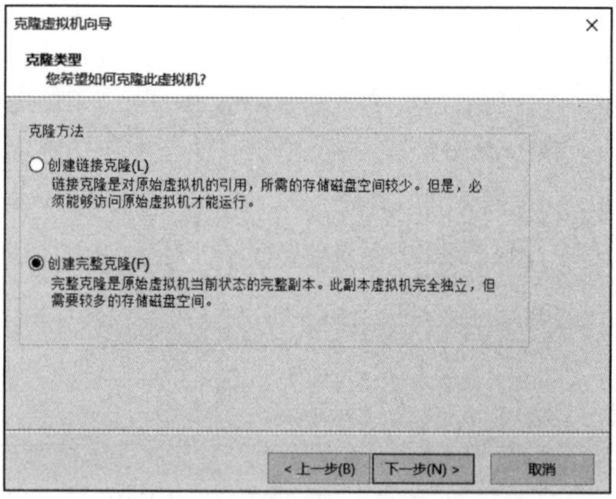

图 2-48 选择克隆类型

4）设置新虚拟机的名称为“slave1”，选择该虚拟机的安装位置为“E:\VMware\slave1”，如图 2-49 所示，单击“完成”按钮，虚拟机开始克隆，最后单击“关闭”按钮，如图 2-50 所示，完成虚拟机的克隆。

5）开启 slave1 虚拟机修改相关配置。因为 slave1 虚拟机是由 master 虚拟机克隆产生的，即虚拟机配置与虚拟机 master 一致，所以需要修改 slave1 的相关配置，修改过程如下。

修改 /etc/sysconfig/network-scripts/ifcfg-ens33 文件，将 IPADDR 的值修改为“192.168.128.131”，如代码清单 2-16 所示，修改好后保存并退出。

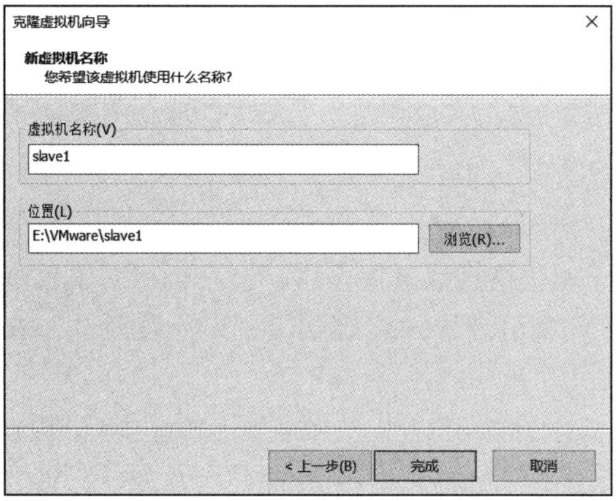

图 2-49　新建虚拟机名称

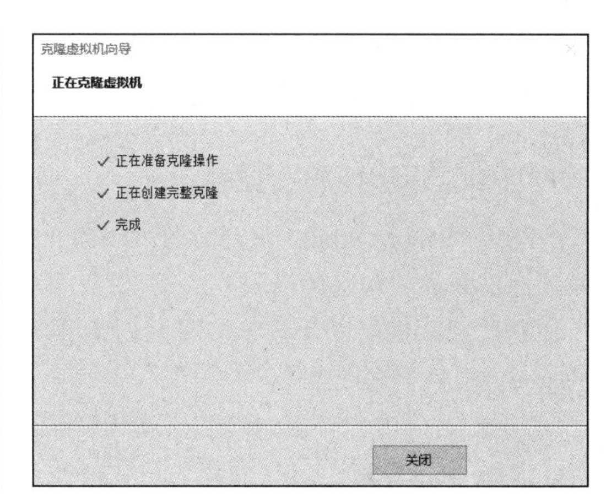

图 2-50　克隆虚拟机完成

代码清单 2-16　修改 slave1 的 ifcfg-ens33 文件的 IPADDR

```
IPADDR=192.168.128.131
```

重启网络服务并查看 IP 是否修改成功，如代码清单 2-17 所示。

代码清单 2-17　重启网络服务和查看 IP

```
# 重启网络服务
systemctl restart network
# 查看 IP
ip addr
```

因为 slave1 是 master 的克隆虚拟机，所以需要修改主机名称为 slave1，如代码清单 2-18 所示。

代码清单 2-18　修改 slave1 的主机名称

```
# 修改 slave1 的主机名称
hostnamectl set-hostname slave1
```

使用 reboot 命令重新启动虚拟机。

验证 slave1 是否配置成功。在 master 节点中，执行 ping slave1 命令，若出现如图 2-51 所示界面，说明 slave1 配置成功。

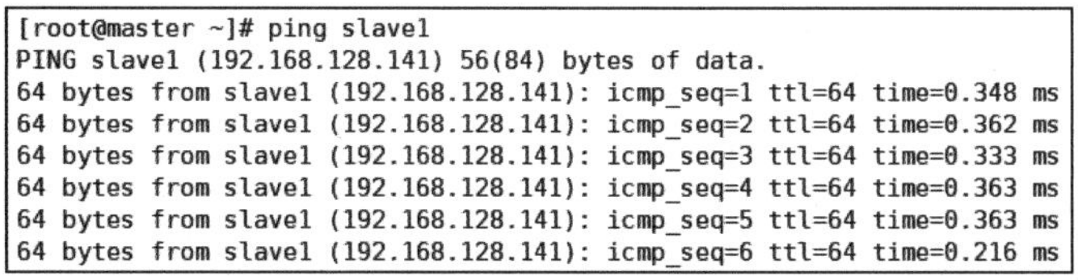

```
[root@master ~]# ping slave1
PING slave1 (192.168.128.141) 56(84) bytes of data.
64 bytes from slave1 (192.168.128.141): icmp_seq=1 ttl=64 time=0.348 ms
64 bytes from slave1 (192.168.128.141): icmp_seq=2 ttl=64 time=0.362 ms
64 bytes from slave1 (192.168.128.141): icmp_seq=3 ttl=64 time=0.333 ms
64 bytes from slave1 (192.168.128.141): icmp_seq=4 ttl=64 time=0.363 ms
64 bytes from slave1 (192.168.128.141): icmp_seq=5 ttl=64 time=0.363 ms
64 bytes from slave1 (192.168.128.141): icmp_seq=6 ttl=64 time=0.216 ms
```

图 2-51　在 master 下 ping slave1

6）重复步骤1）～5），继续克隆master虚拟机生成slave2、slave3虚拟机，并修改slave2、slave3虚拟机的相关配置。

2.4.8 配置SSH免密登录

SSH（Secure Shell）是建立在TCP/TP的应用层和传输层基础上的安全协议。SSH保障了远程登录和网络传输服务的安全性，起到了防止信息泄露等作用。SSH可以对文件进行加密处理，也可以运行于多平台。配置SSH无密码登录的步骤如下，所有步骤均是在master虚拟机上进行操作。

1）密钥分为公有密钥和私有密钥，ssh-keygen命令可以生成RSA类型的公钥与私钥对。使用ssh-keygen -t rsa命令，参数 -t用于指定要创建的SSH密钥的类型为RSA，接着按3次“Enter”键，如图2-52所示，将生成私有密钥id_rsa和公有密钥id_rsa.pub两个文件。

```
[root@master ~]# ssh-keygen -t rsa
Generating public/private rsa key pair.
Enter file in which to save the key (/root/.ssh/id_rsa):
Created directory '/root/.ssh'.
Enter passphrase (empty for no passphrase):
Enter same passphrase again:
Your identification has been saved in /root/.ssh/id_rsa.
Your public key has been saved in /root/.ssh/id_rsa.pub.
The key fingerprint is:
03:a0:69:1d:c8:05:8d:60:ab:41:f6:7f:4f:44:43:44 root@master.centos.com
The key's randomart image is:
+--[ RSA 2048]----+
|.*.*+    +E      |
|+ *+.o   . .     |
|..+.. .   .      |
|.o  .   ..       |
|.     . .S.      |
|       . o.      |
|          .      |
|                 |
|                 |
+-----------------+
```

图2-52 生成公钥与私钥对

2）使用ssh-copy-id命令将公钥复制到远程机器中，如代码清单2-19所示。

代码清单2-19 将公钥复制到远程机器中

```
# 依次输入yes,123456(root用户的密码)
ssh-copy-id -i /root/.ssh/id_rsa.pub master
ssh-copy-id -i /root/.ssh/id_rsa.pub slave1
ssh-copy-id -i /root/.ssh/id_rsa.pub slave2
ssh-copy-id -i /root/.ssh/id_rsa.pub slave3
```

3）验证SSH是否能够无密钥登录。在master主节点下分别输入“ssh slave1”“ssh slave2”“ssh slave3”，结果如图2-53所示，说明配置SSH免密码登录成功。

```
[root@master ~]# ssh slave1
Last login: Fri Apr 28 23:51:32 2017 from 192.168.128.1
[root@slave1 ~]# exit
logout
Connection to slave1 closed.
[root@master ~]# ssh slave2
Last login: Tue Apr 25 18:04:44 2017 from 192.168.128.1
[root@slave2 ~]# exit
logout
Connection to slave2 closed.
[root@master ~]# ssh slave3
Last login: Tue Apr 25 18:04:49 2017 from 192.168.128.1
[root@slave3 ~]# exit
logout
Connection to slave3 closed.
```

图 2-53　验证 SSH 无密钥登录

2.4.9　配置时间同步服务

NTP 是使计算机时间同步化的一种协议，可以使计算机对其服务器或时钟源进行同步化，提供高精准度的时间校正。Hadoop 集群对时间要求很高，主节点与各从节点的时间都必须同步。配置时间同步服务主要是为了进行集群间的时间同步。Hadoop 集群配置时间同步服务的步骤如下。

1）安装 NTP 服务。2.4.4 节中已经配置了本地 yum 源，这里可以直接使用 yum 安装 NTP 服务。在各节点使用 yum install -y ntp 命令，若出现了“Complete”信息，则说明安装 NTP 服务成功。若安装出现问题，则需要重新挂载本地 yum 源操作，使用 mount /dev/sr0 /media 命令。

2）设置 master 节点为 NTP 服务主节点，使用 vim /etc/ntp.conf 命令打开 /etc/ntp.conf 文件，注释掉以 server 开头的行，并添加如代码清单 2-20 所示的内容。

代码清单 2-20　master 节点的 ntp.conf 文件添加的内容

```
restrict 192.168.0.0 mask 255.255.255.0 nomodify notrap
server 127.127.1.0
fudge 127.127.1.0 stratum 10
```

3）分别在 slave1、slave2、slave3 中配置 NTP 服务，同样修改 /etc/ntp.conf 文件，注释掉 server 开头的行，并添加如代码清单 2-21 所示的内容。

代码清单 2-21　子节点的 ntp.conf 文件添加的内容

```
server master
```

4）使用 systemctl stop firewalld 和 systemctl disable firewalld 命令关闭防火墙并禁止开机自动启动防火墙。注意，主节点和从节点均需要关闭。

5）启动 NTP 服务。NTP 服务安装完成后即可启动 NTP 服务。

在 master 节点使用 systemctl start ntpd 和 systemctl enable ntpd 命令，再使用 systemctl status ntpd 命令查看 NTP 服务状态，如图 2-54 所示，出现 active(running) 信息，说明 NTP

服务启动成功。

```
[root@master ~]# systemctl status ntpd
● ntpd.service - Network Time Service
   Loaded: loaded (/usr/lib/systemd/system/ntpd.service; enabled; vendor preset: disable
d)
   Active: active (running) since 三 2021-06-23 14:50:10 CST; 20s ago
 Main PID: 3159 (ntpd)
   CGroup: /system.slice/ntpd.service
           └─3159 /usr/sbin/ntpd -u ntp:ntp -g

6月 23 14:50:10 master ntpd[3159]: Listen and drop on 1 v6wildcard :: UDP 123
6月 23 14:50:10 master ntpd[3159]: Listen normally on 2 lo 127.0.0.1 UDP 123
6月 23 14:50:10 master ntpd[3159]: Listen normally on 3 ens33 192.168.128.130 UDP 123
6月 23 14:50:10 master ntpd[3159]: Listen normally on 4 lo ::1 UDP 123
6月 23 14:50:10 master ntpd[3159]: Listen normally on 5 ens33 fe80::f943:325d:91d...123
6月 23 14:50:10 master ntpd[3159]: Listening on routing socket on fd #22 for inte...tes
6月 23 14:50:10 master ntpd[3159]: 0.0.0.0 c016 06 restart
6月 23 14:50:10 master ntpd[3159]: 0.0.0.0 c012 02 freq_set kernel 0.000 PPM
6月 23 14:50:10 master ntpd[3159]: 0.0.0.0 c011 01 freq_not_set
6月 23 14:50:12 master ntpd[3159]: 0.0.0.0 c514 04 freq_mode
Hint: Some lines were ellipsized, use -l to show in full.
```

图 2-54 查看 NTP 服务状态

分别在 slave1、slave2、slave3 节点上使用 ntpdate master 命令，即可同步时间，如图 2-55 所示。

```
[root@slave1 ~]# ntpdate master
23 Jun 14:54:21 ntpdate[3551]: adjust time server 192.168.128.130 offset 0.000011 sec
```

图 2-55 子节点执行 ntpdate master 命令

分别在 slave1、slave2、slave3 节点上分别使用 systemctl start ntpd 和 systemctl enable ntpd 命令，即可永久启动 NTP 服务，使用 systemctl status ntpd 命令查看 NTP 服务状态，如图 2-56 所示，出现 active(running) 信息，说明该子节点的 NTP 服务也启动成功。

```
[root@slave1 ~]# systemctl status ntpd
● ntpd.service - Network Time Service
   Loaded: loaded (/usr/lib/systemd/system/ntpd.service; enabled; vendor preset: disable
d)
   Active: active (running) since 三 2021-06-23 14:55:33 CST; 46s ago
  Process: 3621 ExecStart=/usr/sbin/ntpd -u ntp:ntp $OPTIONS (code=exited, status=0/SUCC
ESS)
 Main PID: 3622 (ntpd)
   CGroup: /system.slice/ntpd.service
           └─3622 /usr/sbin/ntpd -u ntp:ntp -g

6月 23 14:55:33 slave1 ntpd[3622]: Listen and drop on 0 v4wildcard 0.0.0.0 UDP 123
6月 23 14:55:33 slave1 ntpd[3622]: Listen and drop on 1 v6wildcard :: UDP 123
6月 23 14:55:33 slave1 ntpd[3622]: Listen normally on 2 lo 127.0.0.1 UDP 123
6月 23 14:55:33 slave1 ntpd[3622]: Listen normally on 3 ens33 192.168.128.131 UDP 123
6月 23 14:55:33 slave1 ntpd[3622]: Listen normally on 4 lo ::1 UDP 123
6月 23 14:55:33 slave1 ntpd[3622]: Listen normally on 5 ens33 fe80::1ab:4854:a21d...123
6月 23 14:55:33 slave1 ntpd[3622]: Listening on routing socket on fd #22 for inte...tes
6月 23 14:55:33 slave1 ntpd[3622]: 0.0.0.0 c016 06 restart
6月 23 14:55:33 slave1 ntpd[3622]: 0.0.0.0 c012 02 freq_set kernel 0.000 PPM
6月 23 14:55:33 slave1 ntpd[3622]: 0.0.0.0 c011 01 freq_not_set
Hint: Some lines were ellipsized, use -l to show in full.
```

图 2-56 子节点启动 NTP 服务

2.4.10 启动关闭集群

完成 Hadoop 的所有配置后，即可执行格式化 NameNode 操作。该操作会在 NameNode 所在机器初始化一些 HDFS 的相关配置，并且只需在集群搭建过程中执行一次，执行格式化之前可以先配置环境变量。

在 master、slave1、slave2、slave3 节点上修改 /etc/profile 文件，在文件末尾添加如代码清单 2-22 所示的内容，保存并退出，然后使用 source /etc/profile 命令使配置生效。

代码清单 2-22 /etc/profile 文件末尾添加的内容

```
export HADOOP_HOME=/usr/local/hadoop-3.1.4
export PATH=$HADOOP_HOME/bin:$PATH:$JAVA_HOME/bin
```

格式化只需使用 hdfs namenode -format 命令，若出现“ Storage directory /data/hadoop/hdfs/name has been successfully formatted”提示，则表示格式化 NameNode 成功，如图 2-57 所示。

```
17/04/29 00:58:45 INFO util.GSet: Computing capacity for map NameNodeRetryCache
17/04/29 00:58:45 INFO util.GSet: VM type       = 64-bit
17/04/29 00:58:45 INFO util.GSet: 0.029999999329447746% max memory 966.7 MB = 297.0 KB
17/04/29 00:58:45 INFO util.GSet: capacity      = 2^15 = 32768 entries
17/04/29 00:58:45 INFO namenode.NNConf: ACLs enabled? false
17/04/29 00:58:45 INFO namenode.NNConf: XAttrs enabled? true
17/04/29 00:58:45 INFO namenode.NNConf: Maximum size of an xattr: 16384
17/04/29 00:58:45 INFO namenode.FSImage: Allocated new BlockPoolId: BP-299710164-192.168.128.130-1493398725649
17/04/29 00:58:45 INFO common.Storage: Storage directory /data/hadoop/hdfs/name has been successfully formatted.
17/04/29 00:58:46 INFO namenode.NNStorageRetentionManager: Going to retain 1 images with txid >= 0
17/04/29 00:58:46 INFO util.ExitUtil: Exiting with status 0
17/04/29 00:58:46 INFO namenode.NameNode: SHUTDOWN_MSG:
/************************************************************
SHUTDOWN_MSG: Shutting down NameNode at master.centos.com/192.168.128.130
************************************************************/
```

图 2-57 格式化成功提示

格式化完成后即可启动 Hadoop 集群，此时只需要在 master 节点直接进入 Hadoop 安装目录，使用代码清单 2-23 所示的命令即可启动 Hadoop 集群。

代码清单 2-23 启动集群命令

```
cd $HADOOP_HOME        # 进入 Hadoop 安装目录
sbin/start-dfs.sh      # 启动 HDFS 相关服务
sbin/start-yarn.sh     # 启动 YARN 相关服务
sbin/mr-jobhistory-daemon.sh start historyserver  # 启动日志相关服务
```

集群启动之后，在主节点 master，子节点 slave1、slave2、slave3 分别使用 jps 命令，出现如图 2-58 所示的信息，说明集群启动成功。

```
[root@master sbin]# jps
2967 NameNode
3498 ResourceManager
3245 SecondaryNameNode
3853 Jps
[root@master sbin]# ssh slave1
Last login: Thu Apr 15 10:59:14 2021 from 192.168.128.1
[root@slave1 ~]# jps
7555 DataNode
7732 Jps
7655 NodeManager
```

图 2-58 集群启动成功

同理，关闭集群也只需要在 master 节点直接进入 Hadoop 安装目录，使用代码清单 2-24 所示的命令即可。

代码清单 2-24 关闭集群命令

```
cd $HADOOP_HOME  # 进入 Hadoop 安装目录
sbin/stop-yarn.sh  # 关闭 YARN 相关服务
sbin/stop-dfs.sh  # 关闭 HDFS 相关服务
sbin/mr-jobhistory-daemon.sh stop historyserver  # 关闭日志相关服务
```

2.5 Hadoop HDFS 文件操作命令

对于 HDFS 文件系统的基本操作，可以通过 HDFS 命令行实现。在集群服务器的终端，通过 hdfs dfs 命令即可完成对 HDFS 目录及文件的管理操作，包括创建目录、上传与下载文件、查看文件内容、删除文件等。

2.5.1 创建目录

在集群服务器的终端，输入 hdfs dfs 命令，按 Enter 键回车后将看到 hdfs dfs 相关命令的帮助，其中的 [-mkdir [-p] <path>...] 即可用于创建目录，参数 <path> 可用于指定创建的新目录。在 HDFS 中创建 /user/dfstest 目录，如代码清单 2-25 所示。

代码清单 2-25 创建目录命令

```
hdfs dfs -mkdir /user/dfstest
```

查看在 HDFS 文件目录 /user/ 下的文件列表，结果如图 2-59 所示，可查看到新创建的目录。

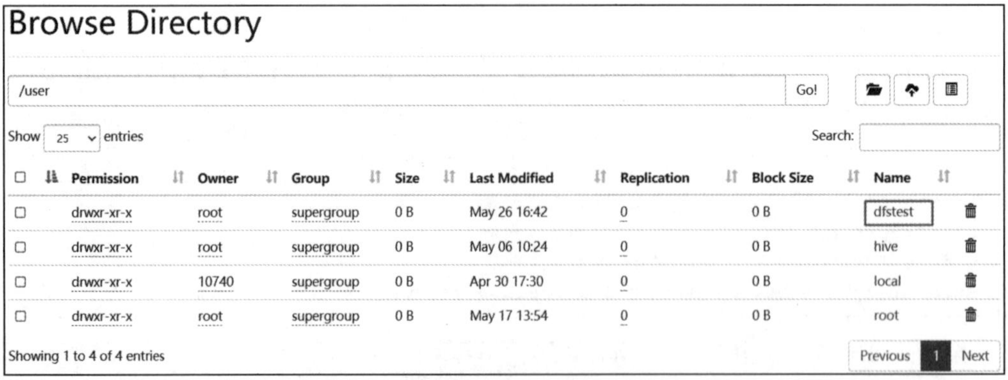

Browse Directory

/user Go!

Show 25 entries Search:

Permission	Owner	Group	Size	Last Modified	Replication	Block Size	Name
drwxr-xr-x	root	supergroup	0 B	May 26 16:42	0	0 B	dfstest
drwxr-xr-x	root	supergroup	0 B	May 06 10:24	0	0 B	hive
drwxr-xr-x	10740	supergroup	0 B	Apr 30 17:30	0	0 B	local
drwxr-xr-x	root	supergroup	0 B	May 17 13:54	0	0 B	root

Showing 1 to 4 of 4 entries Previous 1 Next

图 2-59 创建新目录

使用 hdfs dfs -mkdir <path> 命令只能逐级地创建目录，如果父目录不存在，那么使用该命令将会报错。例如，创建 /user/test/example 目录，若 example 的父目录 test 不存在，则执行 hdfs dfs -mkdir /user/test/example 命令将会报错。若加上参数 -p，则可以同时创建多级目录，如代码清单 2-26 所示，同时创建父目录 test 和子目录 example。

代码清单 2-26　创建多级目录

```
hdfs dfs -mkdir -p /user/test/example
```

2.5.2　上传和下载文件

创建了新目录 /user/dfstest 后，即可向该目录上传文件。通过 hdfs dfs 命令查看上传文件操作的相关命令帮助，如表 2-6 所示。

表 2-6　文件上传命令

命令	说明
hdfs dfs [-copyFromLocal [-f] [-p] [-l] <localsrc> ... <dst>]	将文件从本地文件系统复制到 HDFS 文件系统，主要参数 <localsrc> 为本地文件路径，<dst> 为复制的目标路径
hdfs dfs [-moveFromLocal <localsrc> ... <dst>]	将文件从本地文件系统移动到 HDFS 文件系统，主要参数 <localsrc> 为本地文件路径，<dst> 为移动的目标路径
hdfs dfs [-put [-f] [-p] [-l] <localsrc> ... <dst>]	将文件从本地文件系统上传到 HDFS 文件系统，主要参数 <localsrc> 为本地文件路径，<dst> 为上传的目标路径

有一份关于英文语句的文件 a.txt，文件内容如表 2-7 所示。将 a.txt 文件上传至 master 中。以 master 中的 a.txt 文件为例，我们分别使用如表 2-6 所示的 3 个命令将 master 中的本地文件 a.txt 上传至 HDFS 的 /user/dfstest 目录下，如代码清单 2-27 所示，其中最后两个命令对上传至 HDFS 的文件进行了重命名。

表 2-7　a.txt

I have a pen
I have an apple

代码清单 2-27　文件上传命令

```
hdfs dfs -copyFromLocal a.txt /user/dfstest
hdfs dfs -put a.txt /user/dfstest/c.txt
hdfs dfs -moveFromLocal a.txt /user/dfstest/b.txt
```

执行代码清单 2-27 后，在 /user/dfstest 目录下可以看到如图 2-60 所示的 3 个文件。注意，在代码清单 2-27 所示的第 3 条命令中，moveFromLocal 选项是将本地文件移动到 HDFS，即执行命令后 Linux 系统本地文件 a.txt 将被删除。

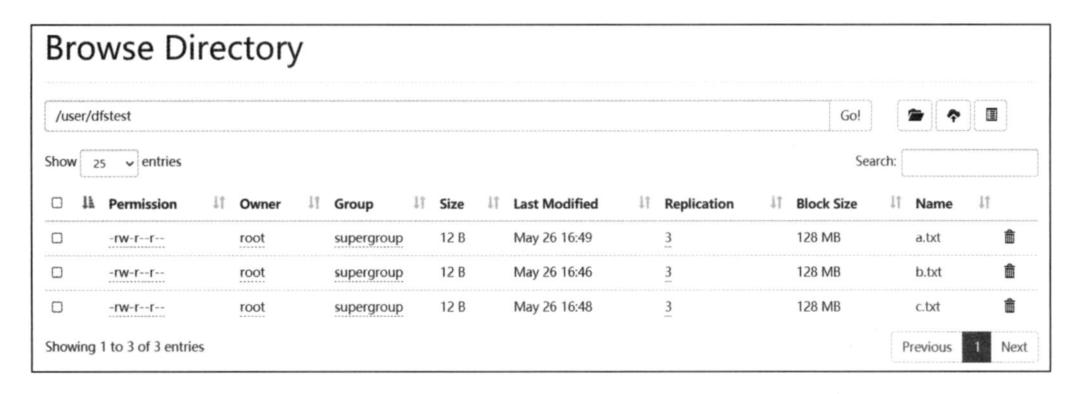

图 2-60　文件上传后的结果

同理，通过 hdfs dfs 命令可以查看下载文件操作的相关命令帮助，如表 2-8 所示。

表 2-8 文件下载命令

命令	说明
hdfs dfs [-copyToLocal [-p] [-ignoreCrc] [-crc] <src>... <localdst>]	将文件从 HDFS 文件系统复制到本地文件系统，主要参数 <src> 为 HDFS 文件系统路径，<localdst> 为本地文件系统路径
hdfs dfs [-get [-p] [-ignoreCrc] [-crc] <src>...<localdst>]	获取 HDFS 文件系统上指定路径的文件到本地文件系统，主要参数 <src> 为 HDFS 文件系统路径，<localdst> 为本地文件系统路径

分别使用表 2-8 中的两个命令下载 HDFS 的 /user/dfstest 目录中的 a.txt 和 c.txt 文件至 Linux 本地目录 /data/hdfs_test/ 中，如代码清单 2-28 所示。

代码清单 2-28 文件下载命令

```
hdfs dfs -copyToLocal /user/dfstest/a.txt /data/hdfs_test/
hdfs dfs -get /user/dfstest/c.txt /data/hdfs_test/
```

2.5.3 查看文件内容

当用户想查看某个文件内容时，可以直接使用 HDFS 命令。HDFS 提供了两种查看文件内容的命令，如表 2-9 所示。

表 2-9 查看文件内容命令

命令	说明
hdfs dfs [-cat [-ignoreCrc] <src> ...]	查看 HDFS 文件内容，主要参数 <src> 用于指定文件路径
hdfs dfs [-tail [-f] <file>]	输出 HDFS 文件最后 1024 字节，主要参数 <file> 用于指定文件

分别使用表 2-9 中的两种命令查看 HDFS 的 /user/dfstest 目录下的 a.txt 和 b.txt 文件的具体内容，如代码清单 2-29 所示。

代码清单 2-29 查看文件内容命令

```
hdfs dfs -cat /user/dfstest/a.txt
hdfs dfs -tail /user/dfstest/b.txt
```

执行结果如图 2-61 所示。

```
[root@master hdfs_test]# hdfs dfs -cat /user/dfstest/a.txt
I have a pen
I have an apple
[root@master hdfs_test]# hdfs dfs -tail /user/dfstest/b.txt
I have a pen
I have an apple
```

图 2-61 查看文件内容命令

2.5.4 删除文件或目录

当 HDFS 上的某个文件或目录被确认不再需要时，可以选择删除，释放 HDFS 的存储空间。在 HDFS 的命令帮助文档中，HDFS 主要提供了两种删除文件或目录的命令，如表 2-10 所示。

表 2-10 删除文件命令

<table>
<tr><th>命令</th><th>说明</th></tr>
<tr><td>hdfs dfs [-rm [-f] [-r|-R] [-skipTrash] <src> ...]</td><td>删除 HDFS 上的文件，主要参数 -r 用于递归删除，<src> 用于指定删除文件的路径</td></tr>
<tr><td>hdfs dfs [-rmdir [--ignore-fail-on-non-empty] <dir> ...]</td><td>若删除的是一个目录，则可以用该方法，主要参数 <dir> 用于指定目录路径</td></tr>
</table>

先在 HDFS 的 /user/dfstest 目录下创建一个测试目录 rmdir，再使用如表 2-10 所示的两种命令分别删除 /user/dfstest 目录下的 c.txt 文件和新创建的 rmdir 目录，如代码清单 2-30 所示。

代码清单 2-30 删除文件命令

```
hdfs dfs -mkdir /user/dfstest/rmdir
hdfs dfs -rm /user/dfstest/c.txt
hdfs dfs -rmdir /user/dfstest/rmdir
```

在执行删除命令后，查看 HDFS 的 /user/dfstest 目录下的内容，结果如图 2-62 所示，说明已成功删除 c.txt 文件和 rmdir 目录。

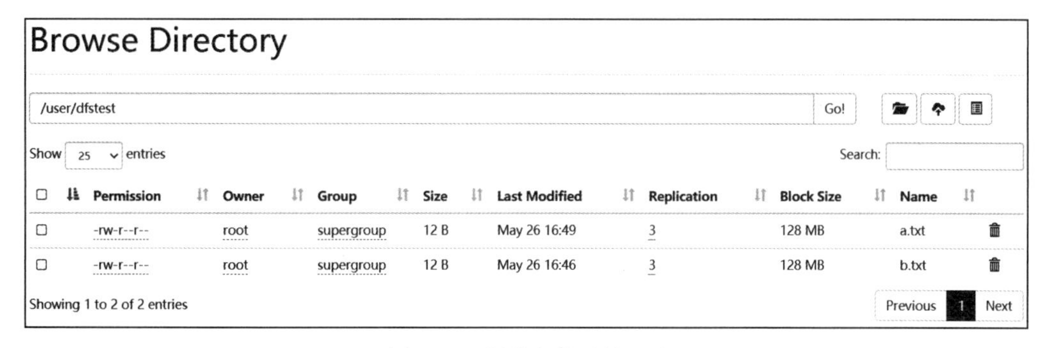

图 2-62 删除文件后的目录

2.6 Hadoop MapReduce 编程开发

Hadoop 的核心数据处理框架是 MapReduce，该框架能为海量的数据提供计算处理。本节就 MapReduce 开发相关内容进行分析，包括使用 IDEA 开发工具搭建 MapReduce 环境以及通过源码认识 MapReduce 编程。

2.6.1 使用 IDEA 搭建 MapReduce 开发环境

Hadoop 框架是基于 Java 语言开发的，而 IntelliJ IDEA 是一个常用的 Java 集成开发工具，因此通常选用 IntelliJ IDEA 作为 MapReduce 的编程工具。为了能够成功地进行 MapReduce 编程，本节将首先在本机系统（通常为 Windows 系统）中安装 Java，再安装 IntelliJ IDEA 工具，然后使用 IntelliJ IDEA 创建一个 MapReduce 工程，并配置 MapReduce 集成环境。

1. 在 Windows 下安装 Java

JDK 是 Java 语言的软件开发工具包，主要用于移动设备、嵌入式设备上的 Java 应用程序。JDK 是整个 Java 开发的核心，包含 Java 的运行环境、Java 工具和 Java 基础的类库。因为本书后续的 Hadoop 开发是基于 Java 语言的，所以需要在 Windows 下安装 JDK。具体安装步骤如下。

1）双击“jdk-8u281-windows-x64.exe”可执行文件，单击“下一步”按钮，如图 2-63 所示。

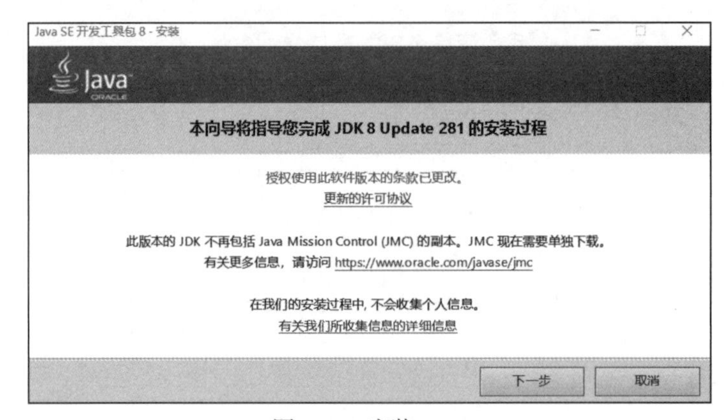

图 2-63　安装 JDK

2）更改安装目录。单击“更改”按钮，自主选定一个目录，如图 2-64 所示，等待 JDK 安装完成即可。

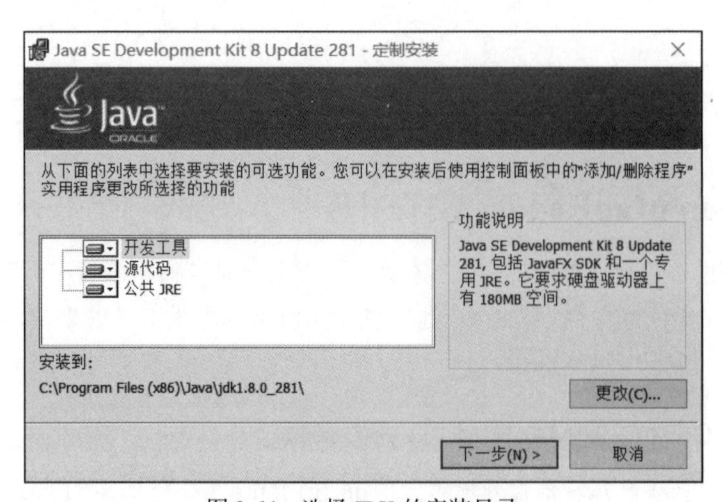

图 2-64　选择 JDK 的安装目录

3）待 JDK 安装完毕时，系统将弹出安装 JRE 的提示窗口，根据自己的需要更改 JRE 的安装目录即可。需要注意的是，JDK 和 JRE 的安装目录最好在同一个文件夹下，比如都在 C:\Program Files\java\ 目录下，如图 2-65 所示，单击“下一步”按钮进行 JRE 的安装。JRE 安装完成之后单击“关闭”按钮即可。

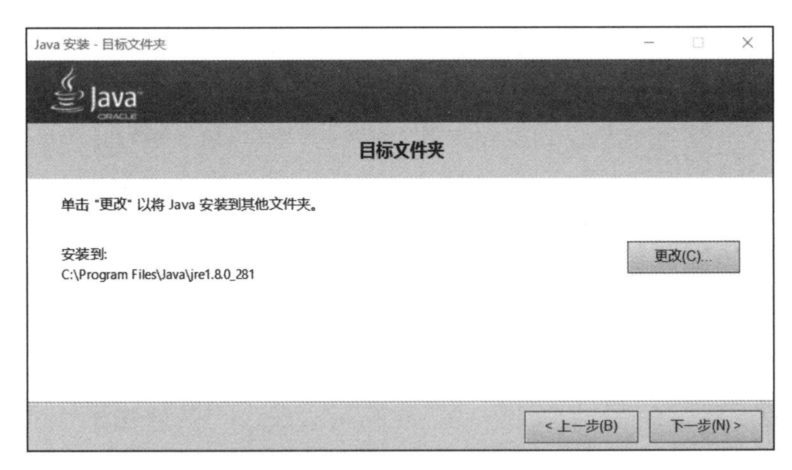

图 2-65　选择 JRE 的安装目录

4）配置环境变量。

安装完 Java 后，需要在 Windows 系统配置环境变量，只有配置了环境变量，Java 才能正常使用。

右键单击“此电脑”桌面快捷方式，选择“属性”选项，在出现的系统设置窗口中选择“高级系统设置”选项，进入“系统属性”对话框，单击“环境变量”按钮，出现“环境变量”对话框，如图 2-66 和图 2-67 所示。

图 2-66　“系统属性”对话框

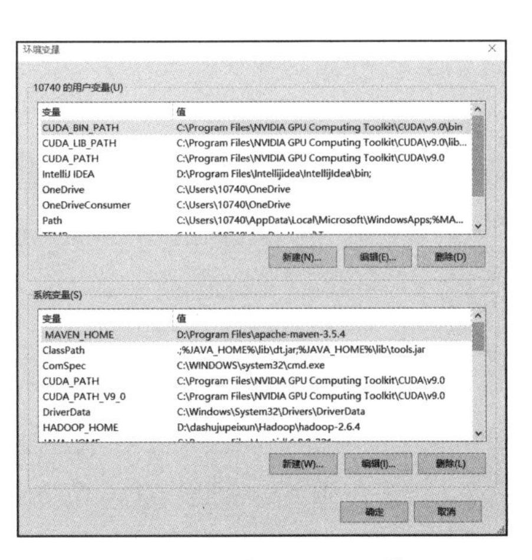

图 2-67　“环境变量”对话框

新建 JAVA_HOME 变量，在变量值中输入 JDK 安装路径，如图 2-68 所示。

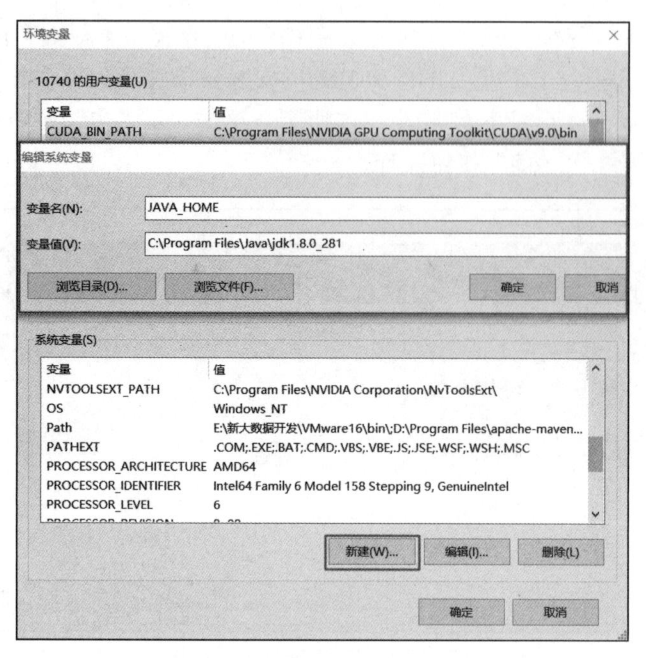

图 2-68 新建 JAVA_HOME 变量

在“系统变量”中找到 Path 变量，单击“编辑”按钮，在弹出的“编辑环境变量”界面单击“新建”按钮，输入变量值“%JAVA_HOME%\bin”。再次单击“新建”按钮，输入变量值“%JAVA_HOME%\jre\bin”，最后单击“确定”按钮完成配置，如图 2-69 和图 2-70 所示。

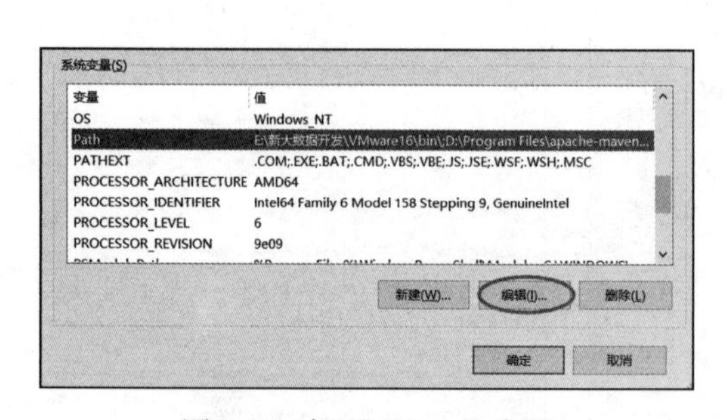

图 2-69 打开“Path”变量

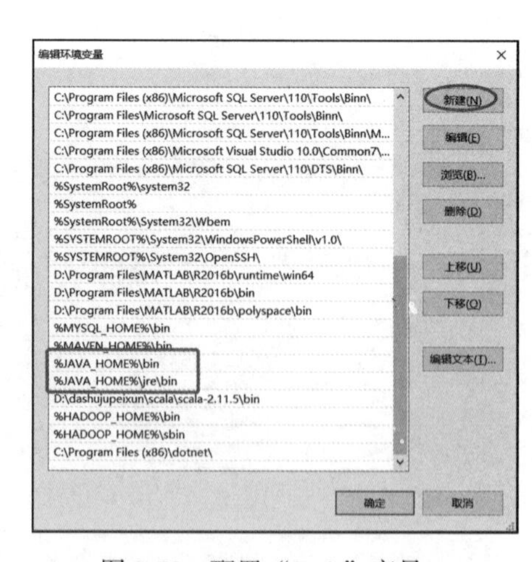

图 2-70 配置“Path”变量

在“系统变量”下方单击“新建”按钮，输入变量名 CLASSPATH，再输入变量值“.;%JAVA_HOME%\lib\dt.jar;%JAVA_HOME%\lib\tools.jar”，如图 2-71 所示。

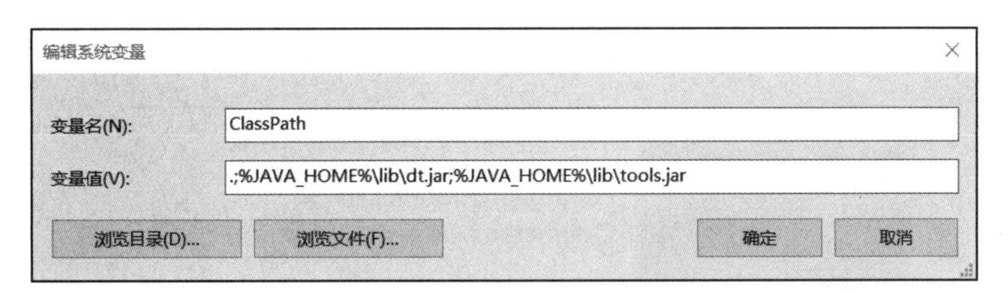

图 2-71　配置“Path”变量

测试环境变量是否配置成功。打开“命令提示符”应用（在键盘上按住 win+R，输入 cmd，点击“确定”按钮），输入 java -version 命令查看 Java 版本，出现如图 2-72 所示的信息，说明安装配置成功。

```
C:\Users\10740>java -version
java version "1.8.0_281"
Java(TM) SE Runtime Environment (build 1.8.0_281-b11)
Java HotSpot(TM) 64-Bit Server VM (build 25.281-b11, mixed mode)
```

图 2-72　测试 Java 安装

2. 下载与安装 IntelliJ IDEA

IntelliJ IDEA 是一个常用的 Java 集成开发工具，本书将使用 IDEA 作为 Hadoop 编程的开发工具。IDEA 的下载和安装步骤如下。

1）下载安装包。在官网 https://www.jetbrains.com/ 可以下载 IntelliJ IDEA 的安装包 ideaIC-2018.3.6.exe（Community 版），社区版是免费开源的，当然也可以购买发行版。

2）安装 IntelliJ IDEA。双击下载的安装包“ideaIC-2018.3.6.exe”，在弹出的界面中单击“Next”按钮，弹出如图 2-73 所示界面。设置好安装目录后，单击“Next”按钮。

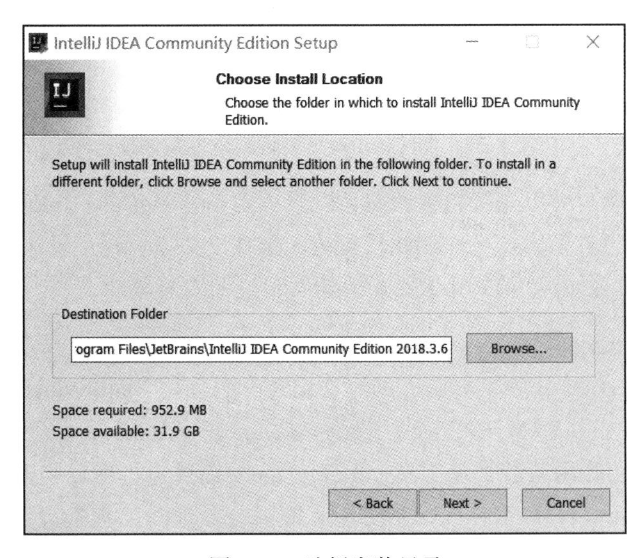

图 2-73　选择安装目录

弹出如图 2-74 所示的界面，单击“Finish”按钮完成安装。

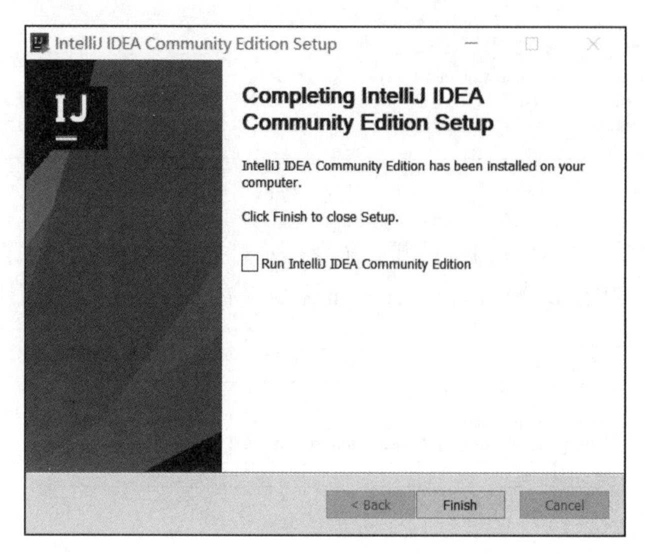

图 2-74 安装完成

3）启动 IntelliJ IDEA。双击生成的桌面图标或选择“开始”→“JetBrains”→“IntelliJ IDEA Community Edition 2018.3.6”命令，运行 IntelliJ IDEA，弹出询问是否导入以前设定的对话框，选择不导入，如图 2-75 所示，单击“OK”按钮进入下一步。

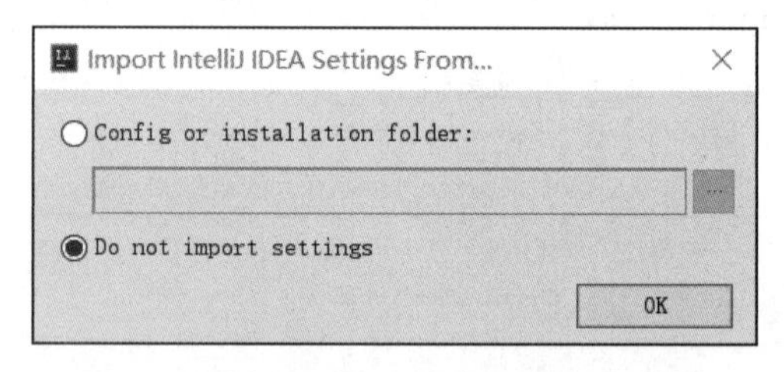

图 2-75 询问是否导入以前设定的对话框

进入选择 UI 主题，可以选择白色或黑色背景，单击左下角的“Skip Remaining and Set Defaults”按钮，跳过其他设置并采用默认设置，如图 2-76 所示。

设置完成后将出现如图 2-77 所示的开始界面，说明安装成功。

3. 新建 MapReduce 工程

安装好 IntelliJ IDEA 开发工具后，即可在 IDEA 中创建 MapReduce 工程。本节将使用 IDEA 创建 Maven 项目搭建 MapReduce 工程。Maven 是 Apache 基金会下的一个顶级项目，是一个用 Java 编写的开源项目管理工具，用于对 Java 项目进行项目构建、依赖管理以及信息管理。使用 Maven 项目搭建 MapReduce 工程能够有效地对工程进行管理。具体工程搭建步骤如下。

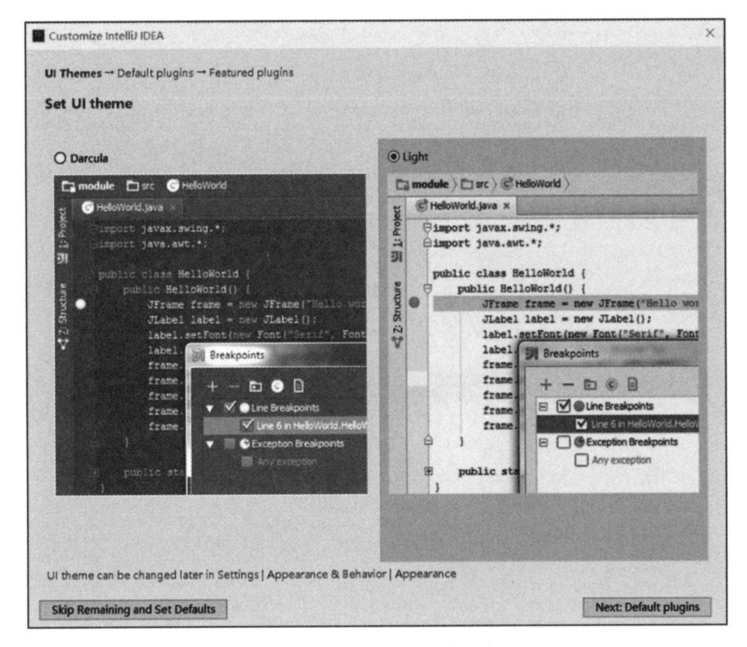

图 2-76　选择 UI 主题

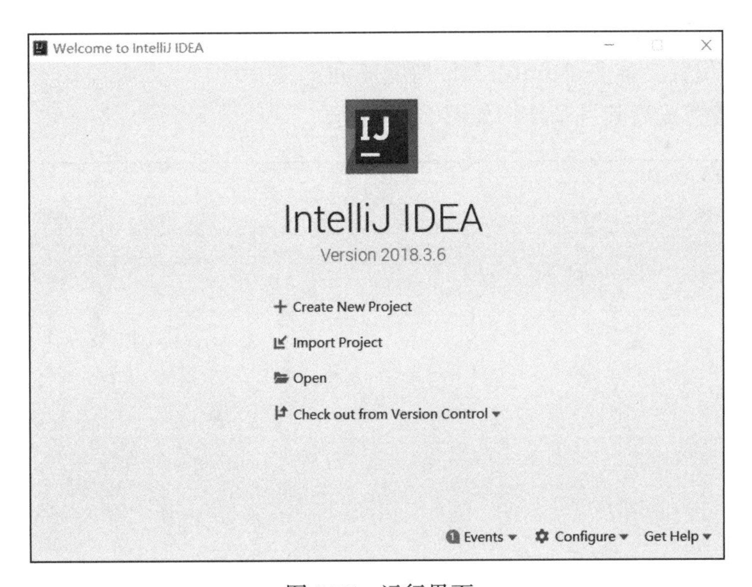

图 2-77　运行界面

1）如图 2-77 所示，单击“Create New Project”选项进入如图 2-78 所示界面，在左侧选择“Maven”选项，在右上方单击“New”选项，在弹出的选项框中选择“jdk1.8.0_281”Java JDK，单击“OK”按钮，再单击“Next”按钮。

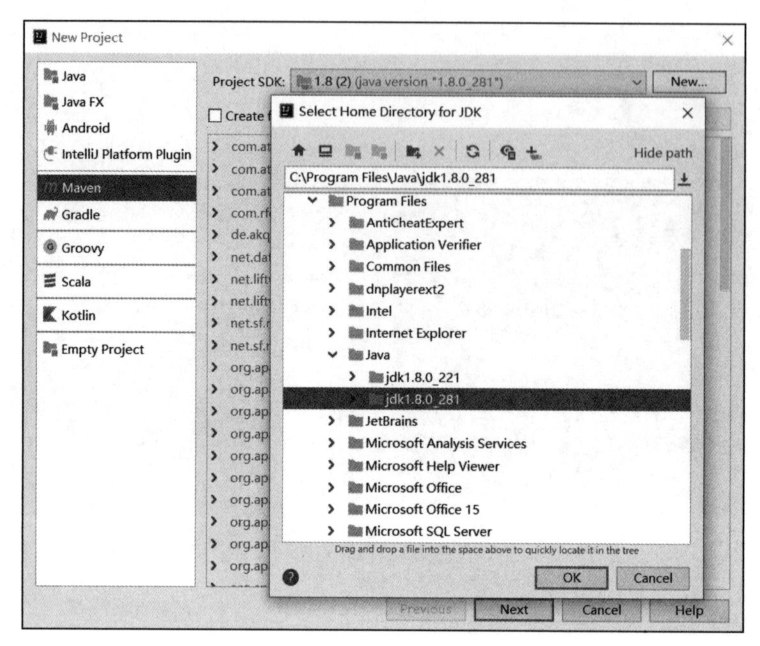

图 2-78 选择 JDK

2）接着输入如图 2-79 所示内容，再单击“Next”按钮，进入如图 2-80 所示界面，选择工程要保存的位置，单击“Finish”按钮完成创建。

3）工程创建完成后其目录结构如图 2-81 所示。

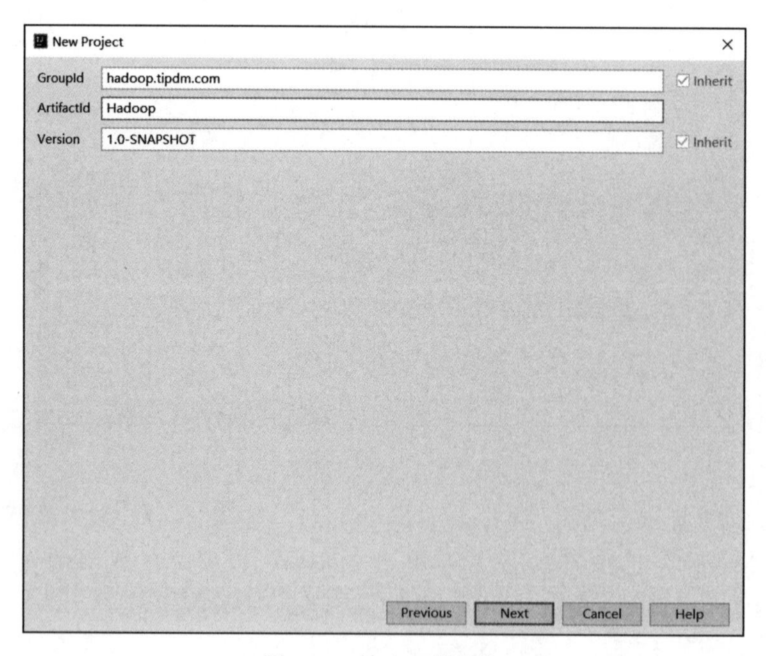

图 2-79 输入工程名称

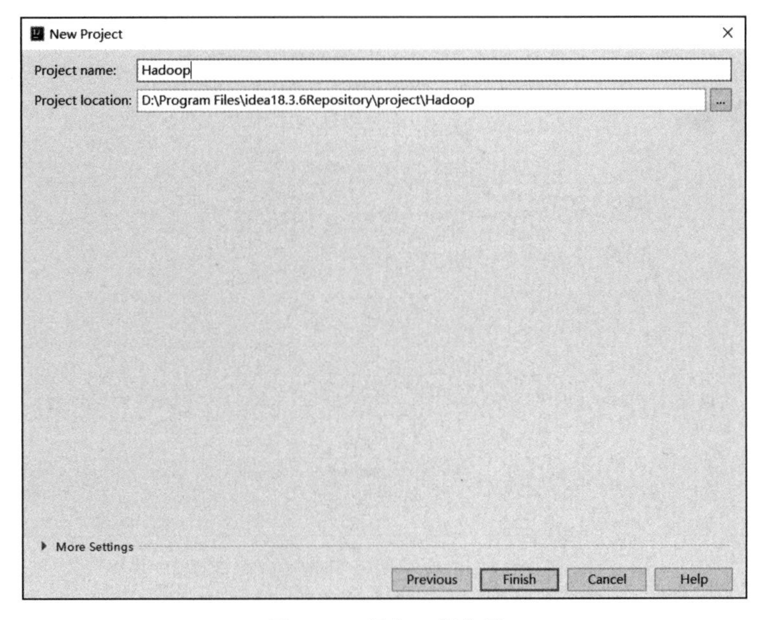

图 2-80 保存工程位置

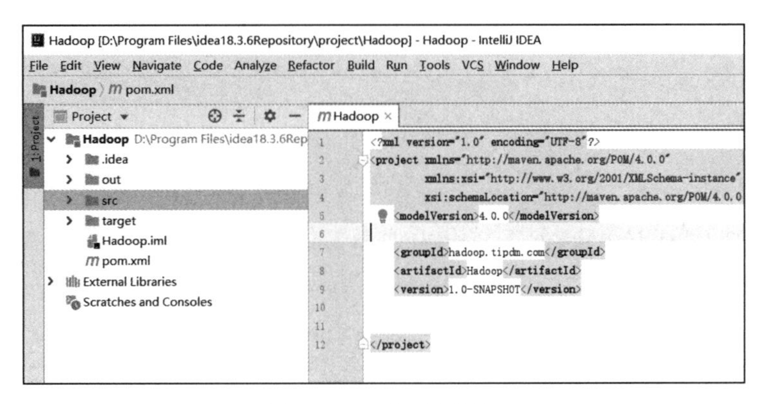

图 2-81 工程目录结构

4. 配置 MapReduce 环境

虽然我们创建了 MapReduce 工程，但是该工程并不能运行 MapReduce 程序，因为没有配置 MapReduce 环境，程序找不到相关的 Hadoop jar 包。因此，我们还需要配置 MapReduce 环境，配置步骤如下。

1）创建好工程后，需要配置 MapReduce 环境。在图 2-81 所示工程界面中选择菜单栏中的“File”→“Project Structure”命令，快捷键为“Ctrl+Alt+Shift+S”，打开如图 2-82 所示界面。

2）单击“Libraries”选项，单击右侧的“+”选项，在弹出的选项中单击“Java”选项，如图 2-83 所示。

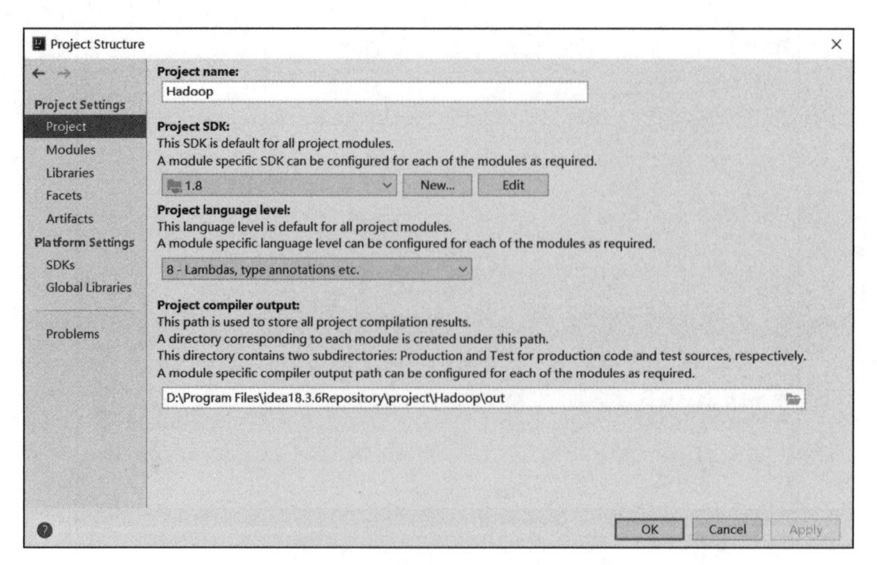

图 2-82 工程结构设置的弹窗界面

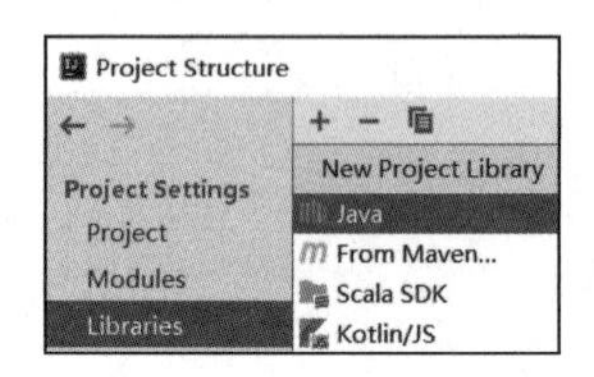

图 2-83 添加 jar 包

3）执行步骤 2）后，将弹出如图 2-84 所示界面。在界面里选择要添加的 jar 包，这里需要将 hadoop-3.1.4 安装包的 /share/hadoop 目录下的全部 jar 包导入，再单击“OK”按钮。

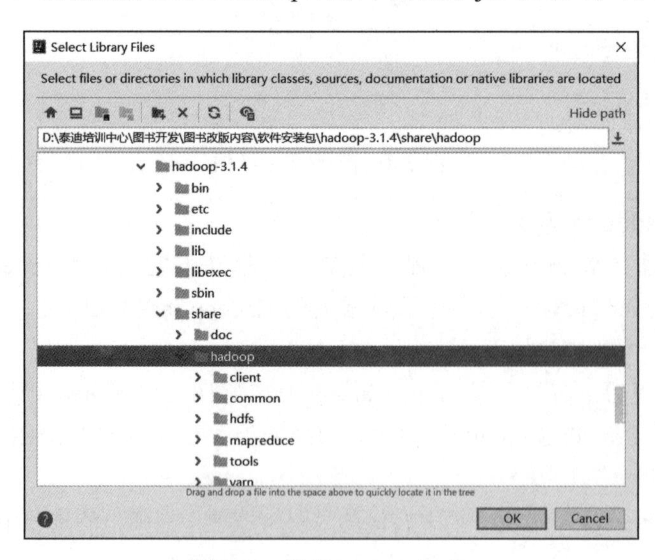

图 2-84 选择 Hadoop jar 包

4）全部 jar 包导入后，单击“Apply”按钮，再单击“OK”按钮即可添加完成，如图 2-85 所示。

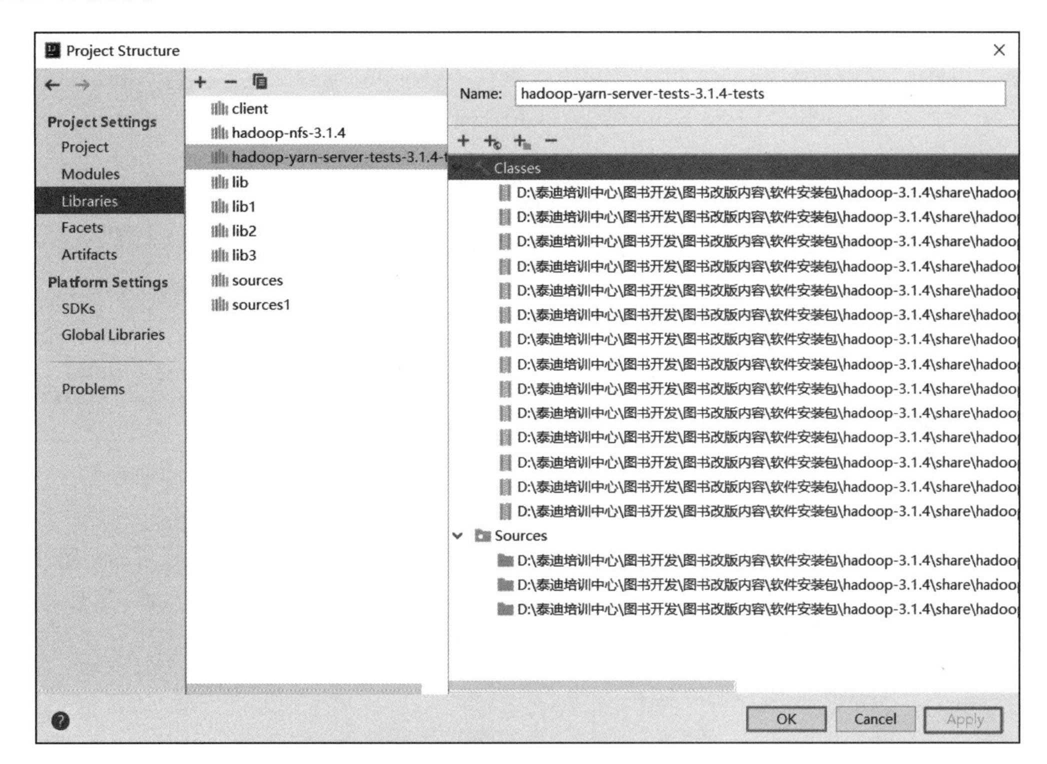

图 2-85　添加完成

2.6.2　通过词频统计了解 MapReduce 执行流程

在理解 MapReduce 的基本原理后，以词频统计为例，我们需要进一步了解 MapReduce 各部分的执行流程。词频统计的输入与输出内容如表 2-11 所示。

表 2-11　词频统计的输入与输出

输入	输出
Hello World Our World Hello BigData Real BigData Hello Hadoop Great Hadoop Hadoop MapReduce	BigData　2 Great　1 Hadoop　3 Hello　3 MapReduce　1 Our　1 Real　1 World　2

下面通过示意图的方式，依次分析 Map 阶段与 Reduce 阶段的处理过程。

1. Map 阶段的处理过程

键值对（Key-Value Pair）是一种数据格式，每个键都有一个对应的值。输入文件的每一行记录经过映射处理后输出为若干组键值对，如图 2-86 所示。在 <Hello,1> 中，Hello 是键，1 是值，因为需要统计单词的词频数，所以这里的 1 代表每个单词的初始频数。在 Map 阶段生成键值对后，提交中间输出结果给 Reduce 任务。

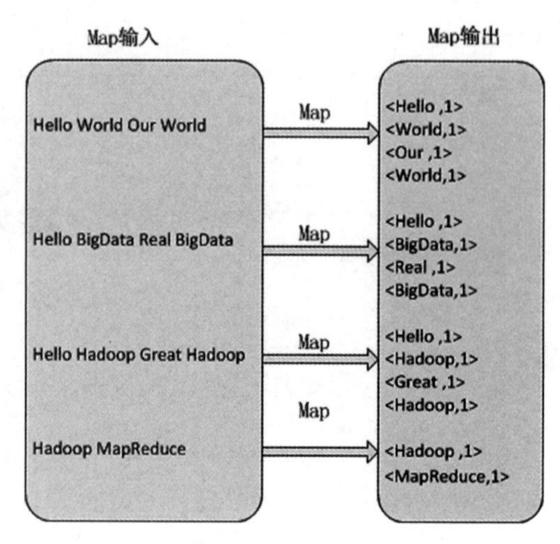

图 2-86 Map 阶段的处理过程

2. Reduce 阶段的处理过程

在 Map 输出与 Reduce 输入之间存在一个 Shuffle 过程。Shuffle 过程也被称为数据混洗过程，作用是将键相同的键值对进行汇集，并将键相同的值存入同一列表中，如图 2-87 所示。例如，<World,1> 与 <World,1> 经过 Shuffle 后生成了 <World, <1,1>>。混洗后的键值对根据键（Key）进行排序。在 Reduce 阶段将处理所有的键值对数据，对键相同的值进行求和汇总（将各个单词对应的初始频数进行累加），得到每个单词的词频数，最后以 < 单词 , 词频 > 键值对的形式输出统计结果。

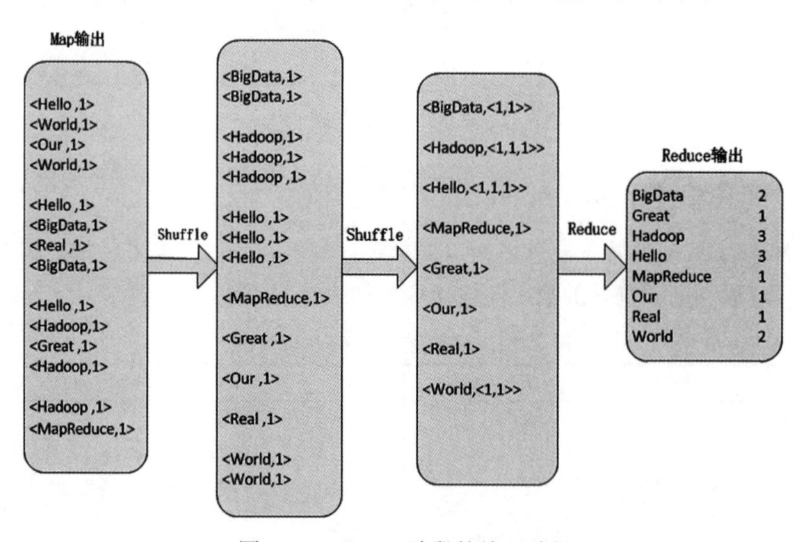

图 2-87 Reduce 阶段的处理过程

2.6.3 通过源码认识 MapReduce 编程

在实际编写一个 MapReduce 程序时，仅了解 MapReduce 程序的基本工作原理与执行流程是远远不够的，还需要掌握 MapReduce 编程的具体规范。Hadoop 官方提供了一些示例源码，十分适合初学者学习，因此，接下来将以 Hadoop 官方提供的示例源码中的 WordCount 程序为例，进行代码级别的分析和说明。

首先需要获取 WordCount 的源代码。进入 Hadoop 3.1.4 安装目录下的“share\hadoop\mapreduce\sources”目录，解压 hadoop-mapreduce- examples-3.1.4-sources.jar 文件，在子目录“org/apache/hadoop/examples”中找到一个名称为“WordCount.java”的代码文件，即为 WordCount 程序的源代码，如图 2-88 所示。

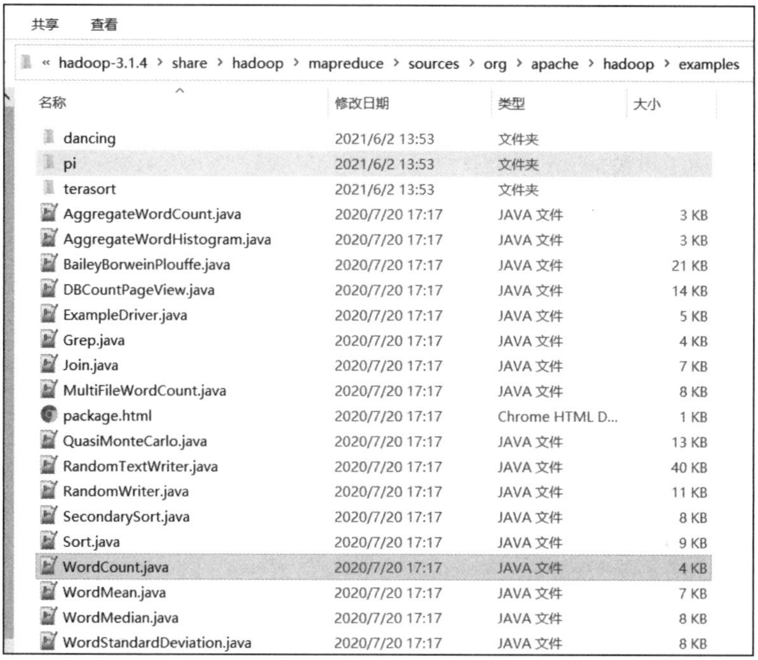

共享 查看

« hadoop-3.1.4 › share › hadoop › mapreduce › sources › org › apache › hadoop › examples

名称	修改日期	类型	大小
dancing	2021/6/2 13:53	文件夹	
pi	2021/6/2 13:53	文件夹	
terasort	2021/6/2 13:53	文件夹	
AggregateWordCount.java	2020/7/20 17:17	JAVA 文件	3 KB
AggregateWordHistogram.java	2020/7/20 17:17	JAVA 文件	3 KB
BaileyBorweinPlouffe.java	2020/7/20 17:17	JAVA 文件	21 KB
DBCountPageView.java	2020/7/20 17:17	JAVA 文件	14 KB
ExampleDriver.java	2020/7/20 17:17	JAVA 文件	5 KB
Grep.java	2020/7/20 17:17	JAVA 文件	4 KB
Join.java	2020/7/20 17:17	JAVA 文件	7 KB
MultiFileWordCount.java	2020/7/20 17:17	JAVA 文件	8 KB
package.html	2020/7/20 17:17	Chrome HTML D...	1 KB
QuasiMonteCarlo.java	2020/7/20 17:17	JAVA 文件	13 KB
RandomTextWriter.java	2020/7/20 17:17	JAVA 文件	40 KB
RandomWriter.java	2020/7/20 17:17	JAVA 文件	11 KB
SecondarySort.java	2020/7/20 17:17	JAVA 文件	8 KB
Sort.java	2020/7/20 17:17	JAVA 文件	9 KB
WordCount.java	2020/7/20 17:17	JAVA 文件	4 KB
WordMean.java	2020/7/20 17:17	JAVA 文件	7 KB
WordMedian.java	2020/7/20 17:17	JAVA 文件	8 KB
WordStandardDeviation.java	2020/7/20 17:17	JAVA 文件	8 KB

图 2-88 WordCount 源代码的存储路径

使用文本编辑器或 IDE 工具（IntelliJ IDEA）打开代码文件 WordCount，完整的源代码如代码清单 2-31 所示。

代码清单 2-31 WordCount 源代码

```
import org.apache.hadoop.conf.Configuration;
import org.apache.hadoop.fs.Path;
import org.apache.hadoop.io.IntWritable;
import org.apache.hadoop.io.Text;
import org.apache.hadoop.mapreduce.Job;
import org.apache.hadoop.mapreduce.Mapper;
import org.apache.hadoop.mapreduce.Reducer;
import org.apache.hadoop.mapreduce.lib.input.FileInputFormat;
import org.apache.hadoop.mapreduce.lib.output.FileOutputFormat;
import org.apache.hadoop.util.GenericOptionsParser;

import java.io.IOException;
```

```
import java.util.StringTokenizer;

public class WordCount {

    public static class TokenizerMapper
            extends Mapper<Object, Text, Text, IntWritable> {

        private final static IntWritable one = new IntWritable(1);
        private Text word = new Text();

        public void map(Object key, Text value, Context context
        ) throws IOException, InterruptedException {
            StringTokenizer itr = new StringTokenizer(value.toString());
            while (itr.hasMoreTokens()) {
                word.set(itr.nextToken());
                context.write(word, one);
            }
        }
    }

    public static class IntSumReducer
            extends Reducer<Text, IntWritable, Text, IntWritable> {
        private IntWritable result = new IntWritable();

        public void reduce(Text key, Iterable<IntWritable> values,
                           Context context
        ) throws IOException, InterruptedException {
            int sum = 0;
            for (IntWritable val : values) {
                sum += val.get();
            }
            result.set(sum);
            context.write(key, result);
        }
    }

    public static void main(String[] args) throws Exception {
        Configuration conf = new Configuration();
        String[] otherArgs = new GenericOptionsParser(conf, args)
                .getRemainingArgs();
        if (otherArgs.length < 2) {
            System.err.println("Usage: wordcount <in> [<in>...] <out>");
            System.exit(2);
        }
        Job job = Job.getInstance(conf, "word count");
        job.setJarByClass(WordCount.class);
        job.setMapperClass(TokenizerMapper.class);
        job.setCombinerClass(IntSumReducer.class);
        job.setReducerClass(IntSumReducer.class);
        job.setOutputKeyClass(Text.class);
```

```
        job.setOutputValueClass(IntWritable.class);
        for (int i = 0; i < otherArgs.length - 1; ++i) {
            FileInputFormat.addInputPath(job, new Path(otherArgs[i]));
        }
        FileOutputFormat.setOutputPath(job,
                new Path(otherArgs[otherArgs.length - 1]));
        System.exit(job.waitForCompletion(true) ? 0 : 1);
    }
}
```

WordCount 的源代码十分简单，从结构上可以分为 3 个部分，分别是应用程序 Driver 模块、Mapper 模块（执行 Map 任务）与 Reducer 模块（执行 Reduce 任务）。下面依次对 3 个部分代码块进行解读。

1. 应用程序 Driver 模块

WordCount 的 Driver 程序如图 2-89 所示。Driver 程序是 MapReduce 程序的入口，主要是 main 方法。main 方法中实现了 MapReduce 程序的一些初始化设置，包括任务提交并等待程序运行完成。

```
68  public static void main(String[] args) throws Exception {
69      Configuration conf = new Configuration();
70      String[] otherArgs = new GenericOptionsParser(conf, args).getRemainingArgs();
71      if (otherArgs.length < 2) {
72          System.err.println("Usage: wordcount <in> [<in>...] <out>");
73          System.exit( status: 2);
74      }
75      Job job = Job.getInstance(conf,  jobName: "word count");
76      job.setJarByClass(WordCount.class);
77      job.setMapperClass(TokenizerMapper.class);
78      job.setCombinerClass(IntSumReducer.class);
79      job.setReducerClass(IntSumReducer.class);
80      job.setOutputKeyClass(Text.class);
81      job.setOutputValueClass(IntWritable.class);
82      for (int i = 0; i < otherArgs.length - 1; ++i) {
83          FileInputFormat.addInputPath(job, new Path(otherArgs[i]));
84      }
85      FileOutputFormat.setOutputPath(job,
86              new Path(otherArgs[otherArgs.length - 1]));
87      System.exit(job.waitForCompletion( verbose: true) ? 0 : 1);
88  }
```

图 2-89 Driver 程序

1）代码第 69 行：初始化相关 Hadoop 配置，通过关键字 new 创建一个实例即可。

2）代码第 75 行：新建 Job 并设置主类。Job 实例化需要两个参数，第一个参数是 Configuration 的实例对象 conf，第二个参数 jobName:"word count" 指的是 MapReduce 任务的任务名称。

3）代码第 77 ～ 79 行：设置 Mapper、Combiner、Reducer。这一部分的代码为固定写法，但可以修改里面的类名。一般情况下，括号里的类名为实际任务的 Mapper、Combiner、Reducer。其中，Mapper 与 Reducer 是必须设置的类，而 Combiner 是可选项。因为在这个示例中 Combiner 和 Reducer 的处理逻辑是完全相同的，所以在本例的词频统计中 Combiner 的设置与 Reducer 完全相同。关于 Combiner 的作用，将在第 5 章继续讲解。

4）代码第 80 ～ 81 行：设置输出键值对格式。在 MapReduce 任务中涉及 4 种键值对格式：Mapper 输入键值对格式 <K1,V1>，Mapper 输出键值对格式 <K2,V2>，Reducer 输入键值对格式 <K2,V2>，Reducer 输出键值对格式 <K3,V3>。当 Mapper 输出键值对格式 <K2,V2> 和 Reducer 输出键值对格式 <K3,V3> 一样时，可以只设置 Reducer 输出键值对的格式。关于输入与输出的键值对格式的选择，将在后文中进一步说明。

5）代码第 82 ～ 86 行：设置输入与输出路径。若有必要，则这里还可以增加对输入与输出文件格式的设置。

6）代码第 87 行：提交任务等待运行。提交 MapReduce 任务，并等待任务运行结束（为固定写法）。

综合应用程序 Driver 模块的代码块描述，可以总结出 MapReduce 任务初始化的通用代码，如代码清单 2-32 所示。开发者可以根据具体应用需求修改其中的参数，直接使用即可。

代码清单 2-32　MapReduce 任务初始化的通用代码

```
Configuration conf = new Configuration();
Job job = Job.getInstance(conf);
job.setMapperClass(MyMapper.class);
job.setReducerClass(MyReducer.class);
job.setCombinerClass(MyCombiner.class);
job.setMapOutputKeyClass(MyMapKeyWritable.class);
job.setMapOutputValueClass(MyMapValueWritable.class);
job.setOutputKeyClass(MyKeyWritable.class);
job.setOutputValueClass(MyValueWritable.class);
job.setInputFormatClass(MyInputFormat.class);
job.setOutputFormatClass(MyOutputFormat.class);
for (int i = 0; i < args.length - 1; ++i) {
    FileInputFormat.addInputPath(job, new Path(args[i]));
    }
FileOutputFormat.setOutputPath(job,new Path(args[args.length - 1]));
job.waitForCompletion(true);
```

2. Mapper 模块

在 MapReduce 程序中，主要的代码实现包括 Mapper 模块中的 map() 方法以及 Reducer 模块中的 reduce() 方法。在 WordCount 源码中，Mapper 模块对应源码中的 TokenizerMapper 类，如图 2-90 所示。

```
36      public static class TokenizerMapper
37              extends Mapper<Object, Text, Text, IntWritable> {
38
39          private final static IntWritable one = new IntWritable( value: 1);
40          private Text word = new Text();
41
42          public void map(Object key, Text value, Context context
43          ) throws IOException, InterruptedException {
44              StringTokenizer itr = new StringTokenizer(value.toString());
45              while (itr.hasMoreTokens()) {
46                  word.set(itr.nextToken());
47                  context.write(word, one);
48              }
49          }
50      }
```

图 2-90　Mapper 代码

1）自定义 TokenizerMapper 类（代码第 36 ～ 37 行），该类需要继承 Mapper 父类，同时需要设置输入 / 输出键值对格式。其中输入键值对格式需要和输入格式设置的类读取生成的键值对格式匹配，而输出键值对格式需要和 Driver 模块中设置的 Mapper 类输出的键值对格式匹配。

2）重写 Mapper 模块中的 map() 方法（代码第 39 ～ 49 行）。Mapper 类共有 3 个方法，分别是 setup()、map()、cleanup()。若 TokenizerMapper 类要使用 Mapper 类的方法，则需要重写 Mapper 类里面的方法。

Mapper 任务启动后首先执行 setup() 方法，该方法主要用于初始化工作。

map() 方法用于针对每条输入键值对执行方法中定义的处理逻辑，并按规定的键值对格式输出。map() 方法的代码实现要与实际业务逻辑挂钩，由开发者自行编写。因为实际业务需求是词频统计，所以处理时将每个输入键值对（键值对组成为 < 行的偏移量 , 行字符串 >）的值（行字符串）按照分隔符进行分割，得到每个单词，再对每个单词进行处理，输出 < 单词 ,1> 键值对形式的中间结果。

处理完所有键值对后，再调用 cleanup() 方法。cleanup() 方法主要用于关闭资源等操作。

3. Reducer 模块

在 WordCount 源码中，Reducer 模块对应源码中的 IntSumReducer 类，如图 2-91 所示。

1）自定义 IntSumReducer 类（代码第 52 ～ 53 行），该类需要继承 Reducer 父类，与 Mapper 类一样，需要设置输入 / 输出键值对格式。其中输入键值对格式需要和 Mapper 类的输出键值对格式保持一致，输出键值对格式需要和 Driver 模块中设置的输出键值对格式保持一致。

2）重写 Reducer 模块中的 reduce() 方法（代码第 56 ～ 65 行）。Reducer 也有 3 个方法：setup()、cleanup()、reduce()。如果 IntSumReducer 类需要使用 Reducer 类中的方法，那么需要重写 Reducer 类中的方法。

```
52      public static class IntSumReducer
53              extends Reducer<Text, IntWritable, Text, IntWritable> {
54          private IntWritable result = new IntWritable();
55
56          public void reduce(Text key, Iterable<IntWritable> values,
57                             Context context
58          ) throws IOException, InterruptedException {
59              int sum = 0;
60              for (IntWritable val : values) {
61                  sum += val.get();
62              }
63              result.set(sum);
64              context.write(key, result);
65          }
66      }
```

图 2-91 Reducer 代码

setup()、cleanup() 方法和 Mapper 类的同名方法功能一致，并且 setup() 方法也是在最开始执行一次，而 cleanup() 方法在最后执行一次。

核心部分是 reduce() 方法的实现。reduce() 方法需要实现与实际业务相关的处理逻辑。reduce() 方法需要根据相同键对应的列表值全部进行累加，最后输出 <单词 , 词频> 的键值对形式的结果。

通过对 WordCount 源代码的解读，可以使读者对使用 MapReduce 编程实现词频统计有更全面的认识。在进行 MapReduce 编程时，开发者主要实现 Mapper 与 Reducer 两个模块，其中包括定义输入 / 输出的键值对格式、编写 map() 与 reduce() 方法中定义的处理逻辑等。

2.7 场景应用：电影网站用户影评分析

对于用户兴趣偏好的数据分析工作一般是基于评论数据进行的，如用户出行的评价数据、租房的评价数据或电影的评论数据等。一些网站运营商会基于用户的评论数据挖掘出客户群体对于某种事物或某件事情的看法，以便根据用户的兴趣偏好推荐用户可能感兴趣的产品。其中，对电影的影评进行分析，可以从多维度了解一部电影的质量和受欢迎程度。

常规的数据分析工具在大数据场景下处理数据的效率低下，显然不适用于大数据处理分析。分布式计算框架的出现，为分析处理大数据的计算提供了很好的解决方案。本节将使用 Hadoop 分布式框架并结合电影评分数据，编写 MapReduce 程序，实现用户影评分析，从多维度分析用户的观影兴趣偏好，同时帮助读者更好地掌握 MapReduce 编程操作。

2.7.1 了解数据字段并分析需求

在进行用户观影兴趣偏好的数据分析之前，我们需要了解分析对象，了解数据字段的含义以及数据字段之间的关系。电影网站提供了与用户信息相关的3份数据，分别为用户对电影的评分数据（ratings.dat）、已知性别的用户信息数据（users.dat）以及电影信息数据（movies.dat）。3份数据的介绍说明如下。

1）用户对电影的评分数据ratings.dat包含4个字段，即UserID（用户ID）、MovieID（电影ID）、Rating（评分）和Timestamp（时间戳），如表2-12所示。其中UserID的范围是1～6040，MovieID的范围是1～3952，Rating采用5分好评制度，即最高分为5分，最低分为1分。

2）已知性别的用户信息数据users.dat包含5个字段，分别为UserID（用户ID）、Gender（性别）、Age（年龄段）、Occupation（职业）和Zip-code（编码），如表2-13所示。其中，Occupation字段表示21种不同的职业类型。

表2-12　用户对电影的评分数据

1::1193::5::978300760
1::661::3::978302109
1::914::3::978301968
1::3408::4::978300275
1::2355::5::978824291
1::1197::3::978302268
1::1287::5::978302039
1::2804::5::978300719
1::594::4::978302268
1::919::4::978301368

表2-13　已知性别的用户信息数据

1::F::1::10::48067
2::M::56::16::70072
3::M::25::15::55117
4::M::45::7::02460
5::M::25::20::55455
6::F::50::9::55117
7::M::35::1::06810
8::M::25::12::11413
9::M::25::17::61614
10::F::35::1::95370

3）电影信息数据movies.dat包含2个数据字段，分别为MovieID（电影ID）和Genres（电影类型），如表2-14所示。数据中总共记录了18种电影类型，包括喜剧片、动作片、爱情片等。

表2-14　电影信息部分数据

1::Animation|Children's|Comedy
2::Adventure|Children's|Fantasy
3::Comedy|Romance
4::Comedy|Drama
5::Comedy
6::Comedy
7::Children's|Comedy
8::Adventure|Children's
9::Children's|Comedy|Fantasy
10::Drama|Romance

电影网站提供的3份数据详细记录了每位用户的基本信息及对电影的评论信息。通过对电影网站用户及电影评论数据进行分析，我们可以从不同角度了解用户对电影的喜好偏向。结合MapReduce编程知识，对3份用户影评数据进行统计分析，可以分别从评价次数、性别、年龄段等维度分析用户的观影喜好。具体的统计分析需求如下。

1）计算所有电影的评分次数。

2）按性别和电影分组计算每部电影影评的平均评分。

3）计算某给定电影各年龄段的平均电影评分。

2.7.2 多维度分析用户影评

明确数据字段含义及数据分析任务描述之后，可以根据任务需求实施 MapReduce 编程方案。为方便数据共享，下面将在一个项目中完成 2.7.1 节所提出的分析需求，再根据不同的分析任务进行任务分析，创建不同的 Java 类，将每个分析任务分解为若干小的统计任务，分步实现各影评分析任务。

1. 创建并配置工程

在 IDEA 中创建一个名为 hadoop 的 maven 项目，并配置 pom.xml 文件，配置内容如代码清单 2-33 所示。

代码清单 2-33 pom.xml 文件配置

```
<dependencies>
    <dependency>
        <groupId>org.apache.hadoop</groupId>
        <artifactId>hadoop-common</artifactId>
        <version>3.1.4</version>
    </dependency>
    <dependency>
        <groupId>org.apache.hadoop</groupId>
        <artifactId>hadoop-client</artifactId>
        <version>3.1.4</version>
    </dependency>
    <dependency>
        <groupId>org.apache.hadoop</groupId>
        <artifactId>hadoop-hdfs</artifactId>
        <version>3.1.4</version>
    </dependency>
    <dependency>
        <groupId>org.apache.hadoop</groupId>
        <artifactId>hadoop-mapreduce-client-jobclient</artifactId>
        <version>3.1.4</version>
    </dependency>
    <dependency>
        <groupId>org.apache.hadoop</groupId>
        <artifactId>hadoop-mapreduce-client-core</artifactId>
        <version>3.1.4</version>
    </dependency>
    <dependency>
        <groupId>org.apache.hadoop</groupId>
        <artifactId>hadoop-mapreduce-client-common</artifactId>
        <version>3.1.4</version>
    </dependency>
</dependencies>
```

配置完成 pom.xml 文件后，需要单击右侧边栏的 Maven 按钮，同时单击刷新按钮重新加载所有的 Maven 项目所需的依赖包，如图 2-92 所示。

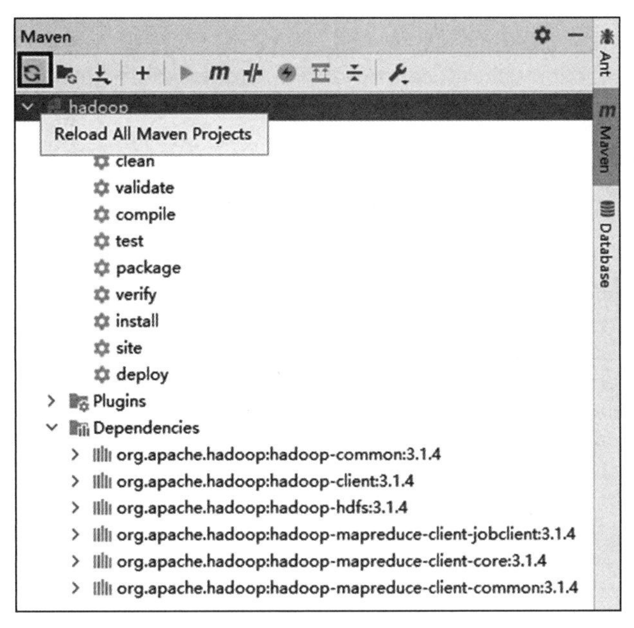

图 2-92　加载 Maven 依赖包

之后，需要将 Hadoop 中的配置文件 core-site.xml 和 hdfs-site.xml 放至 hadoop 项目的 resources 目录下，如图 2-93 所示。

完成工程创建及配置后，我们即可开始编写 MapReduce 程序实现用户影评分析。

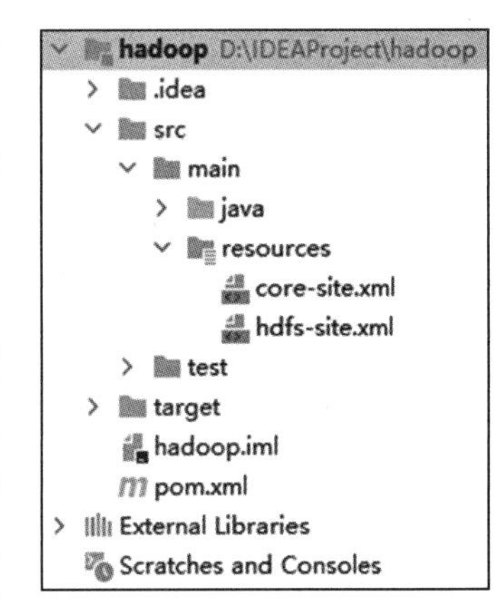

图 2-93　core.xml 和 hdfs.xml 配置存放目录

2. 计算所有电影的评分次数

通过电影的评分次数，我们可以直观地看出该部电影的受欢迎程度。评分次数越多，也意味着观众对该部电影的关注度越高。若计算所有电影的评分次数，则需要求出电影 ID（Moviesid）及电影评分次数（RateNum），涉及 movies.dat 和 ratings.dat 两份数据，因此，需要先将这两份数据进行连接。MapReduce 中常用的多表连接的方法有两种，分别是 reducejoin() 方法和 mapjoin() 方法。其中，因为 reducejoin() 方法容易造成数据倾斜，所以对于并行执行的数据文件而言，更常用的是 mapjoin() 方法。mapjoin() 方法在 Mapper 阶段即可完成数据连接，且一般不会造成数据倾斜，即使发生数据倾斜，倾斜的数据量也很小。

在 Mapper 阶段，我们需要将 movies.dat 数据提前加载至各个节点的内存中，在执行 map() 方法时，通过内连接完成组合。具体的操作过程分为如下两个步骤。

1）实现 movies.dat 和 ratings.dat 两份数据的连接。

2）通过连接之后的数据计算所有电影的评分次数。

通过上述两个步骤，即可求出所有电影的评分次数。本节中所定义的所有代码类将分别放至 com.cqyti.film.mapreduce 和 com.cqyti.fim.filmBean 两个包下。

（1）连接 movies.dat 和 ratings.dat 数据

首先在 hadoop 项目 com.cqyti.film.mapreduce 包下定义一个名为 Movies_Join_Ratings 的类。该类主要完成 movies.dat 和 ratings.dat 两份数据的连接，如代码清单 2-34 所示。

代码清单 2-34　Movies_Join_Ratings 类代码

```
import org.apache.hadoop.conf.Configuration;
import org.apache.hadoop.fs.Path;
import org.apache.hadoop.io.LongWritable;
import org.apache.hadoop.io.NullWritable;
import org.apache.hadoop.io.Text;
import org.apache.hadoop.mapreduce.Job;
import org.apache.hadoop.mapreduce.Mapper;
import org.apache.hadoop.mapreduce.lib.input.FileInputFormat;
import org.apache.hadoop.mapreduce.lib.output.FileOutputFormat;
import java.io.BufferedReader;
import java.io.FileReader;
import java.io.IOException;
import java.net.URI;
import java.util.HashMap;
public class Movies_Join_Ratings {
    public static void main(String[] args) throws Exception {
        Configuration conf = new Configuration();
        FileSystem fs = FileSystem.get(conf);
        Job job = Job.getInstance(conf);  // 设置环境参数
        job.setJarByClass(Movies_Join_Ratings.class);  // 设置整个程序的类名
        job.setMapperClass(Movies_Join_Ratings_Mapper.class);  // 添加 Mapper 类
        job.setOutputKeyClass(Text.class);  // 输出类型
        job.setOutputValueClass(NullWritable.class);  // 输出类型
        Path inputPath = new Path("/Tipdm/Hadoop/MapReduce/ratings.dat");  //
            ratings.dat 输入路径
        Path outputPath = new Path("/join/output/");  // ratings 和 movies 连接后的
            输出路径
        if (fs.exists(outputPath)) {  // 判断，如果输出路径存在，那么将其删掉
            fs.delete(outputPath, true);
        }
        FileInputFormat.setInputPaths(job, inputPath);
        FileOutputFormat.setOutputPath(job, outputPath);
        job.setNumReduceTasks(0);  // 无 Reduce 任务
        boolean isdone = job.waitForCompletion(true);
        System.exit(isdone ? 0 : 1);
        job.addCacheFile(new URI("hdfs://master:8020/Tipdm/Hadoop/MapReduce/
            movies.dat"));  //movies.dat 的读取路径
    }

    public static class Movies_Join_Ratings_Mapper extends Mapper<LongWritable,
        Text, Text, NullWritable> {
        Text kout = new Text();
```

```
        Text valueout = new Text();
        // 执行 map 任务之前提前加载 movies.dat，将 movies.dat 加载到 movieMap 中
        private HashMap<String, String> movieMap = new HashMap<String, String>();

        @Override
        protected void setup(Context context) throws IOException,
            InterruptedException {
            FileReader fr = new FileReader("/opt/data/Hadoop/NO8/movies.dat");
            BufferedReader br = new BufferedReader(fr);
            String readLine = "";
            while ((readLine = br.readLine()) != null) {
                String[] reads = readLine.split("::");
                String movieid = reads[0];
                String movietype = reads[1];
                movieMap.put(movieid, movietype);
            }
        }

        @Override
        protected void map(LongWritable key, Text value, Context context) throws
            IOException, InterruptedException {
            // 拿到一行数据并将其转换成 String 类型
            String line = value.toString().trim();
            // 对原数据按 :: 进行切分，可取出各字段信息
            String[] reads = line.split("::");
            // 提取电影属性 :1::1193::5::978300760
            String userid = reads[0];
            String movieid = reads[1];
            int rate = Integer.parseInt(reads[2]);
            long ts = Long.parseLong(reads[3]);
            // 通过 movieid 在 movieMap 中获取电影 ID 和电影类型
            String moivetype = movieMap.get(movieid);
            // 将信息组合输出
            String kk = userid + "::" + movieid + "::" + rate + "::" + ts + "::" +
                moivetype;
            kout.set(kk);
            context.write(kout, NullWritable.get());
        }
    }
}
```

在代码清单 2-34 中，通过 Movies_Join_Ratings 中的 configuration() 方法获得程序运行时的参数情况，并将参数存储在 String[] Args 数组中，随后，通过类 Job 设置环境参数。首先，设置整个程序的类名为 Movies_Join_Ratings（该类中包含两份数据连接的全部实现代码）；再添加已经写好的 Movies_Join_Ratings_Mapper 类。由于本次计算不需要 Reduce 模块参与，所以并无 Reduce 类。接着设置整个 Hadoop 程序的输出类型，即 Map 输出结果 <key,value> 和 value 各自的类型。最后根据程序运行的参数，设置输入和输出路径。

Movies_Join_Ratings 类是 YARN 资源调度器的一个客户端，主要功能是将 MapReduce 程序的 Jar 包提交给 YARN，再将 jar 包分发到多个 NodeManager 上执行。

将整个项目打包并上传至Hadoop集群中，通过hadoop jar命令接上jar包名称（MoviesRatesAll.jar）和类名（com.cqyti.film.mapreduce.Movies_Join_Ratings），并按“Enter”键执行该MapReduce程序，即可在HDFS的/join/output目录下生成part-m-00000文件。part-m-00000文件存放的是movies.dat和ratings.dat两份数据连接后的结果，如图2-94所示。由于数据量比较大，所以这里仅读取前10行数据进行展示。

```
[root@master ~]# hdfs dfs -cat /join/output/part-m-00000 | head -10
1::1193::5::978300760::Drama
1::661::3::978302109::Animation|Children's|Musical
1::914::3::978301968::Musical|Romance
1::3408::4::978300275::Drama
1::2355::5::978824291::Animation|Children's|Comedy
1::1197::3::978302268::Action|Adventure|Comedy|Romance
1::1287::5::978302039::Action|Adventure|Drama
1::2804::5::978300719::Comedy|Drama
1::594::4::978302268::Animation|Children's|Musical
1::919::4::978301368::Adventure|Children's|Drama|Musical
```

图 2-94 movies 和 ratings 两份数据连接后的结果

在图2-94所示的结果中，每行数据的各字段属性分别是用户ID、电影ID、评分、时间戳和电影类型。该结果已保存至HDFS，后续将以此文件为基础计算所有电影的评分次数。

（2）计算所有电影的评分次数

完成movies.dat和ratings.dat两份数据的连接后，计算所有电影的评分次数。首先，创建一个名为MoviesRatesAll的类，计算所有电影的评分次数，如代码清单2-35所示。

代码清单 2-35 MoviesRatesAll 类代码

```
import org.apache.hadoop.conf.Configuration;
import org.apache.hadoop.fs.FileSystem;
import org.apache.hadoop.fs.Path;
import org.apache.hadoop.io.LongWritable;
import org.apache.hadoop.io.NullWritable;
import org.apache.hadoop.io.Text;
import org.apache.hadoop.mapreduce.Job;
import org.apache.hadoop.mapreduce.Mapper;
import org.apache.hadoop.mapreduce.Reducer;
import org.apache.hadoop.mapreduce.lib.input.FileInputFormat;
import org.apache.hadoop.mapreduce.lib.output.FileOutputFormat;
import java.io.IOException;
public class MoviesRatesAll {
    public static void main(String[] args) throws Exception {
        Configuration conf = new Configuration();
        FileSystem fs = FileSystem.get(conf);
        Job job = Job.getInstance(conf);
        job.setJarByClass(MoviesRatesAll.class);
        job.setMapperClass(MovieRatesAll_Mapper.class);
```

```
    job.setReducerClass(MovieRatesAll_Reducer.class);
    job.setMapOutputKeyClass(Text.class);
    job.setMapOutputValueClass(Text.class);
    job.setOutputKeyClass(Text.class);
    job.setOutputValueClass(NullWritable.class);
    Path inputPath = new Path("/join/output/");  //将movies.dat和rating.dat
        连接后的结果目录作为输出目录
    Path outputPath = new Path("/join/outputAll/");  // 输出所有电影的评分次数到
        该目录下
    if (fs.exists(outputPath)) {
        fs.delete(outputPath, true);
    }
    FileInputFormat.setInputPaths(job, inputPath);
    FileOutputFormat.setOutputPath(job, outputPath);
    boolean isdone = job.waitForCompletion(true);
    System.exit(isdone ? 0 : 1);
}
public static class MovieRatesAll_Mapper extends Mapper<LongWritable, Text,
    Text, Text> {
    Text kout = new Text();
    Text valueout = new Text();
    @Override
    protected void map(LongWritable key, Text value, Context context)throws
        IOException, InterruptedException {
        String [] reads = value.toString().trim().split("::");
        // 用户id::电影id::评分::时间戳::电影类型
        // 1::1193::5::978300760::One Flew Over the Cuckoo's Nest (1975)::Drama
        String kk = reads[1];  // 获取Movieid作为key输出
        String vv = reads[4];  // 获取电影类型作为value值输出
        kout.set(kk);
        valueout.set(vv);
        context.write(kout, valueout);
    }
}
// 根据map阶段的结果<k:v>统计value的次数，存入rateNum中，即为某一电影的评分次数
public static class MovieRatesAll_Reducer extends Reducer<Text, Text, Text,
    NullWritable> {
    Text kout = new Text();
    Text valueout = new Text();
    @Override
    protected void reduce(Text key, Iterable<Text> values, Context context)
        throws IOException, InterruptedException {
        int rateNum = 0;
        String moiveType = "";
        for(Text text : values){
            rateNum++;
            moiveType = text.toString();
        }
        String kk = key.toString() + "\t" + moiveType + "\t" + rateNum;
        kout.set(kk);
```

```
            context.write(kout, NullWritable.get());
        }
    }
}
```

在代码清单 2-35 中，MoviesRatesAll 类的 main() 方法的所有配置基本与代码清单 8-2 中的配置保持一致，不同的是需要将 /join/output/ 目录作为本次计算的输入路径，同时将计算结果保存至 /join/outputAll/ 目录下。数据输出目录将自动创建。

将项目打成 jar 包上传至集群，最后使用 hadoop jar MoviesRatesAll.jar com.cqyti.film.mapreduce.MoviesRatesAll 命令将 MapReduce 程序提交至集群中运行。运行完成后即可在 HDFS 的 /join/outputAll/ 目录下生成 part-r-00000 文件。part-r-00000 文件中保存的内容即为所有电影的评分次数。在 Shell 中通过 hdfs dfs -cat /join/outputAll/part-r-00000 | head -10 命令即可查看前 10 条电影的评分次数，如图 2-95 所示。

```
[root@master ~]# hdfs dfs -cat /join/outputAll/part-r-00000 | head -10
1       Animation|Children's|Comedy     2077
10      Action|Adventure|Thriller       888
100     Drama|Thriller  128
1000    Crime   20
1002    Comedy  8
1003    Drama|Thriller  121
1004    Action|Thriller 101
1005    Children's|Comedy       142
1006    Drama   78
1007    Children's|Comedy|Western       232
```

图 2-95　所有电影的评分次数

在图 2-95 所示的结果中，各字段分别为电影 ID、电影类型和电影评分次数（该字段为新生成的数据），并按照电影 ID 进行升序排序。

3. 按性别和电影分组计算每部电影的平均评分

由于男女在观影喜好上可能会有所差别，所以在向用户推荐电影时，我们也可以根据不同性别的大众观影喜好向用户推荐相关电影。有关用户性别的信息在 users.dat 数据中，因此，按性别和电影分组统计每部电影影评的平均评分，需要连接 movies.dat、ratings.dat、users.dat 这 3 份数据，再将连接后的结果依据性别和电影 ID 进行分组，分别计算不同组内每部电影的总评分，并除以每部电影的评分次数，即每部电影的平均评分。根据需求，具体的操作过程分为如下两个步骤。

1）创建类，实现 movies.dat、ratings.dat、users.dat 数据的连接。

2）将连接好的数据根据性别和电影 ID 进行分组，并计算组内每部电影的平均评分。

通过上述两个步骤，即可按性别和电影分组计算每部电影的平均评分。

（1）连接 movies.dat、users.dat、ratings.dat 数据

首先创建一个 MapjoinThreeTables 类，实现 3 份数据连接。该类中的代码基本与 8.2.1

节中的两份数据连接的代码相似，均无 reduce 任务。在编写 MapReduce 程序前，我们同样需要将 movies.dat、users.dat 和 ratings.dat 的文件提前加载至每个节点的内存中，如代码清单 2-36 所示。

代码清单 2-36 MapjoinThreeTables 类的代码

```
import java.io.BufferedReader;
import java.io.FileReader;
import java.io.IOException;
import java.net.URI;
import java.util.HashMap;
import org.apache.hadoop.conf.Configuration;
import org.apache.hadoop.fs.FileSystem;
import org.apache.hadoop.fs.Path;
import org.apache.hadoop.io.IOUtils;
import org.apache.hadoop.io.LongWritable;
import org.apache.hadoop.io.NullWritable;
import org.apache.hadoop.io.Text;
import org.apache.hadoop.mapreduce.Job;
import org.apache.hadoop.mapreduce.Mapper;
import org.apache.hadoop.mapreduce.lib.input.FileInputFormat;
import org.apache.hadoop.mapreduce.lib.output.FileOutputFormat;
public class MapjoinThreeTables {
    public static void main(String[] args) throws Exception {
        Configuration conf = new Configuration();
        FileSystem fs = FileSystem.get(conf);
        Job job = Job.getInstance(conf);
        job.setJarByClass(MapjoinThreeTables.class);
        job.setMapperClass(MapjoinThreeTables_Mapper.class);
        job.setMapOutputKeyClass(Text.class);
        job.setMapOutputValueClass(NullWritable.class);
        Path inputPath = new Path("/Tipdm/Hadoop/MapReduce/ratings.dat");   //
            ratings.dat 输入路径
        Path outputPath = new Path("/join/outPutMapjoinThreeTables/"); // 结果输
            出路径，无须创建，将自动生成
        job.setNumReduceTasks(0);  // 无 reduce 任务
        if (fs.exists(outputPath)) {
            fs.delete(outputPath, true);
        }
        FileInputFormat.setInputPaths(job, inputPath);
        FileOutputFormat.setOutputPath(job, outputPath);
        boolean isdone = job.waitForCompletion(true);
        System.exit(isdone ? 0 : 1);
        job.addCacheFile(new URI("hdfs://master:8020/Tipdm/Hadoop/MapReduce/
            movies.dat"));  // 需提前加载至内存的 movies.dat
        job.addCacheFile(new URI("hdfs://master:8020/Tipdm/Hadoop/MapReduce/
            users.dat"));  // users.dat 的输入路径
    }

    public static class MapjoinThreeTables_Mapper extends Mapper<LongWritable,
```

```
Text, Text, NullWritable> {
Text kout = new Text();
Text valueout = new Text();
private static HashMap<String, String> moviemap = new HashMap<String,
    String>();
private static HashMap<String, String> usersmap = new HashMap<String,
    String>();

@SuppressWarnings("deprecation")
@Override
protected void setup(Context context) throws IOException,
    InterruptedException {
    // 1::Toy Story (1995)::Animation|Children's|Comedy
    // 通过地址读取电影数据
    FileReader fr1 = new FileReader("/opt/data/Hadoop/NO8/movies.dat");
    BufferedReader bf1 = new BufferedReader(fr1);
    String stringLine = null;
    while ((stringLine = bf1.readLine()) != null) {
        String[] reads = stringLine.split("::");
        String movieid = reads[0];
        String movieInfo = reads[1];
        moviemap.put(movieid, movieInfo);
    }
    // 1::F::1::10::48067
    // 通过地址读取用户数据
    FileReader fr2 = new FileReader("/opt/data/Hadoop/NO8/users.dat");
    BufferedReader bf2 = new BufferedReader(fr2);
    String stringLine2 = null;
    while ((stringLine2 = bf2.readLine()) != null) {
        String[] reads = stringLine2.split("::");
        String userid = reads[0];
        String userInfo = reads[1] + "::" + reads[2] + "::" + reads[3] +
            "::" + reads[4];
        usersmap.put(userid, userInfo);
    }
    // 关闭资源
    IOUtils.closeStream(bf1);
    IOUtils.closeStream(bf2);
}

@Override
protected void map(LongWritable key, Text value, Context context) throws
    IOException, InterruptedException {
    String[] reads1 = value.toString().trim().split("::");
    // 1::1193::5::978300760 :用户 ID、电影 ID、评分、评分时间戳
    // 通过电影 ID 和用户 ID 在对应的 map 中获取信息,ratings 不存在空信息,如果存在空
        信息,那么需要进行 map.contain 判断
    String struser = usersmap.get(reads1[0]);
    String strmovie = moviemap.get(reads1[1]);
    // 进行多表连接,数据格式为 userid, movieId, rate, ts, sex, age,
        occupation, zipcode, movieType
```

```
            String[] userinfo = struser.split("::");//sex, age, occupation,
                zipcode
            String kk = reads1[0] + "::" + reads1[1] + "::" + reads1[2] + "::" +
                reads1[3] + "::"
                    + userinfo[0] + "::" + userinfo[1] + "::" + userinfo[2] + "::"
                        + userinfo[3] + "::"
                    + strmovie;
            kout.set(kk);
            context.write(kout, NullWritable.get());
        }
    }
}
```

在代码清单 2-36 中，根据 ratings.dat 数据中的电影 ID 和用户 ID 完成 3 份数据的连接，其中 ratings.dat 作为主数据文件与其他两份数据进行左连接，即可获得全面的用户观影信息。

打包并提交 MapReduce 程序至 Hadoop 集群运行，最终连接结果将保存至 /join/outPutMapjoinThreeTables/ 目录下的 part-m-00000 文件中。

在 Shell 中通过 hdfs dfs -cat /join/outPutMapjoinThreeTables/part-m-00000 | head -10 命令可查看前 10 条记录，如图 2-96 所示。

```
[root@master data]# hdfs dfs -cat /join/outPutMapjoinThreeTables/part-m-00000 | head -10
1::1193::5::978300760::F::1::10::48067::Drama
1::661::3::978302109::F::1::10::48067::Animation|Children's|Musical
1::914::3::978301968::F::1::10::48067::Musical|Romance
1::3408::4::978300275::F::1::10::48067::Drama
1::2355::5::978824291::F::1::10::48067::Animation|Children's|Comedy
1::1197::3::978302268::F::1::10::48067::Action|Adventure|Comedy|Romance
1::1287::5::978302039::F::1::10::48067::Action|Adventure|Drama
1::2804::5::978300719::F::1::10::48067::Comedy|Drama
1::594::4::978302268::F::1::10::48067::Animation|Children's|Musical
1::919::4::978301368::F::1::10::48067::Adventure|Children's|Drama|Musical
```

图 2-96 连接 movies.dat、users.dat、ratings.dat

在图 2-96 中，每条记录的字段信息分别是用户 ID、电影 ID、评分、时间戳、性别、年龄段、职业、邮政编码和电影类型。至此，我们完成了 3 份数据的连接，并为后续的影评分析提供了一份完整的数据文件。

（2）按性别和电影分组计算每部电影的平均评分

创建一个 MoviesRatesAllGroupByGender 类，该类中主要完成两个计算过程，一是按性别和电影进行分组，二是分别在组内计算每部电影的平均评分，具体的计算过程是以组内每部电影的总评分除以每部电影的评分次数，得到每部电影的平均评分。实现过程如代码清单 2-37 所示。

代码清单 2-37 MoviesRatesAllGroupByGender 类的代码

```
import java.io.IOException;
import org.apache.hadoop.conf.Configuration;
```

```
import org.apache.hadoop.fs.FileSystem;
import org.apache.hadoop.fs.Path;
import org.apache.hadoop.io.DoubleWritable;
import org.apache.hadoop.io.LongWritable;
import org.apache.hadoop.io.Text;
import org.apache.hadoop.mapreduce.Job;
import org.apache.hadoop.mapreduce.Mapper;
import org.apache.hadoop.mapreduce.Reducer;
import org.apache.hadoop.mapreduce.lib.input.FileInputFormat;
import org.apache.hadoop.mapreduce.lib.output.FileOutputFormat;
public class MoviesRatesAllGroupByGender {
public static void main(String[] args) throws Exception {
        Configuration conf = new Configuration();
        FileSystem fs = FileSystem.get(conf);
        Job job = Job.getInstance(conf);
        job.setJarByClass(MoviesRatesAllGroupByGender.class);
        job.setMapperClass(MoviesRatesAllGroupByGender_Mapper.class);
        job.setReducerClass(MoviesRatesAllGroupByGender_Reducer.class);
        job.setMapOutputKeyClass(Text.class);
        job.setMapOutputValueClass(Text.class);
        job.setOutputKeyClass(Text.class);
        job.setOutputValueClass(DoubleWritable.class);
        Path inputPath = new Path("/join/outPutMapjoinThreeTables/");
        Path outputPath = new Path("/join/outPutMoviesRatesAllGroupByGender/");
        if (fs.exists(outputPath)) {
            fs.delete(outputPath, true);
        }
        FileInputFormat.setInputPaths(job, inputPath);
        FileOutputFormat.setOutputPath(job, outputPath);
        boolean isdone = job.waitForCompletion(true);
        System.exit(isdone ? 0 : 1);
    }
    public static class MoviesRatesAllGroupByGender_Mapper extends
        Mapper<LongWritable, Text, Text, Text>{
        Text kout = new Text();
        Text valueout = new Text();
        @Override
        protected void map(LongWritable key, Text value,Context context)throws
            IOException, InterruptedException {
            String [] reads = value.toString().trim().split("::");
            // 1::1193::5::978300760::F::1::10::48067::Drama
            // 性别、电影 ID、评分
            String sex = reads[4];
            String mID = reads[1];
            int rate = Integer.parseInt(reads[2]);
            // 每部电影的评分：组内每部电影的总评分 / 每部电影的评分次数
            // 按照性别和电影 ID 进行分组
            String kk = sex + "\t" +mID;
            String vv = reads[2];
            kout.set(kk);
```

```
            valueout.set(vv);
            context.write(kout, valueout);
        }
    }
    public static class MoviesRatesAllGroupByGender_Reducer extends Reducer<Text,
        Text, Text, DoubleWritable>{
        Text kout = new Text();
        Text valueout = new Text();
        @Override
        protected void reduce(Text key, Iterable<Text> values, Context context)
            throws IOException, InterruptedException {
            int totalRate = 0;  // 初始化总评分为0
            int rateNum = 0;  // 初始化总评分次数为0
            double avgRate = 0;  // 初始化每部电影的平均评分为0
            for(Text text : values){  // 计算每部电影的总评分及评分次数
                int rate = Integer.parseInt(text.toString());
                totalRate += rate;
                rateNum ++;
            }
            avgRate = 1.0 * totalRate / rateNum;  // 计算每部电影的平均评分
            DoubleWritable vv = new DoubleWritable(avgRate);
            context.write(key, vv);
        }
    }
}
```

在代码清单2-37中，Map阶段的map()方法主要以用户性别和电影ID作为key，将对应的rate（评分）作为value输出，并将中间结果传输至Reducer端。Reduce阶段的reduce()方法根据Map阶段的<k,v>键值对数据统计v（值）结果，最终将结果输出保存至/join/outPutMoviesRatesAllGroupByGender/目录下。

打包并提交MapReduce程序至Hadoop集群运行，即可将最终结果保存至/join/outPutMoviesRatesAllGroupByGender/目录的part-r-00000文件中。part-r-0000文件中以性别分组保存了所有电影的平均评分。由于文件内容较多，且每条记录是以性别进行排序，所以分别使用hdfs dfs -cat /join/outPutMoviesRatesAllGroupByGender/part-r-00000 | head -10命令和hdfs dfs -cat /join/outPutMoviesRatesAllGroupByGender/part-r-00000 | tail -10命令查看part-r-00000文件中的前10条和后10条记录，即性别为女性（F）的分组对所有电影的平均评分和性别为男性（M）的分组对所有电影的平均评分，分别如图2-97和图2-98所示。

从图2-97和图2-98所示的结果可以看到，因为电影的平均评分还未进行降序排序，所以我们暂时无法判别不同性别的观影喜好是否有比较大的差异，还需进行进一步的处理，即根据电影的平均评分进行降序排序。

4. 计算某给定电影各年龄段的平均电影评分

根据users.dat中数据的描述信息得知，字段Age并不是用户的真实年龄，而是年龄段。

查看 users.dat 中的年龄段，该文件中 Age 的取值共 7 个，分别为 0、1、2、3、4、5、6，分别表示 7 个年龄段，对应关系如表 2-15 所示。

```
[root@master bin]# hdfs dfs -cat /join/outPutMoviesRatesAllGroupByGender/part-r-00000 | head -10
F       1       4.187817258883249
F       10      3.470149253731343
F       100     2.5714285714285716
F       1000    3.8
F       1002    4.25
F       1003    2.78125
F       1004    2.75
F       1005    2.5952380952380953
F       1006    3.0434782608695654
F       1007    3.02
```

图 2-97 性别为 F 组中所有电影的平均评分

```
[root@master bin]# hdfs dfs -cat /join/outPutMoviesRatesAllGroupByGender/part-r-00000 | tail -10
M       99      3.5555555555555554
M       990     2.6122448979591835
M       991     3.556390977443609
M       992     2.3333333333333335
M       993     3.1666666666666665
M       994     4.074433656957929
M       996     2.9327731092436973
M       997     3.2777777777777777
M       998     2.8904109589041096
M       999     3.2448132780082988
```

图 2-98 性别为 M 组中所有电影的平均评分

表 2-15 Age 年龄组及其说明

Age	说明	Age	说明
0	18 岁以下（不包含 18 岁）	4	45 ～ 49 岁
1	18 ～ 24 岁	5	50 ～ 55 岁
2	25 ～ 34 岁	6	56 岁及以上
3	35 ～ 44 岁		

要计算某给定电影各年龄段的平均电影评分，需要确定计算的电影 ID。在前面小节中我们已经对电影的评分次数进行了计算，发现电影 ID 为 2858 的电影的评分次数最多，该部电影的用户年龄分布可能相对较广，因此确定分析电影 ID 为 2858 的电影的各年龄段的平均评分。

定义一个 MoviesAvgScore_GroupByAge 类，将 movies.dat、ratings.dat、users.dat 这 3 份数据进行连接后的数据作为输入，同时在 map() 方法中以电影 ID 为 2858 作为筛选条件过滤其他电影。由于要分析各年龄段的影评，所以需要将 Age 作为 map() 方法的 key（键），将电影评分和电影 ID 作为 value（值），再将 Map 阶段的中间结果传输至 Reduce 端，在 Reduce 端中得到不同年龄段用户对指定电影的平均评分。具体实现如代码清单 2-38 所示。

代码清单 2-38 MoviesAvgScore_GroupByAge 类的代码

```
import java.io.IOException;
import java.text.DecimalFormat;
```

```
import org.apache.hadoop.conf.Configuration;
import org.apache.hadoop.fs.FileSystem;
import org.apache.hadoop.fs.Path;
import org.apache.hadoop.io.LongWritable;
import org.apache.hadoop.io.Text;
import org.apache.hadoop.mapreduce.Job;
import org.apache.hadoop.mapreduce.Mapper;
import org.apache.hadoop.mapreduce.Reducer;
import org.apache.hadoop.mapreduce.lib.input.FileInputFormat;
import org.apache.hadoop.mapreduce.lib.output.FileOutputFormat;
public class MoviesAvgScore_GroupByAge {
    public static void main(String[] args) throws Exception {
        Configuration conf = new Configuration();
        FileSystem fs = FileSystem.get(conf);
        Job job = Job.getInstance(conf);
        job.setJarByClass(MoviesAvgScore_GroupByAge.class);
        job.setMapperClass(MovieAvgScore_GroupByAge_Mapper.class);
        job.setReducerClass(MovieAvgScore_GroupByAge_Reducer.class);
        job.setMapOutputKeyClass(Text.class);
        job.setMapOutputValueClass(Text.class);
        job.setOutputKeyClass(Text.class);
        job.setOutputValueClass(Text.class);
        Path inputPath = new Path("/join/outPutMapjoinThreeTables/");  // 以3表
            连接的输出路径作为本次任务的输入路径
        Path outputPath = new Path("/join/MoviesAvgScore_GroupByAge");  // 设置输
            出路径
        if (fs.exists(outputPath)) {
            fs.delete(outputPath, true);
        }
        FileInputFormat.setInputPaths(job, inputPath);
        FileOutputFormat.setOutputPath(job, outputPath);
        boolean isdone = job.waitForCompletion(true);
        System.exit(isdone ? 0 : 1);
    }
    public static class MovieAvgScore_GroupByAge_Mapper extends
        Mapper<LongWritable, Text, Text, Text>{
        Text kout = new Text();
        Text valueout = new Text();
        // 求movieid = 2858这部电影各年龄段的平均影评
        // userid, movieId, rate, ts, gender, age, occupation, zipcode,
           movieType
        // 用户ID、电影ID、评分、评分时间戳、性别、年龄、职业、邮政编码、电影类型
        @Override
        protected void map(LongWritable key, Text value,Context context)throws
            IOException, InterruptedException {
            String [] reads = value.toString().trim().split("::");

            String movieid = reads[1];
            String age = reads[5];
            String rate = reads[2];
            if (movieid.equals("2858")) {  // 判断电影ID是否为2858，进行过滤
```

```
                kout.set(age);  // 输出 k 值为 age
                valueout.set(rate + "\t" + movieid);  // v 值为电影评分和电影 ID
                context.write(kout, valueout);  // 输出到 Reduce 端
            }
        }
    }
    public static class MovieAvgScore_GroupByAge_Reducer extends Reducer<Text,
        Text, Text, Text>{
        Text kout = new Text();
        Text valueout = new Text();
        @Override
        protected void reduce(Text key, Iterable<Text> values, Context context)
            throws IOException, InterruptedException {
            int totalRate = 0;  // 初始化电影总评分
            int rateNum = 0;  // 初始化电影评论次数
            double avgRate = 0;  // 初始化平均评分
            String movieid = "";
            for(Text text : values){
                String[] reads = text.toString().split("\t");
                totalRate += Integer.parseInt(reads[0]);
                rateNum ++;  // 累加评分次数
                movieid = reads[1];  // 验证一下
            }
            avgRate = 1.0 * totalRate / rateNum;  // 计算电影平均评分
            DecimalFormat df = new DecimalFormat("#.#");  // 设置评分格式
            String string = df.format(avgRate);
            String vv = string + "\t" +movieid;  // 将电影平均评分与电影 ID 连接
            valueout.set(vv);
            context.write(key, valueout);
        }
    }
}
```

在代码清单 2-38 中，通过 map() 方法与 reduce() 方法可计算出电影 ID 为 2858 的电影各年龄段的平均评分。打包并提交项目至 Hadoop 集群运行，即可在 HDFS 的 /join/MoviesAvgScore_GroupByAge/ 目录下生成 part-r-00000 文件。在 Shell 中通过 hdfs dfs -cat/join/MoviesAvgScore_GroupByAge/part-r-00000 命令可查看最终结果，如图 2-99 所示。

```
[root@master data]# hdfs dfs -cat /join/MoviesAvgScore_GroupByAge/part-r-00000
1       4.4     2858
18      4.5     2858
25      4.3     2858
35      4.2     2858
45      4.2     2858
50      4.1     2858
56      4.1     2858
```

图 2-99 各年龄段用户对 ID 为 2858 的电影的平均评分

由图 2-99 的结果可以看出，随着年龄的增长，用户对该电影的评分逐渐降低。这可能

是因为随着用户年龄的增长，用户的观影阅历越多，思考会更加深入，所以对电影的评分会更加严谨。但从总体而言，各年龄段用户对这部电影的评分均在 4 以上，因此这部电影是比较受大众欢迎的。

2.8　小结

本章首先介绍了 Hadoop 的发展历史、基本概念、组件原理以及 Hadoop 生态系统各个框架，接着介绍了 Hadoop 的安装配置以及开发环境 IDE 配置，在此基础上又介绍了 Hadoop 常用的集群命令、Hadoop MapReduce 编程开发原理，并针对 MapReduce 编程开发详细介绍了 MapReduce 原理、单词计数源码分析。最后介绍了一个 MapReduce 编程多维度分析电影网站用户影评的应用实例。相信通过本章的学习，读者可以对 Hadoop、Hadoop MapReduce 原理有更深入的了解，对开发 Hadoop MapReduce 程序也可以说初窥门径了。

课后习题

（1）一般 MapReduce 程序的过程顺序是（　　）。

A. 输入、输入分片、map 阶段、shuffle 阶段、reduce 阶段、输出
B. 输入、输入分片、shuffle 阶段、map 阶段、reduce 阶段、输出
C. 输入、reduce 阶段、输入分片、shuffle 阶段、map 阶段、输出
D. 输入、输入分片、reduce 阶段、shuffle 阶段、map 阶段、输出

（2）以下描述错误的是（　　）。

A. Hive 是一个高可靠性、高性能、面向列、可伸缩的分布式存储系统。
B. Pig 能够把类 SQL 的数据分析请求转换为一系列经过优化处理的 MapReduce 运算。
C. Sqoop 用于 Hadoop（Hive）与传统数据库之间的数据传递。
D. Flume 是 Cloudera 提供的一个高可用的、高可靠的、分布式的海量日志采集、聚合和传输的系统。

（3）HDFS Java API 列出某个路径下的所有文件及文件夹的命令是（　　）。

A. create(Path)　　B. listStatus(Path)　　C. mkdirs(Path)　　D. oprn(Path)

（4）下面对 MapReduce 过程中描述错误的是（　　）。

A. 文件在 HDFS 上分块存储，在所有节点上存储实际的块。
B. 在 Map 阶段，针对每个文件块，建立一个 map 任务，map 任务直接运行在 DataNode 上，即移动计算，而非数据。
C. Map 输出的键值对经过 shuffle/sort 阶段后，相同的 key 会输送到同一个 Reducer 中。
D. 每个 Reducer 处理从 map 输送过来的键值对，然后输出新的键值对，一般输出到 HDFS 上。

（5）Hadoop 官方示例源码词频统计（WordCount）从结构上可以分为 3 个部分，下列不属于程序核心模块的是（　　）。

A. Driver 模块　　B. Mapper 模块　　C. Reducer 模块　　D. Main 模块

Chapter 3 第3章

数据仓库Hive——实现大数据查询与处理

随着信息技术的高速发展，结构化日志数据日益庞大，且MapReduce实现复杂查询逻辑的开发难度太大，开发人员学习Hadoop开发的成本过高，所以数据仓库Hive应运而生。Hive不仅可以存储海量数据，还可以通过一条简单的HQL语句实现复杂的MapReduce程序。

本章将详细讲解怎样通过Hive编程解决实际问题，首先简单介绍Hive技术和应用场景，其次讲解Hive的安装配置过程，接着介绍HiveQL的查询语句，然后介绍Hive自定义函数的使用，最后通过编写Hive语句实现基站掉话率的统计分析的场景应用来帮助大家加深理解。

3.1 Hive技术概述

Hive数据仓库基于Hadoop开发，是Hadoop生态圈组件之一，具备海量数据存储和处理能力，是大数据领域离线批量处理数据的常用工具。本节将简单介绍Hive，包括Hive的起源、特点及其架构，这是学习与掌握Hive海量数据存储计算的第一步。

3.1.1 Hive简介

面对越来越大的数据规模，传统的数据库已经无法满足数据的管理和分析需求。为了解决这一问题，Facebook自主研发出一款数据管理规模远超传统数据库的新产品——Hive。

Hive是基于HDFS和MapReduce的分布式数据仓库。传统的数据库主要应用于基本的、日常的事务处理，如银行转账。数据仓库则侧重决策支持，提供直观的查询结果，主要用于数据分析。Hive 与传统数据库（RDBMS）的对比如表 3-1 所示。

表 3-1　Hive 与传统数据库的对比

对比项	Hive	RDBMS
查询语言	HQL	SQL
数据存储	HDFS	本地文件系统
执行	MapReduce	执行引擎
执行延迟	高	低
处理数据规模	大	小
数据更新	不支持	支持
模式	读模式	写模式

3.1.2　Hive 的特点

Hive 具有可伸缩、可扩展、高容错的特点，具体分析如下。

1）可伸缩：Hive 为超大数据集设计了计算和扩展能力（MapReduce 作为计算引擎，HDFS 作为存储系统）。一般情况下，Hive 可以自由地扩展集群的规模，无须重启服务。

2）可扩展：除了 HQL 自身提供的能力，用户还可以自定义数据类型，用任何语言自定义 Mapper 和 Reducer 脚本，以及自定义函数（普通函数、聚集函数）等，这赋予了 Hive 极大的可扩展性。

3）高容错：Hive 本身并没有执行机制，用户查询的执行是通过 MapReduce 框架实现的，由于 MapReduce 框架本身具有高容错的特点，所以 Hive 也相应具有高容错的特点。

相较于传统的数据库，Hive 的结构更为简单，处理数据的规模更为庞大，但它不支持数据更新，有较高的延迟，并且在作业提交和调度的时候需要大量的开销。也就是说，Hive 不能在大规模数据集上实现低延迟、快速的查询。

3.1.3　Hive 的架构

Hive 架构由用户接口、Hive 元数据库、Hive 解析器、Hadoop 集群组成，如图 3-1 所示。

1）用户接口：用于连接访问 Hive，包括命令行接口（CLI）、JDBC/ODBC 和 HWI（Hive Web Interface）3 种方式。

2）Hive 元数据库（MetaStore）：Hive 数据包括数据文件和元数据。数据文件存储在 HDFS 中；元数据存储在数据库中，如 Derby（Hive 默认数据库）、MySQL 数据库等，Hive 中的元数据包括表的名字、表的列和分区、表的属性、表的数据所在的目录等。

3）Hive 解析器（驱动 Driver）：Hive 解析器的核心功能是根据用户编写的 SQL 语法匹配出相应的 MapReduce 模板，并形成对应的 MapReduce 任务进行执行。Hive 中的解析器在运行时会读取元数据库（MetaStore）中的相关信息。

4）Hadoop 集群：Hive 用 HDFS 进行存储，用 MapReduce 进行计算，也就是说，Hive 数据仓库的数据存储在 HDFS 中，而业务实际分析计算是利用 MapReduce 执行的。

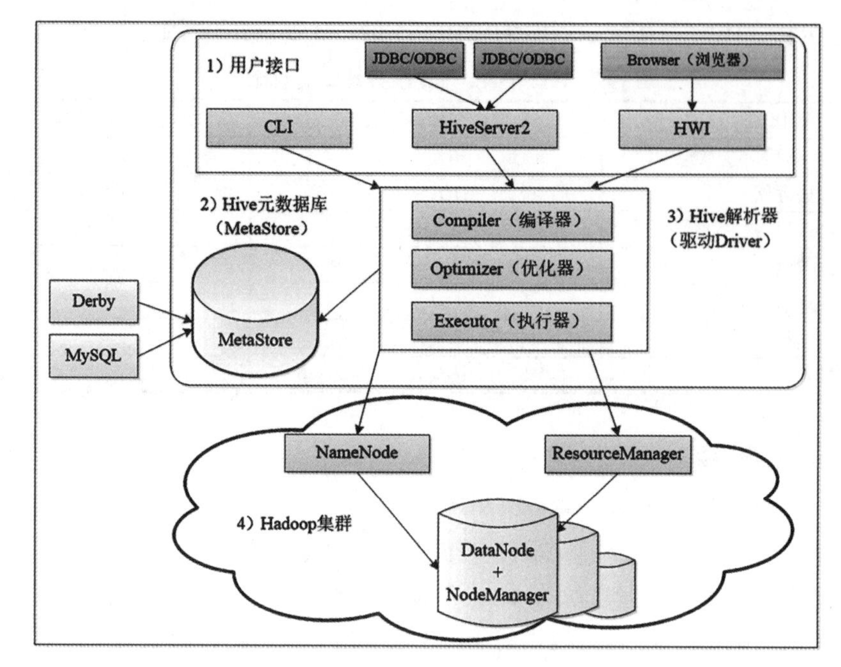

图 3-1 Hive 架构

从图 3-1 可以看出，Hive 本质上可以理解为一个客户端工具，或是一个将 SQL 语句解析成 MapReduce 作业的引擎。Hive 本身不存储和计算数据，它完全依赖于 HDFS 和 MapReduce。

3.2 Hive 应用场景介绍

Hive 主要适用的应用场景如下。

1）日志分析。大部分互联网公司使用 Hive 进行日志分析。Web 日志中包含大量人们（主要是产品分析人员）感兴趣的信息，通过 Hive，我们可以从这些信息中获取网站每类页面的 PV（PageView，页面访问量）值、独立 IP 数（即去重之后的 IP 数量）等，也可以计算得出用户所检索的关键词排行榜、用户停留时间最高的页面等，还可以构建广告单击模型，分析用户行为特征等。

2）多维度数据分析。通过 HiveQL 语句，我们可以按照多个维度（即多个角度）对数据进行观察和分析。多维的分析操作是指通过对多维形式组织起来的数据进行切片、切块、聚合、钻取、旋转等分析操作，以求剖析数据，使用户能够从多种维度、多个侧面、多种数据综合度查看数据，从而深入地了解包含在数据中的信息和规律。

3）海量结构化数据离线分析。高度组织和整齐格式化的数据被称为结构化数据。Hive 可以将结构化数据文件映射为一张数据库表，然后通过 HiveQL 语句进行查询分析。因为

Hive 的执行延迟比较高，所以它更适合处理大数据，对于处理小数据则没有优势。而且 HiveQL 语句最终会转换成 MapReduce 任务执行，所以 Hive 更适用于对实时性要求不高的离线分析场景，而不适用于实时计算的场景。

3.3 Hive 安装配置

对 Hive 有了初步了解后，我们还需要安装 Hive 组件，这是学习 Hive 的前提条件。安装与配置 Hive 分为两个步骤：在 Hadoop 集群中配置 MySQL 数据库和配置 Hive 数据仓库。

3.3.1 配置 MySQL 数据库

Hive 会将表中的元数据信息存储在数据库中，但 Hive 的默认数据库 Derby 存在并发性能差的问题，在实际生产环境中适用性较差，因此在实际生产中我们常常会使用其他数据库作为元数据库以满足实际需求。

MySQL 是一个开源的关系型数据库管理系统，由瑞典 MySQL AB 公司开发，属于 Oracle 公司旗下产品。MySQL 是最流行的关系型数据库管理系统之一，它具有体积小、速度快、成本低等特点，适合作为存储 Hive 元数据的数据库。在 Linux 系统中安装 MySQL，如代码清单 3-1 所示。

代码清单 3-1 MySQL 配置命令

```
# 下载 mysql8.x 源
wget https://repo.mysql.com//mysql80-community-release-el7-3.noarch.rpm
# 加载本地 yum 源
yum localinstall mysql80-community-release-el7-3.noarch.rpm
# 查询是否存在 mysql-community-server.x86_64
yum search mysql
# 下载 mysql 服务
yum -y install mysql-community-server.x86_64
# 查询 mysql 初始密码，冒号空格后面为密码，并复制
cat /var/log/mysqld.log | grep password
# 使用初始密码登录，在跳出对话框中粘贴刚刚复制的密码
mysql -u root -p
# 修改 mysql8.0 密码规则
set global validate_password.policy=0;
set global validate_password.length=1;
# 设置自定义密码
alter user 'root'@'localhost' identified by '123456';
```

安装好 MySQL 后，在命令行输入“mysql -u root -p123456”（根据代码清单 3-1 所示的设置，用户名为 root，密码为 123456）命令登录 MySQL。设置 MySQL 远程访问权限命令，如代码清单 3-2 所示。

代码清单 3-2 设置 MySQL 远程访问权限命令

```
# 设置远程访问权限
use mysql;
grant all privileges on *.* to 'root'@'%' identified by '123456' with grant
    option;
# 刷新权限
flush privileges;
# 设置完毕退出 MySQL 数据库
exit;
```

3.3.2 配置 Hive 数据仓库

完成 Hadoop 集群准备以及 MySQL 的配置后，即可开始安装并配置 Hive。安装配置 Hive 需要以下 3 个文件。

- MySQL 驱动包：mysql-connector-java-8.0.20.jar。
- Hive 安装包：apache-hive-3.1.2-bin.tar.gz。
- 配置文件：hive-site.xml。

在 Linux 系统中，Hive 的安装配置步骤如下。

1）将准备的文件上传至 Linux 系统的 /usr/local/src 目录下。

2）在命令行输入“cd /usr/local/src”命令切换至 /usr/local/src 目录，再输入“tar -xzvf apache-hive-3.1.2-bin.tar.gz -C /usr/local/”命令，解压 apache-hive-3.1.2-bin.tar.gz 文件至 /usr/local/ 目录下。

3）在命令行输入“mv /usr/local/apache-hive-3.1.2-bin hive”命令，修改 apache-hive-3.1.2-bin 名称为 hive。

4）安装完 Hive 后，输入“ls -l ../”命令，查看 /usr/local/src 目录的上一级目录（即 /usr/local）包含的详细信息，可在 /usr/local/ 目录下看见 Hive 的安装目录“hive”，如图 3-2 所示。

```
[root@master ~]# cd /usr/local/src/
[root@master src]# ls -l
total 274612
-rw-r--r--. 1 root root 278813748 Jun 22 22:45 apache-hive-3.1.2-bin.tar.gz
-rw-r--r--. 1 root root   2385601 Jun 22 22:45 mysql-connector-java-8.0.20.jar
[root@master src]# ls -l ../
total 0
drwxr-xr-x.  2 root root   6 Apr 11  2018 bin
drwxr-xr-x.  2 root root   6 Apr 11  2018 etc
drwxr-xr-x.  2 root root   6 Apr 11  2018 games
drwxr-xr-x. 10 1001 1002 161 Sep 12  2021 hadoop-3.1.4
drwxr-xr-x. 10 root root 184 Sep 28  2021 hive
drwxr-xr-x.  2 root root   6 Apr 11  2018 include
drwxr-xr-x.  2 root root   6 Apr 11  2018 lib
drwxr-xr-x.  2 root root   6 Apr 11  2018 lib64
```

图 3-2 Hive 的安装

5）进入 /usr/local/hive/conf 目录下，执行“cp hive-env.sh.template hive-env.sh”命令

复制 hive-env.sh.template 文件并重命名为 hive-env.sh，然后执行“vi hive-env.sh”命令编辑 hive-env.sh 配置文件，在文件末尾添加 Hadoop 安装目录的路径，如代码清单 3-3 所示。

代码清单 3-3　hive-env.sh 配置

```
# 在文件末尾添加 Hadoop 安装目录的路径
export HADOOP_HOME=/usr/local/hadoop-3.1.4
```

6）执行“vi /etc/profile”命令编辑 /etc/profile 文件，配置 Hive 的环境变量，如代码清单 3-4 所示。

代码清单 3-4　配置 Hive 的环境变量

```
# 在文件末尾添加 Hive 到环境变量
export HIVE_HOME=/usr/local/hive
export PATH=$HIVE_HOME/bin:$PATH
```

执行“source /etc/profile”命令使配置生效。

7）在 /usr/local/hive/conf 目录下，新建一个名为“hive-site.xml”的文件，并添加如代码清单 3-5 所示内容。

代码清单 3-5　修改 Hive 用户名和密码

```
<?xml version="1.0"?>
<?xml-stylesheet type="text/xsl" href="configuration.xsl"?>
<configuration>
    <property>
        <name>hive.exec.scratchdir</name>
        <value>hdfs://master:8020/user/hive/tmp</value>
    </property>
    <property>
        <name>hive.metastore.warehouse.dir</name>
        <value>hdfs://master:8020/user/hive/warehouse</value>
    </property>
    <property>
        <name>hive.querylog.location</name>
        <value>hdfs://master:8020/user/hive/log</value>
    </property>
    <property>
        <name>hive.metastore.uris</name>
        <value>thrift://master:9083</value>
    </property>
    <property>
        <name>javax.jdo.option.ConnectionURL</name>
        <value>jdbc:mysql://master:3306/hive?createDatabaseIfNotExist=true&amp;c
            haracterEncoding=UTF-8&amp;useSSL=false&amp;allowPublicKeyRetrieval=
            true</value>
    </property>
    <property>
        <name>javax.jdo.option.ConnectionDriverName</name>
        <value>com.mysql.cj.jdbc.Driver</value>
```

```
        </property>
        <property>
            <name>javax.jdo.option.ConnectionUserName</name>
            <value>root</value>
        </property>
        <property>
            <name>javax.jdo.option.ConnectionPassword</name>
            <value>123456</value>
        </property>
    <property>
        <name>hive.metastore.schema.verification</name>
        <value>false</value>
    </property>
    <property>
        <name>datanucleus.schema.autoCreateAll</name>
        <value>true</value>
    </property>
    </configuration>
```

8）复制 MySQL 驱动包至 $HIVE_HOME/lib 目录下，如代码清单 3-6 所示。

代码清单 3-6　复制 MySQL 驱动包到 $HIVE_HOME/lib 目录

```
# 进入 $HIVE_HOME/lib 目录
cd $HIVE_HOME/lib
# 将 MySQL 驱动包复制到 $HIVE_HOME/lib 目录中
cp /usr/local/src/mysql-connector-java-8.0.20.jar $HIVE_HOME/lib/
```

9）Hive 安装包 lib 目录下自带一份较低版本的 guava-19.0.jar，为防止与 Hadoop 的 jar 包版本不同而造成的操作冲突，需要将较低版本的 guava-19.0.jar 删除，再复制添加一份 Hadoop 配置目录下高版本的 guava-27.0-jre.jar，如代码清单 3-7 所示。

代码清单 3-7　更改 guava jar 包版本

```
# 移除 Hive 自带的 guava-19.0.jar
rm -rf /usr/local/hive/lib/guava-19.0.jar
# 添加 Hadoop 配置目录下的 guava-27.0-jre.jar
cp /usr/local/hadoop-3.1.4/share/hadoop/common/lib/guava-27.0-jre.jar/usr/local/hive/lib/
```

配置完 Hive 后，进入 Hive 安装路径下的 bin 目录，初始化元数据库。需要注意的是，这里仅第一次需要初始化，后续再初始化会报错。然后启动 Hive 的元数据服务，再进入 Hive，如代码清单 3-8 所示。若出现图 3-3 所示的界面，说明 Hive 安装配置成功。

代码清单 3-8　Linux 进入 Hive 命令

```
# 初始化元数据库
schematool -dbType mysql -initSchema
# 启动 Hive
hive --service metastore &
# 进入 Hive
hive
```

注意　启动进入 Hive 前，需要先开启 Hadoop 集群，并启动 MySQL 服务。

```
[root@master ~]# hive
SLF4J: Class path contains multiple SLF4J bindings.
SLF4J: Found binding in [jar:file:/usr/local/apache-hive-3.1.2-bin/lib/log4j-slf4
j-impl-2.10.0.jar!/org/slf4j/impl/StaticLoggerBinder.class]
SLF4J: Found binding in [jar:file:/usr/local/hadoop-3.1.4/share/hadoop/common/lib
/slf4j-log4j12-1.7.25.jar!/org/slf4j/impl/StaticLoggerBinder.class]
SLF4J: See http://www.slf4j.org/codes.html#multiple_bindings for an explanation.
SLF4J: Actual binding is of type [org.apache.logging.slf4j.Log4jLoggerFactory]
Hive Session ID = 90b7de1b-e008-4b89-98d4-37600ddeefc0

Logging initialized using configuration in jar:file:/usr/local/apache-hive-3.1.2-
bin/lib/hive-common-3.1.2.jar!/hive-log4j2.properties Async: true
Hive-on-MR is deprecated in Hive 2 and may not be available in the future version
s. Consider using a different execution engine (i.e. spark, tez) or using Hive 1.
X releases.
Hive Session ID = 148359da-e2f6-4976-9cba-9a6c2d1234fa
hive>
```

图 3-3　Linux 下的 Hive 界面

3.4　HiveQL 查询语句

成功安装配置 Hive 后，我们即可使用 Hive 存储数据，并使用 Hive 的查询语句实现数据的查询分析。与传统数据库的用法类似，在使用 Hive 时，我们需要先创建数据库，再创建表并定义表的结构，最后将数据按表结构进行存储。Hive 数据定义语言（DDL）可以实现 Hive 数据存储所依赖的数据库及表结构的定义、表描述的查看和表结构的更改等操作；Hive 数据操作语言（DML）可以实现数据的装载；类 SQL 的查询语言 HQL 可以实现数据表的查询操作。

3.4.1　Hive 的基础数据类型

在创建 Hive 表时，我们需要指定字段的数据类型。Hive 数据类型可以分为基础数据类型和复杂数据类型，如表 3-2 所示。

表 3-2　Hive 数据类型

	类型	说明	举例
基础数据类型	tinyint	1 字节有符号整型	20
	smallint	2 字节有符号整型	20
	int	4 字节有符号整型	20
	bigint	8 字节有符号整型	20
	boolean	布尔类型	True
	float	单精度浮点型	3.14159
	double	双精度浮点型	3.14159
	string(char、varchar)	字符串	"Hello world"
	timestamp(date)	时间戳	1327882394
	binary	字节数组	01

（续）

	类型	说明	举例
复杂数据类型	array	数组类型（数组中字段的类型必须相同）	user[1]
	map	一组无序的键值对	user['name']
	struct	一组命名的字段（字段类型可以不同）	user.age

3.4.2 创建与管理数据库

数据库的操作主要包括数据库的创建、删除、更改和使用。

1. 创建数据库

可以使用 create 命令创建数据库，语法格式如下。

```
create (database | schema) [if not exists] database_name
[comnent database_comment]
[location hdfs_path]
[ withdbproperties (property_name=property_value,...)];
```

在创建数据库的语法中，create database 是固定的 HQL 语句，用于创建数据库；database_name 表示创建数据库的名称，具有唯一性，唯一性可以通过 if not exists 命令进行判断。database|schema 用于选择创建数据库或创建数据库模式。默认情况下，创建的数据库存储在 /user/hive/warehouse/db_name.db/table_name/partition_name/ 路径下。创建一个数据库 card，并使用" show databases;" 命令查看数据库列表信息，结果如图 3-4 所示。

创建成功后，通过 Web UI 打开 Hive 数据库所在的 HDFS 路径（由于在 Hive 配置中指定的是 jdbc:mysql://192.168.128.130:3306/hive，因此可在 master 节点的 user/hive/warehouse 中进行查看），如图 3-5 所示。

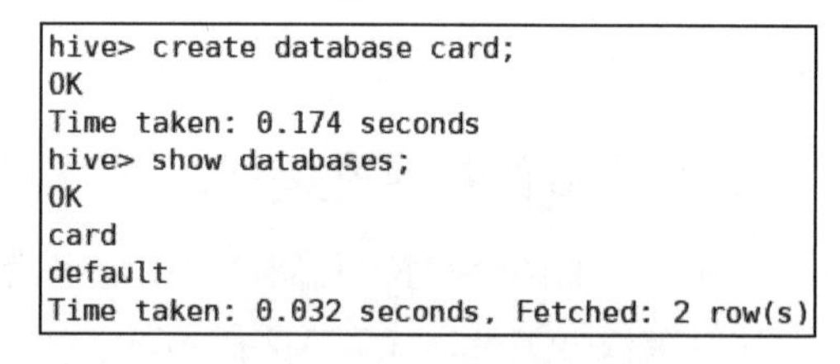

图 3-4 创建 card 数据库

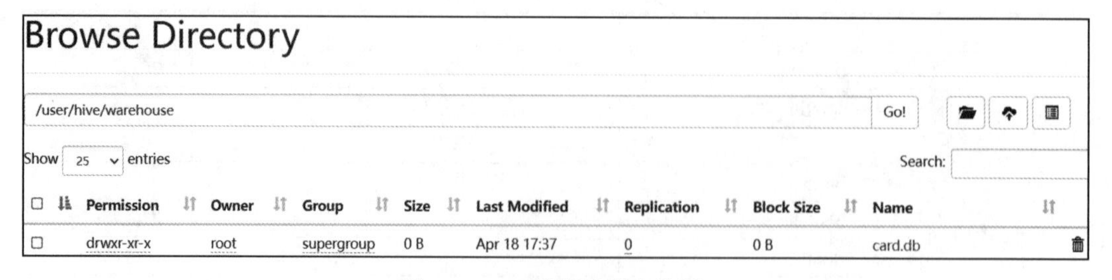

图 3-5 card 数据库所在位置

2. 删除数据库

可以使用 drop 命令删除数据库，语法格式如下。

```
drop(database | schema) [if exists] database_name [restricti | cascade];
```

drop database 命令用于删除数据库，默认删除的行为是 restricti，表示若数据库不为空，则数据库删除失败。在删除数据库时，若数据库中有数据表，则必须先删除数据表，才能删除数据库。也可以直接使用 drop database database_name cascade 命令强制性删除，但一般不建议使用。

3. 更改数据库

可以使用 alter 命令更改数据库当前目录，语法格式如下。

```
alter (database | schema) database_name set location hdfs_path;
```

alter database...set location 语句不会将数据库当前目录的内容移动到新指定的位置，也不会更改与指定数据库下的任何表 / 分区关联的位置，而是仅更改为此数据库添加新表的默认父目录。此行为类似于更改表目录而不会将现有分区移动到其他位置的方式。不能更改有关数据库的其他元数据。

4. 使用数据库

创建了数据库后，在建表时需要先使用数据库，如果没有使用数据库，则创建的表默认在 DEFAULT 数据库下。可以使用 use 命令使用数据库，语法格式如下。

```
use database_name;
use default;
```

如代码所示，在 Hive 0.6（HIVE-675）中添加了 use database_name。通过 use 为所有后续 HiveQL 语句设置当前数据库。在将当前工作表所在数据库还原为默认数据库时，我们需要使用关键字 default 而不是数据库名称。

3.4.3 创建与管理数据表

数据表的操作主要包括数据表的创建和修改。

1. 创建数据表

与传统数据库相比，Hive 对表格式的定义更加宽松、随性。在 Hive 中创建的数据表用于存储数据，因此在创建时，我们需要根据数据的结构创建出对应的表结构。

Hive 创建表的语法如下。

```
create [external] table [if not exists] table_name
    [(col_name data_type [comment col_comment], ...)]  // 指定字段名称和字段数据类型
    [comment table_comment]  // 表的描述信息
    [partitioned by (col_name data_type [comment col_comment], ...)]
    [clustered by (col_name, col_name, ...)
    [sorted by (col_name [asc|desc], ...)] into num_buckets buckets]
    [row format row_format]  // 表的数据分割信息，格式化信息
```

```
    [stored as file_format]  // 表数据的存储序列化信息
    [location hdfs_path]     // 数据存储的目录信息
```

在创建表的语法中，[ ] 中包含的内容为可选项，在创建表的同时可以声明其他的约束信息。创建 Hive 表的部分关键字的解释说明如下。

1）create table 关键字，用于创建一个指定名字的表。若相同名字的表已经存在，则抛出异常。用户可以使用 if not exists 可选项忽略这个异常，此时新表将不会被创建。

2）external 关键字。若不使用 external 关键字则创建的表为内部表，Hive 在创建内部表时，会将数据移动到数据仓库指向的路径；若使用 external 关键字则可以创建一个外部表，Hive 在创建外部表的同时会通过 location 关键字指定一个指向实际数据的路径，使得用户可以访问存储在远程位置（如 HDFS）中的数据。

3）partitioned by 关键字。使用该关键字可以创建分区表，该关键字后需要加上分区字段的名称。一个表可以拥有一个或者多个分区，并根据分区字段中的每个值创建一个单独的数据目录。分区以字段的形式在表结构中存在，可以通过 describe 命令查看该字段，但是该字段不存放实际的数据内容，仅仅是分区的表示。

4）clustered by 关键字，用于创建桶表，该关键字后需要加上字段的名称。对于每一个内部表、外部表或分区表，Hive 均可以将其进一步组织成桶，即桶是更细粒度的数据范围划分。

5）sorted by 关键字，是用于对字段进行排序的选项，可提高查询的性能。

6）row format 关键字，表示行格式，行格式是指一行中的字段存储格式，在加载数据时，需要选用合适的字符作为分隔符映射字段，否则表中数据将为 NULL。

7）stored as 用于指定文件存储格式，默认指定 TextFile 格式，表示导入数据时会直接将数据文件复制至 HDFS 上不进行处理，数据不压缩，解析开销较大。在选择 stored as 的参数时，可以选用以下指定规则。

```
file_format:
: sequencefile
| textfile
| rcfile
| orc
| parquet
| avro
| jsonfile
| inputformat input_namr_classname qutpuformat
output_format_classname
```

8）location 关键字，用于指定对应 Hive 表的映射在 HDFS 上的实际路径。在 Hive 中，表的类型有内部表、外部表、分区表和桶表。各类型的表的创建过程如下。

（1）创建内部表

内部表是 Hive 中比较常见、基础的表，其创建语句与 SQL 语句大致相同，且字段间的分隔符默认均为制表符“\t”，可根据业务数据的实际情况修改分隔符。

某学校提供了 2019 年 4 月 1 日至 4 月 30 日的一卡通数据，数据包括学生 ID 表 student 和消费记录表 info，希望对学生校园消费行为进行分析。两张表的字段说明如表 3-3、表 3-4 所示。

表 3-3　student 表字段说明

字段名	字段类型	说明
Index	int	序号
CardNo	int	校园卡号。每位学生的校园卡号都唯一
Sex	string	性别。分为“男”和“女”
Major	string	专业名称
AccessCardNo	int	门禁卡号。每位学生的门禁卡号都唯一

表 3-4　info 表字段说明

字段名	字段类型	说明
Index	int	流水号。消费的流水号
CardNo	int	校园卡号。每位学生的校园卡号都唯一
PeoNo	int	校园卡编号。每位学生的校园卡编号都唯一
Date	string	消费时间
Money	float	消费金额。单位：元
FundMoney	int	存储金额。单位：元
Surplus	float	余额。单位：元
CardCount	int	消费次数。累计消费的次数
Type	string	消费类型
TermSerNo	float	消费项目的序列号
conOperNo	float	消费操作的编码
Dept	string	消费地点

在 card 数据库内创建两个内部表 student 和 info，设置字段间的分隔符为“,”，如代码清单 3-9 所示。

代码清单 3-9　创建内部表 student 和 info

```
// 进入数据库 card
use card;
// 在数据库 card 下创建数据表 info
create table info(
index int,
cardno int,
peono int,
consumdate string,
money float,
fundmoney int,
surplus float,
cardcount int,
```

```
type string,
termserno string,
conoperno string,
dept string)
row format delimited fields terminated by ',';

// 在数据库card下创建数据表student
create table student(
index int,
cardno int,
sex string,
major string,
accesscardno int)
row format delimited fields terminated by ',';
```

（2）创建外部表

外部表描述了外部文件上的元数据。外部表数据可以由Hive外部的进程访问和管理，该方式可以满足一份数据多人在线使用的需求，因此外部表适用于企业部门间共享数据的场景。使用external关键字创建一个student_out外部表，并将外部表存储的数据放在HDFS的/user/root/data/目录下，如代码清单3-10所示。

代码清单 3-10 创建外部表 student_out

```
create external table student_out(
index int,
cardno int,
sex string,
major string,
accesscardno int)
row format delimited fields terminated by ','
location '/user/root/data';
```

外部表和内部表的区别在于，外部表的数据可以由Hive之外的进程管理（如HDFS）。当外部表的实际数据位于HDFS时，删除外部表仅仅是删除元数据信息，而不会删除实际数据；而内部表是由Hive进程进行管理的，在删除内部表时，也会删除实际数据。一般情况下，在创建外部表时会将表数据存储在Hive的数据仓库路径之外。

（3）创建分区表

当数据量很大时，查询速度会很慢，耗费大量时间，所以，如果只需查询其中部分数据，那么可以使用分区表，提高查询的速度。

分区表又分为静态分区表和动态分区表。静态分区表需要手动定义好每一个分区的值，再导入数据。动态分区表可以自动根据分区键值的不同而自动分区，不需要手动导入不同分区数据。

创建静态分区表时，指定的分区字段名称不可以和表字段名称相同。创建一个静态分区表student_part，如代码清单3-11所示。

代码清单 3-11 创建静态分区表 student_part

```
create external table student_part (
index int,
cardno int,
sex string,
major string,
accesscardno int)
partitioned by (year int comment '按入学年份分区')
row format delimited fields terminated by ',';
```

动态分区表的创建与静态分区表类似，但创建动态分区表前需要先开启动态分区的功能并设置动态分区模式。创建一个动态分区表 student_dyn_part，如代码清单 3-12 所示。

代码清单 3-12 创建动态分区表 student_dyn_part

```
// 开启动态分区
set hive.exec.dynamic.partition=true;
// 设置动态分区模式
set hive.exec.dynamic.partition.mode=nostrict;
create external table student_dyn_part(
index int,
cardno int,
sex string,
major string,
accesscardno int)
partitioned by (year int comment '按入学年份分区')
row format delimited fields terminated by ',';
```

（4）创建桶表

Hive 桶表用于对数据进行更细粒度的划分和管理。桶表针对字段的值进行哈希计算后，除以桶的个数求余，最终决定该数据存放在哪个桶当中。把表（或者分区）组织成桶（Bucket）一般有如下理由。

1）获得更高的查询处理效率。桶为表加上了额外的结构，可以使 Hive 在处理某些查询时利用这个结构。如果要连接两个在相同列（包含连接的列）上划分了桶的表，可以使用 Map 端连接（Map-side join）高效地实现。以 join 连接操作为例，当两个表有一个相同的列时，如果对这两个表进行桶操作，那么对保存相同列值的桶进行 join 操作可大大减少 join 连接的数据量。

2）使取样（sampling）更高效。在处理大规模数据集时，在开发和修改查询的阶段，如果能在数据集的小部分数据上试运行查询会更加方便。

创建一个分桶表 student_bucket，然后以 cardno 字段值进行分桶，并设置桶数量为 3，如代码清单 3-13 所示。

代码清单 3-13 创建桶表 student_bucket

```
create table student_bucket(
```

```
index int,
cardno int,
sex string,
major string,
accesscardno int)
clustered by (cardno) into 3 buckets
row format delimited fields terminated by ',';
```

2. 修改数据表

Hive 提供了丰富的修改表的操作，如表的重命名、增加修改表的列信息、删除表、添加分区等操作。创建数据库 myhive，在数据库里创建一个表 score，如代码清单 3-14 所示。

代码清单 3-14 创建 score 表

```
create database myhive;
use myhive;
create table score(
stu_no string,
cla_no string,
grade float
) partitioned by (class_name string);
```

通过 "describe extended score;" 命令查看 score 表结构，结果如图 3-6 所示。

```
hive (myhive)> describe extended score;
OK
col_name        data_type       comment
stu_no                  string
cla_no                  string
grade                   float
class_name              string

# Partition Information
# col_name              data_type               comment
class_name              string
```

图 3-6 score 表的结构信息

将表 score 重命名成 stu_score，如代码清单 3-15 所示。

代码清单 3-15 将表 score 重命名成 stu_score

```
alter table score rename to stu_score;
```

向表 stu_score 中添加 credit 和 gpa 两列，如代码清单 3-16 所示。

代码清单 3-16 添加列

```
alter table stu_score add columns (credit int,gpa float);
```

通过 " describe extended stu_score;" 命令查看表结构，如图 3-7 所示，stu_score 表多了两列信息。

将表 stu_score 中的列 credit 重命名为 Credits，并将数据类型修改为 float，如代码清单 3-17 所示。

```
hive (myhive)> describe extended stu_score;
OK
col_name        data_type       comment
stu_no                  string
cla_no                  string
grade                   float
credit                  int
gpa                     float
class_name              string

# Partition Information
# col_name              data_type               comment
class_name              string
```

图 3-7　stu_score 表的结构信息

代码清单 3-17　重命名

```
alter table stu_score change column credit Credits float;
```

修改表 stu_score 中的分区，新增 class_name 为 07111301 的分区，如代码清单 3-18 所示。

代码清单 3-18　新增分区

```
alter table stu_score add partition(class_name='07111301');
```

通过 HDFS 查看 stu_score 表多了一个“class_name=07111301”的分区，如图 3-8 所示。

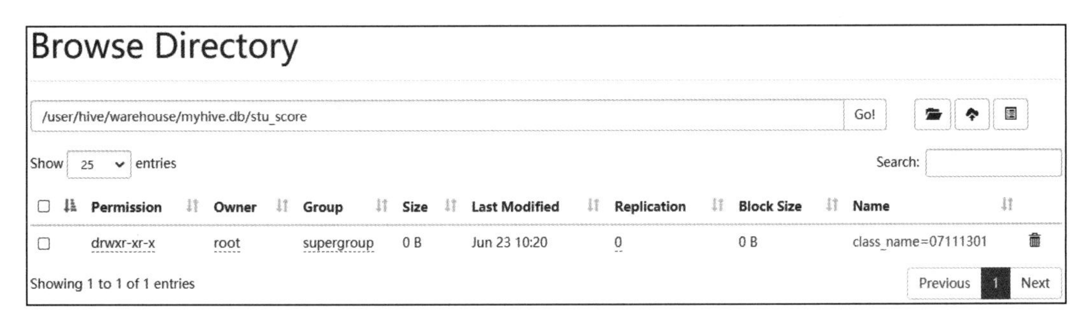

图 3-8　stu_score 表的分区信息

删除分区，将代码清单 3-18 新增的 class_name 为 07111301 的分区删除，如代码清单 3-19 所示。

代码清单 3-19　删除分区

```
alter table stu_score drop if exists partition(class_name = '07111301');
```

可直接使用 drop table 命令删除表 stu_score，如代码清单 3-20 所示。

代码清单 3-20　删除表

```
drop table stu_score;
```

3.4.4 Hive 表的数据装载

Hive 导入数据常用的方式有两种：将文件系统中的数据导入 Hive 与将其他 Hive 表查询到的数据导入 Hive。

1. 将文件系统中的数据导入 Hive

将文件系统中的数据导入 Hive 有两种方式：将 Linux 本地文件系统中的数据导入 Hive，将 HDFS 的数据导入 Hive。

将文件系统中的数据导入 Hive 的语法如下。

```
load data [local] inpath filepath
[overwrite] into table tablename
[partition (partcol1 = val1, partcol2 = val2...)]
```

部分关键字解释说明如下。

- local：导入语句若有 local 关键字，则导入 Linux 本地文件系统中的数据，若不加 local 关键字，则从 HDFS 导入数据。如果将 HDFS 的数据导入 Hive 表，那么 HDFS 上存储的数据文件会被移动到表目录下，因此原位置不再有存储的数据文件。
- filepath：数据的路径，可以是相对路径（./data/a.txt）、绝对路径（/user/root/data/a.txt）或包含模式的完整 URL（hdfs://master:8020/user/root/a.txt）。
- overwrite：加入overwrite关键字，表示导入模式为覆盖模式，即覆盖表之前的数据；若不加 overwrite 关键字，则表示导入模式为追加模式，即不清空表之前的数据。
- partition：如果创建的是分区表，那么导入数据时需要使用 partition 关键字指定分区字段的名称。

将文件系统中的数据导入 Hive 表，如代码清单 3-21 所示。

代码清单 3-21 将文件系统中的数据导入 Hive 表

```
// 将本地文件系统中的 data1.csv 导入表 student
load data local inpath '/opt/data1.csv' overwrite into table student;
// 将 HDFS 中的 data2.csv 导入表 info
load data inpath '/user/root/data/data2.csv' overwrite into table info;
```

导入数据后，数据会被存储在 HDFS 上相应表的数据存放目录中。在 HDFS 中查看表 student 的数据导入结果，如图 3-9 所示。

查看表 info 的数据导入结果，如图 3-10 所示。

2. 将其他 Hive 表查询到的数据导入 Hive

将其他 Hive 表查询到的数据导入 Hive 有 3 种方法：查询数据后单表插入，查询数据后多表插入，查询数据后建新表。

（1）查询数据后单表插入

Hive 查询数据后单表插入的语法如下。

```
insert [overwrite|into] table 表 1
[partition (part1=val1,part2=val2)]
select 字段 1, 字段 2, 字段 3  from  表 2;
```

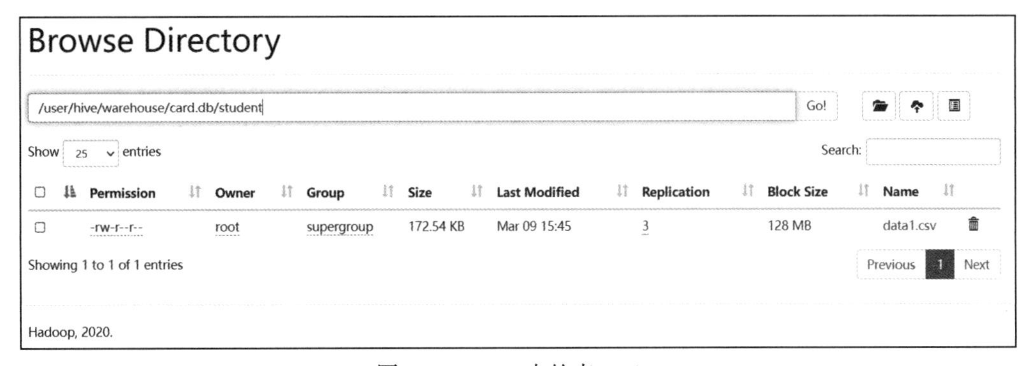

图 3-9　HDFS 中的表 student

Browse Directory

/user/hive/warehouse/card.db/info　Go!

Show 25 entries　Search:

Permission	Owner	Group	Size	Last Modified	Replication	Block Size	Name
-rw-r--r--	dr.who	supergroup	43.26 MB	Mar 09 15:44	3	128 MB	data2.csv

Showing 1 to 1 of 1 entries　Previous 1 Next

Hadoop, 2020.

图 3-10　HDFS 中的表 info

该语句表示从表 2 查询出字段 1、字段 2 和字段 3 的数据并插入表 1 中，表 1 中的 3 个字段的类型与表 2 中的 3 个字段的类型应一致。单表插入数据时可以使用 partition 关键字指定分区插入。插入时选择 overwrite 关键字表示覆盖原有表或分区数据，选择 into 关键字表示追加数据到表或分区。通过 Hive 单表插入数据的方式，将表 student 的数据导入表 student_out 中，如代码清单 3-22 所示，结果如图 3-11 所示。

代码清单 3-22　Hive 单表插入数据示例

```
insert into student_out select index,cardno,sex,major,accesscardno from student;
```

```
hive> select * from student_out limit 5;
OK
1       180001  男      18国际金融      19762330
2       180002  男      18国际金融      20521594
3       180003  男      18国际金融      20513946
4       180004  男      18国际金融      20018058
5       180005  男      18国际金融      20945770
Time taken: 0.614 seconds, Fetched: 5 row(s)
```

图 3-11　单表插入数据结果

（2）查询数据后多表插入

Hive 支持多表插入，即可以在同一个查询中使用多个 insert 子句，好处是只需要扫描一遍源表即可生成多个不相交的输出。

多表插入与单表插入的不同点在于语句写法，多表插入将执行查询的表语句放在开头的位置。其他关键字解释同单表插入数据。Hive 查询数据后多表插入的语法如下。

```
from 表 1
insert [overwrite|into] table 表 2 select 字段 1
insert [overwrite|into] table 表 3 select 字段 2
```

该语句表示从表 1 中查询字段 1 并插入表 2，从表 1 中查询字段 2 并插入表 3。表 1 中字段 1 的类型应与表 2 中字段 1 的类型一致，表 1 中字段 2 的类型应与表 3 中字段 2 的类型一致。

通过 Hive 多表插入数据的方式，将表 student 中的 cardno 字段数据插入 temp1 表中，并将表 student 中的 major 字段数据插入 temp2 表中，如代码清单 3-23 所示，结果如图 3-12 所示。

代码清单 3-23 Hive 多表插入数据示例

```
// 创建 temp1、temp2
create table temp1(cardno int);
create table temp2(major string);
// 向 temp1 导入表 student 中的 cardno 字段数据，向 temp2 导入表 student 中的 major 字段数据
from student
insert into table temp1 select cardno
insert into table temp2 select major;
```

```
hive> select * from temp1 limit 5;
OK
180001
180002
180003
180004
180005
Time taken: 0.469 seconds, Fetched: 5 row(s)
hive> select * from temp2 limit 5;
OK
18国际金融
18国际金融
18国际金融
18国际金融
18国际金融
Time taken: 0.386 seconds, Fetched: 5 row(s)
```

图 3-12 多表插入数据结果

（3）查询数据后建新表

Hive 查询数据后建新表的语法如下。

```
create table 表 2 as
```

```
select 字段 1, 字段 2, 字段 3
from 表 1;
```

该语句表示从表 1 中查询字段 1、字段 2、字段 3 的数据并插入新建的表 2 中。

通过 Hive 查询数据后建新表的方式，创建新表 temp3 并导入表 student 的数据，如代码清单 3-24 所示，结果如图 3-13 所示。

代码清单 3-24　Hive 查询数据后建新表

```
create table temp3 as select cardno,major from student;
```

```
hive> select * from temp3 limit 5;
OK
180001	18国际金融
180002	18国际金融
180003	18国际金融
180004	18国际金融
180005	18国际金融
Time taken: 0.445 seconds, Fetched: 5 row(s)
```

图 3-13　查询数据后建新表结果

3.4.5　掌握 select 查询

由于 SQL 的广泛应用，所以 Hive 开发人员根据 Hive 本身的特性设计了类 SQL 的查询语言 HQL。HQL 查询语句 select 的语法如下。

```
select [all | distinct] select_expr, select_expr, ...
    from table_reference
    [where where_condition]
    [group by col_list]
    [having having_condition]
    [order by col_list]
    [cluster by col_list | [distribute by col_list] [sort by col_list]]
    [limit [offset,] rows]
```

select 语句结构的部分关键字说明如下。

1）select：select 关键字可以是联合查询或另一个查询的子查询的一部分。用户可以使用该关键字查询指定的表字段，也可以使用符号“*”查询表的所有字段。

2）all|distinct：all 和 distinct 选项指定是否应返回重复的行。

❑ Hive 查询中的默认值为 all，表示返回所有匹配的行。

❑ distinct 关键字是对查询结果进行去重操作，表示不返回重复数据。

3）where：where 关键字后面是一个布尔表达式，用于条件过滤。用户可以通过该关键字检索出特定的数据。

4）group by：表示根据某个字段对数据进行分组，一般情况下，group by 必须要配合聚合函数（如 count()、max() 等）一起使用，以实现在分组之后对组内结果的聚合操作。

5）having：having 关键字通常与 group by 联合使用。having 的本质和 where 一样，都

用于对数据进行条件筛选，但 where 不可以在 group by 关键字后使用。having 关键字弥补了 where 关键字不能与聚合函数联合使用的不足。

6）order by：该关键字可以令查询结果按照某个字段进行排序，默认的情况下为升序（ASC）排序。用户也可以使用 DESC 关键字对查询结果进行降序排序。

7）limit：limit 关键字可用于约束查询结果返回的行数，limit 接收一个或两个自然数参数。

- 当只有一个参数时，该参数代表最大行数（最大值为 0 时不返回任何结果）。
- 当有两个参数时（需要 Hive 2.0.0 及以上版本才支持写入两个参数），第一个参数指定返回行的起始位置，第二个参数指定要返回的最大行数。

使用 HQL 语言编写查询语句时，大部分语句会转化成 MapReduce 任务进行查询操作。但有些情况下，Hive 查询语句不会转化成 MapReduce 任务，其中常见的两种情况列举如下。

1）在本地模式下，Hive 可以简单地读取目标目录下的表数据，然后将数据格式化后打印输出到控制台，例如当执行“select * from table_name;”时可直接将表数据格式化输出。

2）当查询语句中使用 where 进行条件过滤，且过滤的条件只与分区字段有关时，无论是否使用 limit 关键字限制输出记录条数，均不会触发 MapReduce 操作。

使用关系运算符“==”查看 info 表中卡号、消费类型 Type 为“消费”的消费地点数据，如代码清单 3-25 所示，查询到 500755 行数据，运行结果如图 3-14 所示。

代码清单 3-25　查看 info 表中的 cardno、消费类型为消费的消费地点数据

```
select cardno,type,dept from info where type==" 消费 ";
```

```
182705  消费    第五食堂
182706  消费    第三食堂
182706  消费    第四食堂
182706  消费    第五食堂
182706  消费    第五食堂
182706  消费    第五食堂
182706  消费    第五食堂
182706  消费    第五食堂
182706  消费    第五食堂
182707  消费    第三食堂
Time taken: 3.359 seconds, Fetched: 500755 row(s)
```

图 3-14　student 表中的 cardno、消费类型为消费的消费地点数据

3.4.6　了解运算符的使用

在使用 where 语句进行条件筛选时，我们需要使用返回布尔类型结果的谓词表达式，而谓词表达式由表达式、运算符、值构成。表达式可以是简单的字段名，也可以是内置函数。Hive 提供了多种内置运算符，包括关系运算符、算术运算符、逻辑运算符等。本节将介绍关系运算符与逻辑运算符。

1. 关系运算符

关系运算符通过比较两边的结果，返回一个布尔类型的结果值，即 TRUE 或 FALSE 值。常用的关系运算符及其说明如表 3-5 所示。

表 3-5 常用的关系运算符及其说明

操作符	支持的数据类型	说明
A = B	所有基本类型	如果表达式 A 与表达式 B 一样，返回 TRUE，否则返回 FLASE
A == B	所有基本类型	和“=”操作一样
A <=> B	所有基本类型	对于非空操作数，使用 EQUAL（=）运算符返回相同的结果，但若两个操作数都为空，则返回 TRUE；若其中一个操作数为空，则返回 FALSE
A <> B	所有基本类型	如果 A 或 B 为 NULL，则为 NULL；如果表达式 A 不等于表达式 B，则为 TRUE，否则为 FALSE
A != B	所有基本类型	和“<>”操作一样
A < B	所有基本类型	如果 A 或 B 为 NULL，则为 NULL；如果表达式 A 小于表达式 B，则为 TRUE，否则为 FALSE
A <= B	所有基本类型	如果 A 或 B 为 NULL，则为 NULL；如果表达式 A 小于或等于表达式 B，则为 TRUE，否则为 FALSE
A > B	所有基本类型	如果 A 或 B 为 NULL，则为 NULL；如果表达式 A 大于表达式 B，则为 TRUE，否则为 FALSE
A >= B	所有基本类型	如果 A 或 B 为 NULL，则为 NULL；如果表达式 A 大于或等于表达式 B，则为 TRUE，否则为 FALSE
A [not] between B and C	所有基本类型	如果 A、B 或 C 为 NULL，则为 NULL；如果 A 大于或等于 B 且 A 小于或等于 C，则为 TRUE，否则为 FALSE。可以通过使用 NOT 关键字来反转
A is null	所有基本类型	如果表达式 A 的运算结果为 NULL，则为 TRUE，否则为 FALSE
A is not null	所有数据类型	如果表达式 A 的运算结果不为 NULL，则为 TRUE，否则为 FALSE
A is [not] (TRUE|FALSE)	布尔类型	仅当满足条件时运算结果为 TRUE
A [not] like B	字符串类型	如果 A 或 B 为 NULL，则为 NULL；如果字符串 A 与 SQL 简单正则表达式 B 匹配，则为 TRUE，否则为 FALSE。比较是逐字进行的。B 中的 u 字符匹配 A 中的任何字符（类似于 posix 正则表达式中的 .），而 B 中的 % 字符匹配 A 中任意数量的字符（类似于 posix 正则表达式中的 .*）。例如，“'foobar' like 'foo'”的运算结果为 FALSE，而“'foobar' like 'foo_ _ _'”的运算结果为 TRUE，“'foobar' like 'foo%'”的运算结果也为 TRUE
A rlike B	字符串类型	如果 A 或 B 为 NULL，则为 NULL；如果 A 的任何子字符串（可能为空）与 Java 正则表达式 B 匹配，则为 TRUE，否则为 FALSE。例如，“'foobar' rlike 'foo'”的运算结果为 TRUE，“'foobar' rlike '^f.*r$'”的运算结果也是 TRUE
A regexp B	字符串类型	和 rlike 一样

在查看 info 数据时，可以看到数据表中字段 TermSerNo、conOperNo 存在缺失值，此时可以使用 3.4.7 节的聚合函数 count 统计 info 表中 TermSerNo、conOperNo 缺失值，如代码清单 3-26 所示。

代码清单 3-26 统计 info 表中 TermSerNo、conOperNo 缺失值

```
select count(*) from info where termserno == "NULL";
select count(*) from info where conoperno == "NULL";
```

运行结果如图 3-15 所示，info 表中 TermSerNo、conOperNo 缺失值达到 512106 和 519116，对于缺失值较大的列，由于在实际的数据分析中无意义，所以一般不予理会。

```
OK
512106
Time taken: 47.973 seconds, Fetched: 1 row(s)
```

```
OK
519116
Time taken: 63.298 seconds, Fetched: 1 row(s)
```

图 3-15 统计 info 表中 TermSerNo、conOperNo 缺失值

2. 逻辑运算符

逻辑运算符主要用于两个及两个以上的谓词表达式之间，把各个谓词表达式连接起来组成一个复杂的逻辑表达式，以判断组合的表达式是否成立，判断的结果是 TRUE 或 FALSE。逻辑运算符是对布尔类型的表达式进行运算，其结果也是布尔类型。常用的逻辑运算符及其说明如表 3-6 所示。

表 3-6 常用的逻辑运算符及其说明

操作符	支持的数据类型	说明
A and B	布尔类型	如果 A 和 B 都为真，则为 TRUE，否则为 FALSE。如果 A 或 B 为空，则为 NULL
A or B	布尔类型	如果 A 和 B 有一个为真或两者都为真，则为 TRUE；如果 A 和 B 都为假，则结果为 FALSE；如果 A 或 B 为空，则结果为 NULL
not A	布尔类型	如果 A 为假，则为 TRUE；如果 A 为空，则为 NULL。否则为 FALSE
! A	布尔类型	与 not A 相同
A in (val1, val2, ...)	布尔类型	如果 A 等于任何值，则为 TRUE。从 Hive 0.13 开始，IN 语句中支持子查询
A not IN (val1, val2, ...)	布尔类型	如果 A 不等于任何值，则为 TRUE。从 Hive 0.13 开始，IN 语句中支持子查询

查询 student 表中性别为男且专业是 18 会计的数据，如代码清单 3-27 所示，运行结果如图 3-16 所示。

代码清单 3-27 查询 student 表中性别为男且专业是 18 会计的数据

```
select * from student where sex='男' and major='18会计';
```

```
hive> select * from student where sex='男' and major='18会计';
OK
72      180072  男      18会计  20849882
73      180073  男      18会计  18348410
74      180074  男      18会计  19832682
75      180075  男      18会计  18407002
76      180076  男      18会计  19705882
77      180077  男      18会计  19659434
78      180078  男      18会计  19946842
79      180079  男      18会计  19350202
80      180080  男      18会计  20513402
3911    183911  男      18会计  17439893
3912    183912  男      18会计  17461221
3913    183913  男      18会计  858918
Time taken: 0.779 seconds, Fetched: 12 row(s)
```

图 3-16 student 表中性别为男且专业是 18 会计的数据

3.4.7　掌握 Hive 内置函数

HiveQL 支持大多数 SQL 的内置函数，但是有些函数的实现与 SQL 略有差别。本节将介绍如何使用聚合函数、字符串函数、日期函数、条件函数、数学函数、表生成函数这 6 种常用函数。熟练使用 HiveQL 的内置函数，可以更方便地执行 Hive 增、删、查、改等基础操作。

1. 聚合函数

聚合函数是对一组值进行计算并返回单一值的函数。聚合函数经常与 select 语句的 group by 子句一同使用。常用的聚合函数及其说明如表 3-7 所示。

表 3-7　常用的聚合函数及其说明

返回类型	函数	说明
bigint	count(*) count(expr) count(DISTINCT expr[, expr...])	返回检索到的行的总数，包括包含空值的行 返回提供的表达式为非空的行数 返回所提供表达式唯一且非空的行数
double	sum(col) sum(DISTINCT col)	返回组中元素的总和 返回组中列的不同值的总和
double	avg(col) avg(DISTINCT col)	返回组中元素的平均值 返回组中列的不同值的平均值
double	min(col)	返回组中列的最小值
double	max(col)	返回组中列的最大值

以校园卡号分组，查询 info 表中消费类型为“消费”的消费金额平均值，如代码清单 3-28 所示，运行结果如图 3-17 所示。

代码清单 3-28　查询 info 表中每个学生的平均消费金额

```
select cardno,avg(money) from info where type=="消费" group by cardno;
```

```
186150  9.374509804389056
186151  4.527272712100636
186159  2.8421052655107095
186203  4.9692307733572445
186206  4.2
186207  1.3600000143051147
186208  4.192307694600179
Time taken: 58.535 seconds, Fetched: 8425 row(s)
```

图 3-17　info 表中每个学生的平均消费金额

2. 字符串函数

字符串函数是对 String 类型的数据进行操作的函数，例如切分、拼接等。常用的字符串函数及其说明如表 3-8 所示。

表 3-8　常用的字符串函数及其说明

返回类型	函数	说明
string	trim(string A)	返回从字符串两端切分空格所产生的字符串。示例：trim(' foobar') 结果为 'foobar'

（续）

返回类型	函数	说明
string	substr(string|binary A, int start, int len), substring(string|binary A, int start, int len)	返回长度为 len 的起始位置的字节数组的子字符串或切片 示例：substr('foobar', 4, 1) 结果为“b”（详看 [http://dev.mysql.com/doc/refman/5.0/en/string-functions.html#function_substr]）
array	split(string str, string pat)	按照 pat 切分 str（pat 是正则表达式）
int	length(string A)	返回字符串的长度
string	concat(string|binary A, string|binary B...)	返回按顺序连接作为参数传入的字符串或字节所产生的字符串或字节。示例：concat（'foo', 'bar'）结果为 'foobar'。此函数可以接收任意数量的输入字符串
string	replace(string A, string OLD, string NEW)	返回字符串 A，其中所有不重叠的旧项将被替换为新项（从配置单元 1.3.0 和 2.1.0 开始）。示例：select replace("ababab", "abab", "Z")，结果为 "Zab"

将 info 表中的消费日期补充完整，统一在时间后面加上秒钟“ :00”，如代码清单 3-29 所示，运行结果如图 3-18 所示。

代码清单 3-29　info 表中的消费日期的时间

```
select consumdate,concat(consumdate,":00") from info where type==" 消费 ";
```

```
2019/4/11 7:37  2019/4/11 7:37:00
2019/4/11 17:48 2019/4/11 17:48:00
2019/4/11 17:49 2019/4/11 17:49:00
2019/4/11 7:34  2019/4/11 7:34:00
2019/4/12 7:28  2019/4/12 7:28:00
2019/4/11 11:56 2019/4/11 11:56:00
Time taken: 0.382 seconds, Fetched: 500755 row(s)
```

图 3-18　info 表中的消费日期的时间

3. 日期函数

日期函数可用于截取时间的年、月、日，也可用于进行两个日期间的计算，以及日期格式的转换。常用的日期函数及其说明如表 3-9 所示。

表 3-9　常用的日期函数及其说明

返回类型	函数	说明
int	year(string date)	返回日期或时间戳字符串的年份部分：year("1970-01-01 00:00:00") = 1970，year("1970-01-01") = 1970
int	month(string date)	返回日期或时间戳字符串的月份部分：month("1970-11-01 00:00:00") = 11，month("1970-11-01") = 11
int	day(string date)，dayofmonth(date)	返回日期或时间戳字符串的日期部分：day("1970-11-01 00:00:00") = 1，day("1970-11-01") = 1
int	hour(string date)	返回时间戳的小时数：hour('2009-07-30 12:58:59') = 12，hour('12:58:59') = 12
int	datediff(string enddate, string startdate)	返回从 startdate 到 enddate 的天数：datediff('2009-03-01','2009-02-27') = 2

（续）

返回类型	函数	说明
date	current_date	返回查询计算开始时的当前日期（从 Hive 1.2.0 开始）。同一查询中 current_date 的所有调用返回相同的值
double	months_between (date1, date2)	返回日期 date1 和 date2 之间的月数（从 Hive 1.2.0 开始）。如果 date1 晚于 date2，则结果为正。如果 date1 早于 date2，则结果为负数。如果 date1 和 date2 是一个月的同一天，或者是两个月的最后几天，那么结果总是一个整数。否则，UDF 将基于 31 天的月份计算结果的分数部分，并考虑时间组件 date1 和 date2 的差异。date1 和 date2 类型可以是格式为“yyyy-MM-dd”或“yyyy-MM-dd HH:MM:ss”的日期、时间戳或字符串。结果四舍五入到小数点后 8 位。示例：months_between('1997-02-28 10:30:00', '1996-10-30') = 3.94959677
string	date_format(date/timestamp/string ts, string fmt)	将日期 / 时间戳 / 字符串转换为日期格式 fmt 指定的字符串值（从 Hive 1.2.0 开始）。支持的格式是 Java DateTimeFormatter 格式，例如 https://docs.oracle.com/javase/8/docs/api/java/time/format/DateTimeFormatter.html。第二个参数 fmt 是常量 示例：date_format('2015-04-08', 'y') = '2015' date_format 可用于实现其他 UDF，示例：dayname(date) 等价于 date_format(date, 'EEEE')，dayofyear(date) 等价于 date_format(date, 'D')

提取 info 表中的消费日期的小时，如代码清单 3-30 所示，运行结果如图 3-19 所示。

代码清单 3-30 提取 info 表中的消费日期的小时

```
select consumdate,hour(replace(concat(consumdate, ":00"),"/","-")) from info;
```

```
2019/4/11 17:48 17
2019/4/11 17:49 17
2019/4/11 7:34  7
2019/4/12 7:28  7
2019/4/11 11:56 11
Time taken: 2.207 seconds, Fetched: 519367 row(s)
```

图 3-19 info 表中的消费日期的小时

4. 条件函数

条件函数用于计算条件列表并返回多个可能的结果表达式之一。常用的条件函数及其说明如表 3-10 所示。

表 3-10 常用的条件函数及其说明

返回类型	函数	说明
T	if(boolean testCondition, T valueTrue, T valueFalseOrNull)	testCondition 为 TRUE 时返回 valueTrue；否则返回 valueFalseOrNull
boolean	isnull(a)	如果 a 为 NULL，则返回 TRUE；否则返回 FALSE
boolean	isnotnull (a)	如果 a 为 NULL，则返回 FALSE；否则返回 TRUE
T	nvl(T value, T default_value)	如果值为 NULL，则返回默认值，否则返回值
T	CASE a WHEN b THEN c [WHEN d THEN e]* [ELSE f] END	当条件 a 与 b 值相等时，返回 c；当条件 a 与 d 值相等时，返回 e；否则返回 f
T	CASE WHEN a THEN b [WHEN c THEN d]* [ELSE e] END	当条件 a 为 TRUE 时，返回 b；当条件 c 为 TRUE 时，返回 d；否则返回 e

该学校食堂的营业时间为 6：00-24：00，因此将 info 表中 0：00-5：00 之内的所有消费记录记为异常，统计 0 点至 23 点的异常情况，如代码清单 3-31 所示，运行结果如图 3-20 所示。

代码清单 3-31 统计 info 表中消费日期中的异常情况

```
select hours,if(hours>=0 and hours<=5,'异常','正常'),count(*) from (select
    hour(replace(concat(consumdate, ":00"),"/","-")) as hours from info)a group
    by hours;
```

```
OK
0       异常    7319
1       异常    56
2       异常    258
3       异常    128
4       异常    132
5       异常    341
6       正常    2202
7       正常    72594
8       正常    18388
9       正常    21736
10      正常    9851
11      正常    117753
12      正常    75068
13      正常    6374
14      正常    2542
15      正常    4188
16      正常    24491
17      正常    56091
18      正常    57458
19      正常    18491
20      正常    6815
21      正常    10522
22      正常    6144
23      正常    425
Time taken: 47.132 seconds, Fetched: 24 row(s)
```

图 3-20 info 表中消费日期中的异常情况

5. 数学函数

数学函数是对单个数、列数据进行处理的函数。常用的数学函数及其说明如表 3-11 所示。

表 3-11 常用的数学函数及其说明

返回类型	函数	说明
double	round(double a)	返回 a 的四舍五入的 BIGINT 值
double	round(double a, int d)	返回四舍五入到 d 位的小数点
double	rand()，rand(int seed)	返回一个随机数（从一行到另一行变化），该随机数从 0 到 1 均匀分布。指定 seed 将确保生成的随机数序列是确定的
double	sqrt(double a)，sqrt(decimal a)	返回 a 的平方根。在 Hive 0.13.0 版本中添加了十进制版本
double	abs(double a)	返回 a 的绝对值

统计 info 表中学生在食堂的消费情况，保留两位小数点，考虑到教师食堂一般不对学生开放，故不纳入学生就餐食堂范围内，如代码清单 3-32 所示。

代码清单 3-32　查询 info 表中学生在食堂的消费情况

```
select dept,round(sum(money),2) from info where type=="消费" and dept like "第%
    食堂" group by dept;
```

运行结果如图 3-21 所示。对于不同的结果还应进行总结归纳，也就是说，我们既要具备发现问题的能力，也应具备根据结果进行逻辑推理的能力。由于第二食堂与第四食堂的消费总额最高，因此学校可增加这两个食堂的食品供应，而第一食堂的消费总额最低，可适量减少食品供应。

```
Total MapReduce CPU Time Spent: 6 seconds 980 msec
OK
第一食堂        169916.02
第三食堂        291736.04
第二食堂        405957.2
第五食堂        351400.81
第四食堂        461718.5
Time taken: 48.789 seconds, Fetched: 5 row(s)
```

图 3-21　info 表中学生在食堂的消费情况

6. 表生成函数

表生成函数可将单个输入行转换为多个输出行。常用的表生成函数及其说明如表 3-12 所示。

表 3-12　常用的表生成函数及其说明

行列集类型	函数	说明
T	explode(array<T> a)	将数组 array 分解为多行。返回一个具有单列（col）的行集，数组中的每个元素对应一行
T_{key},T_{value}	explode(map<T_{key},T_{value}> m)	将映射 map 分解为多行。返回一个行集，其中包含两列（键，值），输入映射中的每个键值对为一行
int,T	posexplode(array<T> a)	将数组分解为具有 int 类型附加位置列（原始数组中项的位置，从 0 开始）的多行。返回具有两列（pos，val）的行集，数组中的每个元素对应一行
$T_1,\ldots,T_n$	inline(array<struct<f_1:T_1,..., f_n:T_n>> a)	将结构数组分解为多行。返回包含 n 列的行集（n 为结构中顶级元素的数量），数组中每个结构为一行
$T_1,\ldots,T_{n/r}$	stack(int r,T_1 V_1,...,$T_{n/r}$ V_n)	将 n 个值 $V_1,\cdots,V_n$ 分解为 r 行。每行将具有 n/r 列。r 必须是常量

使用表生成函数的语法“select udtf（col）as colAlias...”有如下限制。

- select 中不允许使用其他表达式，不支持“select pageid, explode(adid_list) as myCol...”。
- UDTF 不能嵌套，不支持“select explode(explode(adid_list)) as myCol...”。
- 不支持分组、排序，不支持“select explode(adid_list) as myCol ... group by myCol”。

查询可使用 UDTF 函数实现，结合命令 lateral view 可以跳过这些限制。lateral view 语法格式如下。

```
lateral view udtf(expression) tablealias as columnalias (',' columnalias)*
```

使用 explode 函数将 1 ～ 10 按单双数排列，如代码清单 3-33 所示，运行结果如图 3-22 所示。

代码清单 3-33 explode 函数的使用

```
select explode(map(1,2,3,4,5,6,7,8,9,10));
```

```
hive> select explode(map(1,2,3,4,5,6,7,8,9,10));
OK
1       2
3       4
5       6
7       8
9       10
Time taken: 10.965 seconds, Fetched: 5 row(s)
```

图 3-22 explode 函数的使用

3.5 Hive 自定义函数的使用

在编写自定义函数时，我们需要使用开发工具，这里使用 IDEA。要在集成开发环境 IDEA 中使用 Hive 的自定义函数，就需要先将以下 jar 包导入创建的项目工程 HiveJavaAPI 中。

- "/usr/local/hive/lib/" 路径下的所有 jar 包。
- "/usr/local/hadoop-3.1.4/share/hadoop/common" 路径下的 hadoop-common-3.1.4.jar。
- "/usr/local/hadoop-3.1.4/share/hadoop/common/lib/" 路径下的 slf4j-api-1.7.25.jar。

导入这些 jar 包后，我们就可以在集成开发环境 IDEA 中编写自定义函数了。

3.5.1 了解 Hive 自定义函数

在实际应用中，Hive 的内置函数可能无法满足我们的业务需求。为了提高扩展性，Hive 官方提供了自定义函数来满足我们的业务需求。自定义函数有 3 种：用户自定义函数（User Defined Function，UDF）、用户定义聚合函数（User Defined Aggregate Function，UDAF）、用户定义表生成函数（User Defined Table-generate Function，UDTF）。

自定义函数的使用分为如下 5 个步骤。

1）编写 Java 类实现自定义函数内容。

2）将编写好的 Java 类打包成 jar 包并上传至集群节点。

3）创建自定义函数。

编写好自定义函数的内容，打包成 jar 包并上传到指定地点后，即可在 Hive 内部进行自定义函数的创建、使用。创建自定义函数的方式有两种，分析如下。

方式一：创建临时函数。

除了配置文件加载方式，临时函数只在当前会话可用，一旦退出当前会话重新进入后，需要重新加载函数。创建临时函数的语法格式如下。

```
create temporary function function_name as class_name;
```

其中 class_name 必须使用引号引用，单引号与双引号都可以。当函数在某个包内时，需要指明包名，如 'package_name.class_name'。

在创建之前，需要先上传自定义函数的 jar 包到 Linux，再使用命令“ add jar”将 jar 包导入 Hive 的类路径中，其中“ add jar”的后面是自定义函数 jar 包在 Linux 文件系统的存放位置。

方式二：创建永久函数。

永久函数与临时函数的区别有两点：一是当前会话退出重进后无须再次加载函数；二是永久函数创建时可指定仅在某个数据库使用，而临时函数不能。创建永久函数的语法格式如下。

```
create function [db_name.]function_name as class_name
    [using jar|file|archive 'file_uri' [, jar|file|archive 'file_uri'] ];
```

其中 class_name 的使用方法与创建临时函数的使用相同，file_uri 必须是 HDFS 文件系统的文件路径。

在创建永久函数之前，需要使用“ add jar”命令先把自定义函数的 jar 包上传到 HDFS 文件系统中。

4）函数加载。

添加 jar 包并创建自定义函数有 3 种使用方式。

- 命令加载函数：可进入 Hive 客户端直接加载。
- 启动参数加载函数：编写启动参数文件，在 Hive Console 页面指令“hive”中加上参数“-i”与启动参数文件。
- 配置文件加载：在 Hive 安装目录下的 conf 目录添加配置文件，输入“hive”命令进入 Hive Console 自动加载函数。

5）删除自定义函数。

可以通过命令 drop 删除自定义函数，语法格式如下。

```
drop [temporary] function [if exists] [dbname.] function_name;
```

当要删除的永久函数指定了数据库时，删除该永久函数时必须加上数据库名。

3.5.2 自定义 UDF

UDF 操作作用于单个数据行，并且产生一个数据行作为输出。大多数函数，比如数学函数和字符串函数，都属于 UDF。

1. 函数内容的创建

UDF 函数内容的创建流程如下。

1）自定义一个 Java 类。

2）继承 UDF 类。

3）重写 evaluate 方法，这个方法不是由接口定义的，因为它可接收的参数个数、数据类型都是不确定的。Hive 会检查 UDF，以判断能否找到与函数调用相匹配的 evaluate 方法。

将 info 表中的消费日期补充完整，统一在时间后面加上秒钟“ :00”，在 java 文件内创建名为 hive_udf 的包，然后在 hive_udf 包内新建自定义连接函数 Udf_concat.java，如代码清单 3-34 所示。

代码清单 3-34　自定义 concat 字符串函数

```
package hive_udf;
import org.apache.commons.lang3.StringUtils;
import org.apache.hadoop.hive.ql.exec.UDF;

public class Udf_concat extends UDF {
    //连接两个字符串
    public String evaluate(String val, String val2) {
        if (StringUtils.isBlank(val)) {
            return "";
        } else {
            return val+val2;
        }
    }
    public static void main(String[] args) {
    }
}
```

2. 打包函数

单击上方的工具栏选项卡“File”，选择“Project Structure”，新建 Artifacts，如图 3-23 所示。

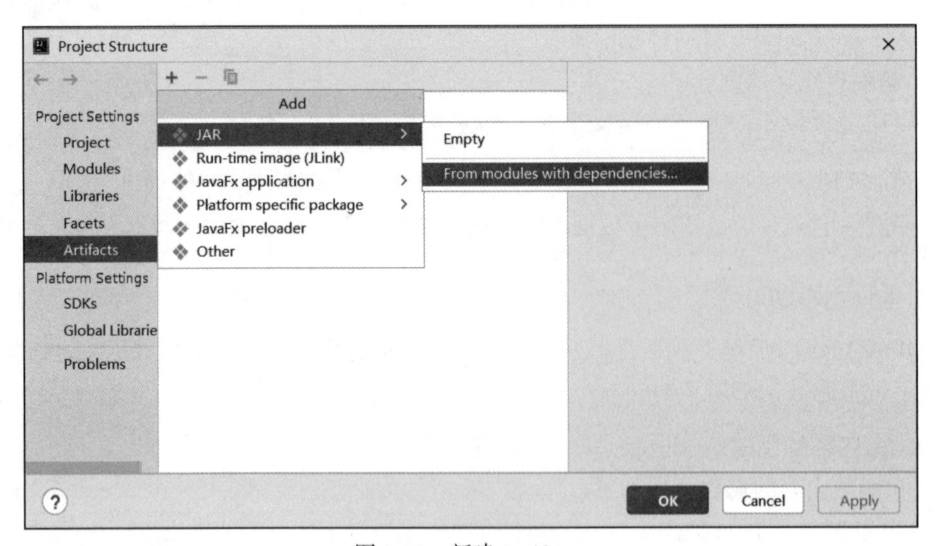

图 3-23　新建 Artifacts

在“Main Class”里选择要打包的函数 Java 类，单击“OK”按钮，如图 3-24 所示。

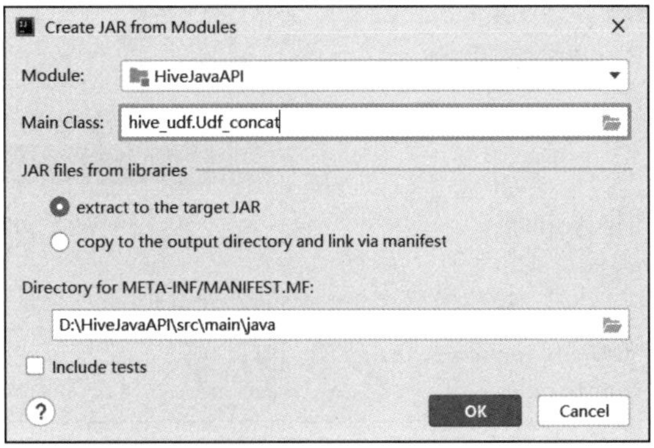

图 3-24　选择 Main Class

为减少 jar 包内存，也避免依赖过多，导致在后续函数加载的时候找不到函数所在的类，我们需要将包内的依赖删除，同时将“Name”改为“Udf_concat:jar”，单击“Apply”和“OK”按钮，如图 3-25 所示。

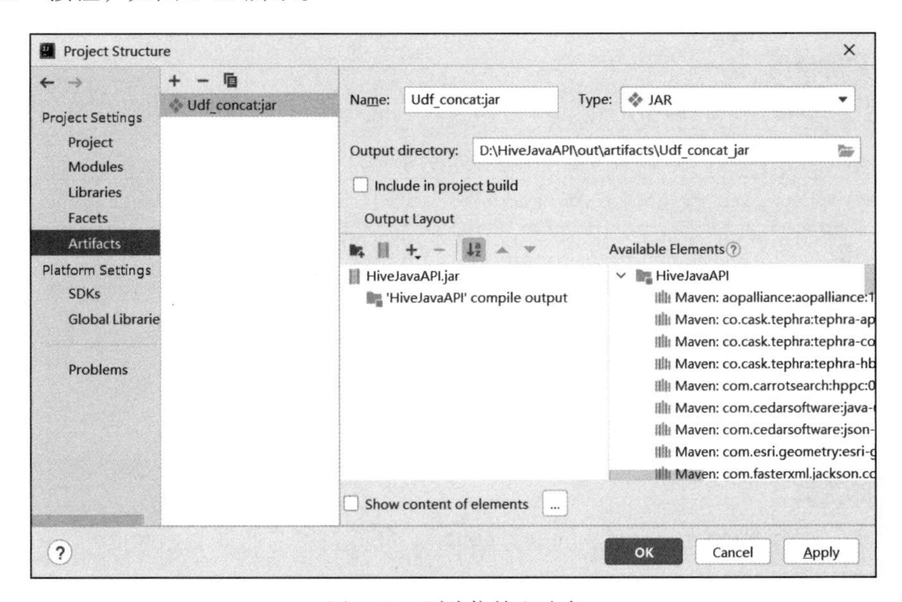

图 3-25　删除依赖和改名

选择工具栏选项卡“Build”，选择“Build Artifact”构建 Artifact，如图 3-26 所示，在弹出的页面中选择对应的 jar 包，单击“Build”，即可在左边的工具栏中查看新建的包，再将 jar 包重命名为 udf_concat.jar，如图 3-27 所示。

3. 函数加载

在 Hive 命令窗口创建一个临时函数，如代码清单 3-35 所示，运行结果如图 3-28 所示。

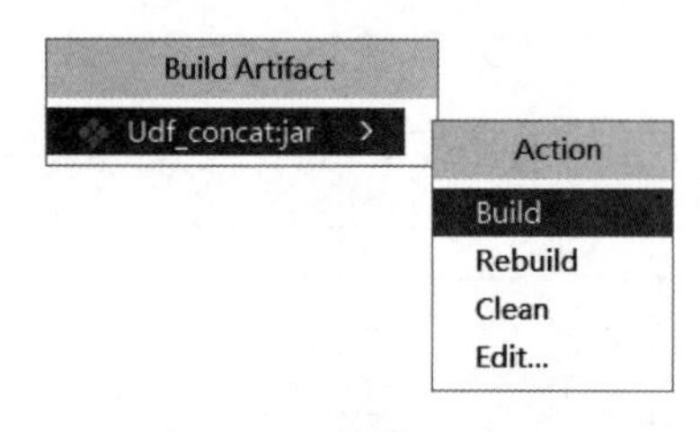

图 3-26 构建 Artifact

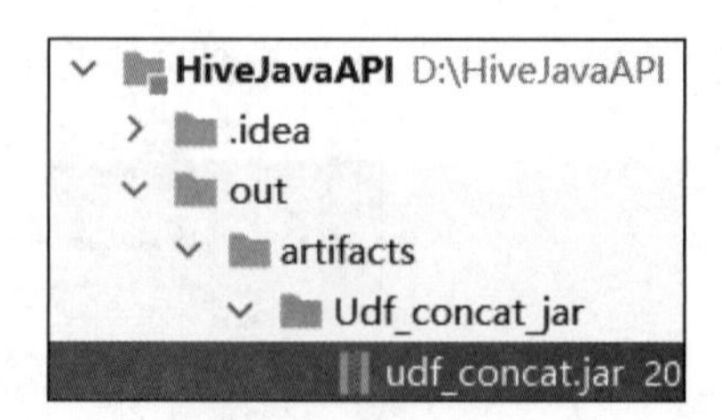

图 3-27 重命名 jar 包

代码清单 3-35 加载临时函数

```
add jar /opt/hive_ud/udf_concat.jar;
create temporary function my_concat as 'hive_udf.Udf_concat';
```

```
hive> add jar /opt/hive_ud/udf_concat.jar;
Added [/opt/hive_ud/udf_concat.jar] to class path
Added resources: [/opt/hive_ud/udf_concat.jar]
hive> create temporary function my_concat as 'hive_udf.Udf_concat';
OK
Time taken: 0.608 seconds
```

图 3-28 命令加载函数

4. 函数的使用

执行代码清单 3-36，即可进行 info 表消费日期的拼接，运行结果如图 3-29 所示。

代码清单 3-36 info 表消费日期的拼接

```
select consumdate,my_concat(consumdate,":00") from card.info where type==" 消费 ";
```

```
2019/4/11 7:37  2019/4/11 7:37:00
2019/4/11 17:48 2019/4/11 17:48:00
2019/4/11 17:49 2019/4/11 17:49:00
2019/4/11 7:34  2019/4/11 7:34:00
2019/4/12 7:28  2019/4/12 7:28:00
2019/4/11 11:56 2019/4/11 11:56:00
Time taken: 8.166 seconds, Fetched: 500755 row(s)
```

图 3-29 info 表消费日期的拼接

5. 删除函数

通过命令 drop temporary function my_concat；删除自定义函数 my_concat，运行结果如图 3-30 所示。

```
hive> drop temporary function my_concat;
OK
Time taken: 0.02 seconds
```

图 3-30 删除函数 my_concat

3.5.3 自定义 UDAF

UDAF 接收多个输入数据行，然后产生一个输出数据行。其创建流程如下。

1）创建一个 Java 类，继承 UDAF 类。

2）内部静态类需继承 UDAFEvaluator 抽象类，重写 UDAF 类内方法 init()，iterate()，terminatePartial()，merge()，terminate()。

- init() 函数实现接口 UDAFEvaluator 中的 init() 函数，主要负责初始化计算函数并且重设其内部状态。
- iterate() 函数接收传入的参数，并进行内部轮转。每一次对一个新值进行聚集计算时都会调用该方法，计算函数会根据聚集计算结果更新内部状态。
- terminatePartial()无参数，在iterate()函数轮转结束后，返回iterate()函数的结果数据。terminatePartial()类似于 Hadoop 的 Combiner。Hive 会在需要部分结果时调用该方法。
- merge() 接收 terminatePartial() 的返回结果，并进行数据合并操作。Hive 会在合并部分聚合结果时调用该方法。
- terminate() 返回最终的聚集函数的计算结果。Hive 会在计算最终聚集结果时调用该方法。

查询 info 表中消费类型为“消费”的消费金额的平均值，自定义平均值算法如代码清单 3-37 所示。

代码清单 3-37　自定义平均值算法

```
package hive_udaf;

import org.apache.hadoop.hive.ql.exec.UDAF;
import org.apache.hadoop.hive.ql.exec.UDAFEvaluator;
import org.apache.hadoop.hive.serde2.io.DoubleWritable;

public class Udaf_avg extends UDAF {
    public static class MeanDoubleUDAFEval implements UDAFEvaluator {
        public static class PartialResult {
            double sum;
            long count;
        }

        private PartialResult pResult;

        @Override
        public void init() {
            pResult = null;
        }

        public boolean iterate(DoubleWritable value) {
            if (value == null) {
                return true;
            }
            if (pResult == null) {
                pResult = new PartialResult();
            }
```

```
            pResult.sum += value.get();
            pResult.count++;
            return true;
        }

        public PartialResult terminatePartial() {
            return pResult;
        }

        public boolean merge(PartialResult other) {
            if (other == null) {
                return true;
            }
            if (pResult == null) {
                pResult = new PartialResult();
            }
            pResult.sum += other.sum;
            pResult.count++;
            return true;
        }

        public DoubleWritable terminate() {
            if (pResult == null) {
                return null;
            }
            return new DoubleWritable(pResult.sum / pResult.count);
        }
    }
    public static void main(String[] args) {

    }
}
```

按照 UDF 的方式进行打包，并重命名为 udaf_avg.jar，如图 3-31 所示。

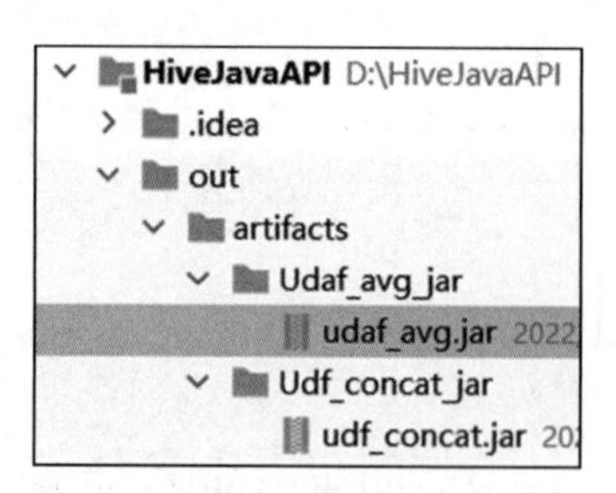

图 3-31 打包 udaf_avg.jar

将 jar 包上传到 Linux 系统目录 /opt/hive_ud。UDAF 的加载方式也和 UDF 一样，然后计算消费金额的平均值，如代码清单 3-38 所示，运行结果如图 3-32 所示。删除函数 my_avg 的运行结果如图 3-33 所示。

代码清单 3-38　加载函数和计算 info 表的消费金额的平均值

```
add jar /opt/hive_ud/udaf_avg.jar;
create temporary function my_avg as 'hive_udaf.Udaf_avg';
select my_avg(money) from card.info where type==" 消费 ";
```

```
OK
4.212142108331293
Time taken: 51.633 seconds, Fetched: 1 row(s)
```

图 3-32　info 表的消费金额的平均值

```
hive> drop temporary function my_avg;
OK
Time taken: 0.095 seconds
```

图 3-33　删除函数 my_avg 的运行结果

3.5.4　自定义 UDTF

UDTF 操作作用于单个数据行，然后产生多个数据行，比如 explode。其创建流程如下。

1）定义一个 Java 类，继承 GenericUDTF。

2）实现 initialize、process、close 3 个方法，具体如下。

- initialize 方法主要用于判断输入类型并确定返回的字段类型。
- process 方法用于对 udft 函数输入的每一行进行操作，通过调用 forward 方法返回一行或多行数据。
- close 方法在 process 调用结束后调用，用于进行其他一些额外操作，只执行一次。

判断 info 表中学生消费时间是否异常，异常时间点是 0:00—5:00，自定义函数 explode 如代码清单 3-39 所示。

代码清单 3-39　自定义函数 explode

```
package hive_udtf;

import java.util.ArrayList;

import org.apache.hadoop.hive.ql.exec.UDFArgumentException;
import org.apache.hadoop.hive.ql.exec.UDFArgumentLengthException;
import org.apache.hadoop.hive.ql.metadata.HiveException;
import org.apache.hadoop.hive.ql.udf.generic.GenericUDTF;
import org.apache.hadoop.hive.serde2.objectinspector.ObjectInspector;
import org.apache.hadoop.hive.serde2.objectinspector.ObjectInspectorFactory;
import org.apache.hadoop.hive.serde2.objectinspector.PrimitiveObjectInspector.
    PrimitiveCategory;
import org.apache.hadoop.hive.serde2.objectinspector.StructObjectInspector;
import org.apache.hadoop.hive.serde2.objectinspector.primitive.PrimitiveObjectIn
    spectorFactory;

public class Udtf_explode extends GenericUDTF {
    /**
    * 进行输入类型判断，定义输出字段和类型
    */
    @Override
    public StructObjectInspector initialize(ObjectInspector[] argOIs) throws
```

```
        UDFArgumentException {
        if (argOIs.length != 1) {
            throw new UDFArgumentLengthException("UDTFExplode takes only one
                argument");
        }
        if (argOIs[0].getCategory() != ObjectInspector.Category.PRIMITIVE) {
            throw new UDFArgumentException("UDTFExplode takes string as a
                parameter");
        }
        ArrayList<String> fieldNames = new ArrayList<String>();
        ArrayList<ObjectInspector> fieldOIs = new ArrayList<ObjectInspector>();
        fieldNames.add("key");
        fieldOIs.add(PrimitiveObjectInspectorFactory.javaStringObjectInspector);
        fieldNames.add("value");
        fieldOIs.add(PrimitiveObjectInspectorFactory.javaStringObjectInspector);
        return ObjectInspectorFactory.getStandardStructObjectInspector(fieldNam
            es, fieldOIs);
    }

    @Override
    public void close() throws HiveException {

    }

    @Override
    public void process(Object[] arg0) throws HiveException {
        String[] input_split = time_vol.split(":");
        forward(input_split);
    }
    public static void main(String[] args) {

    }
}
```

按照UDF的方式进行打包，重命名为udtf_explode.jar，并上传到Linux系统目录/opt/hive_ud。UDTF的加载方式也和UDF一样。判断消费时间是否异常，如代码清单3-40所示，运行结果如图3-34所示。删除函数my_explode的运行结果如图3-35所示。

代码清单3-40　加载函数和判断消费时间是否异常

```
add jar /opt/hive_ud/udtf_explode.jar;
create temporary function my_explode as 'hive_udtf.Udtf_explode';
select *,if(t.hour>=0 and t.hour<=5,'异常值','正常值') from card.info lateral
    view my_explode(consumdate) t as hour,minute;
```

```
117159040    182706  20182706    2019/4/11 17:48 6.1   0   62.0   390   消费   NULL   NULL   第五食堂   17   48   正常值
117159346    182706  20182706    2019/4/11 17:49 8.5   0   53.5   391   消费   NULL   NULL   第五食堂   17   49   正常值
117161216    182706  20182706    2019/4/11 7:34  1.5   0   79.1   386   消费   NULL   NULL   第五食堂   7    34   正常值
117165544    182706  20182706    2019/4/12 7:28  5.5   0   48.0   392   消费   NULL   NULL   第五食堂   7    28   正常值
117139394    182707  20182707    2019/4/11 11:56 5.5   0   80.6   482   消费   NULL   NULL   第三食堂   11   56   正常值
Time taken: 1.042 seconds, Fetched: 519367 row(s)
```

图3-34　判断info表的消费时间是否异常

```
hive> drop temporary function my_explode;
OK
Time taken: 0.034 seconds
```

图 3-35 删除函数 my_explode 的运行结果

3.6 场景应用：基站掉话率排名统计

无线通信技术发展迅猛，自我国三大运营商获得无线牌照以来，无线用户的数量快速增长。与运营相关的优化维护工作的好坏直接影响运营商的服务质量和用户的满意度。而影响运营商服务质量和用户满意度的一个重要网络指标就是掉话率。因此，统计分析各基站掉话率，有助于运营商做出科学决策，提升网络质量，开展优化维护工作。只有降低基站掉话率，才能有效地支撑业务发展，提升用户满足度。本节的主要任务是统计每个基站的掉话率，按降序排序，并找出掉话率比较高的前 20 个基站。

jizhan_information.scv 文件的数据结构如表 3-13 所示。计算每个基站的掉话率，找出最高掉话率的基站，可以帮助运营商更好地分析高掉话率基站的具体情况，进而安排维护人员有针对性地进行故障检测。

表 3-13 jizhan_information.scv 文件的数据结构

字段名	说明	字段类型
record_time	通话时间	string
imei	基站编号	int
cell	手机编号	string
ph_num	接电话次数	int
call_num	打电话次数	int
drop_num	掉话的秒数	int
duration	通话持续总秒数	int
drop_rate	掉话率	double
net_type	通信网络类型	string
erl	话务量的单位，话务量为呼叫次数与每次呼叫的平均占用时长的乘积	int

基站掉话率的计算公式如式（3-1）所示。

$$掉话率=\frac{掉话秒数}{通话持续总时长} \tag{3-1}$$

统计基站的掉话率的实现步骤如下。

1）上传 jizhan_information.csv 文件至服务器。

2）创建 myhive 数据库并在 myhive 数据库中创建 jizhan 结构表。

3）装载 jizhan_information.scv 文件中的数据至 jizhan 表。

4）创建 jizhan_result 结果表，用以存储掉话率的统计信息。

5）根据掉话率公式统计各基站的掉话率，并按降序排序，找出掉话率最高的前 20 个基站。

3.6.1 创建基站数据表并导入数据

首先在 root 目录下创建 data 文件夹，并将 jizhan_information.csv 上传至 /root/data 目录下。

进入 myhive 数据库，创建 jizhan 结构表，如代码清单 3-41 所示。

代码清单 3-41 创建 jizhan 表结构

```
use myhive;
create table jizhan(
record_time string,
imei int,
cell string,
ph_num int,
call_num int,
drop_num int,
duration int,
drop_rate double,
net_type string,
erl int)
row format delimited fields terminated by ',';
```

装载 jizhan_information.scv 文件至 jizhan 表，如代码清单 3-42 所示，并查看 jizhan 表中的数据，如图 3-36 所示。

代码清单 3-42 装载 jizhan_information.scv 文件至 jizhan 表

```
load data local inpath '/root/data/jizhan_information.csv' into table jizhan;
select * from jizhan limit 10;
```

```
hive> select * from jizhan limit 10;
OK
2011-07-13 00:00:00+08  356966  29448-37062  0  0  0  0  0.0  G  0
2011-07-13 00:00:00+08  352024  29448-51331  0  0  0  0  0.0  G  0
2011-07-13 00:00:00+08  353736  29448-51331  0  0  0  0  0.0  G  0
2011-07-13 00:00:00+08  353736  29448-51333  0  0  0  0  0.0  G  0
2011-07-13 00:00:00+08  351545  29448-51333  0  0  0  0  0.0  G  0
2011-07-13 00:00:00+08  353736  29448-51343  1  0  0  8  0.0  G  0
2011-07-13 00:00:00+08  359681  29448-51462  0  0  0  0  0.0  G  0
2011-07-13 00:00:00+08  354707  29448-51462  0  0  0  0  0.0  G  0
2011-07-13 00:00:00+08  356137  29448-51470  0  0  0  0  0.0  G  0
2011-07-13 00:00:00+08  352739  29448-51971  0  0  0  0  0.0  G  0
Time taken: 0.704 seconds, Fetched: 10 row(s)
```

图 3-36 jizhan 表内容

3.6.2 统计基站掉话率

编写 HQL 语句，并将查询结构存入 jizhan_result 表中。在统计之前需要先创建 jizhan_

result 表结构，以便存储查询结果，如代码清单 3-43 所示。

代码清单 3-43　创建 jizhan_result 表结构

```
create table jizhan_result(
imei string,
drop_num int,
duration int,
drop_rate double);
```

统计基站掉话率，并按照掉话率降序排序。通过 group by 语句按 imei（基站编号）进行分组，在组内分别完成两个字段的聚合，即完成每一个基站的掉话总时长 sum(drop_num) 的聚合并命名为 sdrop 和每个基站的通话总时长 sum(duration) 的聚合并命名为 sdura。再用每个基站的掉话总时长除以通话总时长，即 sum(drop_num)/sum(duration)，统计出每个基站的掉话率，并命名为 drop_rate。最后通过 insert into jizhan_result 语句将结果保存至 jizhan_result 表中，如代码清单 3-44 所示。

代码清单 3-44　基站掉话率统计

```
from jizhan
insert into jizhan_result
select imei,sum(drop_num) as sdrop,sum(duration) as sdura,sum(drop_num)/
    sum(duration) as drop_rate
group by imei
order by drop_rate desc;
```

通过 select 语句可查看 jizhan_result 表的内容，如图 3-37 所示。由图 3-37 可知，基站编号为 639876 的基站掉话率约为 0.00136，即约为 0.1%，而其他基站的掉话率不到 0.1%。整体而言，大多数基站的移动网通信质量还是比较好的。在重点排查中，可将编号为 639876 的基站作为维修人员的重点维修对象。

```
hive> select * from jizhan_result limit 20;
OK
639876  1       734     0.0013623978201634877
356436  1       1028    9.727626459143969E-4
351760  1       1232    8.116883116883117E-4
368883  1       1448    6.906077348066298E-4
358849  1       1469    6.807351940095302E-4
358231  1       1613    6.199628022318661E-4
863738  2       3343    5.982650314089142E-4
865011  1       1864    5.36480686695279E-4
862242  1       1913    5.227391531625719E-4
350301  2       3998    5.002501250625312E-4
883529  1       2026    4.935834155972359E-4
861146  2       4114    4.861448711716091E-4
864022  1       2067    4.837929366231253E-4
357262  1       2074    4.8216007714561236E-4
358685  1       2075    4.8192771084337347E-4
355729  1       2116    4.725897920604915E-4
862788  3       6417    4.675081813931744E-4
352137  1       2161    4.6274872744099955E-4
355509  1       2180    4.5871559633027525E-4
353958  2       4377    4.569339730408956E-4
Time taken: 0.553 seconds, Fetched: 20 row(s)
```

图 3-37　jizhan_result 表内容

3.7 小结

本章详细介绍了 Hive 的基本知识。Hive 是一个构建在 Hadoop 之上的数据仓库工具，主要用于对存储在 Hadoop 文件中的数据集进行数据整理、特殊查询和分析处理。本章从 Hive 与传统数据库的区别出发，通过介绍 Hive 的基本概念，让读者了解 Hive 以及 Hive 的应用场景和架构；通过介绍 Hive 的安装配置，让读者熟悉 Hive 的安装步骤和管理；然后通过介绍 Hive 的数据操作，让读者掌握 HiveQL 的相关操作；紧跟着介绍 Hive 的 3 种自定义函数，让读者熟悉 Hive 自定义函数的使用。初学者在学习 Hive 时需要实际动手操作，这也是掌握 Hive 的关键。最后以基站掉线率排名统计为例，详细介绍了如何使用 Hive 解决实际问题。

课后习题

（1）Hive 是建立在（　　）之上的一个数据仓库。

A. HDFS　　B. MapReduce　　C. Hadoop　　D. HBase

（2）Hive 默认的构造配置是存储在 Hive 安装目录的 conf 目录下的（　　）文件。

A. hive-core.xml　　B. hive-default.xml　　C. hive-site.xml　　D. hive-lib.xml

（3）创建数据库或数据表时，可使用（　　）语句避免重复创建。

A. if exist　　B. if exists　　C. if not exist　　D. if not exists

（4）创建 Hive 数据表时，指定字段之间的分割符号，需要使用（　　）语句。

A. fields terminated by　　B. row format delimited

C. map keys terminated　　D. collection items terminated by

（5）执行命令"select round(3.14159,2);"，输出结果为（　　）。

A. 3.1　　B. 3.14　　C. 3.0　　D. 3.14159

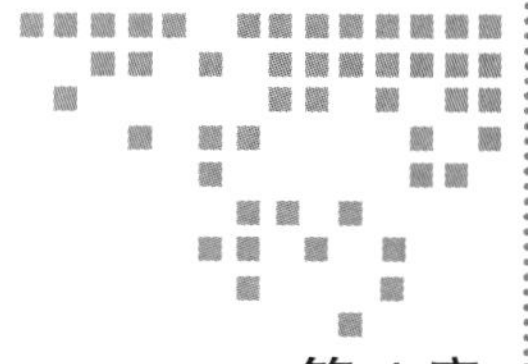

第 4 章 Chapter 4

分布式协调框架 ZooKeeper——实现应用程序分布式协调服务

分布式服务框架 ZooKeeper 是 Apache Hadoop 的一个子项目，主要用于解决分布式应用中经常遇到的一些数据管理问题，如统一命名服务、状态同步服务、集群管理、分布式应用配置项的管理等。

本章首先介绍 ZooKeeper 的技术原理以及应用场景，让读者了解和认识 ZooKeeper 并理解 ZooKeeper 框架的作用，其次介绍 ZooKeeper 的安装与部署过程并介绍 ZooKeeper 客户端常用命令，以了解 ZooKeeper 的基础操作，接着介绍在 IDEA 开发工具上搭建 ZooKeeper 环境，实现 ZooKeeper Java API 的操作，最后通过使用 ZooKeeper 实现服务器上下线动态监控的应用帮大家加深理解。

4.1 ZooKeeper 技术概述

随着大数据技术不断发展，围绕 Hadoop 形成的生态系统的成员也在不断增加，而成员及成员间通信的管理也成为一个迫切需要解决的问题。而 ZooKeeper 正是 Apache 制作的一个生态管理员，专门用于协调分布式框架。

4.1.1 ZooKeeper 简介

ZooKeeper 是一个集中式服务，主要用于解决分布式应用中经常遇到的一些数据管理问题，如配置管理、域名服务、分布式同步、集群管理等，所有这些类型的服务都以某种形式被分布式应用程序使用。每次实施服务时，应用程序都会管理服务的运行过程并修复不可避免的错误。由于实现这些服务并不容易，应用程序最初通常会忽略错误，使得服务发生了变化，导致应用程序管理服务时更加困难。即使正确完成，这些服务的不同实现也会在部署应用程序时导致管理复杂性。因此 Apache 推出 ZooKeeper 这一组件进行分布式框架间的协调和管理。

ZooKeeper 的各个服务节点组成一个集群（如果有 $2n+1$ 个节点，则允许 n 个节点失效）。ZooKeeper 集群中有两个角色：一个是 Leader，主要负责写服务和数据同步；另一个是 Follower，提供读服务。当 Leader 失效后，Follower 将在所有 Follower 中重新选举出新的 Leader。

ZooKeeper 客户端（Client）与服务端（Server）的关系如图 4-1 所示。

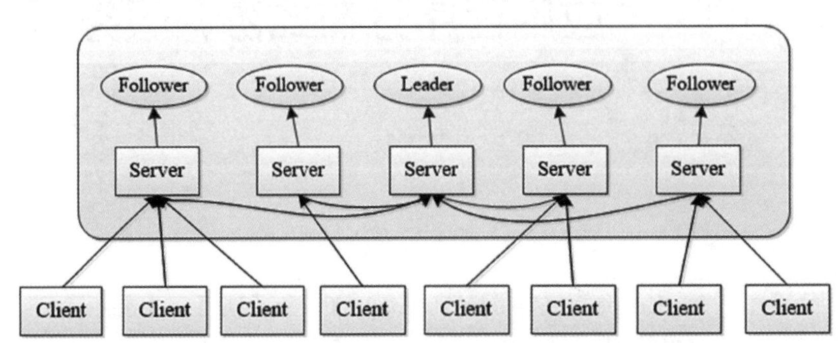

图 4-1　ZooKeeper 客户端与服务端的关系

在图 4-1 中，客户端（Client）与服务端（Server）的关系解读如下。

- Client 可以连接到每个 Server，每个 Server 的数据完全相同。
- 每个 Follower 都与 Leader 有连接，接收 Leader 的数据更新操作。
- Server 记录事务日志和快照并持久存储。
- 大多数 Server 可用，整体服务就可用。

ZooKeeper 提供的命名空间与标准的文件系统很类似，其名称都是由斜杠“/”分隔的一系列路径元素。ZooKeeper 命名空间中的每个节点都由路径标识。数据模型为树形结构，每个节点称为 znode，znode 节点下可以再创建子 znode，也可以直接存储数据。如图 4-2 所示，根节点为“/”，其存在两个 znode，分别为“/app1”与“/app2”，其中“/app1”又有 3 个子 znode，分别为“/app1/p_1”、“/app1/p_2”与“/app1/p_3”。

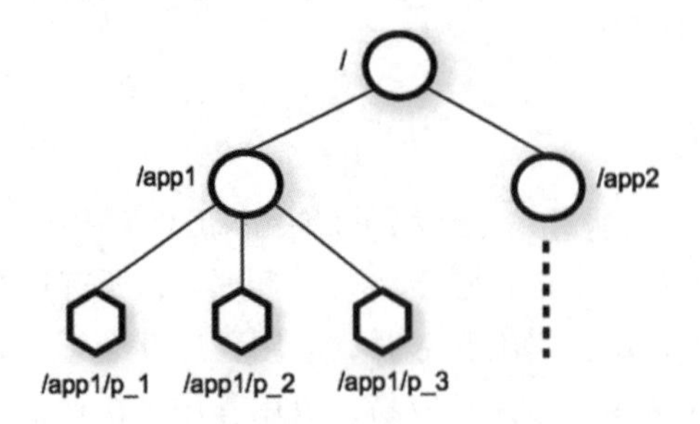

图 4-2　ZooKeeper 文件系统

4.1.2　ZooKeeper 的特点

ZooKeeper 的整体构造比较简洁，分布式协调过程也简单高效。ZooKeeper 有以下特点。

1）可靠性：具有简单、健壮、良好的性能，如果消息被一台服务器接收，那么它将被所有的服务器接收。

2）原子性：数据转移只能完全成功或完全失败。

3）顺序一致性：由同一个客户端发起的事务请求，最终将会严格按照其发起顺序被应用到 ZooKeeper 中。

4）最终一致性：为客户端展示同一个视图。

5）实时性：ZooKeeper 可以保证客户端在同一时间间隔获得服务器的更新信息，但不能保证两个客户端同时得到最新的数据。如果需要获取最新数据，需要在读取数据之前调用接口实现。

6）独立性：各个客户端互不干预。

4.2　ZooKeeper 应用场景介绍

ZooKeeper 作为一个分布式的协调框架，已经成功应用于许多大型的分布式系统中，一些应用场景介绍如下。

1. Hadoop 高可用

在 Hadoop 2.0 版本之前，HDFS 中的 NameNode 存在单点故障（A Single Point of Failure，SPOF）问题。对于只有一个 NameNode 的集群，如果 NameNode 机器出现故障（比如宕机或软件、硬件升级），那么整个集群将无法使用，直到 NameNode 重新启动。因此我们需要配置 Hadoop 的高可用（HA），保障 Hadoop 集群的正常运行。

HDFS 的 HA 功能通过配置活跃或待命（Active/Standby）两个 NameNode，实现在集群中对 NameNode 的主备切换来解决单点故障问题。也就是说，如果出现故障，如机器崩溃或机器需要升级维护时，可通过 HDFS 的 HA 功能将 NameNode 很快地切换到另外一台机器。

要实现实时同步活跃（Active）和备用（Standby）两个 NameNode 的元数据信息（实际上 editlog），需要有一个共享存储系统，这时可以使用 ZooKeeper 实现。Active Namenode 负责将数据写入共享存储系统 ZooKeeper，而 StandbyNamenode 负责监听该系统，一旦发现有新数据写入，则读取这些数据并加载到自己的内存中，以保证自己的内存状态与 Active NameNode 基本一致，这样在紧急情况下 Standby NameNode 便可快速切为 Active NameNode。

2. HBase 应用

ZooKeeper 是 HBase 集群的协调器。启动 HBase 集群前，需要先启动 ZooKeeper。HBase

的 Master 和 Regionserver 将向 ZooKeeper 进行注册，并生成对应的 znode，用于记录状态信息。若相应的 znode 消失，则认为 Master 和 Regionserver 丢失并开始执行恢复操作。

HMaster 启动时会将 HBase 系统表 -ROOT- 加载到 ZooKeeper 集群中，通过 ZooKeeper 集群客户端可以获取当前系统表 .META 所对应的 Regionserver 信息。

3. Kafka 应用

Kafka 的大部分组件都应用了 ZooKeeper。Broker 注册 znode“ /broker/ids/[0...N]”以记录 Broker 服务器列表记录，这个临时节点的节点数据是 ip 端口之类的信息。Topic 注册 znode“ /broker/topcs”以记录 Topic 的分区信息和 Broker 的对应关系。在生产者负载均衡中，生产者需要将消息发送到对应的 Broker 上，然后通过 Broker 和 Topic 注册的信息，以及 Broker 和 Topic 的对应关系和变化注册事件 Watcher 监听，实现一种动态的负载均衡机制。消费者在指定消息分区消费消息的过程中，需要定时将分区消息的消费进度（即 offset）记录到 ZooKeeper 集群上，以便消费者进行重启或其他消费者重新消费该消息分区的消息时能够从之前的进度开始继续消费。

4.3 ZooKeeper 分布式安装配置

在 Apache 的 ZooKeeper 官方发布页面下载 ZooKeeper 安装包，安装包名称为 zookeeper-3.4.6.tar.gz，并上传至 slave1 节点的 /opt 目录下，再将安装包解压至 slave1 节点的 /usr/local/ 目录下，解压命令如代码清单 4-1 所示。

代码清单 4-1 解压安装包至 slave1 节点的 /usr/local/ 目录下

```
tar -zxf /opt/zookeeper-3.4.6.tar.gz -C /usr/local/
```

ZooKeeper 配置文件在 zookeeper-3.4.6.tar.gz 解压目录的 conf 目录下，进入 /usr/local/zookeeper-3.4.6/conf 目录，复制 zoo_sample.cfg 并重命名为 zoo.cfg，如代码清单 4-2 所示。

代码清单 4-2 切换目录，复制 zoo_sample.cfg 文件并重命名为 zoo.cfg

```
// 进入 /usr/local/zookeeper-3.4.6/conf
cd /usr/local/zookeeper-3.4.6/conf
// 复制 zoo_sample.cfg 重命名为 zoo.cfg
cp zoo_sample.cfg zoo.cfg
```

通过命令“vi zoo.cfg”编辑 zoo.cfg 文件，并添加代码清单 4-3 所示的配置内容。

代码清单 4-3 zoo.cfg 文件配置内容

```
dataDir=/usr/lib/zookeeper
dataLogDir=/var/log/zookeeper
clientPort=2181
tickTime=2000
initLimit=5
```

```
syncLimit=2
server.1=Slave1:2888:3888
server.2=Slave2:2888:3888
server.3=Slave3:2888:3888
```

在 slave1、slave2 和 slave3 子节点新建 /usr/lib/zookeeper 目录和 /var/log/zookeeper 目录，在 /usr/lib/zookeeper 目录下新建文件 myid 并打开，如代码清单 4-4 所示。打开 myid 文件后，编辑文件内容，在 slave1 节点输入内容“1”，在 slave2 节点输入内容“2”，在 slave3 节点输入内容“3”。

代码清单 4-4　新建 /usr/lib/zookeeper 目录、/var/log/zookeeper 目录和 myid 文件

```
// 分别在 slave1、slave2、slave3 节点进行如下操作
// 新建 /usr/lib/zookeeper 目录
mkdir /usr/lib/zookeeper
// 新建 /var/log/zookeeper 目录
mkdir /var/log/zookeeper
// 新建并打开 /var/log/zookeeper/myid 文件
vi /usr/lib/zookeeper/myid
```

在 slave1 节点中将 slave1 节点的 /usr/local/zookeeper-3.4.6 目录（包括目录下的文件和子目录）远程复制到 slave2 和 slave3 节点的 /usr/local/ 目录下，如代码清单 4-5 所示。

代码清单 4-5　复制文件

```
scp -r /usr/local/zookeeper-3.4.6 slave2:/usr/local/
scp -r /usr/local/zookeeper-3.4.6 slave3:/usr/local/
```

通过命令“vi /etc/profile”编辑 slave1、slave2 和 slave3 子节点的 /etc/profile 文件，在文件中配置 ZooKeeper 环境变量，如代码清单 4-6 所示。

代码清单 4-6　配置 ZooKeeper 环境变量

```
export ZK_HOME=/usr/local/zookeeper-3.4.6
export PATH=$PATH:$ZK_HOME/bin
```

在 slave1、slave2 和 slave3 子节点中运行代码清单 4-7 所示的命令，使新添加的环境变量生效。

代码清单 4-7　使配置生效

```
source /etc/profile
```

启动 slave1、slave2 和 slave3 子节点的 ZooKeeper，并查看各个子节点的 ZooKeeper 是否启动，如代码清单 4-8 所示。

代码清单 4-8　启动 ZooKeeper 并查看 ZooKeeper 的状态

```
/usr/local/zookeeper-3.4.6/bin/zkServer.sh start
/usr/local/zookeeper-3.4.6/bin/zkServer.sh status
```

正常启动后查看 ZooKeeper 的状态，ZooKeeper 返回的信息应为该节点在 ZooKeeper 集群担任的角色（Leader 或 Follower），具体如图 4-3 所示。

```
[root@slave1 ~]# /usr/local/zookeeper-3.4.6/bin/zkServer.sh status
JMX enabled by default
Using config: /usr/local/zookeeper-3.4.6/bin/../conf/zoo.cfg
Mode: follower
```

图 4-3 查看 ZooKeeper 的状态

4.4 ZooKeeper 客户端常用命令

安装完毕并且启动 ZooKeeper 后，即可输入 /usr/local/zookeeper-3.4.6/bin/zkCli.sh 命令进入 ZooKeeper 客户端。总体上讲，ZooKeeper 的节点可分为 5 种操作权限，分别为 create、read、write、delete 和 admin，即增、查、改、删、管理权限，这 5 种权限可简写为 crwda（即每个单词的首字符缩写）。在这 5 种权限中，delete 是指对子节点的删除权限，其他 4 种权限是对自身节点的操作权限。

ZooKeeper 客户端有许多操作命令，一些常用的命令介绍如下。

4.4.1 创建 znode

可使用 create 关键字创建 znode，语法如下。

```
create [-s] [-e] path data acl
```

其中“-s”表示创建顺序节点，“-e”表示创建临时节点，“path”表示创建节点路径，“data”表示节点数据，“acl”表示节点权限。若创建的是临时节点，则当会话过期或客户端断开连接时，临时节点将被自动删除。

创建一个节点“/FirstZnode”，并赋值为“Hello_World”，如代码清单 4-9 所示。

代码清单 4-9 创建 znode

```
create /FirstZnode Hello_World
```

创建子节点的方式与创建新节点的方式类似，唯一的区别是子节点必须在父节点的路径下创建，例如在“/FirstZnode”节点下创建一个子节点“Child1”，并赋值为“FirstChildren”，如代码清单 4-10 所示。

代码清单 4-10 创建子 znode

```
create /FirstZnode/Child1 FirstChildren
```

4.4.2 获取 znode 数据

可使用 get 关键字获取 znode 的数据。获取“/FirstZnode”的数据的代码如代码清单 4-11 所示。

代码清单 4-11　获取 znode 数据

```
get /FirstZnode
```

使用代码清单 4-11 即可查询到 “ /FirstZnode” 的数据为 “ Hello_World”，查询结果如图 4-4 所示。

```
[zk: localhost:2181(CONNECTED) 5] get /FirstZnode
Hello_World
cZxid = 0x170000003d
ctime = Thu Mar 10 13:52:31 CST 2022
mZxid = 0x170000003e
mtime = Thu Mar 10 14:08:08 CST 2022
pZxid = 0x170000003d
cversion = 0
dataVersion = 1
aclVersion = 0
ephemeralOwner = 0x0
dataLength = 11
numChildren = 0
```

图 4-4　获取 znode 信息

图 4-4 中含有大量其他关于“/FirstZnode”节点的信息，如表 4-1 所示。

表 4-1　FirstZnode 节点的信息

名称	说明
cZxid	创建该节点的事务 ID
ctime	创建该节点的时间
mZxid	更新该节点的事务 ID
mtime	更新该节点的时间
pZxid	操作当前节点的子节点列表的事物 ID（这种操作包含增加子节点，删除子节点）
cversion	当前节点的子节点版本号
dataVersion	当前节点的数据版本号
aclVersion	当前节点的 acl 权限版本号
ephemeralowner	如果当前节点是临时节点，则该属性是临时节点的事务 ID
dataLength	当前节点的 d 的数据长度
numChildren	当前节点的子节点个数

4.4.3　监视 znode

在 get 命令中设置 watch 命令，即可监视 znode。当指定的 znode 数据发生改变时，监视器将显示通知。先执行“get /FirstZnode watch”命令监视“/FirstZnode”，然后使用“set /FirstZnode Hi_ZooKeeper”命令将“ /FirstZnode”的数据变为“ Hi_ZooKeeper”，结果将输出提示“WatchedEvent state:SyncConnected type:NodeDataChanged path:/FirstZnode”，表示“/FirstZnode”节点数据发生改变，如图 4-5 所示。

```
[zk: localhost:2181(CONNECTED) 11] set /FirstZnode Hi_ZooKeeper

WATCHER::

WatchedEvent state:SyncConnected type:NodeDataChanged path:/FirstZnode
cZxid = 0x170000003d
ctime = Thu Mar 10 13:52:31 CST 2022
mZxid = 0x1700000042
mtime = Thu Mar 10 14:18:43 CST 2022
pZxid = 0x170000003d
cversion = 0
dataVersion = 5
aclVersion = 0
ephemeralOwner = 0x0
dataLength = 12
numChildren = 0
```

图 4-5 监视 znode

4.4.4 删除 znode

ZooKeeper 客户端中含有两种删除命令，一种是 delete 命令，另一种是 rmr 命令。二者的区别是，delete 命令可以删除 ZooKeeper 上的指定节点，rmr 命令可以移除指定的 znode 并递归删除其所有子节点。例如，使用 delete 命令删除“/FirstZnode”时将会报错，因为“/FirstZnode”下含有子节点“Child1”，所以需要先删除所有子节点才能删除父节点，而使用 rmr 命令删除时则不需要，如图 4-6 所示。

```
[zk: localhost:2181(CONNECTED) 13] delete /FirstZnode
Node not empty: /FirstZnode
[zk: localhost:2181(CONNECTED) 14] rmr /FirstZnode
[zk: localhost:2181(CONNECTED) 15] get /FirstZnode
Node does not exist: /FirstZnode
```

图 4-6 删除 znode

4.4.5 设置 znode 权限

ZooKeeper 中的 ACL 权限控制可以使用“schema:id:permission”的命令格式设置，其中 schema 是权限模式，id 为授权对象，permission 为权限。

权限模式有 4 种，分别为 IP、Digest、World 和 Super。4 种模式介绍如下。

1）IP 模式是指通过 IP 地址粒度来控制权限，如果配置了“ip:192.168.28.125”，则表示这个 IP 地址是有权限控制的，也可以通过配置 IP 网段的方式来控制权限，例如“ip:192.168.28.1/24”，表示针对 192.168.28.* 整个 IP 段进行权限控制。

2）Digest 模式是指通过“username:password”的形式来配置权限控制信息。

3）World 是一种最开放的权限控制模式，表示数据节点的访问权限对所有用户开放，即所有的用户都可以在不进行任何权限校验的情况下操作 ZooKeeper 上的数据。World 模式也是一种特殊的 Digest 模式，它只有一个权限标识“world:anyone”。

4）Super 模式是超级用户的权限，超级用户可以操作 ZooKeeper 上的任意节点数据。

不同的权限模式对应不同的授权对象id，具体说明如下。

- IP模式：授权对象通常是一个IP地址或者是一个IP网段。
- Digest模式：授权对象通常是自定义中的username跟password。
- World模式：授权对象是anyone。
- Super模式：授权对象和Digest模式的授权对象相同。

前面提到ZooKeeper中的权限有5种，分别为create、read、write、delete和admin，详细说明如表4-2所示。

表4-2 ZooKeeper的权限说明

权限	ACL简写	说明
create	c	可以创建子节点
read	d	可以删除子节点（仅下一级节点）
write	r	可以读取节点数据及显示子节点列表
delete	w	可以设置节点数据
admin	a	可以设置节点访问控制列表权限

创建一个znode，名为“/test”，数值为“‘Hello_World’”，设置权限模式为World开放式模式，并且赋予5种权限，如代码清单4-12所示。

代码清单4-12 设置权限

```
create /test 'Hello_World' world:anyone:adcwr
```

查看“/test”节点权限，如图4-7所示。

```
[zk: localhost:2181(CONNECTED) 20] getAcl /test
'world,'anyone
: cdrwa
```

图4-7 查看/test节点权限

如图4-7所示，该节点的权限模式为开放式权限，即任何用户都可以访问，若需要设置密码，则可以将权限模式改为Digest模式，并设置密码。需要注意的是，Digest模式的密码需要先编译为SHA1密码再设置为base64编码。在Linux中将“用户名:密码”设置成base64编码，这里的用户名为cxf，密码为123456，如代码清单4-13所示。

代码清单4-13 编译密码

```
echo -n cxf:123456 | openssl dgst -binary -sha1 | openssl base64
```

得到编译后的密码“UtzjKdFkXrMhv+juKWhtcsq5Yxc=”，如图4-8所示。

```
[root@master ~]# echo -n cxf:123456 | openssl dgst -binary -sha1 | openssl base64
UtzjKdFkXrMhv+juKWhtcsq5Yxc=
```

图4-8 编译密码

得到编译后的密码后，在ZooKeeper客户端修改“/test”权限模式，如代码清单4-14所示。

代码清单 4-14 更改权限

```
setAcl /test digest:cxf:UtzjKdFkXrMhv+juKWhtcsq5Yxc=:adcwr
```

再次查看“/test”节点权限，发现权限模式已经更改为 Digest 模式，如图 4-9 所示。

```
[zk: localhost:2181(CONNECTED) 22] getAcl /test
'digest,'cxf:UtzjKdFkXrMhv+juKWhtcsq5Yxc=
: cdrwa
```

图 4-9 再次查看 /test 节点权限

这时，若要访问“/test”节点，则需要添加用户认证，如代码清单 4-15 所示。

代码清单 4-15 添加用户认证

```
# 添加用户认证
addauth digest cxf:123456
```

4.5 ZooKeeper Java API 操作

ZooKeeper 提供了 Java API 服务，因此可以在 IDEA 开发工具上创建 ZooKeeper 工程并配置 ZooKeeper 环境。只要成功远程连接上 ZooKeeper 客户端，即可编写 Java 代码实现 ZooKeeper 的基础操作。

4.5.1 创建 IDEA 工程并连接 ZooKeeper

在 IDEA 中新建一个 Maven 工程，并命名为 ZooKeeperPro，创建完毕后，只需要在 pom 文件中添加 ZooKeeper 依赖，如代码清单 4-16 所示。

代码清单 4-16 添加依赖

```
<dependencies>
    <dependency>
        <groupId>org.apache.zookeeper</groupId>
        <artifactId>zookeeper</artifactId>
        <version>3.4.6</version>
    </dependency>
</dependencies>
```

添加完依赖后，在 /src/main/java 目录下创建一个 CreateZnode 类，在该类中连接 Linux 集群中的 ZooKeeper 并创建一个持久化节点“ZK_Java”，赋值为“Hello_World”。创建节点前，首先需要创建一个 ZooKeeper 对象，并设置连接端口号、会话连接超时时间以及一个 Watcher 对象。Watcher 对象是一个监视器，用于返回连接状态。接着再使用 ZooKeeper 对象的 create() 方法，该方法需要设置 4 个参数，分别为节点路径、节点数据内容、设置的权限，以及创建节点的类型，如代码清单 4-17 所示。

代码清单 4-17　使用 Java API 创建 znode

```
import org.apache.zookeeper.*;

import java.io.IOException;
public class CreateZnode implements Watcher {
    public static void main(String[] args) throws IOException, KeeperException,
        InterruptedException {
        ZooKeeper zookeeper=new ZooKeeper("slave1:2181,slave2:2181,slave3:2181",
            30000,new CreateZnode());
        String path=zookeeper.create("/ZK_Java","Hello_World".getBytes(), ZooDefs.
            Ids.OPEN_ACL_UNSAFE, CreateMode.PERSISTENT);
        System.out.println(path);
    }
    public void process(WatchedEvent watchedEvent) {
        if(watchedEvent.getState()==Event.KeeperState.SyncConnected){
            System.out.println(" 连接成功 ");
        }
    }
}
```

执行代码清单 4-17 后，若在 IDEA 控制台输出“连接成功”，则可在 ZooKeeper 客户端查看节点“ZK_Java”是否创建成功，如果能够获取到“ZK_Java”节点数据则说明创建成功，如图 4-10 所示。

```
[zk: localhost:2181(CONNECTED) 3] get /ZK_Java
Hello_World
cZxid = 0x2900000003
ctime = Wed Mar 23 10:50:19 CST 2022
mZxid = 0x2900000003
mtime = Wed Mar 23 10:50:19 CST 2022
pZxid = 0x2900000003
cversion = 0
dataVersion = 0
aclVersion = 0
ephemeralOwner = 0x0
dataLength = 11
numChildren = 0
```

图 4-10　检查节点是否创建成功

4.5.2　获取、修改和删除 znode 数据

成功创建节点“ZK_Java”后，可使用 ZooKeeper Java API 的 getData() 方法读取节点数据，该方法需要传入 3 个参数，分别为节点路径、Watcher 对象以及一个 Stat 对象，其中 Stat 对象包含大量的节点信息，如表 4-1 所示。可以使用 setData() 方法更改节点数据，该方法也需要传入 3 个参数，分别为节点路径、修改后的节点值以及节点的版本号，若版本号不需要改变，则传入值“-1”。

将“ZK_Java”节点值修改为“Change”后，将修改后的值打印在 IDEA 控制台，如代码清单 4-18 所示。

代码清单 4-18 使用 Java API 修改和获取 znode 数据

```
import org.apache.zookeeper.KeeperException;
import org.apache.zookeeper.WatchedEvent;
import org.apache.zookeeper.Watcher;
import org.apache.zookeeper.ZooKeeper;
import org.apache.zookeeper.data.Stat;

import java.io.IOException;
import java.util.concurrent.CountDownLatch;

public class GetData implements Watcher {
    public static void main(String[] args) throws IOException, KeeperException,
        InterruptedException {

        // CountDownLatch countDownLatch = new CountDownLatch(1);

        ZooKeeper zooKeeper = new ZooKeeper("slave1:2181,slave2:2181,slave3:2181
            ",5000,new GetData());

        Stat stat = new Stat();

        //获取节点数据
        byte[] data = zooKeeper.getData("/ZK_Java", new GetData(), stat);
        //输出节点数据
        System.out.println(new String(data));

        //更改节点数据
        Stat stat1 = zooKeeper.setData("/ZK_Java", "Change".getBytes(), -1);
        //获取改变后的节点数据
        byte[] data1 = zooKeeper.getData("/ZK_Java", new GetData(), stat1);
        //输出改变结果
        System.out.println(new String(data1));

    }

    public void process(WatchedEvent watchedEvent) {

            if (watchedEvent.getState() == Watcher.Event.KeeperState.SyncConnected) {
                System.out.println("连接创建成功!");
            }
    }
}
```

执行代码清单 4-18 后，即可在控制台打印输出结果，将 “ZK_Java” 节点值修改为 “Change”，如图 4-11 所示。

```
连接创建成功!
Hello_World
连接创建成功!
Change
```

图 4-11 获取和修改 znode 数据

在 IDEA 上新建一个 Java 类 DeleteZnode，首先创建一个 ZooKeeper 对象，使用该对象的 exists() 方法可以判断“ZK_Java”节点是否存在，若存在则返回节点的版本信息，默认为 1。接着使用 delete() 方法删除“ZK_Java”节点，只需传入两个参数，分别为节点路径和版本数，这里使用默认的版本数，因此参数值为“-1”。最后判断节点是否删除成功，可再次使用 exists() 方法，若删除成功则将提示输入错误找不到节点，如代码清单 4-19 所示。

代码清单 4-19　使用 Java API 删除 znode

```
import org.apache.zookeeper.KeeperException;
import org.apache.zookeeper.WatchedEvent;
import org.apache.zookeeper.Watcher;
import org.apache.zookeeper.ZooKeeper;
import org.apache.zookeeper.data.Stat;

import java.io.IOException;
public class DeleteZnode implements Watcher {
    public static void main(String[] args) throws IOException, KeeperException,
        InterruptedException {
        ZooKeeper zooKeeper = new ZooKeeper("slave1:2181,slave2:2181,slave3:2181",
            5000, new DeleteZnode());

        // 判断节点是否存在
        Stat exists = zooKeeper.exists("/ZK_Java", false);
        System.out.println(exists.getVersion());

        // 删除节点
        zooKeeper.delete("/ZK_Java",-1);

        // 再次查看节点是否存在
        Stat exists1 = zooKeeper.exists("/ZK_Java", false);
        System.out.println(exists1.getVersion());

    }

    @Override
    public void process(WatchedEvent watchedEvent) {

        if (watchedEvent.getState() == Watcher.Event.KeeperState.SyncConnected) {
            System.out.println("连接创建成功！");
        }

    }
}
```

执行代码清单 4-19 后，控制台输出结果如图 4-12 所示。首先连接 ZooKeeper 后，Watcher 返回连接成功状态，然后判断“ZK_Java”节点存在，返回版本号为 1，接着删除“ZK_Java”节点后，再执行 exists() 方法时会提示找不到节点，说明节点删除成功。

```
连接创建成功！
1
Exception in thread "main" java.lang.NullPointerException
    at DeleteZnode.main(DeleteZnode.java:28)

Process finished with exit code 1
```

图 4-12 使用 Java API 删除 znode

4.6 场景应用：服务器上下线动态监控

本节将介绍一个简单的 ZooKeeper 应用场景。一般大数据场景都是分布式系统，因此节点有多个。考虑到 ZooKeeper 作为分布式的协调框架可用作监控系统，监控多个节点的状态，因此，这里将使用 ZooKeeper 模拟监控服务器上下线动态情况。

在 IDEA 工程 /src/main/java 目录下创建一个包，并命名为 OnlineMonitoring。接着创建一个 Server 类，用于连接 ZooKeeper 集群。再创建一个 " /Server" 父节点，然后设置可变参数实现动态创建临时子节点，如代码清单 4-20 所示。

代码清单 4-20 Server 类代码

```
package OnlineMonitoring;

import org.apache.zookeeper.*;
import org.apache.zookeeper.data.Stat;

import java.io.IOException;

public class Server implements Watcher {
    public static void main(String[] args) throws IOException, KeeperException,
        InterruptedException {
        ZooKeeper zooKeeper = new ZooKeeper("slave1:2181,slave2:2181,slave3:2181",
            5000, new Server());

        // 创建持久化服务节点 Server
        Stat exists = zooKeeper.exists("/Server", false);
        if (exists ==  null){
            zooKeeper.create("/Server","Hello".getBytes(), ZooDefs.Ids.OPEN_ACL_
                UNSAFE,CreateMode.PERSISTENT);
        }

        zooKeeper.create("/Server/" + args[0], args[1].getBytes(), ZooDefs.Ids.
            OPEN_ACL_UNSAFE, CreateMode.EPHEMERAL);
        // 设置服务器不关闭
        Thread.sleep(Long.MAX_VALUE);

    }

    @Override
```

```
    public void process(WatchedEvent watchedEvent) {

    }
}
```

接着创建一个 Client 类作为客户端，该类主要获取子节点信息，并设置程序不关闭，即可动态监控子节点变化情况，如代码清单 4-21 所示。

代码清单 4-21　Client 类代码

```
package OnlineMonitoring;

import org.apache.zookeeper.KeeperException;
import org.apache.zookeeper.WatchedEvent;
import org.apache.zookeeper.Watcher;
import org.apache.zookeeper.ZooKeeper;

import java.io.IOException;
import java.util.List;

public class Client implements Watcher {
    public static ZooKeeper zooKeeper;

    public static void main(String[] args) throws IOException, InterruptedException {
        zooKeeper = new ZooKeeper("slave1:2181,slave2:2181,slave3:2181", 5000, new
            Client());

        Thread.sleep(Long.MAX_VALUE);

    }

    //注册监听方法
    public static void monitor() throws KeeperException, InterruptedException {
        //获取Server节点的所有子节点
        List<String> children = zooKeeper.getChildren("/Server", new Client());

        System.out.println("在线的用户有：");
        //输出子节点
        for (String c : children) {
            System.out.println(c);
        }
    }

    @Override
    public void process(WatchedEvent watchedEvent) {

        try {
            monitor();
        } catch (KeeperException e) {
            e.printStackTrace();
        } catch (InterruptedException e) {
```

```
                e.printStackTrace();
            }

        }
    }
```

在执行 Server 类之前，需要设置 main() 方法的参数，单击 IDEA 菜单栏的“Run”按钮，在弹框中选择“Edit Configurations”，如图 4-13 所示。

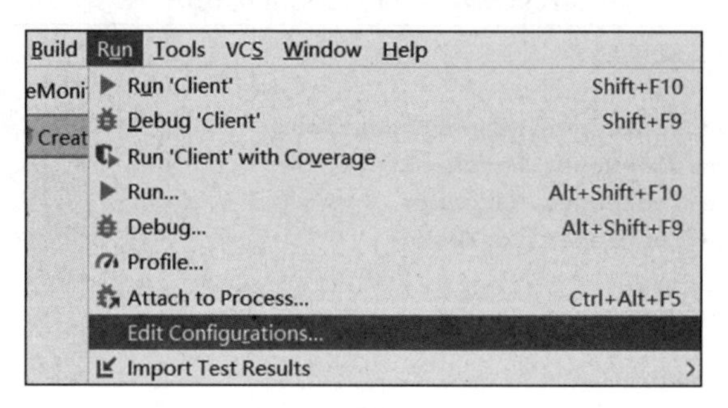

图 4-13 打开“Edit Configurations”

接着在弹框中左侧选中 Server 类，并在右侧的“Program arguments”中输入“001 0”，注意参数间需要用空格隔开，如图 4-14 所示。

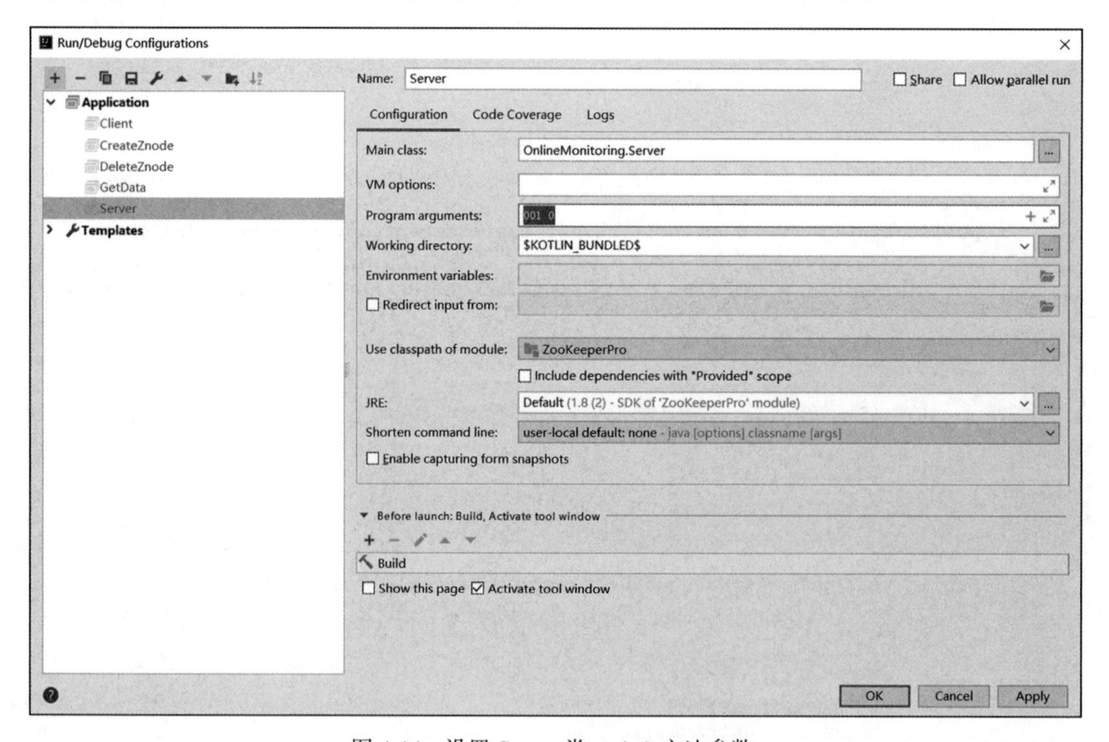

图 4-14 设置 Server 类 main() 方法参数

执行 Server 类后，再执行 Client 类，即可检测到“001”子节点，如图 4-15 所示。

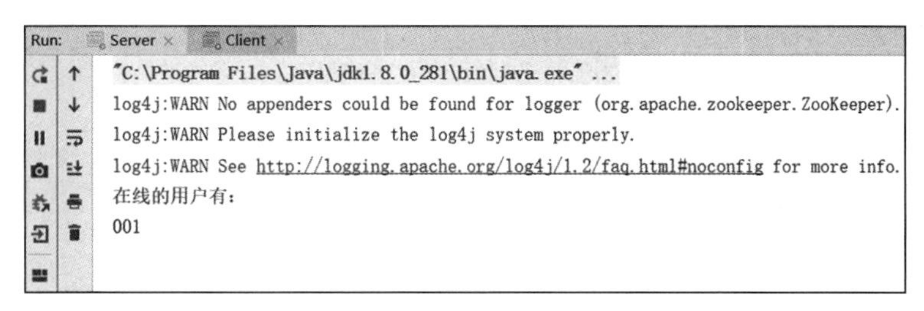

图 4-15　查看在线用户 1

如果关闭 Server 类，那么临时子节点“001”将会消失，这时 Client 类的控制台将更新，在线的用户为空，如图 4-16 所示。

```
"C:\Program Files\Java\jdk1.8.0_281\bin\java.exe" ...
log4j:WARN No appenders could be found for logger (org.apache.zookeeper.ZooKeeper).
log4j:WARN Please initialize the log4j system properly.
log4j:WARN See http://logging.apache.org/log4j/1.2/faq.html#noconfig for more info.
在线的用户有：
001
在线的用户有：
```

图 4-16　查看在线用户 2

若更改 Server 类的 main() 方法参数为“002 1”，再次执行 Server 类，那么 Client 端将检测到在线的用户为“002”，如图 4-17 所示。

```
"C:\Program Files\Java\jdk1.8.0_281\bin\java.exe" ...
log4j:WARN No appenders could be found for logger (org.apache.zookeeper.ZooKeeper).
log4j:WARN Please initialize the log4j system properly.
log4j:WARN See http://logging.apache.org/log4j/1.2/faq.html#noconfig for more info.
在线的用户有：
001
在线的用户有：
在线的用户有：
002
```

图 4-17　查看在线用户 3

4.7　小结

本章主要介绍了一个分布式协调框架 ZooKeeper。首先介绍了 ZooKeeper 的基本概念和应用场景，以及如何在 Linux 中分布式配置安装 ZooKeeper；然后介绍了常用的 ZooKeeper 客户端命令，包括创建 znode、获取 znode 数据、监视 znode、删除 znode 以及设置 znode 权限；接着创建 IDEA 工程并介绍一些常用的 Java API；最后结合 ZooKeeper 的实际场景应用，介绍如何使用 ZooKeeper 实现服务器上下线动态监控，让读者进一步加深对 ZooKeeper 的理解，熟练使用 Java API。

课后习题

（1）下列关于 ZooKeeper 说法错误的是（　　）。

A. ZooKeeper 是一个分布式系统的协调框架

B. ZooKeeper 具有原子性，即数据转移只能完全成功或完全失败

C. 从同一个客户端发起的事务请求，最终会严格按照其发起顺序被应用到 ZooKeeper 中

D. ZooKeeper 并不具备独立性，客户端之间需要互相依赖

（2）下列选项中，说法错误的是（　　）。

A. ZooKeeper 客户端可以连接到每个 Server，每个 Server 的数据完全相同

B. 在 ZooKeeper 中，大多数 Server 可用，整体服务就可用

C. 在多节点 ZooKeeper 集群中，包含多个 leader

D. leader 主要负责写服务和数据同步

（3）在 ZooKeeper 中，以下（　　）命令可以创建临时顺序节点。

A. create -s /test 1　　B. create -s -e /test 2　　C. create -e /test 3　　D. create /test 4

（4）在 ZooKeeper 中，以下（　　）命令不可以删除子节点 data。

A. rmr /test/data　　B. rmr /test　　C. delete /test　　D. delete /test/data

（5）下列选项中关于 ZooKeeper JAVA API 说法错误的是（　　）。

A. Watcher 对象是一个监视器，将返回连接状态

B. 使用 setData() 方法可以修改节点数据

C. 使用 getData() 方法可以获取节点数据

D. 使用 exist() 方法可以判断节点是否存在

第 5 章 Chapter 5

分布式数据库 HBase——实现大数据存储与快速查询

HBase 是目前非常热门的一款分布式非结构化数据库，无论在互联网行业还是在其他传统 IT 行业都得到了广泛的应用。近几年随着国内大数据理念的普及，HBase 凭借其高可靠、易扩展、高性能以及成熟的社区支持等特性，受到越来越多企业的青睐。

本章将先介绍 HBase 的基本概念和应用场景，熟悉 HBase 的安装操作，并介绍一些常用的 HBase Shell 操作，然后创建 IDEA 工程，使用 HBase Java API 进行编程，最后将结合实际的场景应用，使用 HBase 实现用户通话记录数据存储设计与查询，让读者对 HBase 的使用有更加深刻的理解。

5.1 HBase 技术概述

了解 HBase 相关概念和发展历史、HBase 核心功能模块的作用、HBase 的特性以及与其他数据库的区别，是学习并掌握使用 HBase 进行海量数据存储查询的第一步。

5.1.1 HBase 的发展历程

HBase 是 Hadoop Database 的简称，属于 Apache 软件基金会 Hadoop 项目的一部分。它参考了谷歌 BigTable 的模型，是基于 Java 实现的一个高可靠、高性能、面向列、可伸缩的分布式非结构化数据库，主要用于存储非结构化和半结构化的松散数据。

HBase 的目标是处理数据量庞大的表，并且可以通过水平扩展的方式，利用廉价计算机集群处理由超过 10 亿行数据和数百万列元素组成的数据表。HBase 已被广泛应用于 Facebook、Yahoo、阿里巴巴、小米、华为等公司的在线系统以及离线分析系统中。

HBase 的诞生和发展离不开 Google 发表的 3 篇论文：GFS、MapReduce 和 BigTable。

2003 年，谷歌发表了一篇关于谷歌分布式文件系统的论文 *The Google File System*。这个分布式文件系统简称 GFS，它使用商用硬件集群存储海量数据。

2004 年，谷歌又发表了另一篇论文 *MapReduce:Simplifed Data Processing on Large Clusters*。MapReduce 是 GFS 架构的一个补充，因为 MapReduce 能够充分利用 GFS 集群中的每个商用服务器提供的大量 CPU。

GFS 分布式文件系统和 MapReduce 框架均缺乏实时随机存储数据的能力。它们更适合存储少许数据量极大的文件，而不适合存储成千上万的小文件，因为文件的元数据最终存储在主节点（NameNode）的内存中，文件越多，主节点的压力越大。

意识到关系型数据库（RDBMS）在大规模处理中的缺点，谷歌的工程师们开始考虑解决问题的其他切入点：摒弃关系型的特点，采用简单的 API 进行增、查、改、删操作，再用一个扫描函数（scan），在较大的键范围或全表上进行迭代扫描。这些努力的成果最终在 2006 年的论文 *BigTable：A Distributed Storage System for Structured Data* 中发表。BigTable 分布式数据库可以在局部几台服务器崩溃的情况下继续提供高性能的服务。

2007 年，Powerset 公司的工作人员基于 BigTable 的论文研发了 BigTable 的 Java 开源版本，即 HBase。HBase 在发展了两年之后被 Apache 收录为顶级项目，正式入驻 Hadoop 生态系统。HBase 几乎实现了 BigTable 的所有特性，是一个开源的非关系型分布式数据库。HBase 成为 Apache 顶级项目之后发展非常迅速，被各大公司广泛使用。HBase 社区的高度活跃性让 HBase 发展得更有活力。

5.1.2 HBase 的特点

HBase 作为列存储非关系型数据库，具有以下几个特点。

1）容量巨大。HBase 的单表可以支持千亿行、百万列的数据规模，数据容量可以达到 TB 甚至 PB 级别。

2）可扩展。HBase 集群可以非常方便地实现集群容量扩展，主要包括数据存储节点扩展以及读写服务节点扩展。HBase 底层数据存储依赖于 HDFS 系统。HDFS 可以通过简单地增加 DataNode 实现扩展，HBase 读写服务节点也一样，可以通过简单地增加 Regionserver 节点实现计算层的扩展。

3）稀疏性。HBase 支持大量稀疏存储，即允许大量列值为空，并不占用任何存储空间。

4）高性能。HBase 目前主要擅长 OLTP 场景，数据写操作性能强劲，对于随机单点读以及小范围的扫描读操作，其性能也能够得到保证。对于大范围的扫描读操作，可以使用 MapReduce 提供的 API，以便实现更高效的并行扫描。

5）多版本。HBase 支持多版本特性，即同一个 Row Key 的数据可以同时保留多个版本（Version），使得用户可以根据需要选择最新版本或者某个历史版本。

6）支持过期。HBase 支持 TTL 过期特性，只要设置过期时间，超过 TTL 的数据就会被自动清理，不需要用户写程序手动删除。

7）Hadoop 原生支持。HBase 是 Hadoop 生态中的核心成员之一，很多生态组件都可以与其直接对接。

HBase 与传统数据库 RDBMS 的区别如表 5-1 所示。

表 5-1　HBase 与 RDBMS 的区别

对比项	HBase	RDBMS
硬件	集群商用硬件	较贵的多处理器硬件
容错	单个或少个节点宕机对 HBase 没有影响	需要额外的、较复杂的配置
数据大小	TB 到 PB 级数据，千万到十亿行	GB 到 TB 级数据，十万到百万行
数据层	一个分布式、多维度的、排序的 Map	行或列导向
数据类型	字节数组 byte[]	多种数据类型支持
事务	单个行的 ACID	支持表间和行间的 ACID
查询语言	支持自身提供的 API	SQL
索引	行键索引	支持
吞吐量	每秒百万查询	每秒千次查询

HBase 和 Hive 在大数据架构中处在不同位置，HBase 主要解决实时数据查询问题，Hive 主要解决数据处理和计算问题，二者一般配合使用。HBase 与 Hive 的区别如表 5-2 所示。

表 5-2　HBase 与 Hive 的区别

对比项	HBase	Hive
延迟性	在线，低延迟	批处理，较高延迟
结构化	非结构化数据	结构化数据
适用人员	程序员	分析人员
适用场景	海量明细数据的随机实时查询，如日志明细、交易清单、轨迹行为等	离线的批量数据计算

5.1.3　HBase 的核心功能模块

HBase 的整体架构图如图 5-1 所示。HBase 数据库主要由客户端、协调服务组件 ZooKeeper、主节点服务（HMaster）、从节点服务（HRegionServer）和数据表分片（Region）5 个核心功能模块组成。

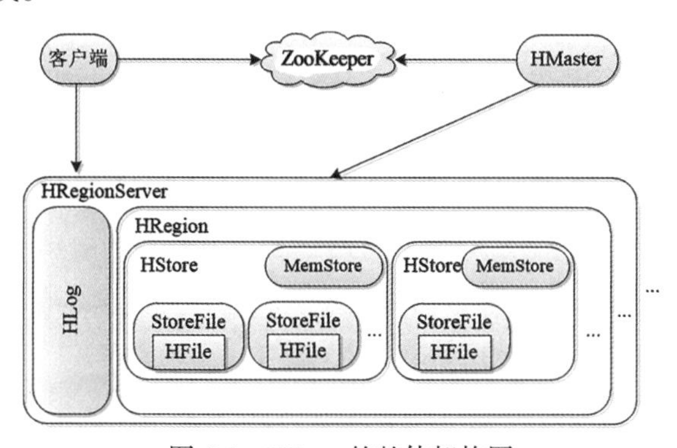

图 5-1　HBase 的整体架构图

HBase 数据库中各个核心功能模块的解释说明如下。

1. 客户端

HBase 客户端（Client）提供了 Shell 命令行接口、原生 Java API 编程接口、Thrift/REST API 编程接口以及 MapReduce 编程接口。HBase 客户端支持所有常见的 DML 操作以及 DDL 操作，即支持数据的增、删、改、查，以及表的日常维护等。对于管理类操作，Client 通过 RPC 机制与 HMaster 通信；对于数据读写类操作，Client 通过 RPC 机制与 HRegionServer 进行通信。

2. 协调服务组件 ZooKeeper

ZooKeeper 是 Hadoop 的分布式协调服务，也是 Apache Hadoop 的一个项目。在 HBase 系统中，ZooKeeper 扮演着非常重要的角色，主要功能有以下几点。

1）管理系统核心源数据。ZooKeeper 存储 HBase 中的 -ROOT- 表和 .META. 表的地址，客户端访问数据必须通过这两个表。

2）监控 HRegionServer。HRegionServer 把自己以 Ephedral 的方式注册到 ZooKeeper 中，以便 HMaster 随时感知各个 HRegionServer 的健康状态。

3）实现 HMaster 的高可用。ZooKeeper 在保证集群只有一个 Active HMaster 正常工作的同时，还会启动一个 Standy HMaster 同步 Active HMaster 的状态，当 Active HMaster 宕机时，ZooKeeper 会完成主备切换的过程。

4）实现分布式锁。在 HBase 中，如果我们要对一张表进行各种管理操作（如修改操作）时，需要先加表锁，以防其他用户对同一张表进行管理操作，造成表状态不一致。与其他传统关系型数据库的表不同，HBase 中的表通常都是分布式存储，ZooKeeper 可以通过特定机制实现分布。

3. 主节点服务

HMaster 是 HBase 的主节点服务，主要负责 HBase 系统的各种管理工作，主要职能有以下几点。

1）管理用户对表的增、删、查、改操作。

2）管理 HRegionServer 的负载均衡，调整 HRegion 的分布。

3）在 Region Split 后，负责将 HRegion 分配到 HRegionServer。

4）在 HRegionServer 宕机后，HMaster 会将 HRegionServer 内的 HRegion 迁移至其他 HRegionServer 上。

4. 从节点服务

HRegionServer 是 HBase 中存储数据的从节点服务，主要职能有以下几点。

1）响应客户端的 I/O 请求。

2）存储和管理 HRegion，并自动分割 HRegion。

3）进行表操作时，HRegionServer 直接和客户端连接。

5. 数据表分片

数据表分片（Region）包含了 Region 名字、开始 Row Key 和结束 Row Key。一个 HBase 表被分割为多个 Region，每个 Region 包含多个行数据。

5.1.4　HBase 的数据模型

传统行数据库以行的形式存储数据，每行数据包含多列，每列只有单个值。在 HBase 中，数据实际存储在一个“映射”（Map）中，并且“映射”的键（Key）是会被排序的。基于排序，用户可以自定义一个“行键”（Row Key），使“相关的”数据存储在相近的地方。图 5-2 所示的是 HBase 中一张数据表的逻辑视图，表中主要存储图片信息。

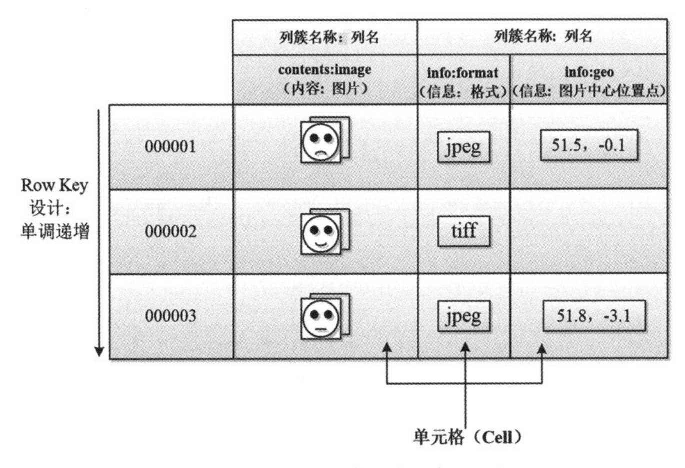

图 5-2　HBase 数据表逻辑视图

HBase 的数据模型同关系型数据库很类似，即所有数据都存储在一张表中。HBase 数据模型的相关关键字的解释说明如下。

1）表（Table）。HBase 采用表组织数据，表由行和列组成，列又划分为若干个列簇。

2）行键（Row Key）。每个 HBase 表都由若干行组成，每行由行键（Row Key）标识，且表中所有行都依据行键进行排序。

3）列簇（Column Family）。一个 HBase 表被分组成许多列簇（Column Family）的集合，一个列簇可以包含多列。列簇需在表创建的时候指定，并且不可以随意增删。一个列簇下可以设置任意多列，因此可理解为 HBase 中的列可以动态增加。

4）单元格（Cell）。在 HBase 表中，可以通过表名、行键、列簇、列标识符、时间戳唯一确定一个单元格。单元格中存储的数据没有数据类型，所有数据均为字节数组 byte[]。

5.1.5　设计表结构的原则

使用 HBase 设计表结构之前，需要先对 HBase 存储数据的特性有一定了解，并熟悉 Row Key 设计原则、列簇设计优化重点。

1. Row Key 设计原则

HBase 是根据 Row Key 进行检索的，也就是说，系统通过找到某个 Row Key（或某段 Row Key 范围）所在的 Region 分割点，然后将查询数据的请求发送到该 Region 分割点并获取数据。HBase 按单个 Row Key 检索的效率是很高的，耗时在 1 毫秒以下，每秒钟可获取 1000~2000 条记录，但是对非 Row Key 的查询速度很慢。因此，为了保证高效查询，Row Key 的设计需要遵循以下原则。

1）长度原则。Row Key 是一个二进制码流，可以是任意字符串，最大长度为 64 KB，实际应用中长度一般为 10 ～ 100 B，保存为 byte[] 字节数组。Row Key 的长度一般设计成定长，建议越短越好，不要超过 16 B。

2）散列原则。HBase 集群的数据分配是基于行键进行的，数据如果没有在整个集群的所有节点中均匀分布，那么会影响到集群的性能与伸缩性，因此 Row Key 的设计必须尽量使得数据能够均匀分布在所有节点上。

3）唯一原则。Row Key 的设计必须保证唯一性。Row Key 是按照字典排序存储的，因此，设计 Row Key 时需要充分利用这个排序特点，将经常一起读取的数据存储到一起，将最近可能会被访问的数据放在一起。

2. 列簇设计优化

HBase 是以列簇存储的数据库，列簇的设计在很大程度上会影响数据的读写效率，因此为了保证高效读写，列簇的设计需要考虑以下几个优化重点。

1）不建议设计多个列簇。flush 是 HBase 的一个重要操作，经过 flush 操作后，数据才可以持久保存。列簇在执行 flush 操作的时候，与它相邻的列簇也会因关联效应触发 flush 操作，列簇越多，系统产生的 I/O（输入 / 输出）开销也会越多。

2）列簇缓存（BLOCKCACHE）配置。如果一张表或表里的列簇经常被顺序访问或很少被访问，可以选择关闭列簇的缓存以提高读取效率。HBase 的列簇缓存默认是打开的，如果想要关闭列簇缓存，可以将 BLOCKCACHE 列簇缓存配置参数设置为 false。

3）布隆过滤器（BLOOMFILTER）设置。设置过滤器能够减少从硬盘读取数据时的开销。

4）生存时间（TTL）配置。超过这个时间设置的列簇数据会在下一次大合并中被删除。

5）列簇压缩。压缩可以节省空间，但读写数据会增加 CPU 的使用率。

6）单元时间版本。默认用 3 个版本来保存历史数据。如果只需要 1 个版本，推荐设置表时只维护 1 个版本。

5.2 HBase 应用场景介绍

HBase 作为一个分布式的非关系型数据库，能够解决多种类型数据存储问题，被广泛应用于各种场景下。其常用的应用场景介绍如下。

1）对象存储：存储新闻、网页、图片、视频、病毒等文件。

2）时序数据：HBase 有一个 OpenTSDB 模块，可以满足时序类场景的高并发和海量存储的需求。

3）推荐画像：特别是用户的画像，是一个比较大的稀疏矩阵，可以使用 HBase 进行存储。

4）时空数据：主要是轨迹、气象网格的数据。例如滴滴打车的轨迹数据主要存在 HBase 中，另外具有大数据量的车联网企业的数据也存储在 HBase 中。

5）CubeDB OLAP：一个分析并构建 Cube 模型的工具，其底层的数据存储在 HBase 中。不少用户会基于离线计算构建 Cube 并存储在 HBase 中，以满足在线报表查询的需求。

6）消息 / 订单：在电信、银行领域，大多数订单查询的底层存储使用的数据库均为 HBase，另外大多数通信、消息同步的应用的存储也构建在 HBase 之上。

7）Feeds 流：HBase 可以作为 Feeds 流（持续更新并呈现给用户内容的信息流）的高并发请求访问应用。

8）NewSQL：HBase 之上有 Phoenix 插件，可以满足二级索引、执行标准 SQL 的需求。

5.3　HBase 安装配置

在 HBase 的官网下载 HBase 安装包，安装包名称为 hbase-1.1.2-bin.tar.gz，上传安装包至 master 节点并将安装包解压至 /usr/local/ 目录下。

HBase 配置文件在 hbase-1.1.2-bin.tar.gz 解压目录的 conf 目录下，进入 /usr/local/hbase-1.1.2-bin.tar.gz/conf 目录，并打开 hbase-site.xml 文件，如代码清单 5-1 所示。

代码清单 5-1　进入 /usr/local/hbase-1.1.2-bin.tar.gz/conf 目录并打开 hbase-site.xml 文件

```
// 进入 /usr/local/hbase-1.1.2-bin.tar.gz/conf
cd /usr/local/hbase-1.1.2-bin.tar.gz/conf
// 打开 hbase-site.xml 文件
vi hbase-site.xml
```

hbase-site.xml 文件修改的内容如代码清单 5-2 所示。

代码清单 5-2　修改 hbase-site.xml 文件

```
<configuration>
<property>
        <name>hbase.rootdir</name>
        <value>hdfs://master:8020/hbase</value>
    </property>
    <property>
        <name>hbase.master</name>
        <value>master</value>
    </property>
    <property>
        <name>hbase.cluster.distributed</name>
        <value>true</value>
    </property>
```

```
    <property>
        <name>hbase.zookeeper.property.clientPort</name>
        <value>2181</value>
    </property>
    <property>
        <name>hbase.zookeeper.quorum</name>
        <value>Slave1,Slave2,Slave3</value>
    </property>
    <property>
        <name>zookeeper.session.timeout</name>
        <value>60000000</value>
    </property>
    <property>
        <name>dfs.support.append</name>
        <value>true</value>
    </property>
</configuration>
```

修改 hbase-env.sh 配置文件，注释代码清单 5-3 所示的内容，并添加代码清单 5-4 所示的内容。

代码清单 5-3　hbase-env.sh 注释的内容

```
export HBASE_MASTER_OPTS="$HBASE_MASTER_OPTS -XX:PermSize=128m
-XX:MaxPermSize=128m"
export HBASE_REGIONSERVER_OPTS="$HBASE_REGIONSERVER_OPTS -XX:PermSize=128m
-XX:MaxPermSize=128m"
```

代码清单 5-4　hbase-env.sh 添加的内容

```
export HBASE_CLASSPATH=/usr/local/hadoop-2.6.4/etc/hadoop
export JAVA_HOME=/usr/java/jdk1.8.0_281-amd64
export HBASE_MANAGES_ZK=false
```

修改 regionservers 配置文件，添加 slave1、slave2 和 slave3 子节点主机名至 regionservers 文件中，如代码清单 5-5 所示。

代码清单 5-5　声明节点主机名

```
slave1
slave2
slave3
```

将配置文件复制到各子节点，如代码清单 5-6 所示。

代码清单 5-6　复制配置文件

```
scp -r /usr/local/hbase-1.1.2/ slave1:/usr/local/
scp -r /usr/local/hbase-1.1.2/ slave2:/usr/local/
scp -r /usr/local/hbase-1.1.2/ slave3:/usr/local/
```

配置环境变量，在 /etc/profile 中添加代码清单 5-7 所示内容，并运行代码，使环境变量生效。

代码清单 5-7　配置环境变量

```
export HBASE_HOME=/usr/local/hbase-1.1.2
export PATH=$PATH:$HBASE_HOME/bin
```

运行 HBase，首先确保启动了 ZooKeeper 和 Hadoop 集群，具体代码如代码清单 5-8 所示。

代码清单 5-8　启动 HBase

```
/usr/local/hbase-1.1.2/bin/start-hbase.sh
```

在浏览器上访问 http://192.168.128.130:16010，若 HBase 集群正常启动，则网页能正常显示集群具体信息，如图 5-3 所示。

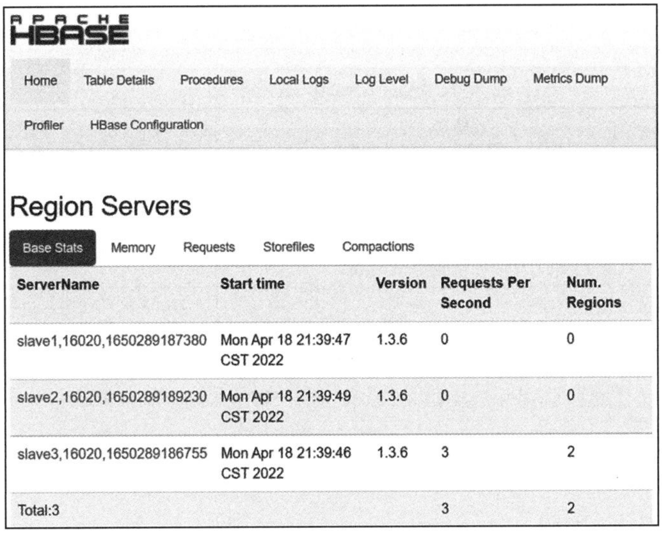
APACHE HBASE
Home
Table Details
Procedures
Local Logs
Log Level
Debug Dump
Metrics Dump
Profiler
HBase Configuration
Region Servers
Base Stats
Memory
Requests
Storefiles
Compactions
ServerName
Start time
Version
Requests Per Second
Num. Regions
slave1,16020,1650289187380
Mon Apr 18 21:39:47 CST 2022
1.3.6
0
0
slave2,16020,1650289189230
Mon Apr 18 21:39:49 CST 2022
1.3.6
0
0
slave3,16020,1650289186755
Mon Apr 18 21:39:46 CST 2022
1.3.6
3
2
Total:3
3
2

图 5-3　HBase 集群 Web 端口

5.4　HBase Shell 操作

安装好 HBase 后，在 Linux 中使用“ hbase shell”命令即可进入 HBase Shell 交互式界面。在该界面中可输入命令代码，对 HBase 执行相应操作。HBase 的 Shell 提供了大量可以很方便地操作 HBase 数据库中表的命令，如创建、删除、修改表，列出表中的相关信息等操作。

5.4.1　创建与删除表

与关系型数据库不同，HBase 的基本组成为表，不存在多个数据库。因此，在 HBase

中可以直接创建或删除表，而不需要进入某个数据库下再对表进行相关操作。

1. 创建表

虽然 HBase 中不存在多个数据库，但是有命名空间的概念。命名空间是对表的逻辑分组，不同的命名空间类似于关系型数据库中不同的数据库。利用命名空间，在多用户的场景下可以更好地隔离资源和数据。

在 HBase 中存储数据先要创建表，创建表时需要设置表名和列簇名称。HBase 创建表的基础语法如下。

```
// create 建表基础语法，创建表并只设置列簇名称
create '命名空间:表名', '列簇名1', '列簇名2', …, '列簇名n'
// create 建表基础语法，创建表并设置列簇的名称及列簇属性
create '命名空间:表名', {语法参数}
```

HBase Shell 中提供了多个参数以满足创建表的不同需求，具体 create 语法参数说明如表 5-3 所示。

表 5-3 create 语法参数

参数	功能	调用示例
NAME	设置列簇名	NAME => 'c1'
VERSIONS	设置最大版本数量	VERSIONS => 1
TTL	设置列簇可以生存的时间（以秒为单位），HBase 将在到达到期时间后自动删除该列簇	TTL => 1000
BLOCKCACHE	设置读缓存状态	BLOCKCACHE => True\False
SPLITS	设置建表 region 预分区	SPLITS=> ['10', '20', '30', '40']

使用 create 命令创建 Student 表和 Cource 表，如代码清单 5-9 所示。

代码清单 5-9 create 示例代码

```
// 创建命令空间 data
create_namespace 'data'
// 在 data 命名空间创建 Cource 表，创建列簇 details，设置 details 最大版本数为 5、生存时间为
    1000000 秒
create 'data:Cource', {NAME => 'details', VERSIONS => 5,TTL=>1000000}

// 创建 Student 表，创建列簇 info，设置 region 预分区为 ['10', '20', '30', '40']，列缓存状
    态为 true
create 'Student', {NAME => 'info',BLOCKCACHE =>TRUE}, SPLITS=> ['10', '20',
    '30', '40']
```

2. 查看表结构

在 HBase Shell 中可以使用 desc 命令查看表结构，基础语法如下。

```
desc '命名空间:表名'
```

使用 desc 命令查看 Student 表和 Cource 表的表结构，如代码清单 5-10 所示。

代码清单 5-10　desc 示例代码

```
// 查看 default 命名空间中表 Student 的结构
desc 'Student'
// 查看 data 命名空间中表 Cource 的结构
desc 'data:Cource'
```

Student 表和 Cource 表的表结构查询结果如图 5-4 所示。

```
hbase(main):014:0> desc 'Student'
Table Student is ENABLED
Student
COLUMN FAMILIES DESCRIPTION
{NAME => 'info', BLOOMFILTER => 'ROW', VERSIONS => '1', IN_MEMORY =>
'fa lse', KEEP_DELETED_CELLS => 'FALSE', DATA_BLOCK_ENCODING => 'NONE', TTL
=> 'FOREVER', COMPRESSION => 'NONE', MIN_VERSIONS => '0', BLOCKCACHE =>
'true', BLOCKSIZE => '65536', REPLICATION_SCOPE => '0'}
1 row(s) in 0.0240 seconds

hbase(main):015:0> desc 'data:Cource'
Table data:Cource is ENABLED
data:Cource
COLUMN FAMILIES DESCRIPTION
{NAME => 'details', BLOOMFILTER => 'ROW', VERSIONS => '5', IN_MEMORY =>
'false', KEEP_DELETED_CELLS => 'FALSE', DATA_BLOCK_ENCODING => 'NONE',
TTL => '1000000 SECONDS (11 DAYS 13 HOURS 46 MINUTES 40 SECONDS)',
COMPRE SSION=>'NONE', MIN_VERSIONS=>'0', BLOCKCACHE => 'true', BLOCKSIZE
=>'65536', REPLICATION_SCOPE => '0'}
```

图 5-4　表结构查询结果

3. 删除表

在 HBase 中可以使用 drop 命令删除表，但是在删除表之前需要先使用 disable 命令禁用表，基础语法如下。

```
disable '命名空间:表名'
drop '命名空间:表名'
```

使用 disable 命令禁用 Cource 表，再使用 drop 命令删除 Cource 表，如代码清单 5-11 所示。

代码清单 5-11　delete 命令示例

```
// 在删除表时必须保证表状态为 disable
disable 'data:Cource'
// 删除表 Cource
drop 'data:Cource'
```

5.4.2　插入数据

在 HBase 中可以使用 put 命令向数据表中插入数据。put 命令可以向表中增加一行新数据，也可以覆盖指定行的数据，基础语法如下。

```
put '表名', '行键', '列簇:列标识符', '插入值'
```

使用 put 命令向默认命名空间中的 Student 表中插入数据，如代码清单 5-12 所示。

代码清单 5-12　put 命令使用示例代码

```
// 在默认命名空间下的 Student 表中，向 Row Key 为 01、列簇为 info、列标识符为 age 的 cell 插入值
    20，向列标识符为 name 的 cell 插入值 Ana
put 'Student', '01', 'info:age', '20'
put 'Student', '01', 'info:name', 'Ana'

// 在默认命名空间下的 Student 表中，向 Row Key 为 02、列簇为 info、列标识符为 age 的 cell 插入值
    22，向列标识符为 name 的 cell 插入值 TOM
put 'Student', '02', 'info:age', '22'
put 'Student', '02', 'info:name', 'TOM'

// 在默认命名空间下的 Student 表中，向 Row Key 为 03、列簇为 info、列标识符为 age 的 cell 插入值
    19，向列标识符为 name 的 cell 插入值 Mike
put 'Student', '03', 'info:age', '19'
put 'Student', '03', 'info:name', 'Mike'
```

5.4.3　查询数据

在 HBase 中可以使用 get 命令从数据表中获取某一行记录，类似于关系型数据库中的 select 操作。get 命令的基础用法如下。

```
get '表名' , '行键' , {其他参数}
```

get 命令必须设置表名和行键名，列簇名称、时间戳范围、数据版本等参数则是可选的。get 参数的使用详情如表 5-4 所示。

表 5-4　get 参数

参数	功能	使用示例
COLUMN	设置查询数据的列簇名	get 'Student',r1,{NAME=>'c1',COLUMN=>'c1'/['c1','c2','c3']}
TIMESTAMP	设置查询数据的时间戳	get 'Student',r1,{NAME => 'c1' ,TIMESTAMP => ts1}
TIMERANGE	设置查询数据的时间戳区间	get 'Student',r1,{NAME => 'c1' ,TIMERANGE => [ts1, ts2]}
VERSIONS	设置查询数据的最大版本数	get 'Student',r1,{NAME => 'c1' ,VERSIONS => 4}
FILTER	设置查询数据的过滤条件	get 'Student',r1,{NAME => 'c1' ,FILTER=>"ValueFilter(=,'binary:abc')"}

使用 get 命令查询默认命名空间中 Student 表的数据，如代码清单 5-13 所示。

代码清单 5-13　get 命令使用示例代码

```
// 查询 default 命名空间中 Student 表中 Row Key 为 01 的所有数据
get 'Student','01'

// 查询 Student 表中 Row  Key 为 01、列簇为 info、时间戳为 1588946360480 的数据，返回的最大版
    本数为 5
get 'Student','01',{ COLUMN =>'info',VERSIONS=>5, TIMESTAMP => 1588946360480}

// 查询 Student 表中 Row Key 为 02、时间版本在 1588946376370 到 1588946376395 的数据
get 'Student','02', { TIMERANGE => [1588946376370, 1588946376395]}
```

get 命令示例代码的运行结果如图 5-5 所示。

```
hbase(main):032:0> get 'Student','01'
COLUMN                                      CELL
 info:age                                   timestamp=1588946360480, value=20
 info:name                                  timestamp=1588946360524, value= Ana
2 row(s) in 0.0230 seconds

hbase(main):033:0> get 'Student','01',{ COLUMN =>'info',VERSIONS=>5, TIMESTAMP => 1588946360480}
COLUMN                                      CELL
 info:age                                   timestamp=1588946360480, value=20
1 row(s) in 0.0110 seconds

hbase(main):034:0> get 'Student','02', { TIMERANGE => [1588946376370, 1588946376395]}
COLUMN                                      CELL
 info:age                                   timestamp=1588946376381, value=22
1 row(s) in 0.0160 seconds
```

图 5-5 运行结果

5.4.4 删除数据

在 HBase 中可以使用 delete 命令从表中删除一个单元格或一个行集。delete 命令的语法与 put 类似，必须指明表名、行键和列簇名称，而列名和时间戳是可选的，基础语法如下。

```
delete '表名', '行键', '列簇'
```

使用 delete 命令删除 Student 表中的数据，如代码清单 5-14 所示。

代码清单 5-14 delete 命令示例代码

```
// 删除 Student 表中 Row Key 为 01、列簇为 name 的数据
delete 'Student', '01', 'info:name'

// 删除 Student 表 Row Key 为 01、列簇为 age、时间戳小于 1588946360480 的所有数据
delete 'Student', '01', 'info:age', 1588946360480
```

delete 命令示例代码的运行结果如图 5-6 所示。

```
hbase(main):060:0> delete 'Student', '01', 'info:name'
0 row(s) in 0.0190 seconds

hbase(main):061:0> delete 'Student', '01', 'info:age', 1588946360480
0 row(s) in 0.0120 seconds
```

图 5-6 删除结果

5.4.5 扫描全表

在 HBase 中可以使用 scan 命令查询全表数据，基础语法如下。

```
scan '表名', {其他参数}
```

使用 scan 命令时必须指定表名，列簇名称、时间戳范围、输出行数等参数则是可选的。scan 参数的使用详情如表 5-5 所示。

表 5-5 scan 参数

参数	功能	调用示例
COLUMN	设置扫描数据的列簇名	scan 'Student',{COLUMN => 'age'/['age', 'name']}
TIMESTAMP	设置时间戳	scan 'Student',{COLUMN => 'age',TIMESTAMP => 1099531200}
TIMERANGE	设置时间戳区间	scan 'Student',{COLUMN => 'age',TIMERANGE => [ts1, ts2]}
VERSIONS	设置最大版本数	scan 'Student',{COLUMN => 'age',VERSIONS => 4}
FILTER	设置过滤条件	scan 'Student',{COLUMN => 'age',FILTER=>"ValueFilter(=,'binary:20)"}
STARTROW	设置起始 Row Key	scan 'Student',{COLUMN => 'age',STARTROW => '01'}
LIMIT	设置返回数据的数量	scan 'Student',{COLUMN => 'age',LIMIT => 10}
REVERSED	设置倒叙扫描	scan 'Student',{COLUMN => 'age',REVERSED => TRUE}

使用 scan 命令查询数据的示例如代码清单 5-15 所示。

代码清单 5-15 scan 示例代码

```
// 扫描默认命名空间中 Student 表的所有数据
scan 'Student'

// 从 Row Key 为 03 开始倒序扫描，扫描 Student 表中列簇为 info 的所有数据
scan 'Student', {COLUMNS => 'info', STARTROW =>'03',REVERSED=>TRUE, LIMIT=>2}
```

scan 示例代码的运行结果如图 5-7 所示。

```
hbase(main):058:0> scan 'Student'
ROW                                     COLUMN+CELL
 02                                     column=info:age, timestamp=1588948559840, value=22
 02                                     column=info:name, timestamp=1588948559868, value=TOM
 03                                     column=info:age, timestamp=1588948564776, value=19
 03                                     column=info:name, timestamp=1588948564813, value=Mike
2 row(s) in 0.0260 seconds

hbase(main):059:0> scan 'Student', {COLUMNS => 'info', STARTROW =>'03',REVERSED=>TRUE, LIMIT=>2}
ROW                                     COLUMN+CELL
 03                                     column=info:age, timestamp=1588948564776, value=19
 03                                     column=info:name, timestamp=1588948564813, value=Mike
 02                                     column=info:age, timestamp=1588948559840, value=22
 02                                     column=info:name, timestamp=1588948559868, value=TOM
2 row(s) in 0.0260 seconds
```

图 5-7 扫描结果

5.4.6 按时间版本查询记录

HBase 数据表中通过时间戳区分不同版本的数据，因此每个 cell 都有其对应的时间版本。在 HBase 中定义时间版本的方式有两种：HBase 自动设置的隐含的时间版本和用户自定义的时间版本。

1. HBase 自动设置的隐含的时间版本

在用户使用 put 命令插入数据到 HBase 数据表的某一个 cell 时，如果没有声明对应的

时间戳，那么 HBase 会自动设置当前时间作为这个 cell 的时间版本。在 5.4.2 节使用 put 命令插入数据的示例程序中，数据的时间版本即 HBase 系统自动设置的隐含的时间版本。

2. 用户自定义的时间版本

用户若想自定义时间版本，则需要在使用 put 命令插入数据时声明数据对应的时间版本，具体语法如下。

```
# 自定义数据版本基础语法
put '表名' , '行键' , '列簇:列标识符' , '插入值', '时间戳'
```

使用 put 命令向 Student 表中插入数据，同时设置数据对应的时间版本为 1099531200，再查询指定时间版本的数据，如代码清单 5-16 所示。

代码清单 5-16　查询指定时间版本的数据

```
// 自定义数据版本基础语法示例程序
// 向 Student 表中 Row  Key 为 01、列簇为 info、列标识符为 age 的 cell 插入值 10，设置时间版本为
    1099531200
put 'Student', '03','info:age','14',1099531200
put 'Student', '03','info:name','Bobo',1099531200

// 利用 get、scan 命令查询指定时间版本的数据
get 'Student', '03', {COLUMN => 'info',TIMESTAMP =>1099531200}
scan 'Student', {COLUMNS => 'info',TIMESTAMP => 1099531200}
```

查询指定时间版本的数据，结果如图 5-8 所示。

```
hbase(main):010:0> get 'Student', '03', {COLUMN => 'info',TIMESTAMP =>1099531200}
COLUMN                                        CELL
 info:age                                     timestamp=1099531200, value=14
 info:name                                    timestamp=1099531200, value=Bobo
2 row(s) in 0.0250 seconds
```

图 5-8　运行结果

5.5　HBase 高级应用

除了掌握 HBase Shell 基础操作，我们还需要掌握在开发环境中实现 HBase 的编程操作。HBase 是由 Java 语言开发的，因此 HBase 对外也提供了 Java API 的编程接口。本节主要讲述 HBase 的 IDEA 开发环境搭建以及一些常用 HBase Java API 的使用方法。

5.5.1　IDEA 开发环境搭建

在 IDEA 开发工具上创建一个项目 HBasePro，创建过程如下。

1）首先新建一个 IDEA Maven Project，命名为 HBasePro，接着单击“Next”，再选择本地的一个文件夹存放该项目，如图 5-9 所示。

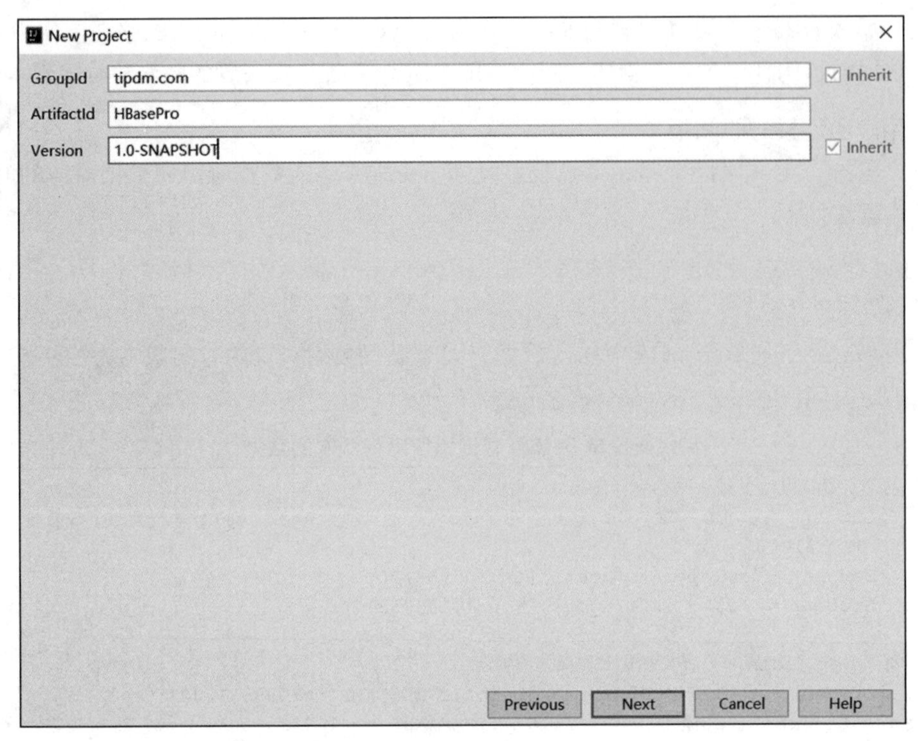

图 5-9 创建一个 IDEA Project

2）创建完成后，单击菜单栏“File”，在弹出框中选择“Project Structure”，准备向项目中导入所需的 jar 包，如图 5-10 所示。

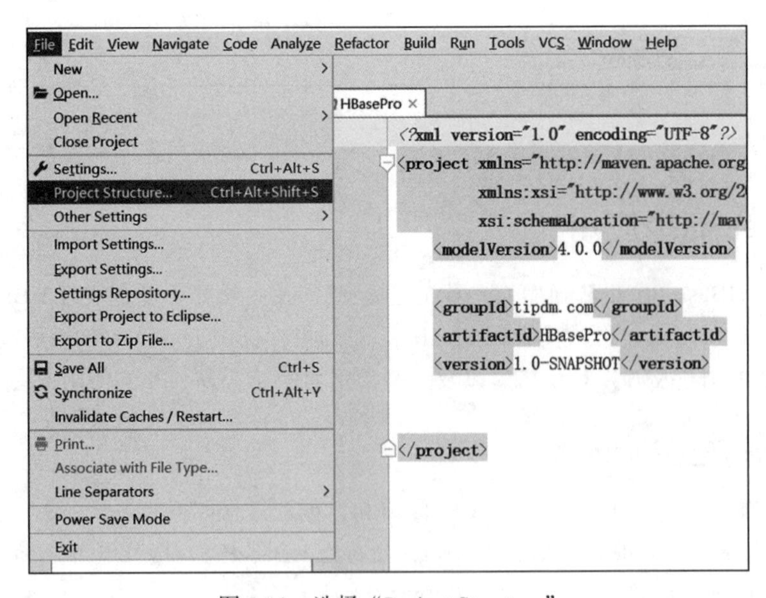

图 5-10 选择“Project Structure”

3）在弹出界面中选择“Libraries”选项，再单击“+”选项，接着选择“Java”，如图 5-11 所示。

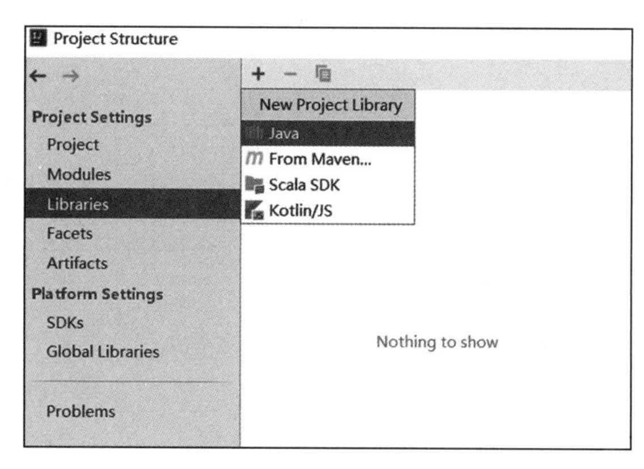

图 5-11　添加“Java”jar 包

4）将 HBase 安装包 hbase-2.2.2-bin.tar.gz 解压至 Windows 本地的某个目录下，如 F 盘。

5）操作完步骤 3）后，将弹出一个选项框。找到本地 HBase 安装包解压后的文件夹，选择 lib 目录，然后单击“OK”，如图 5-12 所示。

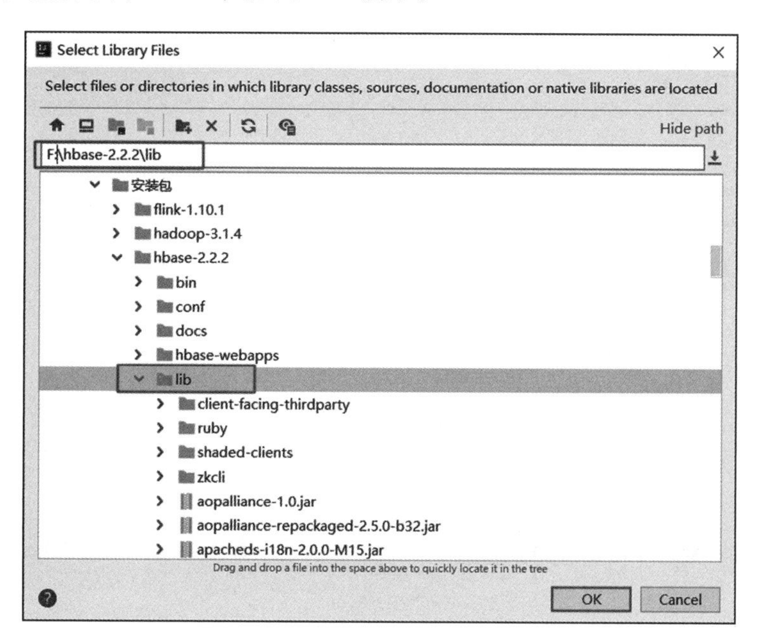

图 5-12　添加 HBase jar 包

6）将 Hadoop 安装包 hadoop-3.1.4.tar.gz 解压至 Windows 本地，随后按照步骤 3）和 5），导入本地 Hadoop 解压文件夹 hadoop-3.1.4\share\hadoop 目录下（除了 common 和 hdfs）的文件夹。因为 common 和 hdfs 文件夹的 lib 下存在与 HBase 冲突的 jar 包 guava-27.0-jre.jar，所

以 common 和 hdfs 文件夹需要导入除了 guava-27.0-jre.jar 之外的所有 jar 包，如图 5-13、图 5-14 和图 5-15 所示。

至此，IDEA HBase 与 MapReduce 开发环境已经构建完成，可以编写 MapReduce 程序导入数据至 HBase 表中了。

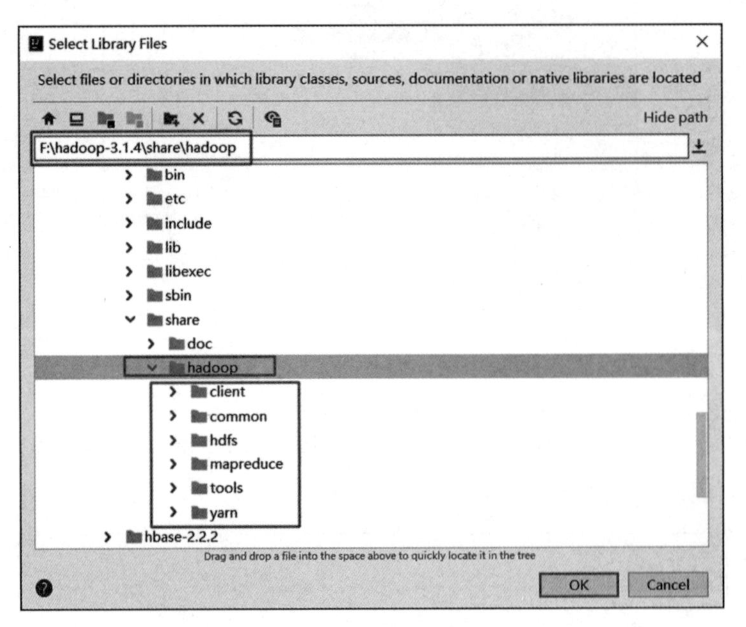

图 5-13　添加 Hadoop jar 包

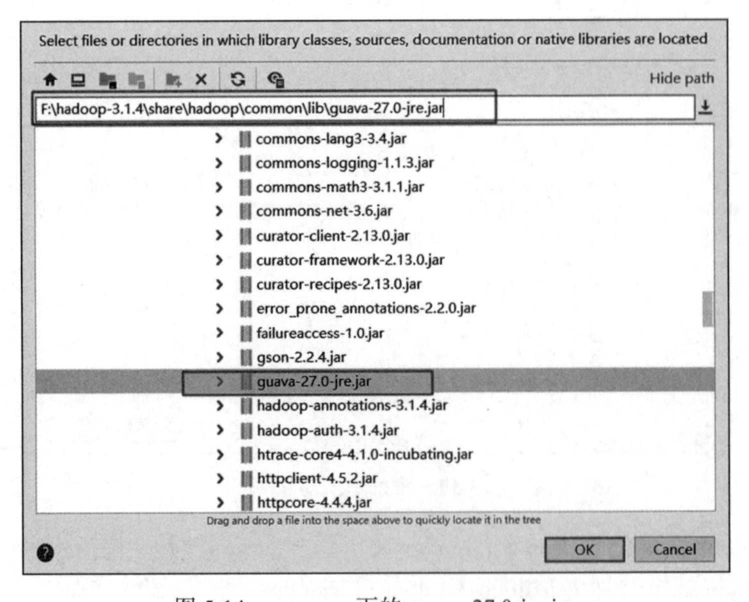

图 5-14　common 下的 guava-27.0-jre.jar

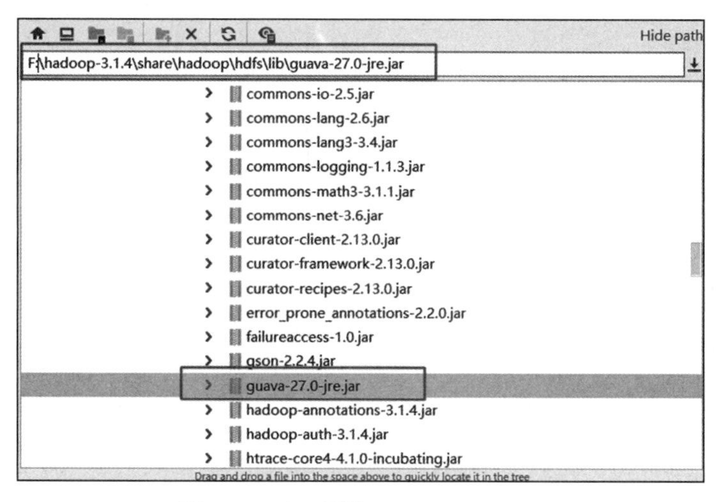

图 5-15　hdfs 下的 guava-27.0-jre.jar

5.5.2　HBase Java API 使用

使用 HBase Java API 对 HBase 表进行操作前，首先需要连接到 HBase 集群，并创建一个 Admin 实例，再通过 Admin 提供的建表、删除表等方法对表进行相应操作。

1. 获取 HBase 连接

在 IDEA 中连接 HBase 集群需要通过 org.apache.hadoop.HBase.HBaseConfiguration 提供的 create 方法声明一个 HBase 的配置对象，然后通过这个对象连接指定的集群，配置方法如代码清单 5-17 所示。

代码清单 5-17　配置连接配置

```
import org.apache.hadoop.hbase.HBaseConfiguration;
Configuration conf = HBaseConfiguration.create();
conf.set("hbase.master", "master:16000");  // 指定 HMaster
conf.set("hbase.rootdir", "hdfs://master:8020/hbase"); // 指定 HBase 在 hdfs 上的存储路径
conf.set("hbase.zookeeper.quorum", "slave1,slave2,slave3"); // 指定使用的 zookeeper 集群
conf.set("hbase.zookeeper.property.clientPort", "2181"); // 指定 zookeeper 端口
```

2. 创建 Admin 实例

Admin 的作用是提供一个用于管理 HBase 数据库表信息的对象，负责 HBase 中 META 表信息的处理。（META 表用于存放 HBase 集群中 Region 的位置信息。）Admin 提供的方法包括创建表、删除表、列出表项、使表有效或无效，以及添加或删除表列簇成员等。创建 Admin 实例的方法如代码清单 5-18 所示。

代码清单 5-18　创建 Admin 实例

```
import org.apache.hadoop.hbase.client.Admin;
Admin admin = conn.getAdmin();
```

3. 创建与删除表

创建表与删除表都是 Admin 提供的方法，所以在调用创建表与删除表方法前都需要先声明一个 Admin 对象。HBase Java API 创建表的方式与 HBase Shell 相似，创建表时需要提供表名与列簇名，而删除表只需要提供表名。创建表的具体用法如代码清单 5-19 所示，删除表的具体用法如代码清单 5-20 所示。

代码清单 5-19 创建表示例

```
Configuration conf = HBaseConfiguration.create();
conf.set("hbase.master", "master:16000");  // 指定 HMaster
conf.set("hbase.rootdir", "hdfs://master:8020/hbase");   // 指定 HBase 在 hdfs 上的存
    储路径
conf.set("hbase.zookeeper.quorum", "slave1,slave2,slave3");   // 指定使用的 ZooKeeper
    集群
conf.set("hbase.zookeeper.property.clientPort", "2181");  // 指定 ZooKeeper 端口
Connection conn = ConnectionFactory.createConnection(conf);  // 获取连接
String tableName = "Student";
Admin admin = conn.getAdmin();
TableName tablename = TableName.valueOf(tableName);  // 创建表名
HTableDescriptor ht = new HTableDescriptor(tablename);  // 用表名创建 HTableDescriptor
    对象
ht.addFamily(new HColumnDescriptor("info"));  // 添加列簇
admin.createTable(ht);
```

代码清单 5-20 删除表示例

```
Configuration conf = HBaseConfiguration.create();
conf.set("hbase.master", "master:16000");  // 指定 HMaster
conf.set("hbase.rootdir", "hdfs://master:8020/hbase ");  // 指定 HBase 在 hdfs 上的存
    储路径
conf.set("hbase.zookeeper.quorum", "slave1,slaves,Slave3");   // 指定使用的 ZooKeeper
    集群
conf.set("hbase.zookeeper.property.clientPort", "2181");  // 指定 ZooKeeper 端口
Connection conn = ConnectionFactory.createConnection(conf);  // 获取连接
admin.disableTable(tablename);  // 设置数据表为不可用状态
admin.deleteTable(tablename);  // 删除数据表
```

以从网店爬取的图书数据 book.txt 为例，数据包含 5 个字段，每个字段按逗号“,”分开，字段说明如表 5-6 所示。

在项目中创建一个 CreateBook 类，并且连接 HBase 集群。使用 Admin() 方法创建一个 book 表，并设置列簇为 information，如代码清单 5-21 所示。

表 5-6 图书数据字段说明

字段	说明
name	书名
shopname	商店名
price	单价，单位：元
paynum	付款人数
place	店铺地址

代码清单 5-21 创建 book 表

```
package Book;

import org.apache.hadoop.conf.Configuration;
```

```
import org.apache.hadoop.hbase.HBaseConfiguration;
import org.apache.hadoop.hbase.HColumnDescriptor;
import org.apache.hadoop.hbase.HTableDescriptor;
import org.apache.hadoop.hbase.TableName;
import org.apache.hadoop.hbase.client.Admin;
import org.apache.hadoop.hbase.client.Connection;
import org.apache.hadoop.hbase.client.ConnectionFactory;
import org.apache.hadoop.hbase.util.Bytes;

import java.io.IOException;

public class CreateBook {
    // 连接 HBase，并创建 book 表
    public static void main(String[] args) throws IOException {
        String tableName = "book";
        Configuration conf = HBaseConfiguration.create();
        // 指定 HMaster
        conf.set("hbase.master", "master:16000");
        // 指定 HBase 在 hdfs 上的存储路径
        conf.set("hbase.rootdir", "hdfs://master:8020/hbase");
        // 指定使用的 ZooKeeper 集群
        conf.set("hbase.zookeeper.quorum", "slave1,slave2,slave3");
        // 指定 ZooKeeper 端口
        conf.set("hbase.zookeeper.property.clientPort", "2181");
        // 获取连接
        Connection conn = ConnectionFactory.createConnection(conf);
        // 创建 Admin 实例
        Admin admin = conn.getAdmin();
        // 创建表名
        TableName tablename = TableName.valueOf(tableName);
        // 用表名创建 HTableDescriptor 对象
        HTableDescriptor ht = new HTableDescriptor(tablename);
        // 设置列簇名和最大版本数
        ht.addFamily(new HColumnDescriptor("information").setMaxVersions(3));
        // 创建数据表
        admin.createTable(ht);
    }
}
```

4. 导入数据

创建一个 InputData 类，与 HBase 集群连接后，只需要使用 getTable() 方法获取 book 表，即可使用 put() 方法导入 Windows 本地数据，如代码清单 5-22 所示。

代码清单 5-22 导入数据

```
package Book;

import org.apache.hadoop.conf.Configuration;
import org.apache.hadoop.hbase.HBaseConfiguration;
import org.apache.hadoop.hbase.TableName;
```

```
import org.apache.hadoop.hbase.client.*;

import java.io.BufferedReader;
import java.io.FileInputStream;
import java.io.IOException;
import java.io.InputStreamReader;

/**
 * @author cxf
 * @OpeningRemarks
 * @company Tipdm
 * @create 2022-03-21 14:13
 */
public class InputData {
    public static void main(String[] args) throws IOException {
        //设置连接配置
        Configuration conf = HBaseConfiguration.create();
        conf.set("hbase.master","master:16000");
        conf.set("hbase.rootdir","hdfs://master:8020/hbase");
        conf.set("hbase.zookeeper.quorum","master,slave1,slave2");
        conf.set("hbase.zookeeper.property.clientPort","2181");

        Connection conn = ConnectionFactory.createConnection(conf);

        TableName tableName = TableName.valueOf("book");

        //导入数据
        String file = "F:\\图书开发\\《Hadoop与大数据挖掘》\\数据\\book.txt";
        Table table = conn.getTable(tableName);

        BufferedReader br = new BufferedReader(new InputStreamReader(new
            FileInputStream(file)));

        String line;

        String[] cols = new String[]{
                "information:name",
                "information:shopname",
                "information:price",
                "information:paynum",
                "information:place"
        };

        Put put;

        while ((line = br.readLine())!= null ){
            String[] lines = line.split(",");
            int num = (int)(Math.random()*10000)+1;
            put = new Put((new StringBuilder(lines[0]).reverse().toString() +
               num).getBytes());
            for (int i = 1; i<lines.length + 1; i ++){
```

```
                put.addColumn(cols[i-1].split(":")[0].getBytes(),cols[i-1].split
                    (":")[1].getBytes(),lines[i-1].getBytes());
            }
            table.put(put);
        }
    }
}
```

5. 查看数据

创建一个 Query 类，使用 scan() 方法查询 book 表的所有数据，并且使用循环将每个行键、列簇、列名以及列值打印输出，如代码清单 5-23 所示。

代码清单 5-23　查看 book 表数据

```
package Book;

import org.apache.hadoop.conf.Configuration;
import org.apache.hadoop.hbase.*;
import org.apache.hadoop.hbase.client.*;

import java.io.IOException;

public class Query {
    public static void main(String[] args) throws IOException {

        // 设置连接配置
        Configuration conf = HBaseConfiguration.create();
        conf.set("hbase.master","master:16000");
        conf.set("hbase.rootdir","hdfs://master:8020/hbase");
        conf.set("hbase.zookeeper.quorum","master,slave1,slave2");
        conf.set("hbase.zookeeper.property.clientPort","2181");

        Connection conn = ConnectionFactory.createConnection(conf);

        // 读取表
        TableName tableName = TableName.valueOf("book");
        Table table1 = conn.getTable(tableName);

        // 查看数据
        Scan scan = new Scan();
        scan.setMaxVersions(3);
        ResultScanner result2 = table1.getScanner(scan);
        Result rs;
        while((rs=result2.next())!=null){
            for (Cell cell:rs.rawCells()){
                System.out.println(new String(CellUtil.cloneRow(cell)) + " : "
                    + new String(CellUtil.cloneFamily(cell)) + " : "
                    + new String(CellUtil.cloneQualifier(cell)) + ": "
                    + new String(CellUtil.cloneValue(cell))
                );
```

```
            }
        }

    }
}
```

运行代码清单 5-23 后，即可在 IDEA 控制台输出 book 数据，部分结果如图 5-16 所示。

```
店书华新激刺官感岁3-1-0本绘教早册4套全利比兔小书摸触美精丽亮8932 : information : name: 亮丽精美触摸书小兔比利全套4册早教绘本0-1-3岁感官刺激新华书店
店书华新激刺官感岁3-1-0本绘教早册4套全利比兔小书摸触美精丽亮8932 : information : paynum: 2000+人付款
店书华新激刺官感岁3-1-0本绘教早册4套全利比兔小书摸触美精丽亮8932 : information : place: 上海
店书华新激刺官感岁3-1-0本绘教早册4套全利比兔小书摸触美精丽亮8932 : information : price: 125.00
店书华新激刺官感岁3-1-0本绘教早册4套全利比兔小书摸触美精丽亮8932 : information : shopname: 天猫超市
店书华新辑一第书翻翻教早岁3-0书关机宝宝册4辑1第本绘忙很熊小11 : information : name: 小熊很忙绘本第1辑4册宝宝机关书0-3岁早教翻翻书第一辑新华书店
店书华新辑一第书翻翻教早岁3-0书关机宝宝册4辑1第本绘忙很熊小11 : information : paynum: 3000+人付款
店书华新辑一第书翻翻教早岁3-0书关机宝宝册4辑1第本绘忙很熊小11 : information : place: 上海
店书华新辑一第书翻翻教早岁3-0书关机宝宝册4辑1第本绘忙很熊小11 : information : price: 90.00
店书华新辑一第书翻翻教早岁3-0书关机宝宝册4辑1第本绘忙很熊小11 : information : shopname: 天猫超市
```

图 5-16 查看 book 表数据部分结果

5.5.3 HBase 与 MapReduce 交互

下面利用创建并导入数据的 book 表实现 HBase 与 MapReduce 交互，即使用 IDEA 编程获取 book 表数据，同时使用 MapReduce 统计各省份图书的平均价格，具体实现步骤如下。

1. 配置 HBase 与 MapReduce 交互

要实现 HBase 与 MapReduce 交互，可以采用在 IDEA 中编程并编译打包上传至 Hadoop 集群运行的方式实现。首先需要在 Hadoop 中配置 HBase jar 包，修改 master 节点中的 hadoop-env.sh 文件，如代码清单 5-24 所示。（注意，修改完成后需要将该文件分发至其他子节点中。）

代码清单 5-24 修改 hadoop-env.sh

```
# 进入 /usr/local/hadoop-3.1.4/etc/hadoop 目录
cd /usr/local/hadoop-3.1.4/etc/hadoop/
# 修改 hadoop-env.sh，添加以下内容
export HADOOP_CLASSPATH=$HADOOP_CLASSPATH:$HBASE_HOME/lib/*
```

向 mapred-site.xml 文件添加如代码清单 5-25 所示配置，让其在执行 MapReduce 任务时能够加载到相关 Hadoop 包的类中。（注意，添加完成后需要将该文件分发至其他子节点中。）

代码清单 5-25 修改 mapred-site.xml

```
<property>
    <name>yarn.app.mapreduce.am.env</name>
    <value>HADOOP_MAPRED_HOME=${HADOOP_HOME}</value>
</property>
<property>
    <name>mapreduce.map.env</name>
    <value>HADOOP_MAPRED_HOME=${HADOOP_HOME}</value>
```

```
</property>
<property>
    <name>mapreduce.reduce.env</name>
    <value>HADOOP_MAPRED_HOME=${HADOOP_HOME}</value>
</property>
```

2. 创建输出表

首先在 HBase Shell 中使用“ create 'AvgCountOutPut','AvgPrice'”命令创建一个输出表“AvgCountOutPut”，包含一个列簇“AvgPrice”。也可使用 HBase Java API 的方式创建表。

3. 编写 MapReduce 程序

在 IDEA 中编写 MapReduce 程序，求各省份图书的平均价格。MapReduce 程序包含 3 个类，分别是执行类“AddressAvgPrice”，Mapper 类“MyMapper”，Reducer 类“MyReducer”。3 个类的代码如代码清单 5-26、代码清单 5-27 所示和代码清单 5-28 所示。

代码清单 5-26　执行类“AddressAvgPrice”

```
package Book.AvgPrice;

import org.apache.hadoop.conf.Configuration;
import org.apache.hadoop.conf.Configured;
import org.apache.hadoop.hbase.client.Scan;
import org.apache.hadoop.hbase.mapreduce.TableMapReduceUtil;
import org.apache.hadoop.io.DoubleWritable;
import org.apache.hadoop.io.Text;
import org.apache.hadoop.mapreduce.Job;
import org.apache.hadoop.util.Tool;
import org.apache.hadoop.util.ToolRunner;


public class AddressAvgPrice extends Configured implements Tool{

    public int run(String[] args) throws Exception {
        // 配置环境
        Configuration conf = getConf();
        Job job = Job.getInstance(conf);
        job.setJarByClass(AddressAvgPrice.class);
        Scan scan = new Scan();
        TableMapReduceUtil.initTableMapperJob(args[0], scan, MyMapper.class,
            Text.class, DoubleWritable.class, job);
    TableMapReduceUtil.initTableReducerJob(args[1], MyReducer.class, job);
    return job.waitForCompletion(true)?0:1;
    }

    public static Configuration getMyConfiguration(){
        Configuration conf = new Configuration();
        conf.setBoolean("mapreduce.app-submission.cross-platform",true);
```

```
        conf.set("fs.defaultFS", "hdfs://master:8020");// 指定 namenode
        conf.set("mapreduce.framework.name","yarn"); // 指定使用 yarn 框架
        String resourcenode="master";
        conf.set("yarn.resourcemanager.address", resourcenode+":8032"); // 指定
            resourcemanager
        conf.set("yarn.resourcemanager.scheduler.address",resourcenode+":8030");
            // 指定资源分配器
        conf.set("mapreduce.jobhistory.address",resourcenode+":10020");
        return conf;
    }

    //指定输入输出 HBase 表
    public static void main(String[] args) throws Exception {
        String[] myArgs = new String[] {
            "book",
            "AvgCountOutPut"
        };
        ToolRunner.run(getMyConfiguration(), new AddressAvgPrice(), myArgs);
    }
}
```

代码清单 5-27 Mapper 类“MyMapper”

```
package Book.AvgPrice;

import org.apache.hadoop.hbase.client.Result;
import org.apache.hadoop.hbase.io.ImmutableBytesWritable;
import org.apache.hadoop.hbase.mapreduce.TableMapper;
import org.apache.hadoop.io.DoubleWritable;
import org.apache.hadoop.io.Text;

import java.io.IOException;

public class MyMapper extends TableMapper<Text, DoubleWritable> {

    @Override
    protected void map(ImmutableBytesWritable key, Result value,
        Context context) throws IOException, InterruptedException {
        //获取 price 字段
        String price = new String(value.getValue("information".getBytes(), "price".
            getBytes()));
        //获取 place 字段
        String place = new String(value.getValue("information".getBytes(),"place".
            getBytes()));

        //将 place 字段按空格分割
        String[] address = place.split(" ") ;

        //取省份名称为 key，价格为 value
        context.write(new Text(address[0]), new DoubleWritable(Double.parseDouble
```

```
            (price)));

    }
}
```

代码清单 5-28 Reducer 类“MyReducer”

```
package Book.AvgPrice;

import org.apache.hadoop.hbase.client.Put;
import org.apache.hadoop.hbase.io.ImmutableBytesWritable;
import org.apache.hadoop.hbase.mapreduce.TableReducer;
import org.apache.hadoop.io.DoubleWritable;
import org.apache.hadoop.io.Text;

import java.io.IOException;

public class MyReducer extends TableReducer<Text, DoubleWritable, ImmutableBytesWritable> {
    Put put;
    ImmutableBytesWritable rowkey;

    @Override
    protected void reduce(Text word, Iterable<DoubleWritable> ones,
                Context context)
            throws IOException, InterruptedException {

        Double count = 0.00;
        Double sum =0.00;

        put = new Put(word.toString().getBytes());

        // 统计总值和总数
        for (DoubleWritable value: ones){
            sum += value.get();
            count ++;
        }

        // 设置 HBase 中的列簇、列名以及列值
        put.addColumn("AvgPrice".getBytes(),"Avg".getBytes(),String.valueOf(sum/
            count).getBytes());
        // 设置 rowkey 为省份
        rowkey = new ImmutableBytesWritable(word.toString().getBytes());
        context.write(rowkey, put);
    }
}
```

4. 项目打包

编写完代码后，需要进行代码工程打包，打包流程如下。

1）单击菜单栏“File”，在弹出框选择“Project Structure”，准备向项目中导入所需的jar包，如图5-17所示。

2）在打开界面中选择“Artifacts”→“+”→“JAR”→“Empty”，如图 5-18 所示。

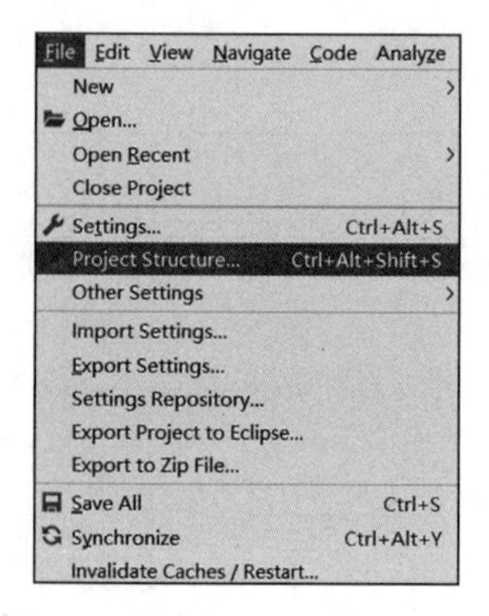

图 5-17 打开“Project Structure”

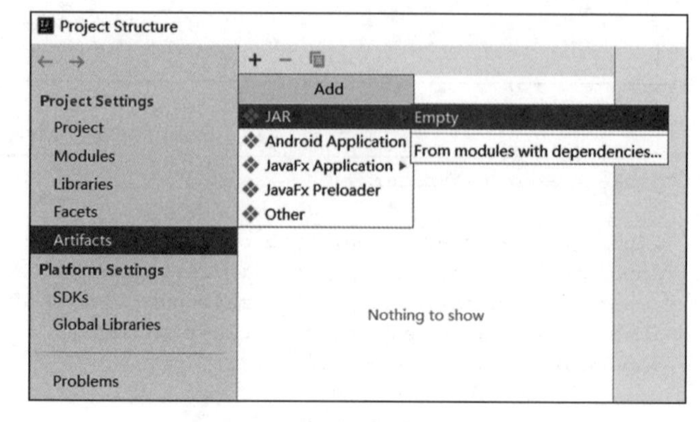

图 5-18 添加需要打包的 jar 包

3）在“Name”中输入 jar 包名称“AddressAvgPrice”，并且双击右侧 HBasePro 下的“'HBasePro' compile output”选项，然后依次单击“Apply”和“OK”按钮，如图 5-19 所示。

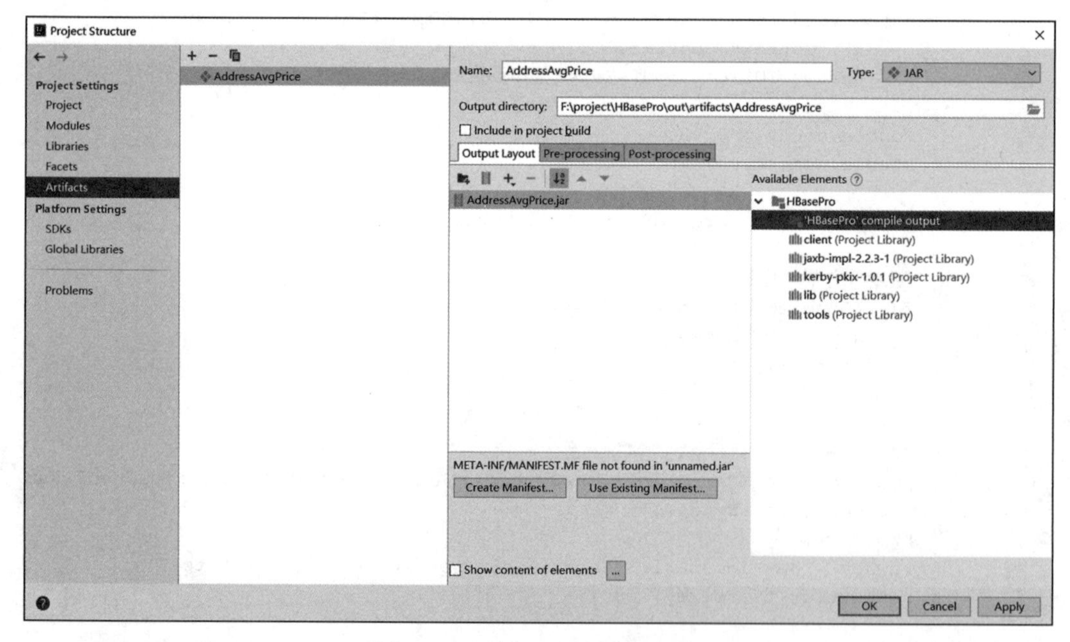

图 5-19 添加 jar 包名称和内容

4）在菜单栏单击“Build”选项，然后选择“Build Artifacts”，如图 5-20 所示。

5）接着在弹出的选项中选择“AddressAvgPrice”，然后单击“Rebuild”，如图 5-21 所示。

6）执行完步骤 1～5 后，即可在 out 目录下层层往下打开，直到找到 AddressAvgPrice.jar 包，如图 5-22 所示。

7）将该 jar 包上传至 Linux 系统 master 节点的 /opt/data 目录下，结果如图 5-23 所示。

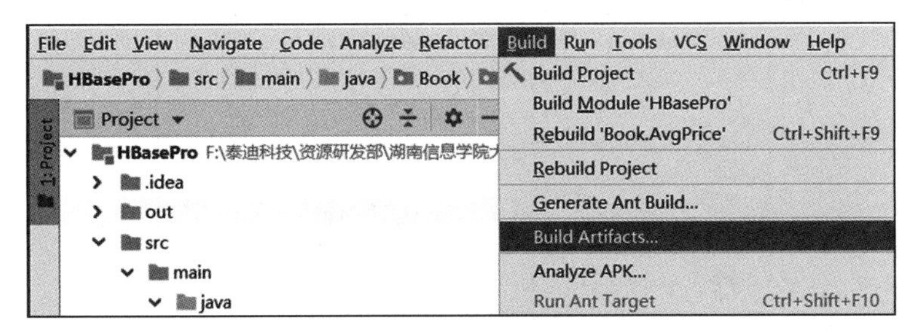

图 5-20　选择“Build Artifacts”

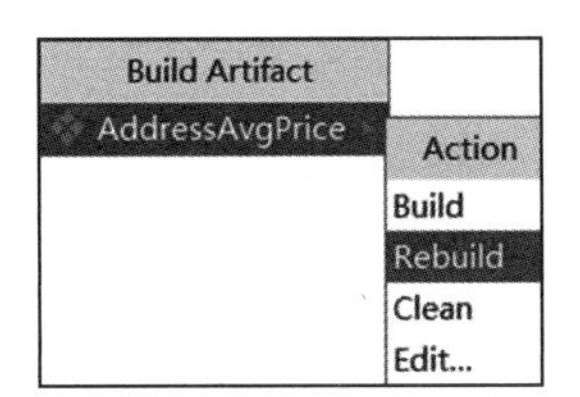

图 5-21　打包

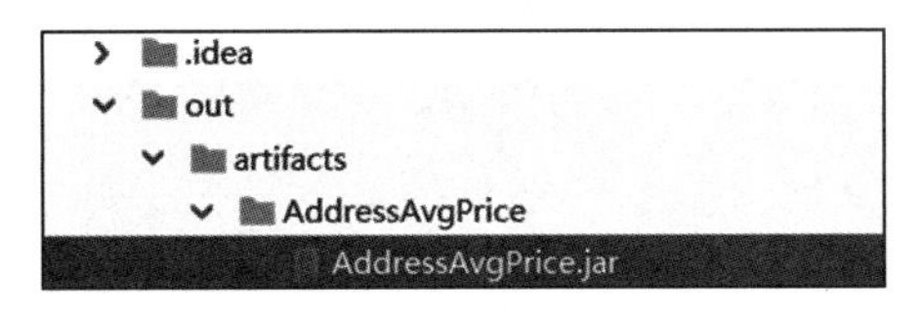

图 5-22　查看 jar 包

```
[root@master data]# pwd
/opt/data
[root@master data]# ll
total 416
-rw-r--r--. 1 root root   6141 Dec 16 22:03 AddressAvgPrice.jar
-rw-r--r--. 1 root root 207160 Dec 15 19:14 book.csv
-rw-r--r--. 1 root root 207123 Dec 15 22:53 book.txt
```

图 5-23　查看上传至 Linux 的 jar 包

5. 执行 jar 包以及查看数据结果

向 Hadoop 集群提交任务，如代码清单 5-29 所示。

代码清单 5-29　提交任务

```
hadoop jar /opt/data/AddressAvgPrice.jar Book.AvgPrice.AddressAvgPrice
```

任务执行完成后，查询 HBase 中 AvgCountOutPut 表的数据是否达到预想结果，可用如代码清单 5-23 所示的 Query 类，只需把其中的查询表名改为 AvgCountOutPut，即“TableName tableName = TableName.valueOf("AvgCountOutPut");”。查询结果如图 5-24 所示。

```
查看AvgCountOutPut结果： 省份：列簇名：列名：书平均价格
上海 : AvgPrice : Avg: 86.7568181818182
北京 : AvgPrice : Avg: 230.41341991341992
天津 : AvgPrice : Avg: 48.933333333333366
安徽 : AvgPrice : Avg: 47.94545454545457
山东 : AvgPrice : Avg: 78.87571428571428
广东 : AvgPrice : Avg: 330.8
江苏 : AvgPrice : Avg: 41.693162393162446
河南 : AvgPrice : Avg: 69.74615384615389
浙江 : AvgPrice : Avg: 48.76091954022989
湖北 : AvgPrice : Avg: 47.21702127659584
湖南 : AvgPrice : Avg: 60.84146341463415
陕西 : AvgPrice : Avg: 74.07894736842105

Process finished with exit code 0
```

图 5-24 各省份图书的平均价格

5.6 场景应用：用户通话记录数据存储设计及查询

运营商借助自身庞大的用户体系，并利用用户每天在智能移动终端，如手机端，产生的海量通话、通信偏好等行为数据，构建模型，制订科学手机套餐，创新精准获客和营销模式。

本节将通过 HBase Java API 模拟产生用户通话记录信息，并对指定用户的通话记录进行查询。模拟产生的数据包含 10 个手机用户的信息，每个用户产生 1000 条通话记录数据，共计 10000 条通话记录数据。在模拟产生数据前需要提前定义数据表结构，用以存储自动生成的模拟数据。

5.6.1 设计通话记录数据结构

根据 HBase 分布式数据库的数据存储结构，本次需要存储通话记录数据的表的结构如表 5-7 所示。

表 5-7 通话记录表结构

rowkey（行键）	列簇（basic）			
	dnum	length	type	date
r1				

其中 r1 为行键，行键由用户电话号码和时间戳构成。由于时间戳的生成数据是由小到大排列，最新生成的时间戳比前面生成的时间戳大，因此，在排序时最新生成的时间戳在与电话号码拼接后所构成的行键将会排到表的后面（默认按行键升序排序）。所以，为保证最新通话记录在表中排在最前面，不能直接使用电话号码和时间戳的方式构建行键。此时可以使用一个长整型的最大值减去时间戳，再和用户手机号码进行拼接，作为行键的值。

其形式为：phoneNum_(Long.MAX_VALUE-timestamp)。

列簇为 basic，且该列簇下有描述某一条通话记录的 4 个描述字段，分别是对方电话号码（dnum）、通话时长（length）、通话类型（type）、通话日期（date），其中通话类型仅有两种形式，即主叫（1）和被叫（0）。

5.6.2 查询用户通话记录

创建一个表名为 phone_log、列簇为 basic 的数据表，并通过 HBase Java API 生成 10 个模拟用户，同时每个用户模拟生成 1000 条通话记录，每条通话记录包含对方电话号码（dnum）、通话时长（length）、通话类型（type）及通话时间（date）4 个字段。最后将总计 10000 条通话记录添加到表 phone_log 中。根据需求，统计指定用户 3 月份的所有通话记录数。具体步骤如下。

1）创建表，同时检测表是否存在。

2）随机生成 10 个用户共 10000 条通话记录。

3）统计查询指定手机号 3 月份的全部通话记录。

在项目 Phone 的 java 目录下创建一个包，包名为 com.cqyti.phone_log，在该包下创建两个 java 类，一个类名为 PhoneLogDemo，另一个类名为 Search。

1. PhoneLogDemo 类

首先完成表的创建、生成数据并插入操作过程的代码框架。其中 PhoneLogDemo 类中的 main()、init()、close()、createTable()、insert() 方法的代码细节将在下面逐一介绍。

main() 方法是执行方法，主要作用是调用 PhoneLogDemo 类中定义的其他方法，完成任务的实现，如代码清单 5-30 所示。

代码清单 5-30 代码实现框架

```
import org.apache.hadoop.conf.Configuration;
import org.apache.hadoop.hbase.*;
import org.apache.hadoop.hbase.client.*;
import org.apache.hadoop.hbase.util.Bytes;

import java.io.IOException;
import java.text.ParseException;
import java.text.SimpleDateFormat;
import java.util.ArrayList;
import java.util.Calendar;
import java.util.List;
import java.util.Random;

public class PhoneLogDemo {
    public static Configuration configuration;
    public static Connection connection;
    public static Admin admin;
    public static Random random;
```

```
    public static SimpleDateFormat sdf;

    public static void main(String[] args) throws IOException, ParseException {
        random = new Random();
        sdf = new SimpleDateFormat("yyyy-MM-dd HH:mm:ss");
        // 初始化并建立连接
        init();
        // 创建一个表名为phone_log、列簇为basic的表
        createTable("phone_log", new String[]{"basic"});
        // 插入随机生成数据
        insert("phone_log", "basic");
        // 关闭连接
        close();
    }
```

（1）建立连接，关闭连接

在操作 HBase 数据库前，首先需要建立连接，通过定义 init() 方法创建配置对象并获取 HBase 连接，如代码清单 5-31 所示。

代码清单 5-31 定义 init() 方法

```
// 初始化，并建立连接
public static void init() {
    configuration = HBaseConfiguration.create();
    configuration.set("hbase.rootdir", "hdfs://master:8020/hbase");
    configuration.set("hbase.zookeeper.quorum", "slave1,slave2,slave3"); // 换成你自
        己的IP
    configuration.set("hbase.zookeeper.property.clientPort", "2181");
    try {
        connection = ConnectionFactory.createConnection(configuration);
        admin = connection.getAdmin();
    } catch (IOException e) {
        e.printStackTrace();
    }
}

// 关闭admin和connection
public static void close() {
    if (admin != null) {
        try {
            admin.close();
        } catch (IOException e) {
            e.printStackTrace();
        }
    }
    if (null != connection) {
        try {
            connection.close();
        } catch (IOException e) {
            e.printStackTrace();
```

```
        }
    }
}
```

（2）创建表

定义创建表的 createTable() 方法，该方法需要传递两个参数，分别为表名和列簇名称。同时，在创建时需要首先判断创建的表是否存在：如果存在，输出“table exists”提醒；如果不存在，继续创建列簇并创建表。如代码清单 5-32 所示。

代码清单 5-32 定义 createTable() 方法

```
public static void createTable(String myTableName, String[] colFamily) throws
    IOException {
    TableName tableName = TableName.valueOf(myTableName);
    // 判断表是否存在
    if (admin.tableExists(tableName)) {
        // 如果存在，输出 table exists
        System.out.println( “table exists!” );
    } else {
        // 如果不存在，添加表描述符信息及列簇信息
        TableDescriptorBuilder tableDescriptor = TableDescriptorBuilder.newBuilder
            (tableName);
        for (String str : colFamily) {
            ColumnFamilyDescriptor family = ColumnFamilyDescriptorBuilder.newBuilder
                (Bytes.toBytes(str)).build();
            // 将列簇描述符添加到表描述符上
            tableDescriptor.setColumnFamily(family);
        }
        admin.createTable(tableDescriptor.build());
    }
}
```

（3）随机生成通话数据并插入 phone_log 表中

定义 insert() 方法生成 10 个用户，每个用户生成 1000 条通话记录数据，同时需要定义 getDate() 和 getPhoneNum() 两个方法，分别随机生成日期和电话号码。在日期生成过程中将日期固定为 2019 年的日期数据，同时在生成电话号码时将以 158 开头的电话号码作为用户的电话号码，将以 199 开始的电话号码作为对方的电话号码，如代码清单 5-33 所示。

代码清单 5-33 定义 insert() 方法

```
/**
 * 10 个用户，每个用户每年产生 1000 条通话记录
 * dnum 表示对方手机号码；type 类型为 0（主叫）或 1（被叫）；length 表示通话时长；date 表示通话日期
 * rowkey：当前用户手机号码（Long.MAX_VALUE-timestamp）
 */
public static void insert(String tableName, String colFamily) throws IOException,
    ParseException {
    Table table = connection.getTable(TableName.valueOf(tableName));
```

```
    List<Put> putList = new ArrayList<Put>();
    for (int i = 1; i <= 10; i++) {
        // 当前用户的手机号码
        String phoneNum = getPhoneNum("158");  // 生成 158 开头的手机号码
        System.out.println(phoneNum);
        // 清空集合
        putList.clear();
        // 模拟 1000 条通话记录
        for (int j = 1; j <= 1000; j++) {
            // 生成数据 dnum、length、type、date
            String dnum = getPhoneNum("199"); // 生成以 199 开头的对方的电话号码
            int length = random.nextInt(99) + 1;   // 随机生成通话时长
            int type = random.nextInt(2);     // 随机生成通话类型
            String date = getDate(2019);     // 随机生成通话日期
            //rowkey 的设计
            String rowkey = phoneNum + "_" + (Long.MAX_VALUE - sdf.parse(date).
                getTime());
            Put put = new Put(rowkey.getBytes());
            put.addColumn(colFamily.getBytes(), "dnum".getBytes(), Bytes.
                toBytes(dnum));
            put.addColumn(colFamily.getBytes(), "length".getBytes(), Bytes.
                toBytes(length));
            put.addColumn(colFamily.getBytes(), "type".getBytes(), Bytes.
                toBytes(type));
            put.addColumn(colFamily.getBytes(), "date".getBytes(), Bytes.
                toBytes(date));
            // 将 put 添加到集合中
            putList.add(put);
        }
        // 执行添加操作，每次添加 1000 条通话记录
        table.put(putList);
    }
}

//2019-01-01 00:00:00 - 2019-12-31 23:59:59
private static String getDate(int year) {
    Calendar calendar = Calendar.getInstance();
    calendar.set(year, 0, 1);//2019-01-01
    calendar.add(Calendar.MONTH, random.nextInt(12));
    calendar.add(Calendar.DAY_OF_MONTH, random.nextInt(31));
    calendar.add(Calendar.HOUR_OF_DAY, random.nextInt(12));
    calendar.add(Calendar.MINUTE, random.nextInt(60));
    calendar.add(Calendar.MILLISECOND, random.nextInt(60));
    return sdf.format(calendar.getTime());
}

private static String getPhoneNum(String prefixNum) {
    return prefixNum + String.format("%08d", random.nextInt(99999999));
}
```

执行 PhoneLogDemo 类即可在 HBase 中生成 phone_log 表，并向表插入 10 个用户共 10000 条数据。在 hbase shell 中查看 phone_log 表结构，如图 5-25 所示。

```
hbase(main):010:0> desc 'phone_log'

Table phone_log is ENABLED
phone_log
COLUMN FAMILIES DESCRIPTION
{NAME => 'basic', VERSIONS => '1', EVICT_BLOCKS_ON_CLOSE => 'false', NEW_VERSION_BEHAVIO
R => 'false', KEEP_DELETED_CELLS => 'FALSE', CACHE_DATA_ON_WRITE => 'false', DATA_BLOCK_
ENCODING => 'NONE', TTL => 'FOREVER', MIN_VERSIONS => '0', REPLICATION_SCOPE => '0', BLO
OMFILTER => 'ROW', CACHE_INDEX_ON_WRITE => 'false', IN_MEMORY => 'false', CACHE_BLOOMS_O
N_WRITE => 'false', PREFETCH_BLOCKS_ON_OPEN => 'false', COMPRESSION => 'NONE', BLOCKCACH
E => 'true', BLOCKSIZE => '65536'}

1 row(s)

QUOTAS
0 row(s)
Took 2.5702 seconds
```

图 5-25 查看表结构

查看 phone_log 表中 date 列的数据，为查询用户某时间段通话记录做准备，如图 5-26 所示。

```
15896389471_9223370490103111807    column=basic:date, timestamp=1647918805678, value=2019-01-06 13:14:24
15896389471_9223370490156631807    column=basic:date, timestamp=1647918805678, value=2019-01-05 22:22:24
15896389471_9223370490183811807    column=basic:date, timestamp=1647918805678, value=2019-01-05 14:49:24
15896389471_9223370490268471807    column=basic:date, timestamp=1647918805678, value=2019-01-04 15:18:24
15896389471_9223370490352171807    column=basic:date, timestamp=1647918805678, value=2019-01-03 16:03:24
15896389471_9223370490358651807    column=basic:date, timestamp=1647918805678, value=2019-01-03 14:15:24
15896389471_9223370490417991807    column=basic:date, timestamp=1647918805678, value=2019-01-02 21:46:24
15896389471_9223370490501691807    column=basic:date, timestamp=1647918805678, value=2019-01-01 22:31:24
15896389471_9223370490510211807    column=basic:date, timestamp=1647918805678, value=2019-01-01 20:09:24
15896389471_9223370490523111807    column=basic:date, timestamp=1647918805678, value=2019-01-01 16:34:24
```

图 5-26 查看 date 列数据

2. Search 类

Search 类用于查询某一用户某个时间段的通话记录。由于数据是随机生成的，所以需要根据生成的数据结果设置时间段。（注意：因为数据有随机性，所以读者执行代码后所生成的通话时间与本书所描述的通话时间可能不同。）

Search 类含有 main()、init()、close()、scan() 和 printMsg() 共 5 个方法。其中 init() 和 close() 方法用于连接和关闭 HBase，用法与 PhoneLogDemo 类中一致，这里不再赘述。下面逐一介绍 Search 类中的其他方法的代码。

main() 方法主要用于调用 scan() 类来查询某一用户某个时间段的通话记录，如代码清单 5-34 所示。

代码清单 5-34 Search 类 main() 方法

```
import org.apache.hadoop.conf.Configuration;
import org.apache.hadoop.hbase.CellUtil;
import org.apache.hadoop.hbase.HBaseConfiguration;
import org.apache.hadoop.hbase.TableName;
```

```
import org.apache.hadoop.hbase.client.*;
import org.apache.hadoop.hbase.util.Bytes;
import java.io.IOException;
import java.text.ParseException;
import java.text.SimpleDateFormat;
import java.util.Random;

public class Search {
    public static Configuration configuration;
    public static Connection connection;
    public static Admin admin;
    public static Random random;
    public static SimpleDateFormat sdf;

    public static void main(String[] args) throws IOException, ParseException {
        random = new Random();
        sdf = new SimpleDateFormat( “yyyy-MM-dd HH:mm:ss” );
        //初始化并建立连接
        init();
        //统计查询表phone_log中15896389471用户的某个时间段的通话记录
        scan( “phone_log” ,” 15896389471” );
        // 关闭连接
        close();
    }
```

同样也需要定义 init() 方法和 close() 方法，如前面的代码清单 5-31 所示。

定义 scan() 方法，查询分析指定用户某个时间段的通话记录，前面我们在图 5-26 中查看了 phone_log 表中 date 列的数据，每条数据的行键是由 phoneNum+（Long.MAX_VALUE-timestamp）组成的，如“15896389471_9223370490523111807”这一行键的 15896389471 为用户的电话号码。选取 2019-03-01 0:00:00 至 2019-03-31 23:59:59 这一时间段，对 15894116226 用户进行通话记录查询，如代码清单 5-35 所示。

代码清单 5-35 查询指定用户某一时间段的通话记录

```
public static void scan(String tableName, String num) throws ParseException,
    IOException {
    String phoneNume = num;
    Scan scan = new Scan();
    String startRow = phoneNume+"_"+(Long.MAX_VALUE -sdf.parse("2019-03-31
        23:59:59").getTime());
    scan.setStartRow(startRow.getBytes());
    String stopRow = phoneNume+"_"+(Long.MAX_VALUE -sdf.parse("2019-03-01
        0:00:00").getTime());
    scan.setStopRow(stopRow.getBytes());
    //执行查询并返回结果集
    Table table = connection.getTable(TableName.valueOf(tableName));
    ResultScanner resultScanner = table.getScanner(scan);
    //遍历输出
    for(Result result:resultScanner){
```

```
        printMsg(result);
    }
    //关闭
    resultScanner.close();
}
```

定义 printMsg() 方法，设置打印输出结果，如代码清单 5-36 所示。

代码清单 5-36 设置打印输出结果

```
//定义打印输出查询结果
public static void printMsg(Result result) {
System.out.print(Bytes.toString(CellUtil.cloneValue(result.getColumnLatestCell
    ("basic".getBytes(),"dnum".getBytes())))+"\t");
System.out.print(Bytes.toInt(CellUtil.cloneValue(result.getColumnLatestCell
    ("basic".getBytes(),"type".getBytes())))+"\t");
System.out.print(Bytes.toInt(CellUtil.cloneValue(result.getColumnLatestCell
    ("basic".getBytes(),"length".getBytes())))+"\t");
System.out.println(Bytes.toString(CellUtil.cloneValue(result.getColumnLatestCell
    ("basic".getBytes(),"date".getBytes()))));
}
```

执行 Search 类，即可查询 15896389471 用户在 2019-03-01 0:00:00 至 2019-03-31 23:59:59 这一时间段的通话记录，部分结果如图 5-27 所示。

```
19943758981 1   94  2019-03-03 22:42:24
19902833294 0   3   2019-03-03 20:01:24
19999891371 0   56  2019-03-03 19:45:24
19904391754 0   93  2019-03-03 18:54:24
19959847264 1   83  2019-03-03 16:34:24
19994683473 0   35  2019-03-03 12:46:24
19951860943 1   46  2019-03-02 21:57:24
19984751095 1   51  2019-03-02 18:59:24
19920379634 0   3   2019-03-02 18:03:24
19908357863 1   83  2019-03-02 17:22:24
19963495712 0   70  2019-03-02 16:48:24
19967670410 0   27  2019-03-02 16:41:24
19923400456 1   49  2019-03-02 16:07:24
19984257465 0   88  2019-03-02 15:20:24
19975158940 1   15  2019-03-02 12:21:24
19932287878 1   31  2019-03-01 22:52:24
19971594864 0   16  2019-03-01 16:33:24
19979293399 1   73  2019-03-01 11:38:24
```

图 5-27 执行 Search 类

5.7 小结

本章讲述了大数据的分布式非关系型数据库 HBase，首先介绍了 HBase 的概念、基本原理、场景应用、核心模块和数据模型，接着介绍如何在 Linux 虚拟机上安装 HBase 集群，并在 HBase Shell 中进行基础的增、删、查、改操作。然后介绍在 IDEA 开发工具上搭建 HBase 环境，利用 Java API 连接 HBase 集群进行操作，并且实现 HBase 与 MapReduce 交互。最后介绍一个 HBase 的应用场景：用户通话记录数据存储设计及查询，通过具体示例帮助读者梳理 HBase 的知识点并消化 Java API 的使用方法，使读者拥有使用 HBase 处理大数据的能力。

课后习题

（1）在保证 HBase 服务已经启动的情况下，进入 HBase Shell 窗口，启动 HBase 的命令是（　　）。

A. hbase shell　　B. hbase.sh　　C. start hbase-shell　　D. start-hbase.sh

（2）查看当前 HBase 下列表的命令是（　　）。

A. describe　　B. scan　　C. list　　D. show database

（3）查看表 'testtable' 中的所有数据的命令是（　　）。

A. desc　　B. scan　　C. list　　D. 以上都不对

（4）下列选项中关于 HBase Java API 的说法错误的是（　　）

A. Admin 提供的方法包括创建表、删除表、列出表项、使表有效或无效，以及添加或删除表列簇成员等。

B. Put() 方法可以向 HBase 表中导入数据。

C. Scan() 方法能够查询表数据。

D. IDEA 连接 HBase 集群，通过 org.apache.hadoop.HBase.HBaseConfiguration 提供的 connect 方法声明一个 HBase 的配置对象。

（5）在 HBase Shell 操作中，以下命令用于删除整行操作的是（　　）。

A. delete from 'users', 'xiaoming'

B. delete table from 'xiaoming'

C. deleteall 'users', 'xiaoming'

D. deleteall 'xiaoming'

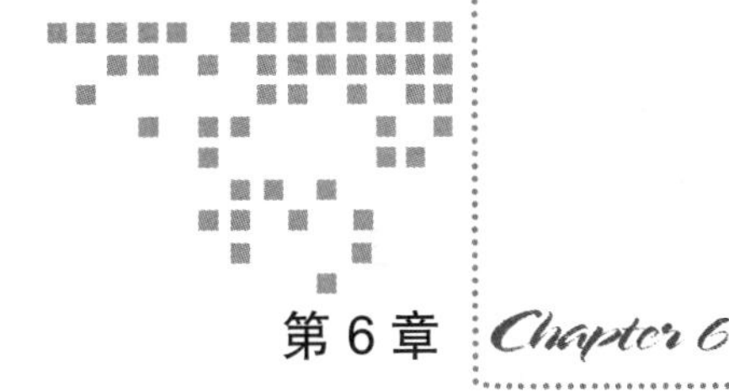

第 6 章 Chapter 6

分布式计算框架 Spark——实现大数据分析与挖掘

大数据时代下，大数据技术蓬勃发展，基于开源技术的 Hadoop 分布式框架在行业中的应用十分广泛，但是 Hadoop 本身还存在诸多缺陷，最主要的缺陷是 Hadoop 的 MapReduce 分布式计算框架在计算时延迟过高，无法满足实时、快速计算的需求。

Spark 继承了 MapReduce 分布式计算的优点并改进了 MapReduce 明显的缺陷。Spark 除了拥有 MapReduce 所具有的优点外，还可以将中间输出结果保存在内存中，从而大大减少读写 HDFS 的次数，因此更适用于数据挖掘与机器学习中迭代次数较多的算法。

本章首先介绍 Spark 的基础概念、集群安装配置、底层基础框架等，对 Spark 生态圈的常用组件进行分析，然后详细介绍查询引擎框架 Spark SQL、机器学习库 Spark MLlib 以及流计算框架 Spark Streaming。针对每个组件，书中都引入对应的场景应用供读者进行实践，让读者可以直接上手，使用 Spark 组件解决具体问题。

6.1 Spark 技术概述

学习 Spark 编程之前，我们首先应该对 Spark 的理论知识有一定的了解。本节将介绍 Spark 的发展历史、特点，以及 Spark 的生态圈，带领读者走进 Spark。

6.1.1 Spark 的发展历史

Spark 的发展历史如图 6-1 所示。Spark 的发展速度非常快，而且其发展经历的时间也非常短。目前，Spark 已经成为 Apache 软件基金会旗下的顶级开源项目。

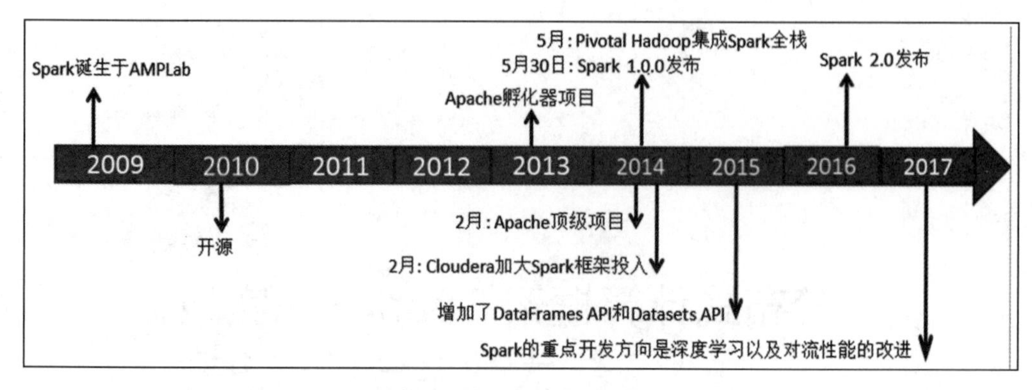

图 6-1 Spark 的发展历史

2009 年，Spark 诞生于加州大学伯克利分校 AMP 实验室，最初属于伯克利大学的研究性项目。该实验室的研究人员在基于 Hadoop MapReduce 框架进行工作时，发现 MapReduce 对于迭代和交互式计算任务的计算效率并不高。因此，研究人员开发 Spark 主要是为了提高交互式查询和迭代算法的计算效率。

2010 年，Spark 正式开源。

2013 年 6 月，Spark 成为 Apache 基金会的孵化器项目。

2014 年 2 月，仅仅 8 个月的时间，Spark 成为 Apache 基金会的顶级项目。同时，大数据公司 Cloudera 宣称将加大对 Spark 框架的投入以取代 MapReduce 框架。

2014 年 5 月，Pivotal Hadoop 集成 Spark 全栈。同月 30 日，官方发布 Spark 1.0.0。

2015 年，Spark 增加了新的 DataFrames API 和 Datasets API。

2016 年，官方发布了 Spark 2.0。Spark 2.0 与 1.0 的区别主要是，Spark 2.0 修订了 API 的兼容性问题。

2017 年，在美国旧金山举行的 Spark 峰会（Spark Summit 2017）介绍了 2017 年 Spark 的重点开发方向是深度学习以及对流性能的改进。

而后 Spark 的发展主要是针对 Spark 的可用性、稳定性进行改进，并持续润色代码。随着 Spark 的逐渐成熟，以及社区的不断推动，Spark 所提供的强大功能受到了越来越多技术团队和企业的青睐。

6.1.2 Spark 的特点

作为新一代轻量级大数据处理平台，Spark 具有如下特点。

1）快速。Spark 的中间数据存放于内存中，有更高的迭代运算效率，而 Hadoop 每次迭代的中间数据存放于 HDFS 中，涉及硬盘的读写，运算效率比 Spark 低。

2）易用。Spark 支持使用 Scala、Python、Java 及 R 语言快速编写应用。此外，Spark 提供超过 80 个高级运算符，使得编写并行应用程序变得容易，并且提供了 Scala、Python 和 R 语言的交互模式界面，使得 Spark 编程的学习更加简便。

3）通用。Spark 可以与 SQL 语句、实时计算及其他复杂的分析计算进行良好的结合。Spark 框架包含多个紧密集成的组件，包括 Spark SQL（即时查询）、Spark MLlib（机器学习库）、GraphX（图计算）和 Spark Streaming（实时流处理），并且 Spark 支持在一个应用中同时使用这些组件。相对于 Hadoop 的 MapReduce 框架，Spark 无论是在性能还是在方案统一性方面都有着极大的优势，其全栈统一的解决方案非常具有吸引力，极大地减少了平台部署、开发和维护的人力与物力成本。

4）随处运行。用户可以使用 Spark 的独立集群模式运行 Spark，也可以在 EC2（亚马逊弹性计算云）、Hadoop YARN 资源管理器或 Apache Mesos 上运行 Spark。

5）代码简洁。Spark 支持使用 Scala、Python 等语言编写。Scala 或 Python 代码比 Java 代码简洁，因此，Spark 一般都使用 Scala 或 Python 编写应用程序，比 MapReduce 简单方便。

6.1.3　Spark 生态圈

现在 Apache Spark 已经形成了一个丰富的生态系统，包括官方和第三方开发的组件或工具。Spark 生态圈也称为 BDAS（伯克利数据分析栈），由 AMP 实验室打造，是致力于在算法（Algorithm）、机器（Machine）、人（People）之间通过大规模集成展现大数据应用的一个平台。

Spark 生态圈如图 6-2 所示，它以 Spark Core 为核心，可以从 HDFS、Amazon S3 和 HBase 等数据源中读取数据，并支持不同的程序运行模式，同时可以以 Mesos、YARN、EC2 或 Spark 自带的 Standalone 作为资源管理器调度作业（Job）完成 Spark 应用程序的计算。Spark 应用程序计算的整个过程可以来自不同的组件，如 Spark SQL 的即时查询、Spark MLlib 的机器学习、Spark Streaming 的实时处理应用、GraphX 的图处理和 SparkR 的数学计算等。

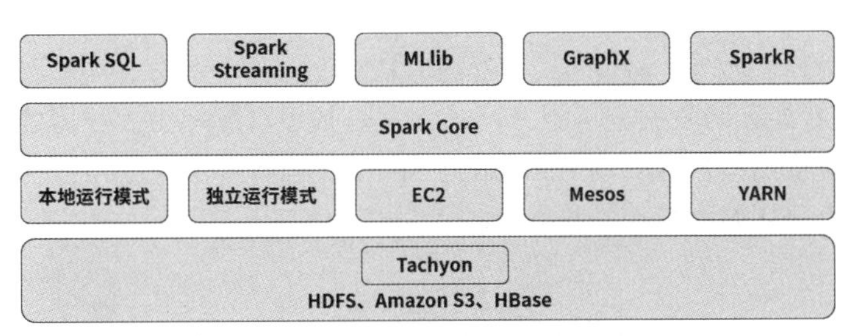

图 6-2　Spark 生态圈

Spark 生态圈中的重要组件的简要介绍如下。

1）Spark Core：Spark 的核心，提供底层框架及核心支持。

2）Spark SQL：可以执行 SQL 查询，支持基本的 SQL 语法和 Hive SQL 语法，读取的数据源包括 Hive 表、HDFS、关系数据库（如 MySQL）等。

3）MLlib：Spark 的机器学习算法库，实现了一些常见的机器学习算法和实用程序，包括分类、回归、聚类、协同过滤、特征降维和底层优化等。

4）Spark Streaming：可以进行实时数据流式计算，例如，一个网站的流量是每时每刻都在发生的，如果我们需要知道过去 15 分钟或一个小时的流量，那么可以使用 Spark Streaming 组件解决这个问题。

5）GraphX：图计算应用在很多情况下处理的数据量都是很庞大的。如果用户需要自行编写相关的图计算算法并在集群中应用，那么难度是非常大的。使用 Spark GraphX 可解决这个问题，因为它内置了许多图的相关算法，可以直接使用，如可以在移动社交关系分析中直接使用图计算相关算法进行处理和分析。

6）SparkR：AMP 实验室发布的一个 R 开发包，使得 R 语言编写的程序不仅可以在单机运行，也可以作为 Spark 的 Job 在集群运行，极大地扩展了 R 的数据处理能力。

6.2 Spark 应用场景介绍

目前大数据的应用非常广泛，其应用场景的普遍特点是计算量大、效率高，而 Spark 恰恰满足了这些要求，所以 Spark 项目一经推出便受到开源社区的广泛关注和好评。目前 Spark 已经成为大数据处理领域非常炙手可热的开源项目。国内外大多数大型企业对 Spark 的应用也十分广泛。

1. 腾讯

腾讯的广点通是最早使用 Spark 的应用之一。腾讯大数据精准推荐借助 Spark 快速迭代的优势，围绕“数据 + 算法 + 系统”这套技术方案，实现了“数据实时采集、算法实时训练、系统实时预测”的全流程实时并行高维算法，最终成功应用于广点通 pCTR 投放系统上，支持每天上百亿的请求量。

2. 百度

BMR 是百度智能云的数据分析服务产品。它是基于百度多年大数据处理分析经验，面向企业和开发者提供的按需部署的 Hadoop 与 Spark 集群计算服务，可以使客户具备海量数据分析和挖掘能力，从而提升业务竞争力。

3. 亚马逊

亚马逊（Amazon）旗下的计算服务 AWS（Amazon Web Service）提供了弹性 Spark 服务。AWS 可以使用户按需动态分配 Spark 集群计算节点，并随着数据规模的增长不断扩展所需的 Spark 数据分析集群，也可以使在云端的 Spark 集群无缝集成亚马逊云端的其他组件，构建数据分析流水线。

6.3 Spark 集群安装配置

Spark 环境可分为单机版环境、单机伪分布式环境和完全分布式环境。本节将介绍如何搭建完全分布式环境的 Spark 集群，并查看 Spark 的服务监控。读者可从官网下载 Spark 安装包，本书使用的 Spark 安装包是 spark-2.4.7-bin-hadoop2.7.tgz。

完全分布式环境是主从模式，即其中一台机器作为主节点（master），其他几台机器作为从节点（slave）。本书使用的 Spark 集群环境是完全分布式环境，共有 4 个节点，分别为 1 个主节点和 3 个从节点。Spark 集群拓扑图如图 6-3 所示。

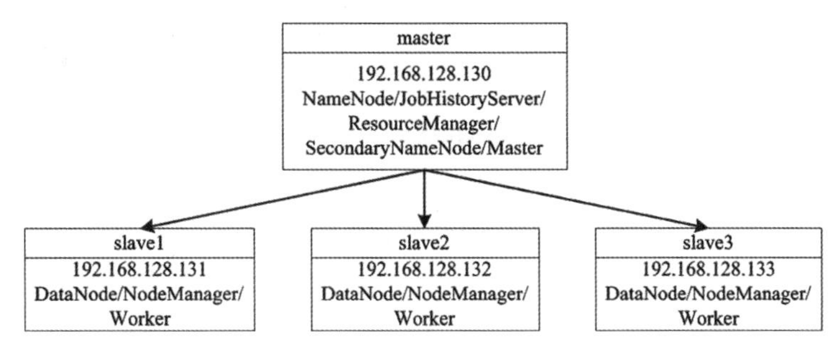

图 6-3　Spark 集群拓扑图

Spark 完全分布式集群是在 Hadoop 完全分布式集群的基础上搭建的，第 2 章已详细介绍过如何搭建 Hadoop 完全分布式环境，这里不再阐述。搭建 Spark 完全分布式环境的步骤如下。

1）将 Spark 安装包解压至主节点 master 的 /usr/local 目录下。

2）切换至 Spark 安装目录的 /conf 目录下。

3）配置 spark-env.sh 文件。复制 spark-env.sh.template 文件并重命名为 spark-env.sh，打开 spark-env.sh 文件，并添加代码清单 6-1 所示的配置内容。

代码清单 6-1　spark-env.sh 配置内容

```
export JAVA_HOME=/usr/java/jdk1.8.0_281-amd64
export HADOOP_CONF_DIR=/usr/local/hadoop-3.1.4/etc/hadoop/
export SPARK_MASTER_IP=master
export SPARK_MASTER_PORT=7077
export SPARK_WORKER_MEMORY=512m
export SPARK_WORKER_CORES=1
export SPARK_EXECUTOR_MEMORY=512m
export SPARK_EXECUTOR_CORES=1
export SPARK_WORKER_INSTANCES=1
```

各个参数及其说明如表 6-1 所示。

表 6-1　spark-env.sh 文件的配置参数及其说明

参数	说明
JAVA_HOME	Java 的安装路径
HADOOP_CONF_DIR	Hadoop 配置文件的路径
SPARK_MASTER_IP	Spark 主节点的 IP 或机器名

（续）

参数	说明
SPARK_MASTER_PORT	Spark 主节点的端口号
SPARK_WORKER_MEMORY	Worker 节点能给予 Executors 的内存数
SPARK_WORKER_CORES	每台节点机器使用核数
SPARK_EXECUTOR_MEMORY	每个 Executor 的内存
SPARK_EXECUTOR_CORES	Executor 的核数
SPA194RK_WORKER_INSTANCES	每个节点的 Worker 进程数

4）配置 slaves 文件。复制 slaves.template 文件并重命名为 slaves，打开 slaves 文件，删除原有的内容，并添加代码清单 6-2 所示的配置内容，每行代表一个从节点的主机名。

代码清单 6-2 slaves 文件配置内容

```
slave1
slave2
slave3
```

5）配置 spark-default.conf 文件。复制 spark-defaults.conf.template 文件并重命名为 spark-default.conf，打开 spark-default.conf 文件，并添加代码清单 6-3 所示的配置内容。

代码清单 6-3 spark-default.conf 的配置内容

```
spark.master                        spark://master:7077
spark.eventLog.enabled              true
spark.eventLog.dir                  hdfs://master:8020/spark-logs
spark.history.fs.logDirectory       hdfs://master:8020/spark-logs
```

各个参数及其说明如表 6-2 所示。

表 6-2 spark-default.conf 文件的配置参数及其说明

参数	说明
spark.master	Spark 主节点所在机器及端口，默认写法是 spark://
spark.eventLog.enabled	是否打开任务日志功能，默认为 false，即不打开
spark.eventLog.dir	任务日志默认存放位置，配置为一个 HDFS 路径即可
spark.history.fs.logDirectory	存放历史应用日志文件的目录

6）在 master 节点中，将配置好的 Spark 安装目录远程复制至 slave1、slave2、slave3 节点的 /usr/local/ 目录下，如代码清单 6-4 所示。

代码清单 6-4 将 Spark 目录复制至从节点

```
scp -r /usr/local/spark-2.4.7-bin-hadoop2.7/ slave1:/usr/local/
scp -r /usr/local/spark-2.4.7-bin-hadoop2.7/ slave2:/usr/local/
scp -r /usr/local/spark-2.4.7-bin-hadoop2.7/ slave3:/usr/local/
```

7）启动 Spark 集群前，需要先启动 Hadoop 集群，并创建 /spark-logs 目录，如代码清单 6-5 所示。

代码清单 6-5　创建 spark-logs 目录

```
# 启动 Hadoop 集群
cd /usr/local/hadoop-3.1.4
./sbin/start-dfs.sh
./sbin/start-yarn.sh
./sbin/mr-jobhistory-daemon.sh start historyserver
# 创建 spark-logs 目录
hdfs dfs -mkdir /spark-logs
```

8）通过命令“jps”分别查看 master 节点和 slave1 节点的进程，如图 6-4 所示（slave2 和 slave3 的进程名称与 slave1 的进程名称一致）。

```
[root@master ~]# jps          [root@slave1 ~]# jps
1939 JobHistoryServer         1550 DataNode
1676 SecondaryNameNode        1611 NodeManager
3499 Jps                      2737 Jps
1846 ResourceManager
1528 NameNode
```

图 6-4　启动 Spark 集群之前的进程

9）切换至 Spark 安装目录的 /sbin 目录下，启动 Spark 独立集群，如代码清单 6-6 所示。

代码清单 6-6　启动 Spark 集群

```
cd /usr/local/spark-2.4.7-bin-hadoop2.7/sbin/
./start-all.sh
./start-history-server.sh
```

10）通过命令“jps”查看进程，如图 6-5 所示。对比图 6-4 可以看到，开启 Spark 集群后，master 节点运行着 Master 进程，而从节点（如 slave1 节点）则运行着 Worker 进程。

```
[root@master sbin]# jps       [root@slave1 ~]# jps
2337 JobHistoryServer         1643 DataNode
1922 NameNode                 1739 NodeManager
2070 SecondaryNameNode        1892 Worker
2244 ResourceManager          1960 Jps
2451 Master
2636 HistoryServer
2670 Jps
```

图 6-5　启动 Spark 集群后的进程

Spark 集群启动后，打开浏览器输入 http://master:8080 网址，可进入 master 主节点的监控界面，如图 6-6 所示。其中，master 指代主节点的 IP（192.168.128.130）。

HistoryServer 的监控端口为 18080，打开浏览器输入 http://master:18080 网址，即可看到如图 6-7 所示的界面。界面记录了作业的信息，包括已经运行完成的和正在运行的任务。因为目前没有执行过 Spark 任务，所以没有显示历史任务的相关信息。

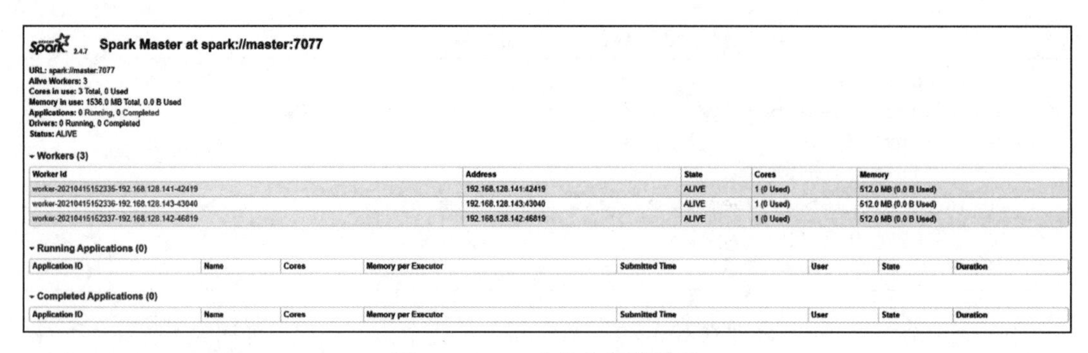

图 6-6 Spark 主节点监控界面

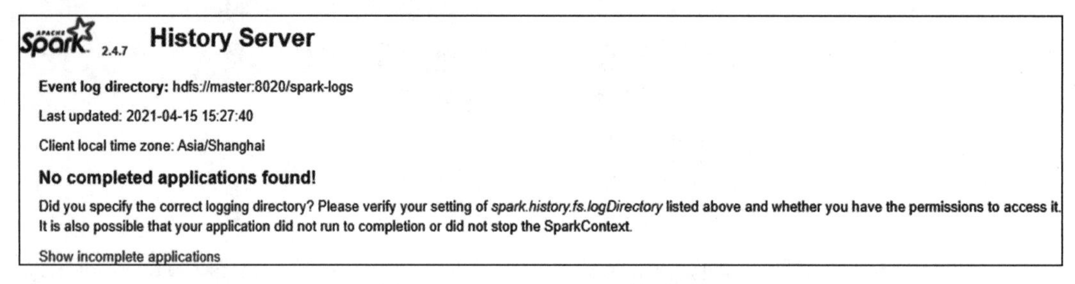

图 6-7 History Server 监控界面

6.4 Spark Core——底层基础框架

Spark 集群为 Spark 编程学习提供了一个 Spark 程序的运行环境。但学习 Spark 编程前，我们还需要理解 Spark 的架构及运行流程。本节将介绍 Spark 集群架构、Spark 作业运行模式以及 Spark 的弹性分布式数据集 RDD。

6.4.1 Spark 集群架构

Spark 的架构如图 6-8 所示，对于 Spark 架构图中各个组件的解释说明如下。

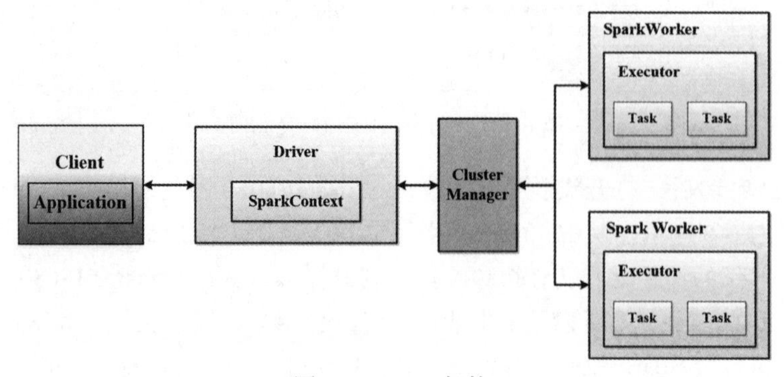

图 6-8 Spark 架构

1）Client：用户的客户端，负责提交应用程序（Application）。

2）Driver：负责运行应用程序（Application）的 main 函数并创建 SparkContext，Application 包含了一个 Driver 功能的代码和分布在集群中多个节点上的 Executor 代码。

3）SparkContext：应用上下文，控制整个生命周期。

4）Cluster Manager：资源管理器，即在集群上获取资源的外部服务，目前主要有 Standalone 和 Hadoop YARN。

- Standalone 是 Spark 原生的资源管理器，由 Master 负责资源的分配，也可以理解为使用 Standalone 时 Cluster Manager 是 Master 进程所在的节点。
- YARN是Hadoop集群的资源管理器，若使用YARN作为Spark程序运行的资源管理器，则由 ResourceManager 负责资源的分配。

5）Spark Worker：集群中任何可以运行 Application 的节点，可运行一个或多个 Executor 进程。

6）Executor：运行在 Spark Worker 的任务（Task）执行器，Executor 启动线程池运行 Task，并负责将数据存储在内存或磁盘上。每个 Application 都会申请各自的 Executor 处理任务。

7）Task：被发送到某个 Executor 的具体任务。

6.4.2　Spark 作业运行模式

Spark 有 3 种运行模式，即 Standalone、YARN 和 Mesos。其中，YARN 和 Mesos 模式的运行流程类似。目前用得比较多的是 Standalone 模式和 YARN 模式，详细介绍如下。

1. Standalone 模式

Standalone 模式是 Spark 自带的资源调度管理器。在 Standalone 模式下，Driver 既可以运行在 master 节点上，也可以运行在本地客户端（Client）中。当使用 spark-shell 交互式工具提交 Spark 作业时，Driver 在 master 节点上运行；当使用 spark-submit 工具提交作业或直接在 Eclipse、IDEA 等开发工具上使用“new SparkConf().setMaster(spark://master:7077)”方式运行 Spark 任务时，Driver 在本地客户端上运行。

当使用 spark-shell 交互式工具提交 Spark 作业时，我们需要执行一个 spark-shell 脚本，该脚本执行后会启动一个交互式的 Scala 命令界面，供用户运行 Spark 相关命令程序。在 Spark 的安装目录下启动 spark-shell，如代码清单 6-7 所示。

代码清单 6-7　启动 spark-shell

```
cd /usr/local/spark-2.4.7-bin-hadoop2.7/
./bin/spark-shell
```

在 spark-shell 的启动过程中可看到如图 6-9 所示的信息，Spark 的版本为 2.4.7，Spark 内嵌的 Scala 版本为 2.11.12，Java 版本为 1.8.0_281，同时 spark-shell 在启动的过程中会初

始化 SparkContext 为变量 sc，初始化 SparkSession 为变量 spark。界面最后出现“ scala>”的提示符，说明 Spark 交互式命令窗口启动成功，用户可在该窗口下编写 Spark 代码。

```
[root@master spark-2.4.7-bin-hadoop2.7]# bin/spark-shell
2021-04-15 15:56:01,564 WARN util.NativeCodeLoader: Unable to load native-hadoop library for your pl
atform... using builtin-java classes where applicable
Setting default log level to "WARN".
To adjust logging level use sc.setLogLevel(newLevel). For SparkR, use setLogLevel(newLevel).
Spark context Web UI available at http://master:4040
Spark context available as 'sc' (master = spark://master:7077, app id = app-20210415155613-0001).
Spark session available as 'spark'.
Welcome to
      ____              __
     / __/__  ___ _____/ /__
    _\ \/ _ \/ _ `/ __/  '_/
   /___/ .__/\_,_/_/ /_/\_\   version 2.4.7
      /_/

Using Scala version 2.11.12 (Java HotSpot(TM) 64-Bit Server VM, Java 1.8.0_281)
Type in expressions to have them evaluated.
Type :help for more information.

scala>
```

图 6-9 启动 spark-shell 过程的提示信息

spark-shell 启动成功后，访问 http://master:8080，可在 Spark 监控界面看到对应的 Spark 应用程序的相关信息，如图 6-10 所示。

▾ Running Applications (1)

Application ID	Name	Cores	Memory per Executor	Submitted Time	User	State	Duration
app-20210415155613-0001 (kill)	Spark shell	3	512.0 MB	2021/04/15 15:56:13	root	RUNNING	3.6 min

图 6-10 Spark 监控界面对应的应用程序

在启动 spark-shell 时，我们也可以手动指定每个节点的内存和 Executor 使用的 CPU 个数，如代码清单 6-8 所示。

代码清单 6-8 启动 spark-shell 时指定资源

```
./bin/spark-shell --executor-memory 512m --total-executor-cores 3
```

2. YARN 模式

YARN 模式根据 Driver 在集群中的位置又分为两种，一种是 YARN-Client 模式（YARN 客户端模式），另一种是 YARN-Cluster 模式（YARN 集群模式）。

在 YARN 模式中，我们不需要启动 Spark 独立集群，所以无法访问 http://master:8080。启动 YARN 客户端模式的 spark-shell，如代码清单 6-9 所示。

代码清单 6-9 启动 YARN 客户端模式

```
./bin/spark-shell --master yarn-client
```

与 YARN 客户端模式不同的是，YARN 集群模式不支持 spark-shell，所以用户需要使用 spark-submit 提交 Spark 作业。例如，使用 YARN 集群模式运行 SparkPi，如代码清单 6-10 所示。

代码清单 6-10　YARN 集群模式运行 SparkPi

```
./spark-submit --master yarn-cluster —class org.apache.spark.examples.SparkPi ../
    examples/jars/spark-examples_2.11-2.4.7.jar
```

作业 SparkPi 运行完成后，会返回作业状态以及包含作业 ID 的追踪链接（tracking URL），如图 6-11 所示。

```
2022-03-14 18:16:50,375 INFO yarn.Client:
         client token: N/A
         diagnostics: N/A
         ApplicationMaster host: slave1
         ApplicationMaster RPC port: 46101
         queue: default
         start time: 1647252974295
         final status: SUCCEEDED
         tracking URL: http://master:8088/proxy/application_1647248951099_0004/
         user: root
```

图 6-11　作业状态与作业 ID

查看 YARN 集群模式下 SparkPi 的运行结果，需要提供作业 ID，如代码清单 6-11 所示，返回结果如图 6-12 所示。

代码清单 6-11　查看 YARN 集群模式下 SparkPi 的运行结果

```
yarn logs -applicationId application_1647248951099_0004 | grep "Pi is"
```

```
[root@master ~]# yarn logs -applicationId application_1647248951099_0004 | grep "Pi is"
2022-03-14 18:39:58,694 INFO client.RMProxy: Connecting to ResourceManager at master/192.168.128.130:8032
Pi is roughly 3.1427157135785677
```

图 6-12　YARN 集群模式下 SparkPi 的运行结果

6.4.3　弹性分布式数据集 RDD

RDD（Resilient Distributed Dataset，弹性分布式数据集）是 Spark 中最重要的概念，可以简单地把 RDD 理解成一个提供了许多操作接口的数据集合，但与一般数据集不同的是，其实际数据分布存储于一批机器中（内存或磁盘中）。可以简单地把 RDD 和 Hadoop HDFS 里面的文件块来对比理解。如图 6-13 所示，我们定义了一个名为“myRDD”的 RDD，这个数据集被切分成了多个分区（Partition，可以对比 HDFS 的 Block 的概念来理解），每个分区实际可能存储在不同的机器上，也可能

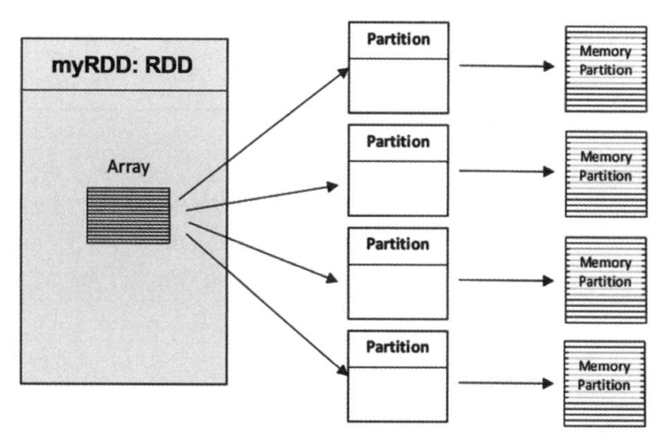

图 6-13　RDD 示例

存储在内存（Memory）或硬盘（HDFS，当然还可能存储在其他分布式文件系统）上。

一个 RDD 可以理解为 Spark 在执行分布式计算时的一批相同来源、相同结构、相同用途的数据集，也可以理解为一个分布式数组，而数组中每个记录可以是用户自定义的任何数据结构。一般来说，RDD 具有以下特点。

1）它是集群节点上不可改变的、已分区的集合对象（要特别注意不可改变）。

2）通过并行转换的方式来创建如 map、filter、join 等（所以 RDD 一经创建就不可修改，这点可以结合第 1 点来理解）。

3）失败自动重建（这里的重建不是指从最开始的点来重建，而是从遇到失败的上一步开始重建）。

4）可以通过控制存储级别（内存、磁盘等）来进行重用。

5）RDD 只能从持久存储或通过 Transformation 操作产生，容错性能比分布式共享内存（DSM）好。对于丢失了部分数据的分区，RDD 只需要根据它的 lineage 就可重新计算出来，而不需要做特定的 checkpoint。

6）RDD 的数据分区特性使得可以通过数据的本地性来提高性能，这与 Hadoop MapReduce 是一样的。

7）RDD 都是可序列化的，在内存不足时可自动降级为磁盘存储，把 RDD 存储于磁盘上，这时性能有大的下降但不会差于现在的 MapReduce。

6.4.4 RDD 算子基础操作

RDD 支持两种类型的操作，分别为转换（Transformation）操作和行动（Action）操作，也称为转换算子和行动算子。转换操作主要是指将原始数据集加载为 RDD 数据或将一个 RDD 转换为另外一个 RDD。行动操作主要是指将 RDD 存储至硬盘中或触发转换操作。

转换操作常用的方法有 map()、filter()、flatMap()、union()、groupByKey()、reduceByKey() 等，相关解释说明如表 6-3 所示。

表 6-3 转换操作常用的方法及其说明

方法	说明
map(func)	对 RDD 数据集中的每个元素都使用 func 函数，返回一个新的 RDD，其中 func 函数为用户自定义函数
filter(func)	对 RDD 数据集中的每个元素都使用 func 函数，返回使 func 函数为 true 的元素构成的 RDD，其中 func 函数为用户自定义函数
flatMap(func)	对 RDD 数据集中的每个元素进行 map 操作再进行扁平化
union(otherDataset)	合并 RDD，需要保证两个 RDD 的元素类型一致
groupByKey(numPartitions)	按键分组，在（K,V）组成的 RDD 上调用时，返回（K,Iterable[V]）组成的新 RDD，numPartitions 用于设置分组后 RDD 的分区个数，默认分组后的分区个数与分组前的个数相等
reduceByKey(func,[numPartitions])	用一个给定的 func 作用在 groupByKey 而产生的 (K,Seq[V])，比如求和

行动操作常用的方法有 reduce()、count()、first()、take()、saveAsTextFile()、foreach() 等，相关解释说明如表 6-4 所示。

表 6-4　行动操作常用的方法及其说明

方法	说明
reduce(func)	通过 func 函数聚集数据集中的所有元素。func 函数接收两个参数，返回一个值
collect()	返回数据集中所有的元素
count(n)	返回数据集中所有元素的个数
first(n)	返回数据集中的第一个元素
take(n)	返回前 *n* 个元素
saveAsTextFile(path)	将数据集的元素以文本文件的形式保存至指定的路径，path 可以是本地文件系统、HDFS 或任何其他 Hadoop 支持的文件系统。Spark 将会调用每个元素的 toString 方法，并将它转换为文件中的一行文本
foreach(func)	对数据集中的每个元素都执行函数 func

表 6-3 和表 6-4 只列出了部分转换和行动操作方法，对于其他方法，读者可通过 Spark 官网的 Spark RDD API 进行查询。

所有的转换操作都是懒惰（Lazy）操作，它们只是记录了需要进行的转换操作，并不会马上执行，只有遇到行动操作时才会真正启动计算过程并进行计算。例如，在图 6-14 所示的 RDD 转换和行动操作示例中，使用转换操作 textFile() 将数据从 HDFS 加载至 RDDA、RDDC 中，但其实 RDDA 和 RDDC 中目前都是没有数据的，包括后续 flatMap()、map()、reduceByKey() 等，这些操作过程其实都没有执行。所以读者也可以这样理解，转换操作只是做了一个计划，但是并没有具体执行，只有最后遇到行动操作 saveAsSequenceFile() 才会触发转换操作并开始计算。

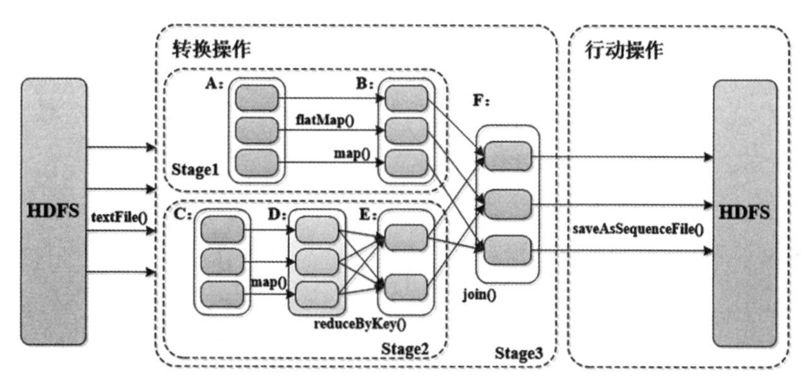

图 6-14　Spark RDD 转换和操作示例

6.4.5　场景应用：房屋销售数据分析

从购房者角度出发，影响用户购房的主要因素有房屋价格和房屋属性。从地产公司角度出发，除了房屋本身的属性外，地产公司也会考虑什么样的房屋属性在市场上更有价值。

本节将利用房屋销售数据集，同时结合 Spark RDD 的基础操作，从房屋评分、房屋售价和房屋销售日期等维度进行探索分析，让读者熟悉 RDD 及其基础操作。

以某地区的房屋销售记录作为数据来源，选取 2019~2020 年销售记录数据作为原始数据集，总计有 10000 条记录，包括销售价格、卧室数、浴室数、房屋面积、停车面积、楼层数、房屋评分、建筑面积、地下室面积、建筑年份、修复年份、纬度、经度和销售日期共 14 个数据字段。部分数据如表 6-5 所示。

表 6-5 house.csv 实例数据

```
selling_price,bedrooms_num,bathroom_num,housing_area,parking_area,floor_num,housing_rating,built_area,basement_area,year_built,year_repair,latitude,longitude,sale_data
545000.0,3.0,2.25,1670.0,6240.0,1.0,8.0,1240.0,430.0,1974,0,47.6413,-122.113,20200302
785000.0,4.0,2.5,3300.0,10514.0,2.0,10.0,3300.0,0.0,1984,0,47.6323,-122.036,20200211
765000.0,3.0,3.25,3190.0,5283.0,2.0,9.0,3190.0,0.0,2007,0,47.5534,-122.002,20200107
720000.0,5.0,2.5,2900.0,9525.0,2.0,9.0,2900.0,0.0,1989,0,47.5442,-122.138,20191103
449500.0,5.0,2.75,2040.0,7488.0,1.0,7.0,1200.0,840.0,1969,0,47.7289,-122.172,20190603
248500.0,2.0,1.0,780.0,10064.0,1.0,7.0,780.0,0.0,1958,0,47.4913,-122.318,20200506
675000.0,4.0,2.5,1770.0,9858.0,1.0,8.0,1770.0,0.0,1971,0,47.7382,-122.287,20200305
730000.0,2.0,2.25,2130.0,4920.0,1.5,7.0,1530.0,600.0,1941,0,47.573,-122.409,20190701
311000.0,2.0,1.0,860.0,3300.0,1.0,6.0,860.0,0.0,1903,0,47.5496,-122.279,20190807
```

读取房屋销售记录数据，并创建 RDD。由于数据比较多，因此适合将数据上传至 HDFS，再读取 HDFS 上的数据并创建 RDD。首先需要将数据上传至 HDFS 文件系统的 /user/root 目录下，然后在 spark-shell 中读取 HDFS 上的房屋销售记录数据并创建 RDD，如代码清单 6-12 所示。

代码清单 6-12 上传文件并创建 RDD

```
// 将数据上传至 HDFS
hdfs dfs -put /data/house.csv /user/root/
// 在 spark-shell 中创建 RDD
val houseDataRDD= sc.textFile("/user/root/house.csv")
```

1. 查询评分最高的 10 间房屋的售价

查询评分最高的 10 间房屋的售价，若评分相同则按售价升序排序。在创建 RDD 时，textFile() 方法是将每一行数据作为一条记录存储的，所以在查询前需要先对数据进行转换。将数据的第一行字段名称删除并保存为新的 RDD，名为“drop_first”，如代码清单 6-13 所示。

代码清单 6-13 去除首行数据

```
// 去除首行数据
val drop_first = houseDataRDD.mapPartitionsWithIndex((ix, it) => {
    if (ix == 0) it.drop(1)
    it
})
```

去除首行后的数据按分隔符“,”分割，取出第 1 列销售价格和第 7 列房屋评分，并将销售价格与房屋评分转换为 Double 类型，如代码清单 6-14 所示。

代码清单 6-14　分割 RDD 并提取评分与售价

```
// 分割 RDD，并取出房屋评分与房屋售价
val split1 = drop_first.map(line => {
    val data = line.split(",");
    (data(6).toDouble, data(0).toDouble) //housing_rating,selling_price
})
```

查询评分最高的 10 间房屋的售价，若评分相同则按售价升序排序，同时输出查询结果，如代码清单 6-15 所示。运行结果如图 6-15 所示。

代码清单 6-15　查询评分最高的 10 间房屋的售价

```
//使用 sortBy() 方法对房屋评分降序排序，评分相同则对销售价格升序排序
val result1 = split1.sortBy(x => x._2, true).sortBy(x => x._1, false)
result1.take(10).foreach(println(_))
```

```
scala> result1.take(10).foreach(println(_))
(13.0,2385000.0)
(13.0,2415000.0)
(13.0,2479000.0)
(13.0,3800000.0)
(13.0,3800000.0)
(13.0,6885000.0)
(12.0,835000.0)
(12.0,900000.0)
(12.0,1038000.0)
(12.0,1100000.0)
```

图 6-15　查询评分最高的 10 间房屋的售价

2. 查询建筑面积最大的 10 间房屋

查询建筑面积最大的 10 间房屋，要求房屋的卧室数大于 5 且销售年份为 2019 年。从名为“drop_first”的 RDD 中取出卧室数、房屋面积、销售日期，并将卧室数与房屋面积转换为 Double 类型，如代码清单 6-16 所示。使用 filter() 算子筛选出房屋的卧室数大于 5 且销售年份为 2019 年的销售记录，再使用 sortBy() 算子对房屋面积进行倒序排序，如代码清单 6-17 所示，运行结果如图 6-16 所示。

代码清单 6-16　分割 RDD 并提取数据

```
// 分割 RDD，并取出卧室数、房屋面积、销售面积
val split2 = drop_first.map(line => {
    val data = line.split(",");
        (data(1).toDouble, data(7).toDouble, data(13)) //bedroom,built_area,sale_date
  })
```

代码清单 6-17　查询建筑面积最大的 10 间房屋

```
// 查询建筑面积最大的 10 间房屋，要求房屋的卧室数大于 5 且销售年份为 2019 年
val result2 = split2.filter(x =>x._1 > 5 & x._3.startsWith("2019")).sortBy(x =>
    x._2, false)
result2.take(10).foreach(println(_))
```

```
scala> result2.take(10).foreach(println(_))
(6.0,8860.0,20190919)
(7.0,4930.0,20190620)
(6.0,4820.0,20190620)
(7.0,4760.0,20190507)
(6.0,4750.0,20191027)
(7.0,4290.0,20190530)
(6.0,4100.0,20190522)
(6.0,4000.0,20190924)
(6.0,3950.0,20191208)
(6.0,3880.0,20190721)
```

图 6-16 查询建筑面积最大的 10 间房屋

3. 求房屋每一年的平均销售价格

求 2019 年与 2020 年房屋的销售平均价格，使用 reduceByKey() 算子将房屋售价累加并使交易记录数加一，再运用 map() 算子将总价格除以总记录数得到平均销售价格，如代码清单 6-18 所示，返回结果如图 6-17 所示。

代码清单 6-18 求房屋每一年的平均销售价格

```
// 求房屋每一年的平均销售价格
val result3 = split3  //( 年份 , 售价 )
    .map(x => (x._1, (x._2, 1)))        //( 年份 ,( 售价 ,1))
    .reduceByKey((x, y) => (x._1 + y._1, x._2 + y._2))    // 售价累加，交易记录数 +1
    .map(t => (t._1, t._2._1 / t._2._2))  //( 年份 , 总价格 / 总记录数 )

result3.collect().foreach(println(_))
```

```
scala> result3.collect().foreach(println(_))
(2019,541202.411277194)
(2020,546359.7271045329)
```

图 6-17 求房屋每一年的平均销售价格

4. 导出至 HDFS

文本文件是常用的存储格式，当对数据进行处理之后，通常需要保存结果以便供后续的分析或存储使用。RDD 类型的数据可以直接调用 saveAsTextFile() 方法将数据存储为文本文件。将名为“drop_first”的 RDD 导出至 HDFS 中，保存为单个文件，如代码清单 6-19 所示。使用 HDFS 命令查看导出后的文件的前 10 行，返回结果如图 6-18 所示。

代码清单 6-19 RDD 导出至 HDFS

```
// 将 RDD 导出至 HDFS，保存为单个文件
drop_first.coalesce(1).saveAsTextFile("/user/root/houseSale")
```

```
[root@master data]# hdfs dfs -cat  /user/root/houseSale/part-00000 | head -10
545000.0,3.0,2.25,1670.0,6240.0,1.0,8.0,1240.0,430.0,1974,0,47.6413,-122.113,20200302
785000.0,4.0,2.5,3300.0,10514.0,2.0,10.0,3300.0,0.0,1984,0,47.6323,-122.036,20200211
765000.0,3.0,3.25,3190.0,5283.0,2.0,9.0,3190.0,0.0,2007,0,47.5534,-122.002,20200107
720000.0,5.0,2.5,2900.0,9525.0,2.0,9.0,2900.0,0.0,1989,0,47.5442,-122.138,20191103
449500.0,5.0,2.75,2040.0,7488.0,1.0,7.0,1200.0,840.0,1969,0,47.7289,-122.172,20190603
248500.0,2.0,1.0,780.0,10064.0,1.0,7.0,780.0,0.0,1958,0,47.4913,-122.318,20200506
675000.0,4.0,2.5,1770.0,9858.0,1.0,8.0,1770.0,0.0,1971,0,47.7382,-122.287,20200305
730000.0,2.0,2.25,2130.0,4920.0,1.5,7.0,1530.0,600.0,1941,0,47.573,-122.409,20190701
311000.0,2.0,1.0,860.0,3300.0,1.0,6.0,860.0,0.0,1903,0,47.5496,-122.279,20190807
660000.0,2.0,1.0,960.0,6263.0,1.0,6.0,960.0,0.0,1942,0,47.6646,-122.202,20191204
```

图 6-18 查看导出至 HDFS 的文件

6.5 Spark SQL——查询引擎框架

Spark SQL 为 Spark 带来了对 SQL 的原生支持，并简化了对存储在 RDD 和外部资源中的数据的查询过程。Spark SQL 统一了 RDD 与关系表这些强大的抽象概念，使读者可以轻松地将查询外部数据的 SQL 命令与复杂的数据分析结合在一起。本节将介绍 Spark SQL 以及抽象编程数据模型 DataFrame。

6.5.1 Spark SQL 概述

Spark SQL 是一个用于处理结构化数据的框架，可视为一个分布式的 SQL 查询引擎，它提供了一个抽象的可编程数据模型 DataFrame。Spark SQL 框架的前身是 Shark 框架，由于 Shark 需要依赖 Hive 而制约了各个组件的相互集成，所以 Spark 团队提出了 Spark SQL。Spark SQL 在借鉴 Shark 的优点的同时摆脱了对 Hive 的依赖性。相对于 Shark，Spark SQL 在数据兼容、性能优化、组件扩展等方面更有优势。

Spark SQL 在数据兼容方面的发展，使得开发人员不仅可以直接处理 RDD，而且可以处理 Parquet 文件或 JSON 文件，甚至可以处理外部数据库中的数据、Hive 中存在的表数据。Spark SQL 的一个重要特点是能够统一处理关系表数据和 RDD 数据，使得开发人员可以轻松地使用 SQL 或 Hive SQL 语句进行外部查询，以及更复杂的数据分析。

6.5.2 DataFrame 基础操作

DataFrame 是一个分布式的 Row 对象的数据集合，实现了 RDD 的绝大多数功能。Spark SQL 通常从外部数据源加载数据为 DataFrame，再通过 DataFrame 提供的 API 接口对数据进行查询、转换操作，并将结果进行展现或存储为不同格式的文件。

DataFrame 对象的创建方法以及 DataFrame 基础操作的具体介绍如下。

1. 创建 DataFrame 对象

DataFrame 可以通过结构化数据文件、外部数据库、Spark 计算过程中生成的 RDD、Hive 表 4 种方式进行创建。不同的数据源转换为 DataFrame 的方式也不同。

（1）通过结构化数据文件创建 DataFrame

一般情况下，结构化数据文件存储在 HDFS 中，较为常见的结构化数据文件格式是 Parquet 或 JSON 格式。Spark SQL 可以通过 load() 方法将 HDFS 上的格式化文件转换为 DataFrame，load() 方法默认导入的文件格式是 Parquet。

将 /usr/local/spark-2.4.7-bin-hadoop2.7/examples/src/main/resources/ 目录下的 users.parquret 文件上传至 HDFS 的 /user/root/sparkSql 目录下，加载 HDFS 上的 users.parquet 文件数据并转换为 DataFrame，如代码清单 6-20 所示。

代码清单 6-20 通过 Parquet 文件创建 DataFrame

```
val dfUsers = spark.read.load("/user/root/sparkSql/users.parquet")
```

若加载JSON格式的文件数据并转换为DataFrame，则还需要使用format()方法。将/usr/local/spark-2.4.7-bin-hadoop2.7/examples/src/main/resources/目录下的people.json文件上传至HDFS的/user/root/sparkSql目录下，使用format()方法及load()方法加载HDFS上的people.json文件数据并转换为DataFrame，如代码清单6-21所示。

代码清单 6-21 通过 JSON 文件创建 DataFrame

```
val dfPeople = spark.read.format("json").load("/user/root/sparkSql/people.json")
```

读者也可以直接使用json()方法将JSON文件数据转换为DataFrame，如代码清单6-22所示。

代码清单 6-22 使用 json() 方法将 JSON 文件转换为 DataFrame

```
val dfPeople = spark.read.json("/user/root/sparkSql/people.json")
```

（2）通过外部数据库创建DataFrame

Spark SQL还可以从外部数据库（如MySQL、Oracle数据库）中创建DataFrame，此时需要通过JDBC连接或ODBC连接的方式访问数据库。以MySQL数据库的表数据为例，将MySQL数据库test中的people表的数据转换成DataFrame，如代码清单6-23所示。读者需要将"user""password"对应的值修改为实际进入MySQL数据库时的账户名称和密码。

代码清单 6-23 通过外部数据库创建 DataFrame

```
# 设置 MySQL 的 url
val url = "jdbc:mysql://192.168.128.130/test"
# 连接 MySQL 获取数据库 test 中的 people 表
val jdbcDF = spark.read.format("jdbc").options(
Map("url" -> url,
"user" -> "root",
"password" -> "root",
"dbtable" -> "people")).load()
```

（3）通过RDD创建DataFrame

RDD数据转换为DataFrame有两种方式。第一种方式是利用反射机制推断RDD模式，首先需要定义一个case class样例类，因为只有case class才能被Spark隐式地转换为DataFrame。将/usr/local/spark-2.4.7-bin-hadoop2.7/examples/src/main/resources/目录下的people.txt文件上传至HDFS的/user/root/sparkSql目录下，读取HDFS上的people.txt文件数据创建RDD，再将该RDD数据集转换为DataFrame，如代码清单6-24所示。

代码清单 6-24 将 RDD 数据转换为 DataFrame 方式 1

```
# 定义一个 case class
case class Person(name:String, age:Int)
# 读取文件创建 RDD
val data = sc.textFile("/user/root/sparkSql/people.txt").map(_.split(","))
```

```
# RDD 转换成 DataFrame
val people = data.map(p => Person(p(0), p(1).trim.toInt)).toDF()
```

第二种方式是采用编程指定 Schema 的方式将 RDD 转换为 DataFrame，实现步骤如下。

1）加载数据创建 RDD。

2）使用 StructType 创建一个和步骤 1 的 RDD 中的数据结构相匹配的 Schema。

3）通过 createDataFrame() 方法将 Schema 应用到 RDD 上，将 RDD 数据转换为 DataFrame，如代码清单 6-25 所示。

代码清单 6-25　将 RDD 数据转换为 DataFrame 方式 2

```
# 创建 RDD
val people = sc.textFile("/user/root/sparkSql/people.txt")

# 用 StructType 创建一个结构相匹配的 Schema
val schemaString = "name age"
import org.apache.spark.sql.Row
import org.apache.spark.sql.types.{StructType, StructField, StringType}
val schema = StructType(schemaString.split(" ").map(
fieldName => StructField(fieldName, StringType, true)))

# Schema 转换成 RDD 再转换成 DataFrame
val rowRDD = people.map(_.split(",")).map(p => Row(p(0), p(1).trim))
val peopleDataFrame = spark.createDataFrame(rowRDD, schema)
```

（4）通过 Hive 表创建 DataFrame

通过 Hive 表创建 DataFrame 时，可以使用 SparkSession 对象。使用 SparkSession 对象并调用 sql() 方法查询 Hive 中的表数据并转换为 DataFrame，如查询 test 数据库中的 people 表数据并转换为 DataFrame，如代码清单 6-26 所示。

代码清单 6-26　通过 Hive 表创建 DataFrame

```
# 选择 Hive 的 test 数据库
spark.sql("use test")
# 将 Hive 的 test 数据库中的 people 表转换为 DataFrame
val people = spark.sql("select * from people")
```

2. 查看 DataFrame 数据

Spark DataFrame 派生于 RDD，因此类似于 RDD。DataFrame 只有在提交 Action 操作时才进行计算。查看并获取 DataFrame 数据的常用函数或方法如表 6-6 所示。

表 6-6　Spark DataFrame 常用函数或方法

常用函数或方法	说明
printSchema	打印数据模式
show()	查看数据
first()/head()/take()/takeAsList()	获取若干行数据
collect()/collectAsList()	获取所有数据

以 movies.dat 的电影数据为例，展示 DataFrame 查看数据的操作。数据有 3 个字段，分别为 MovieID（电影 ID）、Title（电影名称）和 Genres（电影类型）。将数据上传至 HDFS 的 /user/root/sparkSql 目录下，加载数据为 RDD 并转换为 DataFrame，如代码清单 6-27 所示。

代码清单 6-27 创建 DataFrame 对象 movies

```
# 定义一个样例类 Movie
case class Movie(MovieID : Int, Title : String, Genres: String)
# 创建 RDD
val data = sc.textFile("/user/root/sparkSql/movies.dat").map(_.split("::"))
# RDD 转换成 DataFrame
val movies = data.map(m => Movie(m(0).trim.toInt, m(1), m(2))).toDF()
```

（1）printSchema：查看数据模式

创建 DataFrame 对象后，一般会查看 DataFrame 数据的模式。使用 printSchema 函数可以查看 DataFrame 数据模式，打印出列的名称和类型。查看 DataFrame 对象 movies 的数据模式，如代码清单 6-28 所示，返回结果如图 6-19 所示。

代码清单 6-28 查看 movies 的数据模式

```
movies.printSchema
```

```
scala> movies.printSchema
root
 |-- movieId: integer (nullable = false)
 |-- title: string (nullable = true)
 |-- Genres: string (nullable = true)
```

图 6-19 查看 movies 的数据模式

（2）show()：查看数据

使用 show() 方法可以查看 DataFrame 数据，可输入的参数及说明如表 6-7 所示。

表 6-7 show() 方法的参数及说明

参数	说明
show()	显示前 20 条记录
show(numRows:Int)	显示 numRows 条记录
show(truncate:Boolean)	是否最多只显示 20 个字符，默认为 true
show(numRows:Int,truncate:Boolean)	显示 numRows 条记录并设置过长字符串的显示格式

使用 show() 方法查看 DataFrame 对象 movies 中的数据，show() 方法与 show(true) 方法的查询结果一样，只显示前 20 条记录，并且最多只显示 20 个字符。如果需要显示所有字符，那么需要使用 show(false) 方法，如代码清单 6-29 所示，结果如图 6-20 所示。需要注意的是，图 6-20 只截取了前 5 条结果（实际结果有 20 条记录）。

代码清单 6-29 使用 show() 方法查看 movies 中的数据

```
# 显示前 20 条记录
movies.show()
```

```
# 显示所有字符
movies.show(false)
```

```
scala> movies.show()
+-------+--------------------+--------------------+
|movieId|               title|              Genres|
+-------+--------------------+--------------------+
|      1|    Toy Story (1995)|Animation|Childre...|
|      2|      Jumanji (1995)|Adventure|Childre...|
|      3|Grumpier Old Men ...|      Comedy|Romance|
|      4|Waiting to Exhale...|        Comedy|Drama|
|      5|Father of the Bri...|              Comedy|

scala> movies.show(false)
+-------+-----------------------------------+---------------------------+
|movieId|title                              |Genres                     |
+-------+-----------------------------------+---------------------------+
|1      |Toy Story (1995)                   |Animation|Children's|Comedy |
|2      |Jumanji (1995)                     |Adventure|Children's|Fantasy|
|3      |Grumpier Old Men (1995)            |Comedy|Romance             |
|4      |Waiting to Exhale (1995)           |Comedy|Drama               |
|5      |Father of the Bride Part II (1995) |Comedy                     |
```

图 6-20　使用 show() 方法查看 movies 中的数据

show() 方法默认只显示前 20 行记录。若需要查看前 n 行记录则可以使用 show (numRows:Int) 方法，如通过 “movies.show(5)” 命令查看 movies 的前 5 行记录，结果如图 6-21 所示。

```
scala> movies.show(10)
+-------+--------------------+--------------------+
|movieId|               title|              Genres|
+-------+--------------------+--------------------+
|      1|    Toy Story (1995)|Animation|Childre...|
|      2|      Jumanji (1995)|Adventure|Childre...|
|      3|Grumpier Old Men ...|      Comedy|Romance|
|      4|Waiting to Exhale...|        Comedy|Drama|
|      5|Father of the Bri...|              Comedy|
```

图 6-21　查看前 5 行记录

（3）first()/head()/take()/takeAsList()：获取若干行记录

除了可以使用 show() 方法获取 DataFrame 若干行记录之外，还可以使用 first()、head()、take()、takeAsList() 方法获取，解释说明如表 6-8 所示。

表 6-8　DataFrame 获取若干行记录的方法

方法	说明
first()	获取第一行记录
head(n:Int)	获取前 n 行记录
take(n:Int)	获取前 n 行记录
takeAsList(n:Int)	获取前 n 行数据，并以 List 的形式展现

分别使用 first()、head()、take()、takeAsList() 方法查看 movies 前几行数据记录，如代码清单 6-30 所示，结果如图 6-22 所示。first() 和 head() 方法的功能相同，以 Row 或 Array[Row] 的形式返回一行或多行数据。take() 和 takeAsList() 方法则会将获得的数据返回 Driver 端，为避免 Driver 发生 OutofMemoryError，不建议在数据量比较大时使用。

代码清单 6-30 使用 first()、head()、take()、takeAsList() 方法查看 movies 前几行数据记录

```
# 获取第一行记录
movies.first()
# head() 方法获取前 3 行记录
movies.head(3)
# take() 方法获取前 3 行记录
movies.take(3)
# takeAsList() 方法获取前 3 行数据，并以 List 的形式展现
movies.takeAsList(3)
```

```
scala> movies.first()
res5: org.apache.spark.sql.Row = [1,Toy Story (1995),Anima
tion|Children's|Comedy]
scala> movies.head(3)
res6: Array[org.apache.spark.sql.Row] = Array([1,Toy Story
 (1995),Animation|Children's|Comedy], [2,Jumanji (1995),Ad
venture|Children's|Fantasy], [3,Grumpier Old Men (1995),Co
medy|Romance])
scala> movies.take(3)
res7: Array[org.apache.spark.sql.Row] = Array([1,Toy Story
 (1995),Animation|Children's|Comedy], [2,Jumanji (1995),Ad
venture|Children's|Fantasy], [3,Grumpier Old Men (1995),Co
medy|Romance])
scala> movies.takeAsList(3)
res8: java.util.List[org.apache.spark.sql.Row] = [[1,Toy S
tory (1995),Animation|Children's|Comedy], [2,Jumanji (1995
),Adventure|Children's|Fantasy], [3,Grumpier Old Men (1995
),Comedy|Romance]]
```

图 6-22 first()、head()、take()、takeAsList() 方法操作示例

（4）collect() 和 collectAsList()：获取所有数据

collect() 方法可以查询 DataFrame 中所有的数据，并返回一个 Array 对象。collectAsList() 方法和 collect() 方法类似，可以查询 DataFrame 中所有的数据，但是返回的是 List 对象。分别使用 collect() 和 collectAsList() 方法查看 movies 的所有数据，如代码清单 6-31 所示。

代码清单 6-31 使用 collect() 和 collectAsList() 方法查看 movies 的所有数据

```
# 使用 collect() 方法获取数据
movies.collect()
# 使用 collectAsList() 方法获取数据
movies.collectAsList()
```

3. 实现 DataFrame 查询操作

DataFrame 查询数据有两种方法，第一种是将 DataFrame 注册为临时表，再通过 SQL 语句查询数据。前面已创建了一个 DataFrame，名称为 peopleDataFrame，这里直接使用。先将 peopleDataFrame 注册成临时表，使用 spark.sql() 方法查询 peopleDataFrame 中年龄大于 20 的用户，如代码清单 6-32 所示，结果如图 6-23 所示。

代码清单 6-32 注册临时表并查询数据

```
# 将 peopleDataFrame 注册成为临时表
peopleDataFrame.registerTempTable("peopleTempTab")
# 查询年龄大于 20 的数据
```

```
val personsRDD = spark.sql("select name,age from peopleTempTab where age > 20")
personsRDD.collect
```

```
scala> personsRDD.collect
res3: Array[org.apache.spark.sql.Row] = Array([Michael,29], [Andy,30])
```

图 6-23 将 DataFrame 注册为临时表并查询数据

第二种方法是直接在 DataFrame 对象上查询。DataFrame 提供了很多查询数据的方法，类似于 Spark RDD 的 Transformation 操作。DataFrame 的查询操作也是一个懒操作，仅仅生成一个查询计划，只有触发 Action 操作才会进行计算并返回结果。DataFrame 常用的查询方法如表 6-9 所示。

表 6-9 DataFrame 常用的查询方法

方法	说明
where()	条件查询
select()/selectExpr()/col()/apply()	查询指定字段的数据信息
limit()	查询前 n 行记录
order by()	排序查询
groupBy()	分组查询
join()	连接查询

由于介绍的方法中涉及连接操作，所以这里为读者提供了两份数据，分别为用户对电影评分的数据 ratings.dat 和用户的基本信息数据 users.dat。ratings.dat 包含 4 个字段，分别为 UserID（用户 ID）、MovieID（电影 ID）、Rating（评分）和 Timestamp（时间戳）；users.dat 包含 5 个字段，分别为 UserID（用户 ID）、Gender（性别）、Age（年龄）、Occupation（职业）和 Zip-code（地区编码）。将这两份数据上传至 HDFS，加载 ratings.dat 数据创建 DataFrame 对象 rating，加载 users.dat 数据创建 DataFrame 对象 user，如代码清单 6-33 所示。

代码清单 6-33 创建 DataFrame 对象 rating 和 user

```
# 定义样例类 Rating
case class Rating(userId:Int, movieId:Int, rating:Int, timestamp:Long)
# 读取 rating.dat 数据创建 RDD ratingData
val ratingData = sc.textFile("/user/root/sparkSql/ratings.dat").map(_.split("::"))
# 将 ratingData 转换成 DataFrame
val rating = ratingData.map(r => Rating(
    r(0).trim.toInt,
    r(1).trim.toInt,
    r(2).trim.toInt,
    r(3).trim.toLong)).toDF()
# 定义样例类 User
case class User(userId:Int, gender:String, age:Int, occupation :Int, zip:String)
# 读取 users.dat 数据创建 RDD userData
val userData = sc.textFile("/user/root/sparkSql/users.dat").map(_.split("::"))
# 将 userData 转换成 DataFrame
```

```
val user = userData.map(u => User(
    u(0).trim.toInt,
    u(1),
    u(2).trim.toInt,
    u(3).trim.toInt,
    u(4))).toDF()
```

基于 DataFrame 对象 rating 和 user 进行如下查询操作。

（1）条件查询

使用 where() 或 filter() 方法可以查询数据中符合条件的所有字段的信息。

① where() 方法。

DataFrame 可以使用 where(conditionExpr: string) 方法查询符合指定条件的数据，该方法的参数可以使用 and 或 or。where() 方法的返回结果仍然为 DataFrame 类型。查询 user 对象中性别为女且年龄为 18 岁的用户信息，如代码清单 6-34 所示。使用 show() 方法显示前 3 条查询结果，如图 6-24 所示。

代码清单 6-34　where() 方法查询

```
# 使用 where 查询 user 对象中性别为女且年龄为 18 的用户信息
val userWhere = user.where("gender = 'F' and age = 18")
# 查看查询结果的前 3 条信息
userWhere.show(3)
```

```
scala> val userWhere=user.where("gender='F' and age=18")
userWhere: org.apache.spark.sql.DataFrame = [userId: int,
gender: string, age: int, occupation: int, zip: string]

scala> userWhere.show(3)
+------+------+---+----------+-----+
|userId|gender|age|occupation|  zip|
+------+------+---+----------+-----+
|    18|     F| 18|         3|95825|
|    34|     F| 18|         0|02135|
|    38|     F| 18|         4|02215|
+------+------+---+----------+-----+
only showing top 3 rows
```

图 6-24　where() 方法查询结果

② filter() 方法。

DataFrame 还可以使用 filter() 方法筛选出符合条件的数据。使用 filter() 方法查询 user 对象中性别为女且年龄为 18 岁的用户信息，如代码清单 6-35 所示，显示前 3 条查询结果，如图 6-25 所示，结果与图 6-24 所示的结果一致。

代码清单 6-35　filter() 方法查询

```
# 使用 filter() 方法查询 user 对象中性别为女并且年龄为 18 岁的用户信息
val userFilter = user.filter("gender = 'F' and age = 18")
# 查看查询结果的前 3 条信息
userFilter.show(3)
```

```
scala> val userFilter=user.filter("gender='F' and age=18")
userFilter: org.apache.spark.sql.DataFrame = [userId: int, g
ender: string, age: int, occupation: int, zip: string]
scala> userFilter.show(3)
+------+------+---+----------+-----+
|userId|gender|age|occupation|  zip|
+------+------+---+----------+-----+
|    18|     F| 18|         3|95825|
|    34|     F| 18|         0|02135|
|    38|     F| 18|         4|02215|
+------+------+---+----------+-----+
only showing top 3 rows
```

图 6-25　filter() 方法查询结果

（2）查询指定字段的数据信息

where() 和 filter() 方法查询的数据包含的是所有字段的信息，但是有时用户只需要查询某些字段的值。DataFrame 提供了查询指定字段的值的方法，如 select()、selectExpr()、col() 和 apply() 方法，用法介绍如下。

① select() 方法：获取指定字段值。

select() 方法根据传入的 string 类型字段名获取指定字段的值，并返回一个 DataFrame 对象。查询 user 对象中 userId 和 gender 字段的数据，如代码清单 6-36 所示，结果如图 6-26 所示。

代码清单 6-36　select() 方法查询

```
# 使用 select() 方法查询 user 对象中 userId 及 gender 字段的数据
val userSelect = user.select("userId", "gender")
# 查看查询结果的前 3 条信息
userSelect.show(3)
```

```
scala> val userSelect=user.select("userId","gender")
userSelect: org.apache.spark.sql.DataFrame = [userId: int, g
ender: string]
scala> userSelect.show(3)
+------+------+
|userId|gender|
+------+------+
|     1|     F|
|     2|     M|
|     3|     M|
+------+------+
only showing top 3 rows
```

图 6-26　select() 方法查询结果

② selectExpr() 方法：对指定字段进行特殊处理。在实际业务中，我们可能需要对某些字段进行特殊处理，如为某个字段取别名、对某个字段的数据进行四舍五入等。DataFrame 提供了 selectExpr() 方法，可以给某个字段指定别名或调用 UDF 函数进行其他处理。selectExpr() 方法传入 string 类型的参数，返回一个 DataFrame 对象。

例如，定义一个函数 replace，对 user 对象中 gender 字段的值进行转换，如代码清单 6-37 所示，若 gender 字段的值为“M”则替换为“0”，若 gender 字段的值为“F”则替换为“1”。

代码清单 6-37 定义函数

```
spark.udf.register("replace", (x:String) => {
x match{
    case "M" => 0
    case "F" => 1
    }
})
```

使用 selectExpr() 方法查询 user 对象中 userId、gender 和 age 字段的数据，对 gender 字段使用 replace 函数并取别名为 sex，如代码清单 6-38 所示，结果如图 6-27 所示。

代码清单 6-38 selectExpr() 方法查询

```
val userSelectExpr = user.selectExpr("userId", "replace(gender) as sex", "age")
# 查看查询结果的前 3 条信息
userSelectExpr.show(3)
```

```
scala> val userSelectExpr=user.selectExpr("userId","replace(
gender) as sex","age")
userSelectExpr: org.apache.spark.sql.DataFrame = [userId: in
t, sex: int, age: int]
scala> userSelectExpr.show(3)
+------+---+---+
|userId|sex|age|
+------+---+---+
|     1|  1|  1|
|     2|  0| 56|
|     3|  0| 25|
+------+---+---+
only showing top 3 rows
```

图 6-27 selectExprr() 方法查询结果

③ col() 和 apply() 方法

col() 和 apply() 方法也可以获取 DataFrame 的指定字段，但只能获取一个字段，并且返回的是一个 Column 类型的对象。分别使用 col() 和 apply() 方法查询 user 对象中 zip 字段的数据，如代码清单 6-39 所示，结果如图 6-28 所示。

代码清单 6-39 使用 col() 和 apply() 方法获取指定字段的数据

```
# 查询 user 对象中 zip 字段的数据
val userCol = user.col("zip")
# 查看查询结果
user.select(userCol).collect
# 查询 user 对象中 zip 字段的数据
val userApply = user.apply("zip")
# 查看查询结果
user.select(userApply).collect
```

（3）查询前 *n* 行记录

limit() 方法可以获取指定 DataFrame 数据的前 *n* 行记录。不同于 take() 与 head() 方法，limit() 方法不是 Action 操作，因此不会直接返回查询结果，需要结合 show() 方法或其他

Action 操作才可以显示结果。使用 limit() 方法查询 user 对象的前 3 行记录，并使用 show() 方法显示查询结果，如代码清单 6-40 所示，结果如图 6-29 所示。

```
scala> val userCol=user.col("zip")
userCol: org.apache.spark.sql.Column = zip
scala> user.select(userCol).collect
res16: Array[org.apache.spark.sql.Row] = Array([48067], [7
0072], [55117], [02460], [55455], [55117], [06810], [11413
], [61614], [95370], [04093], [32793], [93304], [60126], [
22903], [20670], [95350], [95825], [48073], [55113], [9935
3], [53706], [90049], [10023], [01609], [23112], [19130],
scala> val userApply=user.apply("zip")
userApply: org.apache.spark.sql.Column = zip
scala> user.select(userApply).collect
res17: Array[org.apache.spark.sql.Row] = Array([48067], [7
0072], [55117], [02460], [55455], [55117], [06810], [11413
], [61614], [95370], [04093], [32793], [93304], [60126], [
22903], [20670], [95350], [95825], [48073], [55113], [9935
3], [53706], [90049], [10023], [01609], [23112], [19130],
```

图 6-28　col() 与 apply() 方法查询结果

代码清单 6-40　limit() 方法查询

```
# 查询 user 对象的前 3 行记录
val userLimit = user.limit(3)
# 查看查询结果
userLimit.show()
```

```
scala> val userLimit=user.limit(3)
userLimit: org.apache.spark.sql.DataFrame = [userId: int,
gender: string, age: int, occupation: int, zip: string]
scala> userLimit.show()
+------+------+---+----------+-----+
|userId|gender|age|occupation|  zip|
+------+------+---+----------+-----+
|     1|     F|  1|        10|48067|
|     2|     M| 56|        16|70072|
|     3|     M| 25|        15|55117|
+------+------+---+----------+-----+
```

图 6-29　limit() 方法查询结果

（4）排序查询

orderBy() 方法是根据指定字段进行排序，默认为升序排序。若要求降序排序，可以将参数设置为 desc（“字段名称”）或 $”字段名称”.desc，也可以在指定字段前面加“-”。使用 orderBy() 方法根据 userId 字段对 user 对象进行降序排序，如代码清单 6-41 所示，查看前 3 条记录，结果如图 6-30 所示。

代码清单 6-41　orderBy() 方法查询

```
# 使用 orderBy() 方法根据 userId 字段对 user 对象进行降序排序
val userOrderBy = user.orderBy(desc("userId"))
val userOrderBy = user.orderBy($"userId".desc)
val userOrderBy = user.orderBy(-user("userId"))
# 查看结果的前 3 条信息
userOrderBy.show(3)
```

```
scala> val userOrderBy=user.orderBy(desc("userId"))
userOrderBy: org.apache.spark.sql.DataFrame = [userId: int
, gender: string, age: int, occupation: int, zip: string]

scala> val userOrderBy=user.orderBy($"userId".desc)
userOrderBy: org.apache.spark.sql.DataFrame = [userId: int
, gender: string, age: int, occupation: int, zip: string]

scala> val userOrderBy=user.orderBy(-user("userId"))
userOrderBy: org.apache.spark.sql.DataFrame = [userId: int
, gender: string, age: int, occupation: int, zip: string]

scala> userOrderBy.show(3)
+------+------+---+----------+-----+
|userId|gender|age|occupation|  zip|
+------+------+---+----------+-----+
|  6041|     M| 25|         7|11107|
|  6040|     M| 25|         6|11106|
|  6039|     F| 45|         0|01060|
+------+------+---+----------+-----+
only showing top 3 rows
```

图 6-30 orderBy() 方法查询结果

sort() 方法也可以根据指定字段对数据进行排序，用法与 orderBy() 方法一样。使用 sort() 方法根据 userId 字段对 user 对象进行升序排序，如代码清单 6-42 所示，结果如图 6-31 所示。

代码清单 6-42 sort() 方法排序查询

```
# 使用 sort 方法根据 userId 字段对 user 对象进行升序排序
val userSort = user.sort(asc("userId"))
val userSort = user.sort($"userId".asc)
val userSort = user.sort(user("userId"))
# 查看查询结果的前 3 条信息
userSort.show(3)
```

```
scala> val userSort=user.sort(asc("userId"))
userSort: org.apache.spark.sql.DataFrame = [userId: int, g
ender: string, age: int, occupation: int, zip: string]

scala> val userSort=user.sort($"userId".asc)
userSort: org.apache.spark.sql.DataFrame = [userId: int, g
ender: string, age: int, occupation: int, zip: string]

scala> val userSort=user.sort(user("userId"))
userSort: org.apache.spark.sql.DataFrame = [userId: int, g
ender: string, age: int, occupation: int, zip: string]

scala> userSort.show(3)
+------+------+---+----------+-----+
|userId|gender|age|occupation|  zip|
+------+------+---+----------+-----+
|     1|     F|  1|        10|48067|
|     2|     M| 56|        16|70072|
|     3|     M| 25|        15|55117|
+------+------+---+----------+-----+
only showing top 3 rows
```

图 6-31 sort() 方法排序查询结果

（5）分组查询

groupBy() 方法可以根据指定字段进行分组操作。groupBy() 方法的输入参数既可以是 string 类型的字段名，也可以是 column 类型的对象。根据 gender 字段对 user 对象进行分组，如代码清单 6-43 所示。

代码清单 6-43　使用 groupBy() 方法进行分组查询

```
# 根据 gender 字段对 user 对象进行分组
val userGroupBy = user.groupBy("gender")
val userGroupBy = user.groupBy(user("gender"))
```

groupBy() 方法返回的是一个 GroupedData 对象，GroupedData 对象可调用的方法及其说明如表 6-10 所示。

表 6-10　GroupedData 对象常用方法及其说明

方法	说明
max(colNames:String)	获取分组中指定字段或所有的数值类型字段的最大值
min(colNames:String)	获取分组中指定字段或所有的数值类型字段的最小值
mean(colNames:String)	获取分组中指定字段或所有的数值类型字段的平均值
sum(colNames:String)	获取分组中指定字段或所有的数值类型字段的值的和
count()	获取分组中的元素个数

表 6-10 所示的方法都可以用在 groupBy() 方法之后。根据 gender 字段对 user 对象进行分组，并计算分组中的元素个数，如代码清单 6-44 所示，结果如图 6-32 所示。

代码清单 6-44　GroupedData 对象常用方法示例

```
# 根据 gender 字段对 user 对象进行分组，并计算分组中的元素个数
val userGroupByCount = user.groupBy("gender").count
userGroupByCount.show()
```

```
scala> val userGroupByCount=user.groupBy("gender").count
userGroupByCount: org.apache.spark.sql.DataFrame = [gender
: string, count: bigint]

scala> userGroupByCount.show()
+------+-----+
|gender|count|
+------+-----+
|     F| 1709|
|     M| 4332|
+------+-----+
```

图 6-32　GroupedData 对象常用的方法示例

（6）连接查询

数据并不一定都存放在同一个表中，有可能存放在两个或两个以上的表中。根据业务需求，有时候需要连接两个表才可以查询出业务所需的数据。DataFrame 提供了 join() 方法用于连接两个表，如表 6-11 所示。

表 6-11　join() 方法及其说明

方法	说明
join(right:DataFrame)	两个表做笛卡儿积
join(right:DataFrame,joinExprs:Column)	根据两表中相同的某个字段进行连接
join(right:DataFrame,joinExprs:Column,joinType:String)	根据两表中相同的某个字段进行连接并指定连接类型

使用 join(right:DataFrame) 方法连接 rating 和 user 两个 DataFrame 数据，如代码清单 6-45 所示，结果如图 6-33 所示。

代码清单 6-45 join(right:DataFrame) 方法

```
# 开启允许笛卡儿积操作
spark.conf.set("spark.sql.crossJoin.enabled", "true")
# 使用 join(right:DataFrame) 方法连接 rating 和 user 两个 DataFrame 数据
val dfjoin = user.join(rating)
# 查看前 3 条记录
dfjoin.show(3)
```

```
scala> spark.conf.set("spark.sql.crossJoin.enabled", "true")

scala> val dfjoin = user.join(rating)
dfjoin: org.apache.spark.sql.DataFrame = [userId: int, gender: string ... 7 more fields]

scala> dfjoin.show(3)
+------+------+---+----------+-----+------+-------+------+---------+
|userId|gender|age|occupation|  zip|userId|movieId|rating|timestamp|
+------+------+---+----------+-----+------+-------+------+---------+
|     1|     F|  1|        10|48067|     1|   1193|     5|978300760|
|     1|     F|  1|        10|48067|     1|    661|     3|978302109|
|     1|     F|  1|        10|48067|     1|    914|     3|978301968|
+------+------+---+----------+-----+------+-------+------+---------+
only showing top 3 rows
```

图 6-33 join(right:DataFrame) 方法查询结果

使用 join(right:DataFrame,joinExprs:Column) 方法根据 userId 字段连接 rating 和 user 两个 DataFrame 数据，如代码清单 6-46 所示，结果如图 6-34 所示。

代码清单 6-46 join(right:DataFrame,joinExprs:Column) 方法

```
# 使用 join(right:DataFrame,joinExprs:Column) 方法根据 userId 字段连接 rating 和 user
val dfJoin = user.join(rating, "userId")
# 查看前 3 条记录
dfJoin.show(3)
```

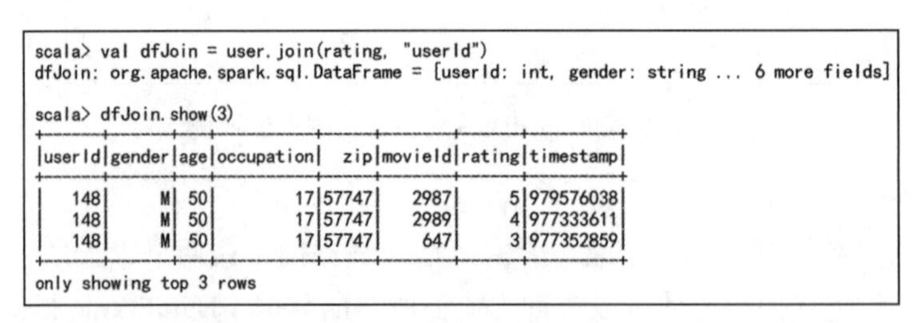

```
scala> val dfJoin = user.join(rating, "userId")
dfJoin: org.apache.spark.sql.DataFrame = [userId: int, gender: string ... 6 more fields]

scala> dfJoin.show(3)
+------+------+---+----------+-----+-------+------+---------+
|userId|gender|age|occupation|  zip|movieId|rating|timestamp|
+------+------+---+----------+-----+-------+------+---------+
|   148|     M| 50|        17|57747|   2987|     5|979576038|
|   148|     M| 50|        17|57747|   2989|     4|977333611|
|   148|     M| 50|        17|57747|    647|     3|977352859|
+------+------+---+----------+-----+-------+------+---------+
only showing top 3 rows
```

图 6-34 join(right:DataFrame,joinExprs:Column) 方法查询结果

join(right:DataFrame,joinExprs:Column,joinType:String) 方法可以根据多个字段连接两个表，并且指定连接类型（joinType）。连接类型只能是 inner、outer、left_outer、right_outer、semijoin 中的一种。图 6-34 中已得到了一个 DataFrame 数据 dfJoin，根据 userId 和 gender 字段连接 dfJoin 和 user 的数据，并指定连接类型为 left_outer，如代码清单 6-47 所示，结果如图 6-35 所示。

代码清单 6-47　join(right:DataFrame,joinExprs:Column,joinType:String) 方法

```
# join(right:DataFrame,joinExprs:Column,joinType:String) 方法
val dfJoin2 = dfJoin.join(user, Seq("userId", "gender"), "left_outer")
# 查看前 3 条记录
dfJoin2.show(3)
```

```
scala> val dfJoin2 = dfJoin.join(user, Seq("userId", "gender"), "left_outer")
dfJoin2: org.apache.spark.sql.DataFrame = [userId: int, gender: string ... 9 more fields]

scala> dfJoin2.show(3)
+------+------+---+----------+-----+-------+------+---------+---+----------+-----+
|userId|gender|age|occupation|  zip|movieId|rating|timestamp|age|occupation|  zip|
+------+------+---+----------+-----+-------+------+---------+---+----------+-----+
|    71|     M| 25|        14|95008|    648|     4|977875582| 25|        14|95008|
|    71|     M| 25|        14|95008|   1250|     4|977875378| 25|        14|95008|
|    71|     M| 25|        14|95008|   2997|     3|977875912| 25|        14|95008|
+------+------+---+----------+-----+-------+------+---------+---+----------+-----+
only showing top 3 rows
```

图 6-35　join(right:DataFrame,joinExprs:Column,joinType:String) 方法查询结果

4. 实现 DataFrame 输出操作

DataFrame 提供了很多输出操作的方法，例如，可以使用 save() 方法将 DataFrame 数据保存成文件，也可以使用 saveAsTable() 方法将 DataFrame 数据保存成持久化的表。saveAsTable() 方法会将 DataFrame 数据保存至 Hive，持久化表会一直保留，即使 Spark 程序重启也不会受到影响，只要连接至同一个元数据服务即可读取表数据。读取持久化表时，只需要用表名作为参数，调用 spark.table() 方法即可加载表数据并创建 DataFrame。

默认情况下，saveAsTable() 方法会创建一个内部表，表数据的位置是由元数据服务控制的。如果删除表，那么表数据也会同步删除。

将 DataFrame 数据保存为文件，实现步骤如下。

1）首先创建一个 Map 对象，用于存储一些 save() 方法需要用到的数据，这里将指定文件的头信息及文件的保存路径，如代码清单 6-48 所示。

代码清单 6-48　创建 Map 对象

```
val saveOptions = Map("header" -> "true", "path" -> "/user/root/sparkSql/
    copyOfUser.json")
```

2）从 user 数据中选出 userId、gender 和 age 这 3 列字段的数据，如代码清单 6-49 所示。

代码清单 6-49　创建 copyOfUser 对象

```
val copyOfUser = user.select("userId", "gender", "age")
```

3）调用 save() 方法将步骤 2 中的 DataFrame 数据保存至 copyOfUser.json 文件夹中，如代码清单 6-50 所示。

代码清单 6-50　调用 save() 方法

```
copyOfUser.write.format("json").mode(SaveMode.Overwrite).options(saveOptions).save()
```

在代码清单 6-50 所示的命令中，mode() 方法用于指定数据保存的模式，该方法可以接收的参数有 Overwrite、Append、Ignore 和 ErrorIfExists。Overwrite 表示覆盖目录中已存在的数据；Append 表示在目标目录下追加数据；Ignore 表示如果目录下已有文件，则什么都不执行；ErrorIfExists 表示如果目标目录下已存在文件，则抛出相应的异常。

4）在 HDFS 的 /user/root/sparkSql/ 目录下查看保存结果，如图 6-36 所示。

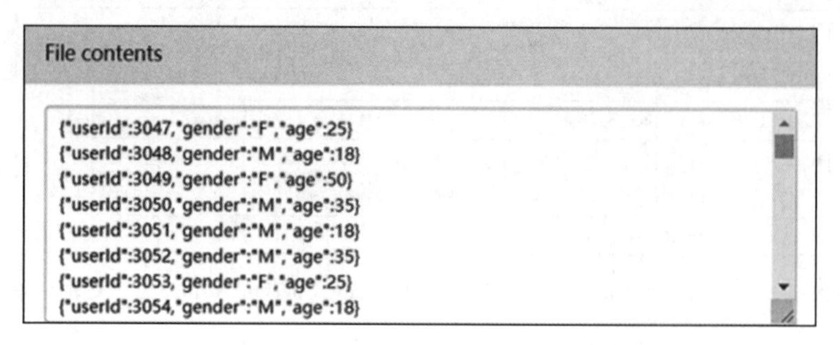

图 6-36　查看保存结果

使用 saveAsTable() 方法将 DataFrame 对象 copyOfUser 保存为 copyUser 表，如代码清单 6-51 所示，结果如图 6-37 所示。

代码清单 6-51　将 DataFrame 输出为 Hive 表

```
# 获取 user 表的部分字段
val copyOfUser = user.select("userId", "gender", "age")
# 保存成一张表 copyUser
copyOfUser.write.saveAsTable("copyUser")
# 查询 copyUser 表的前 5 条记录
spark.sql("select * from copyUser").show(5)
```

```
scala> sqlContext.sql("select * from copyUser").show(5)
+------+------+---+
|userId|gender|age|
+------+------+---+
|     1|     F|  1|
|     2|     M| 56|
|     3|     M| 25|
|     4|     M| 45|
|     5|     M| 25|
+------+------+---+
only showing top 5 rows
```

图 6-37　将 DataFrame 数据保存为 Hive 表

6.5.3　场景应用：广告流量作弊识别探索分析

与传统的电视广告、户外广告采买相比，虚假流量一直以来被看作互联网广告特有的弊病。互联网虚假流量是指通过特殊的方式，模仿人类浏览行为生成的访问流量。如通过设置程序，每分钟访问一次某网站的主页，这样的流量即属于虚假流量。广告主寻找媒体投放广告的目的是将信息传达给目标受众，以此增加销售量。而媒体的责任则是尽可能引导更多的用户浏览这些信息。浏览量的增加一般情况下可以带来销售量的增加。同等条件下，流量大的网站收取的广告费用更高，因此，有些网站受利益的驱使，会通过作弊方式产生虚假流量。虚假流量提高了广告的费用，也直接损害了广告主的利益，给广告主造成了严重的损失。本案例将通过 Spark 大数据技术实现广告流量作弊识别探索分析，使读者可以更加熟悉 Spark 相关技术，并灵活应用相关技术解决相应的大数据问题。

在本案例中，我们将业务人员从该网站后台的 MySQL 数据库中采用无放回随机抽样法抽取的 7 天的流量记录作为原始建模数据，并导出为 CSV 格式，命名为 case_data_new.csv。

广告流量数据共包含 22 个数据字段，各字段说明如表 6-12 所示。

表 6-12　广告流量数据字段说明

字段名称	说明
rank	记录序号
dt	相对日期，单位为天
cookie	cookie 值
ip	IP 地址，已脱敏处理
idfa	idfa 值，可用于识别 iOS 用户
imei	imei 值，可用于识别 Android 用户
android	android 值，可用于识别 Android 用户
openudid	openudid 值，可用于识别 iOS 用户
mac	mac 值，可用于识别不同硬件设备
timestamps	时间戳
camp	项目 ID
creativeid	创意 ID
mobile_os	设备 OS 版本信息，该值为原始值
mobile_type	机型
app_key_md5	app key 信息
app_name_md5	app name 信息
placementid	广告位信息
useragent	浏览器信息
mediaid	媒体 id 信息
os_type	OS 类型标记
born_time	cookie 生成时间
label	作弊标签，有 0、1 值。1 表示作弊，0 表示正常

对于原始的数据，我们一般只是从业务人员那里得到关于数据的一些基本信息，对数据的了解知之甚少，而且业务人员提供的基本信息也是未经验证的，具体数据是否与业务人员描述一致还未可知。因此，在获取到数据后，我们需要先对数据进行基本的探索分析，再根据探索分析得出的数据清洗规则，对数据进行进一步的处理。

本案例的完整流程都将在 IDEA 开发环境中通过编程实现，同时由于数据探索和数据处理部分会较为频繁地输出结果进行验证，所以数据探索和处理将选择本地模式进行编译运行。首先创建一个 Spark 工程，导入 Spark 相关的开发依赖包，创建一个 Explore.scala 类。实例化 SparkSession 对象，命名为 Spark，并设置日志输出等级为“ WARN”，如代码清单 6-52 所示。

代码清单 6-52 实例化 SparkSession 对象

```
val dfPeople = spark.read.format("json").load("/user/root/sparkSql/people.json")
val spark = SparkSession
    .builder()
    .enableHiveSupport()
    .master("local[4]")
    .appName("Explore")
    .config("spark.some.config.option","some-value")
    .getOrCreate()

spark.sparkContext.setLogLevel("WARN")
```

1. 探索记录数

读取本地 case_data_new.csv 文件的数据为 DataFrame 格式的数据，通过 option 设置文件首行为列名，使用 count() 方法计算数据记录数，如代码清单 6-53 所示。

代码清单 6-53 统计数据记录数

```
// 统计记录数
val rawData = spark.read.option("header","true").csv("F:\\Data\\case_data_new.csv")
println(" 原始数据集行数为: " + rawData.count())
```

结果如图 6-38 所示，7 天的流量数据的记录数共有 1704154 条。

原始数据集行数为：1704154

图 6-38 原始数据行数统计

2. 探索日流量

在广告检测流量样本数据中，dt 字段记录了流量数据提取的相对天数。dt 字段的值为 1 ～ 7，即表示样本数据共有 7 天的数据记录，其中，字段值 1 表示提取的 7 天流量数据的第一天数据，以此类推。对每天的数据流量数进行统计，查看是否有异常现象。使用 groupBy() 方法根据 dt 字段进行分组统计，查询 7 天中每天的访问量，并根据相对天数进行升序排序，如代码清单 6-54 所示。

代码清单 6-54 统计数据日流量

```
// 统计日流量
rawData.groupBy("dt").count().selectExpr(
"dt","count as dayCount").sort("dt").show()
```

执行代码清单 6-54，结果如图 6-39 所示，可以看出日流量差异不大，数据产生的环境相对稳定，不存在数据倾斜问题。

```
+---+--------+
| dt|dayCount|
+---+--------+
|  1|  222665|
|  2|  323512|
|  3|  273309|
|  4|  233976|
|  5|  244887|
|  6|  251982|
|  7|  153823|
+---+--------+
```

图 6-39　日流量统计

3. 分析数据类型

根据数据的类型对数据中的 22 个字段进行探索，结果如表 6-13 所示。

表 6-13　流量数据数据类型

变量类型	变量名称
字符型（character）	cookie、ip、idfa、imei、android、openudid、mac、app_key_md5、app_name_md5、placementid、useragent、os_type
数值型（numeric）	rank、dt、timestamps、camp、creativeid、mobile_os、mobile_type、mediaid born_time、label

从表 6-13 可以看出，其中大部分的变量是字符类型的，而对于其余的数值型变量，后续需要对空值以及不合理的数据做进一步分析。

4. 统计缺失数据

在很多数据样本中，某些数据字段经常会存在缺失值。使用具有缺失值的字段会影响模型构建的过程及模型的效果，所以我们需要对缺失值做进一步处理。首先，我们要对 7 天中所有的广告流量数据进行缺失值探索，统计出各个属性的数量情况。

我们可以通过 Spark SQL 的 DataFrame API 操作接口的 na() 方法对缺失值进行统计，同时结合 drop() 方法得到数据字段的缺失值占比，即缺失率。原始数据存在 22 个字段，若对每个字段都进行缺失率统计，会造成不必要的代码冗余。同时通过观察，creativeid 字段的大量值都为 0，不符合正常情况，因此，我们将 creativeid 字段值为 0 的情况视为存在缺失现象。由于将 creativeid 字段的 0 值判断为缺失值，不同于其他字段，所以需单独统计。为提高代码利用率，在主程序（main() 方法）外构建自定义方法以计算数据字段缺失率，如代码清单 6-55 所示。

代码清单 6-55　缺失率统计的外部方法定义

```
def MissingCount(data:DataFrame,columnName:String): Unit ={
    if (columnName != "creativeid") {
        val missingRate = data.select(columnName).na.drop().count().toDouble /
            data.count()
        println(columnName+" 缺少值比率: " + (1-missingRate)*100 + "%")
    }
```

```
        else{
            val creativeidMissing = data.select(columnName).filter("creativeid = =0").
                count() / data.count().toDouble
            println(columnName+" 缺少值比率: " + creativeidMissing*100+"%")
        }
    }
```

在主程序内调用 for 循环对各个字段进行统计，如代码清单 6-56 所示。

代码清单 6-56 for 循环计算数据字段缺失值

```
// 获取列名并存为 List 中
val columnName = rawData.columns.toList
for (i <- columnName){
    MissingCount(rawData,i)
}
```

执行代码清单 6-55 和代码清单 6-56，结果如图 6-40 所示，由于数据字段较多，这里只截取了部分字段的缺失率结果。

```
rank 缺少值比率: 0.0%
dt 缺少值比率: 0.0%
cookie 缺少值比率: 0.0%
ip 缺少值比率: 0.0%
idfa 缺少值比率: 92.19213756503227%
imei 缺少值比率: 79.83116549325942%
android 缺少值比率: 80.78859070248346%
openudid 缺少值比率: 84.14450806675923%
mac 缺少值比率: 78.82843921382691%
timestamps 缺少值比率: 0.0%
camp 缺少值比率: 0.0%
```

图 6-40 字段缺失率的部分结果截图

对于各个数据字段的完整统计结果如表 6-14 所示。

表 6-14 各个字段缺失率的完整结果

字段名	缺失率	字段名	缺失率
rank	0.0%	creativeid	98.38905404089067%
dt	0.0%	mobile_os	80.23365259243003%
cookie	0.0%	mobile_type	77.39617428941281%
ip	0.0%	app_key_md5	79.96577774074409%
idfa	92.19213756503227%	app_name_md5	80.5729411778513%
imei	79.83116549325942%	placementid	0.0%
android	80.78859070248346%	useragent	4.350839184721567%
openudid	84.14450806675923%	mediaid	0.0%
mac	78.82843921382691%	os_type	67.29080822507825%
timestamps	0.0%	born_time	0.0%
camp	0.0%	label	0.0%

在 1704154 条流量数据中，对 cookie、ip、idfa 等 22 个数据字段进行缺失率统计。从表 6-14 中可以看出，mac、creativeid、mobile_os、mobile_type、app_key_md5、app_name_md5、os_type、idfa、imei、android、openudid 等字段的缺失率非常高，尤其是 creativeid 字段，高达 98.39%，且原始数据为数值型数据，无法进行插补，因此，后续将编写程序删除缺失率过高的数据字段。

5. 分析冗余数据

数据集成往往会导致数据冗余，而数据冗余往往会造成后续维护数据的成本提高以及存储空间的浪费。探索原始数据中是否存在冗余字段，结果如表 6-15 所示。

表 6-15　冗余字段分析结果

字段名称	缺失率	冗余原因
idfa	92.19%	可用于识别 iOS 用户
imei	79.83%	可用于识别 Android 用户
android	80.79%	可用于识别 Android 用户
openudid	84.14%	可用于识别 iOS 用户

如表 6-15 所示，我们发现 idfa、imei、android 和 openudid 这 4 个字段的缺失率是偏高的，而且对这 4 个字段进行字段识别，发现它们均是识别手机系统类型的字段，因此，为了减少对存储空间的占用，可以删除这 4 个字段。删除缺失率较高的字段以及冗余字段，如代码清单 6-57 所示。

代码清单 6-57　删除缺失率较高的字段以及冗余字段

```
val col2drop = Seq("mac", "creativeid", "mobile_os", "app_key_md5",
"app_name_md5", "os_type", "idfa", "imei", "android", "openudid")
val data_new = rawData.drop(col2drop: _*)
```

6.6　Spark MLlib——机器学习库

Spark MLlib 是 Spark 提供的一个机器学习算法库，包含机器学习的一些常用算法和处理工具。本节将对机器学习的相关概念进行简单介绍，再介绍 Spark MLlib 的概念及其发展历史，并结合 Spark 安装包中提供的示例数据展示 MLlib 中算法与算法包的使用。

6.6.1　Spark MLlib 概述

Spark MLlib 是 Spark 的机器学习算法库，封装了多种常用的机器学习算法。MLlib 算法库可以快速构建、评估和优化模型，并且采用分布式并行计算，运行效率更高。

Spark MLlib 旨在简化机器学习的工程实践工作，使用分布式并行计算实现模型，进行海量数据的迭代计算。MLlib 中数据计算处理的速度远快于普通的数据处理引擎的速度，大幅度提升了数据计算处理的运行效率。MLlib 由一些通用的学习算法和工具组成，主要包括以下内容。

- 算法工具：常用的机器学习算法，如分类、回归、聚类和协同过滤。
- 特征化工具：特征提取、转化、降维和选择工具。
- 管道（Pipeline）：用于构建、评估和调整机器学习管道的工具。
- 持久化：支持保存和加载算法、模型和管道。
- 实用工具：线性代数、统计、数据处理等工具。

Spark MLlib 的发展历史比较长，在 1.0 以前的版本提供的算法均是基于 RDD 实现的。Spark MLlib 主要有以下几个发展历程。

0.8 版本时，MLlib 算法库被加入 Spark，但只支持 Java 和 Scala 两种语言。

1.0 版本时，Spark MLlib 支持使用 Python 语言。

自 1.2 版本开始，Spark MLlib 被分为以下两个包，其算法也在不断增加和改进。

- spark.mllib 包，包含基于 RDD 的算法 API。
- spark.ml包，提供了基于DataFrame的算法API接口，可以用于构建机器学习工作流。Pipeline 弥补了原始 MLlib 库的不足，向用户提供了一个基于 DataFrame 的机器学习工作流式 API 套件。

6.6.2 MLlib 数据类型

在 MLlib 中，对不同算法包的调用都需要提供对应数据类型的数据作为参数。MLlib 常用的基本数据类型如表 6-16 所示。

表 6-16 MLlib 常用的基本数据类型

数据类型	说明
Vector	数据向量，包括稠密向量和稀疏向量。稠密向量表示存储向量的每一个值。稀疏向量存储非 0 向量，由两个并行数组支持，即索引和值。例如，向量 (1.0,0.0,4.0) 可以以密集格式表示为 [1.0,0.0,4.0] 或以稀疏格式表示为 (3,[0,2],[1.0,4.0])，稀疏格式中的 3 是向量的大小
LabeledPoint	监督学习算法的数据对象，用于表示带标签的数据，包含两个部分，第一部分为数据的类别标签 label，由一个 Double 类型的数表示；第二部分是一个特征向量 feature，向量通常是 Vector 类型，向量中的值是 Double 类型。对于二元分类，标签应该是 0（负）或 1（正）。对于多元分类，标签应该是从 0 开始的索引，即 0、1、2 等，LabeledPoint 对象会自动将 label 转换为 Double 类型
Matrix	一个矩阵包含整数行与整数列的索引，以及 Double 类型的元素。MLlib 支持密集矩阵与稀疏矩阵，密集矩阵中的元素以列优先顺序存储在一个双精度数组中，而稀疏矩阵中的非零元素则以列优先顺序存储在 CSC（Compressed Sparse Column，压缩稀疏列）中

6.6.3 MLlib 常用算法包

Spark MLlib 的算法包很多，主要包含的模块有特征转换、分类、回归、聚类、关联规则、推荐。每一个模块都包含不同的方法可供调用，具体说明如下。

1. 特征转换

mllib.feature 提供了一些常见的特征转换方法，主要包括特征向量化、相关系数计算和数据标准化，可通过调用不同算法实现。

（1）TF-IDF 算法

TF-IDF 是一种将文档转化成特征向量的方法。TF 指的是词频，即该词在文档中出现的次数。IDF 是逆文档概率，是词在文档集中出现的概率。TF 与 IDF 的乘积可以表示该词在文档中的重要程度。

mllib.feature 中有两个算法可以计算 TF-IDF，即 HashingTF 和 IDF。HashingTF 是指从一个文档中计算出给定大小的词频向量，并通过哈希法排列词向量的顺序，使词与向量能一一对应。IDF 则可以计算逆文档频率，它需要先调用 fit() 方法获取一个 IDFModel，表示语料库的逆文档频率，再通过 IDFModel 的 transform() 方法将 TF 向量转为 IDF 向量。

以一份英文文档为例，数据如代码清单 6-58 所示，一行表示一个文档，要求将文档转换成向量表示。

代码清单 6-58　tf-idf.txt 文档数据

```
Hi I heard about Spark
I wish Java could use case classes
Logistic regression models are neat
```

数据分割成单词后需要序列化。对每一个句子（词袋），使用 HashingTF 将句子转换为特征向量。HashingTF 要求转换的数据为 RDD[Iterable[_]] 类型，即 RDD 中的每个元素应该是一个可迭代的对象。然后调用 IDF() 方法重新调整特征向量，得到文档转化后的特征向量，如代码清单 6-59 所示。

代码清单 6-59　使用 TF-IDF 算法实现文档特征向量化

```
import org.apache.spark.rdd.RDD
import org.apache.spark.SparkContext
import org.apache.spark.mllib.feature.HashingTF
import org.apache.spark.mllib.linalg.Vector
import org.apache.spark.mllib.feature.IDF
# Load documents (one per line).
val documents = sc.textFile("/tipdm/tf-idf.txt").map(_.split (" ").toSeq)
val hashingTF = new HashingTF()
val tf = hashingTF.transform(documents).cache()
val idf = new IDF().fit(tf)
val tfidf = idf.transform(tf)
tfidf.collect.foreach(println)
```

转换后的结果如图 6-41 所示，其中每一条输出的第一个值为默认的哈希表桶数，第一个列表的每一个值是每一个单词的哈希值，最后一个列表的值对应第一个列表中每一个单词的 TF-IDF 度量值。

```
scala> tfidf.collect.foreach(println)
(1048576,[91137,376034,552773,859629],[0.6931471805599453,0.28768207245178085,0.6931471805599453,0.6931471805599453])
(1048576,[376034,379017,409909,424513,583539,807151,978742],[0.28768207245178085,0.6931471805599453,0.6931471805599453,0.6931471805599453,0.
6931471805599453,0.6931471805599453,0.6931471805599453])
(1048576,[13671,394857,429266,615294,928887],[0.6931471805599453,0.6931471805599453,0.6931471805599453,0.6931471805599453,0.6931471805599453
])
```

图 6-41　TF-IDF 结果

（2）Word2Vec 算法

Word2Vec 是 NLP 领域的重要算法，它的功能是使用 *K* 维的稠密向量表示每个 Word。训练集是语料库，不含标点，以空格断句。通过训练将每个词映射成 *K* 维实数向量（*K* 一般为模型中的超参数），通过词之间的距离（如余弦相似度、欧氏距离等）判断词之间的语义相似度。由于每一个文档都表示为一个单词序列，因此一个含有 *M* 个单词的文档将由 *M* 个 *K* 维向量组成。mllib.feature 中包含 Word2Vec 算法包，其输入数据需要为 string 类型的 Iterable。

例如，对文本文件 w2v 进行转换，其中每行文本代表一个文档。使用 Word2Vec 算法将每个 Word 表示为 *K* 维的稠密向量，如代码清单 6-60 所示。

代码清单 6-60　Word2Vector 转化文档

```
import org.apache.spark._
import org.apache.spark.rdd._
import org.apache.spark.SparkContext._
import org.apache.spark.mllib.feature.{Word2Vec, Word2VecModel}
val input = sc.textFile("/tipdm/w2v").map(line => line.split(" ").toSeq)
val word2vec = new Word2Vec()
val model = word2vec.fit(input)
# 寻找与 "I" 语义相同的 10 个词，输出与 "I" 相似的词以及相似度
val synonyms = model.findSynonyms("I",10)
for((synonym, cosineSimilarity) <- synonyms) {
    println(s"$synonym $cosineSimilarity")
}
```

（3）统计最大值、最小值、平均值、方差和相关系数

MLlib 的 mllib.stat.Statistics 类中提供了几种广泛使用的统计方法，可以直接在 RDD 上使用，如表 6-17 所示。

表 6-17　Statistics 类中提供的统计方法

方法	说明
max()/min()	最大值 / 最小值
mean()	均值
variance()	方差
normL1()/normL2()	L1 范数 /L2 范数
Statistics.corr(rdd,method)	相关系数，method 可选 pearson（皮尔森相关系数）或 spearman（斯皮尔曼相关系数）
Statistics.corr(rdd1,rdd2, method)	计算两个由浮点值组成 RDD 的相关矩阵，使用 pearson 或 spearman 中的一种方法
Statistics.chiSqTest(rdd)	LabeledPoint 对象的 RDD 的独立性检验

以数据文件 stat.txt 为例，数据如代码清单 6-61 所示。

代码清单 6-61　stat.txt 数据

```
1.0 2.0 3.0 4.0 5.0
6.0 7.0 1.0 5.0 9.0
```

```
3.0 5.0 6.0 3.0 1.0
3.0 1.0 1.0 5.0 6.0
```

读取 stat.txt 文件的数据并创建 RDD，调用 Statistics 类中的方法，统计 RDD 数据的平均值、方差和相关系数，结果如图 6-42 所示。

```
scala> import org.apache.spark.mllib.linalg.{Vector,Vectors}
import org.apache.spark.mllib.linalg.{Vector, Vectors}

scala> import org.apache.spark.mllib.stat.Statistics
import org.apache.spark.mllib.stat.Statistics

scala> val data = sc.textFile("/tipdm/stat.txt").map(_.split(" ")).map(f=>f.map(f=>f.t
oDouble))
data: org.apache.spark.rdd.RDD[Array[Double]] = MapPartitionsRDD[49] at map at <consol
e>:63

scala> val data1 = data.map(f=>Vectors.dense(f))
data1: org.apache.spark.rdd.RDD[org.apache.spark.mllib.linalg.Vector] = MapPartitionsR
DD[50] at map at <console>:65

scala> val stat1 = Statistics.colStats(data1)
stat1: org.apache.spark.mllib.stat.MultivariateStatisticalSummary = org.apache.spark.m
llib.stat.MultivariateOnlineSummarizer@40af423a

scala> stat1.mean
res14: org.apache.spark.mllib.linalg.Vector = [3.25,3.75,2.75,4.25,5.25]

scala> stat1.variance
res15: org.apache.spark.mllib.linalg.Vector = [4.25,7.583333333333333,5.58333333333333
3,0.9166666666666666,10.916666666666666]

scala> val corr1=Statistics.corr(data1,"pearson")
corr1: org.apache.spark.mllib.linalg.Matrix =
1.0                  0.7779829610026362    -0.39346431156047523  ... (5 total)
0.7779829610026362   1.0                   0.14087521363240252   ...
```

图 6-42 Statistics 类中的方法的使用

（4）数据预处理

为避免数据字段的量纲和量级不同对模型的效果造成不好的影响，我们经常需要对数据进行数据预处理。经过数据预处理后，也会让算法的效果在一定程度上得到提高。Spark 2.4.7 提供了 3 种常见的数据预处理的方法，即 Normalizer()、StandardScaler() 和 MinMaxScaler() 方法。spark.mllib.feature 类中只有前两种数据标准化方法，spark.ml.feature 类中则含有 3 种。因此，我们使用 spark.ml.feature 类中的方法进行数据标准化。

Normalizer()、StandardScaler() 和 MinMaxScaler() 方法处理的均为 Vector 类型的数据，因此需要先将数据的类型转换为 Vector 类型。将一个集合序列转换为 RDD 数据，再根据 RDD 数据创建出一个 DataFrame 数据，最后将 DataFrame 数据的类型转换成 Vector 类型，如代码清单 6-62 所示。

代码清单 6-62 将数据转换为 Vector 类型

```
import org.apache.spark.ml.linalg.{Vector, Vectors}
val dataFrame = spark.createDataFrame(Seq(
```

```
        (0,Vectors.dense(1.0, 0.5, -1.0)),
        (1, Vectors.dense(2.0, 1.0, 1.0)),
        (2, Vectors.dense(4.0, 10.0, 2.0))
    )).toDF("id", "features")
```

将数据转换成 Vector 类型后，即可使用 Normalizer()、StandardScaler() 和 MinMaxScaler() 方法进行数据预处理。这 3 种数据预处理方法的介绍及使用方法如下。

① Normalizer()

Normalizer() 方法本质上是一个转换器，它可以将多行向量输入转化为统一的形式。Normalizer() 方法的作用范围是每一行，使每一个行向量的范数变换为一个单位范数。参数 p 用于指定归一化中使用的 p-norm，默认值为 2。对所示的 Vector 类型的 dataFrame 数据进行 Normalizer 归一化操作，如代码清单 6-63 所示。其中，setInputCol("features") 设置 Normalizer 标准化的输入数据，setOutputCol("normFeatures") 设置 Normalizer 归一化后输出的数据作为 DataFrame 中的 normFeatures 列。

代码清单 6-63 Normalizer 归一化

```
import org.apache.spark.ml.feature.Normalizer
val normalizer = new Normalizer().setInputCol(
    "features").setOutputCol("normFeatures").setP(1.0)
val l1NormData = normalizer.transform(dataFrame)
l1NormData.show(false)
```

结果如图 6-43 所示，features 列为未进行 Normalizer 归一化的原数据列，normFeatures 列为归一化后的数据列。

```
scala> l1NormData.show(false)
+---+----------------+-------------------+
|id |features        |normFeatures       |
+---+----------------+-------------------+
|0  |[1.0,0.5,-1.0]  |[0.4,0.2,-0.4]     |
|1  |[2.0,1.0,1.0]   |[0.5,0.25,0.25]    |
|2  |[4.0,10.0,2.0]  |[0.25,0.625,0.125] |
+---+----------------+-------------------+
```

图 6-43 Normalizer 归一化结果

② StandardScaler()

StandardScaler() 方法处理的对象是每一列，使每一维特征标准化为单位标准差、0 均值或 0 均值单位标准差。StandardScaler() 方法有两个参数可以设置，说明如下。

- withStd：true 或 false，表示是否将数据标准化到单位标准差。默认为 true。
- withMean：true 或 false，表示是否变换为 0 均值，将返回一个稠密输出，因此不适用于稀疏输入。默认为 false。

在进行 StandardScaler 标准化时，我们需要获取数据每一维的均值和标准差，并以此缩放每一维特征。对代码清单 6-62 所示的 Vector 类型的 dataFrame 数据进行 StandardScaler 标准化，如代码清单 6-64 所示。

代码清单 6-64　StandardScaler 标准化

```
import org.apache.spark.ml.feature.StandardScaler
val scaler = new StandardScaler()
    .setInputCol("features")
    .setOutputCol("scaledFeatures")
    .setWithStd(true)
    .setWithMean(false)
val scalerModel = scaler.fit(dataFrame)
val scaledData = scalerModel.transform(dataFrame)
scaledData.show(false)
```

输出结果如图 6-44 所示，每一列数据均按比例进行缩放，features 列为未进行 StandardScaler 标准化的原数据列，scaledfeatures 列为进行 StandardScaler 标准化后的数据列。

```
scala> scaledData.show(false)
+---+--------------+-------------------------------------------------------------+
|id |features      |scaledFeatures                                               |
+---+--------------+-------------------------------------------------------------+
|0  |[1.0,0.5,-1.0]|[0.6546536707079772,0.09352195295828244,-0.6546536707079771]|
|1  |[2.0,1.0,1.0] |[1.3093073414159544,0.1870439059165649,0.6546536707079771]  |
|2  |[4.0,10.0,2.0]|[2.618614682831909,1.870439059165649,1.3093073414159542]    |
+---+--------------+-------------------------------------------------------------+
```

图 6-44　StandardScaler 标准化结果

③ MinMaxScaler()

MinMaxScaler() 方法也是针对每一维特征进行处理，将每一维特征线性地映射到指定的区间中，通常是 [0,1]。MinMaxScaler() 方法有两个参数可以设置，说明如下。

- min：默认为 0，指定区间的下限。
- max：默认为 1，指定区间的上限。

对代码清单 6-62 所示的 Vector 类型的 dataFrame 数据进行 MinMaxScale 归一化，将每一列数据映射在区间 [0,1] 中，如代码清单 6-65 所示。

代码清单 6-65　MinMaxScaler 归一化

```
import org.apache.spark.ml.feature.MinMaxScaler
val scaler = new MinMaxScaler().setInputCol("features").setOutputCol ("scaledFeatures")
val scalerModel = scaler.fit(dataFrame)
val scaledData = scalerModel.transform(dataFrame)
scaledData.show(false)
```

归一化后的结果如图 6-45 所示，features 列为未进行 MinMaxScale 归一化的原数据列，scaledFeatures 列为进行 MinMaxScale 归一化后的数据列，每一列的数据均被映射到区间 [0,1] 中。

```
scala> scaledData.show(false)
+---+--------------+-------------------------------------------------------------+
|id |features      |scaledFeatures                                               |
+---+--------------+-------------------------------------------------------------+
|0  |[1.0,0.5,-1.0]|[0.0,0.0,0.0]                                                |
|1  |[2.0,1.0,1.0] |[0.3333333333333333,0.05263157894736842,0.6666666666666666]|
|2  |[4.0,10.0,2.0]|[1.0,1.0,1.0]                                                |
+---+--------------+-------------------------------------------------------------+
```

图 6-45　MinMaxScaler 归一化结果

2. 回归

回归指研究一组随机变量 $(Y_1, Y_2, \ldots, Y_i)$ 和另一组变量 $(X_1, X_2, \ldots, X_k)$ 之间关系的统计分析方法，又称多重回归分析。通常前者是因变量，后者是自变量。回归是一种监督学习算法，利用已知标签或结果的训练数据训练模型并预测结果。有监督学习的算法要求输入数据使用 LabeledPoint 类型。LabeledPoint 类型包含一个 label 和一个数据特征向量。

（1）线性回归

线性回归通过一组线性组合预测输出值。MLlib 中可以用于线性回归算法的类主要有 LinearRegressionWithSGD、RidgeRegressionWithSGD 和 LassoWithSGD，三者均采用随机梯度下降法求解回归方程。这些类有以下几个用于算法调优的参数（所有类的参数，不是每一个类都会用到，需要根据具体选择的算法设置相应的参数）。

- ❑ numIterations：运行的迭代次数，默认值为 100。
- ❑ stepSize：梯度下降的步长，默认值为 1.0。
- ❑ intercept：是否给数据增加干扰特征或偏差特征，默认值为 false。
- ❑ reParam：Lasso 回归和 Ridge 回归的正规化参数，默认值为 1.0。

以 Spark 安装包目录的 data/mllib/ridge-data/lpsa.data 文件作为输入数据，如表 6-18 所示，第一列为预测值，第二列为特征值。

表 6-18 lpsa.data 数据

预测值	特征值
−0.4307829	−1.63735562648104 −2.00621178480549 −1.86242597251066 −1.02470580167082 −0.522940888712441 −0.863171185425945 −1.04215728919298 −0.864466507337306
−0.1625189	−1.98898046126935 −0.722008756122123 −0.787896192088153 −1.02470580167082 −0.522940888712441 −0.863171185425945 −1.04215728919298 −0.864466507337306
−0.1625189	−1.57881887548545 −2.1887840293994 1.36116336875686 −1.02470580167082 −0.522940888712441 −0.863171185425945 0.342627053981254 −0.155348103855541
−0.1625189	−2.16691708463163 −0.807993896938655 −0.787896192088153 −1.02470580167082 −0.522940888712441 −0.863171185425945 −1.04215728919298 −0.864466507337306
0.3715636	−0.507874475300631 −0.458834049396776 −0.250631301876899 −1.02470580167082 −0.522940888712441 −0.863171185425945 −1.04215728919298 −0.864466507337306

将 lpsa.data 文件上传至 HDFS 的 /tipdm 目录下，调用线性回归算法构建模型，如代码清单 6-66 所示。先分割数据并转化为 LabeledPoint 类型，设置模型参数后通过 LinearRegressionWithSGD.train() 方法训练模型，使用所建模型的 predict() 方法进行预测，并计算模型误差，最后对模型进行保存与加载。模型的保存与加载的方法对于其他的模型也同样适用，只是加载模型时所用的算法包不同。

代码清单 6-66 线性回归

```
import org.apache.spark.mllib.regression.LabeledPoint
import org.apache.spark.mllib.regression.LinearRegressionModel
import org.apache.spark.mllib.regression.LinearRegressionWithSGD
```

```
import org.apache.spark.mllib.linalg.Vectors
val data = sc.textFile("/tipdm/lpsa.data")
val parsedData = data.map { line =>val parts = line.split(',')
    LabeledPoint(parts(0).toDouble,
    Vectors.dense(parts(1).split(' ').map(_.toDouble)))}.cache()
val numIterations = 100
val stepSize = 0.00000001
val model = LinearRegressionWithSGD.train(parsedData, numIterations, stepSize)
val valuesAndPreds = parsedData.map { point =>
val prediction = model.predict(point.features)
(point.label, prediction)}
val MSE = valuesAndPreds.map{case(v, p) => math.pow((v - p), 2)}.mean()
println("training Mean Squared Error = " + MSE)
model.save(sc, "myModelPath")
val sameModel = LinearRegressionModel.load(sc, "myModelPath")
```

（2）逻辑回归

逻辑回归是一种二分类的回归算法，预测的值为新点属于某个类的概率，将概率大于等于阈值的分到一个类，小于阈值的分到另一个类。

在 MLlib 中，逻辑回归算法的输入值为 LabeledPoint 类型。MLlib 有两个实现逻辑回归的算法包，一个是 LogisticRegressionWithLBFGS，一个是 LogisticRegressionWithSGB。前者的效果好于后者。

LogisticRegressionWithLBFGS 通过 train() 方法可以得到一个 LogisticRegressionModel，对每个点的预测返回一个 0 ～ 1 的概率，按照默认阈值（如 0.5）将该点分配到其中一个类中。在数据不平衡的情况下我们也可以调整阈值大小，可以采用 setThreshold() 方法在定义 LogisticRegressionWithLBFGS 时进行设置。也可以使用 clearThreshold() 方法，设置为不分类，直接输出概率值。

3. 分类

分类算法包括朴素贝叶斯、支持向量机、决策树、随机森林和逻辑回归算法。分类算法是一种有监督学习方法，即训练数据有明确的类别标签。因此分类需要使用 MLlib 的 LabeledPoint 类作为模型数据类型。下面简要介绍其中几种算法。

（1）朴素贝叶斯

朴素贝叶斯算法是一种十分简单的分类算法。朴素贝叶斯思想是指对于给出的待分类项，求解此项出现的条件下各个类别出现的概率，哪个类别的概率最大，就认为此待分类项属于哪个类别。

在 Spark 中，可以通过调用 mllib.classification.NaiveBayes 类实现朴素贝叶斯算法，有多分类和二分类两种方式。朴素贝叶斯分类支持一个参数 lambda，用于进行平滑化。此外，用于构建朴素贝叶斯分类模型的 RDD 数据的数据类型需要为 LabeledPoint，对于 C 个分类，标签值在 0 ～ C−1 之间。

以根据天气情况判断是否出去打球为例，部分数据如表 6-19 所示。

表 6-19 根据天气情况判断是否出去打球的部分数据

是否打球	天气	温度	湿度	是否刮风
否	晴天	较高	湿	是
否	晴天	较高	湿	否
是	阴天	较高	不湿	是
是	小雨	适中	湿	是
是	小雨	适中	不湿	是
否	小雨	适中	不湿	否
是	阴天	适中	不湿	否
否	晴天	适中	湿	是
是	晴天	适中	不湿	否
是	小雨	适中	不湿	否

朴素贝叶斯算法要求数据为数值类型，因此需要先将字符类型数据转化为数值类型数据，并保存为 weather_data.txt 文件。数据如代码清单 6-67 所示。

代码清单 6-67 weather_data.txt 部分数据

```
0,0 1 1 1
0,0 1 1 0
1,1 1 0 1
1,2 0 1 1
1,2 0 0 1
0,2 0 0 0
1,1 0 0 0
0,0 0 1 1
1,0 0 0 0
1,2 0 0 0
```

将数据上传至 HDFS 的 /tipdm 目录下，并调用朴素贝叶斯算法构建分类模型。将数据转化为 LabeledPoint 类型，通过 randomSplit() 方法划分训练集和测试集，用训练集训练数据，分类类型设置为 bernoulli，表示二分类，再通过模型的 predict() 方法预测测试集的分类结果，如代码清单 6-68 所示。

代码清单 6-68 朴素贝叶斯算法

```
import org.apache.spark.mllib.classification.{NaiveBayes, NaiveBayesModel}
import org.apache.spark.mllib.linalg.Vectors
import org.apache.spark.mllib.regression.LabeledPoint
val data = sc.textFile("/tipdm/weather_data.txt")
    val parsedData = data.map {line =>
            val parts = line.split(',')
            LabeledPoint(parts(0).toDouble,
            Vectors.dense(parts(1).split(' ').map(_.toDouble)))
        }
val splits = parsedData.randomSplit(Array(0.6, 0.4), seed = 11L)
```

```
val training = splits(0)
val test = splits(1)
# multinomial 或 bernoulli
val model = NaiveBayes.train(training, lambda = 1.0, modelType = "bernoulli")
val predictionAndLabel = test.map(
            p => (model.predict(p.features), p.label))
val accuracy = 1.0 * predictionAndLabel.filter(x => x._1 == x._2).count()/test.count()
```

（2）支持向量机

支持向量机是一种通过线性或非线性分割平面的二分类方法，有 0 或 1 两种标签。MLlib 中的 mllib.classification. SVMModel 类可以实现支持向量机。通过 train() 方法可以返回一个 SVMModel 模型，该模型同 LogisticRegressionModel 模型一样通过阈值分类，因此，LogisticRegressionModel 设置阈值的方法和清除阈值的方法也适用于 SVMModel。SVMModel 模型通过 predict() 方法可以预测数据的类别。

（3）决策树

决策树是分类和回归的常用算法，因为决策树适合处理类别特征，所以比较适合处理多分类的问题。MLlib 支持二分类和多分类的决策树。决策树以节点树的形式表示，每个节点代表一个向量，向量的不同特征值会使节点有多条指向下个节点的边，最底层的叶子节点为预测的结果，可以是分类的特征，也可以是连续的特征。每个节点的选择都遵循某一种使模型更加优化的算法，如基于信息增益最大的方法。

我们可以调用 MLlib 中 mllib.tree.DecisionTree 类的 trainClassifier() 静态方法训练分类树、调用 trainRegressor() 方法训练回归树。决策树模型需要的参数及其说明如表 6-20 所示。

表 6-20 决策树模型所需参数及其说明

参数	说明
data	LabeledPoint 类型的 RDD
numClasses	分类时用于设置分类个数
impurity	节点的不纯净度测量，分类决策树可以为 gini 或 entropy，回归决策树则必须为 variance
maxDepth	树的最大深度
maxBins	每个特征分裂时，最大的划分数量
categoricalFeaturesInfo	一个映射表，用于指定哪些特征是分类的，以及各有多少个分类。特征 1 是 0、1 的二元分类，特征 2 是 0、1、2、3 的 4 元分类，则应该传递 Map(1-> 2, 2 -> 4)，如果没有特征是分类的，那么传递一个空的 Map

4. 聚类

聚类是一种无监督学习方法，用于将高度相似的数据分到一类中。聚类没有类别标签，仅根据数据相似性进行分类，因此聚类通常用于数据探索、异常检测，也用于一般数据的分群。聚类的方法有很多种，计算相似度的方法也有很多，其中 K-Means 聚类算法是较常使用的一种算法。

MLlib 包含一个 K-Means 算法以及一个称为 K-means|| 的变种算法，用于为并行环境提供更好的初始化策略，使 *K* 个初始聚类中心的获取更加合理。K-Means 算法可以通过调用 mllib.clustering.KMeans 算法包实现，模型数据为 Vector 组成的 RDD。要使用 K-Means 算法，首先需要转化一个集合序列为 RDD，再由 RDD 数据创建 DataFrame 数据，最后再将 DataFrame 数据的类型转换成 Vector 类型，如代码清单 6-69 所示。

代码清单 6-69　数据转换为 Vector 类型

```
import org.apache.spark.ml.linalg.{Vector, Vectors}
val parsedData = spark.createDataFrame(Seq(
    Vectors.dense(0.0, 0.0, 0.0),
    Vectors.dense(0.1, 0.1, 0.1),
Vectors.dense(0.2, 0.2 ,0.2),
    Vectors.dense(9.0, 9.0, 9.0),
    Vectors.dense(9.1, 9.1, 9.1),
    Vectors.dense(9.2, 9.2, 9.2)
)).toDF("features")
```

设置聚类相关的参数值和聚类个数，使用 KMeans.train() 方法训练数据构建模型，最后使用模型的 predict() 方法预测数据所属类别，并计算模型误差，如代码清单 6-70 所示。

代码清单 6-70　Spark K-Means 算法

```
import org.apache.spark.mllib.clustering.{KMeans, KMeansModel}
import org.apache.spark.mllib.linalg.Vectors
# 使用 KMeans 将数据聚类为两个类
val numClusters = 2
val numIterations = 20
val clusters = KMeans.train(parsedData, numClusters, numIterations)
# 通过集合类误差平方和 WSSSE 来评估聚类效果
val predict = parsedData.map(x=> (x,clusters.predict(x)))
val WSSSE = clusters.computeCost(parsedData)
println("Within Set Sum of Squared Errors = " + WSSSE)
# 保存并加载模型
clusters.save(sc, "myModelPath")
val sameModel = KMeansModel.load(sc, "myModelPath")
```

聚类结果、聚类中心和模型误差如图 6-46 所示。

```
scala> predict.collect.foreach(println)
([0.0,0.0,0.0],0)
([0.1,0.1,0.1],0)
([0.2,0.2,0.2],0)
([9.0,9.0,9.0],1)
([9.1,9.1,9.1],1)
([9.2,9.2,9.2],1)

scala> println("Within Set Sum of Squared Errors = " + WSSSE)
Within Set Sum of Squared Errors = 0.11999999999994547

scala> clusters.clusterCenters
res20: Array[org.apache.spark.mllib.linalg.Vector] = Array([0.1,0.1,0.1], [9.0
99999999999998,9.099999999999998,9.099999999999998])
```

图 6-46　K-Means 聚类运行结果

5. 关联规则

FP 算法作为一个关联规则算法，在推荐中也得到了广泛应用。FP 算法主要通过大量客户数据的购买历史生成频繁项集，设置支持度，筛选出符合支持度的频繁项集，在根据频繁项集生成一些规则后，再通过置信度过滤出较有说服力的规则。通过强关联规则，我们即可完成推荐、分类等工作。

mllib.fpm.FPGrowth 是 MLlib 实现 FP 算法的算法包，通过 FPGrowth 对象中的 run() 方法训练模型，找出符合支持度的频繁项集，再通过模型的 generateAssociationRules() 方法找出符合置信度的规则。

下面以餐饮企业的点餐数据为例，调用 FP 算法计算菜品之间的关联性。某餐饮企业的点餐数据保存在 MySQL 数据库中，部分数据如表 6-21 所示。

表 6-21　数据库中部分点餐数据

序列	时间	订单号	菜品 ID	菜品名称
1	2022/8/21	101	18491	健康麦香包
2	2022/8/21	101	8693	香煎葱油饼
3	2022/8/21	101	8705	翡翠蒸香茜饺
4	2022/8/21	102	8842	菜心粒咸骨粥
5	2022/8/21	102	7794	养颜红枣糕
6	2022/8/21	103	8842	金丝燕麦包
7	2022/8/21	103	8693	三丝炒河粉
……	……	……	……	……

将表 6-21 中的事务数据（一种特殊类型的记录数据）整理成关联规则模型所需的数据结构，从中抽取 10 个点餐订单作为事务数据集。为方便模型构建，将菜品 ID 简记为字母，即每一个菜品 ID 对应一个字母，如菜品 ID 18491 简记为 a，菜品 ID 8842 简记为 b 等，如表 6-22 所示。

表 6-22　餐厅的事务数据集

订单号	菜品 ID	简记后的菜品 ID
1	18491 8693 8705	a c e
2	8842 7794	b d
3	8842 8693	b c
4	18491 8842 8693 7794	a b c d
5	18491 8842	a b
6	8842 8693	b c
7	18491 8842	a b
8	18491 8842 8693 8705	a b c e
9	18491 8842 8693	a b c
10	18491,8693	a c e

提取简记后的菜品 ID 数据为 menu_orders.txt 文件，将 menu_orders.txt 文件的数据作

为关联规则的模型数据，如代码清单 6-71 所示。

代码清单 6-71 menu_orders.txt 数据

```
a c e
b d
b c
a b c d
a b
b c
a b
a b c e
a b c
a c e
```

将数据上传至 HDFS 的 /tipdm 目录下，调用 FP 算法计算菜品之间的关联规则。模型数据不要求转换为 Vector 数据结构，对数据进行分割即可直接运用至 FP 模型中。先创建一个 FPGrowth 对象的实例，设置支持度，使用 run() 方法训练模型，得到满足支持度的频繁项集，再使用 generateAssociationRules() 方法找出符合置信度大于或等于 0.8 的强关联规则，如代码清单 6-72 所示。

代码清单 6-72 FP 算法

```
import org.apache.spark.mllib.fpm.FPGrowth
import org.apache.spark.rdd.RDD
val data = sc.textFile("/tipdm/sample_fpgrowth.txt")
val transactions: RDD[Array[String]] = data.map(s => s.trim.split(' '))
val fpg = new FPGrowth().setMinSupport(0.2).setNumPartitions(10)
val model = fpg.run(transactions)
model.freqItemsets.collect().foreach {itemset =>
println(itemset.items.mkString("[", ",", "]") + ", " + itemset.freq)
}
val minConfidence = 0.8
model.generateAssociationRules(minConfidence).collect().foreach {
    rule =>println(rule.antecedent.mkString("[", ",", "]")
    + " => " + rule.consequent .mkString("[", ",", "]")
    + ", " + rule.confidence)
}
```

6. 推荐

目前热门的推荐算法主要是协同过滤算法。协同过滤算法有基于内容和基于用户两个方面，主要是根据用户历史记录和对商品的评分记录计算用户间的相似性，找出与用户购买的商品最为相似的商品推荐给目标用户。

MLlib 目前有一个推荐算法包 ALS，可根据用户对各种产品的交互和评分推荐新产品，通过最小二乘法来求解模型。在 mllib.recommendation.ALS 算法包中输入类型为 mllib.recommendation.Rating 的 RDD，通过 train() 方法训练模型，得到一个 mllib.recommendation.MatrixFactorizationModel 对象。ALS 有显示评分（默认）和隐式反馈（ALS. trainImplicit()）

两种方法，显示评分是指用户对商品有明确评分，其预测结果也是评分，隐式反馈是指用户和产品的交互置信度，其预测结果也是置信度。ALS 的模型的优化参数主要有 4 个，说明如下。

- rank：使用的特征向量的大小，更大的特征向量会产生更好的模型，但同时也需要花费更大的计算代价，默认为 10。
- iterations：算法迭代的次数，默认为 10。
- lambda：正则化参数，默认为 0.01。
- alpha：用于在隐式 ALS 中计算置信度的常量，默认 1.0。

以 Spark 安装包的示例数据文件 test.data 为例，数据如表 6-23 所示，第 1 列为用户 ID，第 2 列为商品 ID，第 3 列为用户对商品的评分，调用 ALS 算法实现商品推荐。

表 6-23　test.data 数据

用户 ID	商品 ID	用户对商品的评分
1	1	5.0
1	2	1.0
1	3	5.0
1	4	1.0
2	1	5.0

读取 test.data 文件的数据并将数据转化为 Rating 类型，设置模型参数，然后通过调用 ALS.train() 方法训练数据构建 ALS 模型，再通过模型的 predict() 方法预测用户对商品的评分，比较实际值和预测值计算模型的误差，如代码清单 6-73 所示。

代码清单 6-73　ALS 实现

```
import org.apache.spark.mllib.recommendation.ALS
import org.apache.spark.mllib.recommendation.MatrixFactorizationModel
import org.apache.spark.mllib.recommendation.Rating
# 加载并解析数据
val data = sc.textFile("/tipdm/test.data")
val ratings = data.map(_.split(',') match {case Array(user, item, rate) =>
    Rating(user.toInt, item.toInt, rate.toDouble)
})
# 使用 ALS 算法构建推荐模型
val rank = 10
val numIterations = 10
val model = ALS.train(ratings, rank, numIterations, 0.01)
# 根据 Rating 数据对模型进行评估
val usersProducts = ratings.map { case Rating(user, product, rate) =>
    (user, product)
}
val predictions =
    model.predict(usersProducts).map { case Rating(user, product, rate) =>
        ((user, product), rate)
    }
```

```
val ratesAndPreds = ratings.map { case Rating(user, product, rate) =>
    ((user, product), rate)
}.join(predictions)
val MSE = ratesAndPreds.map { case ((user, product), (r1, r2)) =>
val err = (r1 - r2)
    err * err
}.mean()
println("Mean Squared Error = " + MSE)
```

7. 模型评估

对于机器学习而言，无论哪种算法，模型评估都是非常重要的。通过模型评估，我们可以知道模型的好坏，预测分类结果的准确性，并对模型进行修正。

考虑到模型评估的重要性，MLlib 在 mllib.evaluation 包中定义了很多方法，主要分布在 BinaryClassificationMetrics 和 MulticlassMetrics 等类中。通过 mllib.evaluation 包中的类，我们可以从 (预测 , 实际值) 组成的 RDD 上创建一个 Metrics 对象，计算召回率、准确率、F 值、ROC 曲线等评价指标。Metrics 对象对应的方法如表 6-24 所示。其中，metrics 是一个 Metrics 的实例。

表 6-24 Metrics 对象的方法

方法 / 指标	说明
metrics.precisionByThreshold	Precision（精确度）
metrics.recallByThreshold	Recall（召回率）
metrics.fMeasureByThreshold	F-measure（F 值）
metrics.roc	ROC 曲线
metrics.pr	Precision-Recall 曲线
metrics.areaUnderROC	Area Under ROC Curve（ROC 曲线下的面积）
metrics.areaUnderPR	Area Under Precision-Recall Curve（Precision-Recall 曲线下的面积）

Mllib 中还有很多的算法和数据处理的方法，这里不再一一详述。读者可以通过 Spark 官网进一步学习。

6.6.4 场景应用：超市客户聚类分析

在现代市场经济中，由于现代企业资源的有限性和消费需求的多样性，对客户进行必要的分类是非常重要的，这关系到企业未来营销战略的成败。目前很多大中型企业已经意识到了客户分类的重要性，开始寻求大数据的相关方法来解决客户分类问题。

因为客户的需求具有异质性，即不是所有客户的需求都相同，客户需求、欲望及购买行为是多元的，所以对客户进行细分，可以让市场营销、销售人员以及企业的决策层从一个比较高的层次来观察客户信息数据仓库中的客户信息，使得企业可以针对不同类型的客户采用不同的营销策略，使企业市场营销服务活动的目标性和有效性得到提高，从而相对降低营销成本，最大限度地开发和维护客户资源，使企业的长期利润和持续发展得到保证。

本案例将运用 Spark SQL 对超市客户数据进行探索分析，同时使用 Spark MLlib 提供的 K-Means 算法构建聚类模型，最终实现对超市客户的分类。通过对本案例的实践，读者可以了解如何使用 Spark MLlib 解决与机器学习相关的实际问题。

超市客户数据集包含某超市通过会员卡获得的一些客户的基本数据，包括客户 ID、年龄、性别、年收入和消费分数。其中消费分数是根据定义的参数（例如客户行为和购买数据）分配给客户的，字段说明如表 6-25 所示。

表 6-25　数据集字段说明

字段名	字段说明	字段类型及说明
CustomerID	客户的唯一 ID 编码	Int
Gender	客户性别	String
Age	客户年龄	Int
Annual Income	客户的年收入	Int，单位 (k$)
Spending Score	消费分数	Int，范围 (1-100)

1. 数据探索与特征构建

读取超市客户数据，并创建 DataFrame。由于数据比较多，将数据集文件上传至 HDFS 文件系统的 /user/root 目录下，同时在 Hive 中创建名为 " mall" 的数据库，如代码清单 6-74 所示。

代码清单 6-74　将数据上传至 HDFS

```
// 将数据上传至 HDFS
hdfs dfs -put /data/Mall_Customers.csv /user/root/

// 在 hive 中创建名为 "mall" 的数据库
create database mall;
```

本案例的完整流程都将在 IDEA 开发环境中通过编程实现，具体步骤如下。

（1）配置 SparkSession 并读取数据

配置 SparkSession，从 HDFS 中读取超市客户数据为 DataFrame，并查看 DataFrame 的前 6 行数据，如代码清单 6-75 所示，返回结果如图 6-47 所示。

代码清单 6-75　配置 SparkSession 并读取数据

```
// 配置 SparkSession
val spark = SparkSession.builder()
    .master("local[*]")
    .appName("customerDataAnalyse")
    .enableHiveSupport()
    .getOrCreate()
spark.sparkContext.setLogLevel("WARN")
// 读取超市客户数据
val data = spark.read
    .option("header", "true")
    .option("inferSchema", "true")
```

```
    .option("delimiter", ",")
    .csv("/user/root/Mall_Customers.csv")
// 查看 DataFrame 的前 6 行数据
data.show(6, false)
```

```
+----------+------+---+------------------+----------------------+
|CustomerID|Gender|Age|Annual Income (k$)|Spending Score (1-100)|
+----------+------+---+------------------+----------------------+
|1         |Male  |19 |15                |39                    |
|2         |Male  |21 |15                |81                    |
|3         |Female|20 |16                |6                     |
|4         |Female|23 |16                |77                    |
|5         |Female|31 |17                |40                    |
|6         |Female|22 |17                |76                    |
+----------+------+---+------------------+----------------------+
only showing top 6 rows
```

图 6-47 查看前 6 行数据

（2）性别分布统计

由于男女性对购物这件事情的看法可能会有所差别，所以先查看不同性别的客户人数以及占比情况，如代码清单 6-76 所示，返回结果如图 6-48 所示。

代码清单 6-76 性别分布统计

```
import org.apache.spark.sql.functions._
println(" 性别分布统计，统计各性别人数，计算占比情况：")
data.groupBy("Gender").count()
    .withColumn("GenderPercent", round(col("count") / data.count() * 100, 2))
    .show(false)
```

```
性别分布统计，统计各性别人数，计算占比情况：
+------+-----+-------------+
|Gender|count|GenderPercent|
+------+-----+-------------+
|Female|112  |56.0         |
|Male  |88   |44.0         |
+------+-----+-------------+
```

图 6-48 性别分布统计

（3）年龄分布统计

不同年龄的人对购物这件事情的看法也可能有所差别，因此需要查看客户年龄的分布情况，如代码清单 6-77 所示，返回结果如图 6-49 所示。

代码清单 6-77 年龄分布统计

```
println(" 年龄分布统计，统计各年龄人数，计算占比情况：")
data.groupBy("Age").count()
    .withColumn("AgePercent", round(col("count") / data.count(), 2))
    .sort(desc("count"))
    .show(false)
```

```
年龄分布统计，统计各年龄人数，计算占比情况：
+---+-----+----------+
|Age|count|AgePercent|
+---+-----+----------+
|32 |11   |0.06      |
|35 |9    |0.05      |
|31 |8    |0.04      |
|19 |8    |0.04      |
|49 |7    |0.04      |
|30 |7    |0.04      |
|23 |6    |0.03      |
|47 |6    |0.03      |
|38 |6    |0.03      |
|40 |6    |0.03      |
|27 |6    |0.03      |
|36 |6    |0.03      |
```

图 6-49　年龄分布统计

（4）构建年收入等级特征

客户的年收入水平同样是一个显著影响客户消费的指标，根据客户的年收入构建年收入等级特征，作为新的一列保存至新的 DataFrame 中，并查看分布情况，如代码清单 6-78 所示，返回结果如图 6-50 所示。

代码清单 6-78　构建年收入等级特征

```
// 年收入等级划分，根据收入字段划分并新建收入水平字段，
//<35, 35~56, 56~77, 77~98, >98, 划分为 5 个等级，并计算各等级数量和占比情况
println(" 年收入等级划分: ")
val newdata1 = data.withColumn("IncomeLevel",
    when(col("Annual Income (k$)") < 35, 1).
        when(col("Annual Income (k$)") > 35 and col("Annual Income (k$)") <= 56, 2).
        when(col("Annual Income (k$)") > 56 and col("Annual Income (k$)") <= 77, 3).
        when(col("Annual Income (k$)") > 77 and col("Annual Income (k$)") <= 98, 4).
        when(col("Annual Income (k$)") > 98, 5).
        otherwise(6))

newdata1.groupBy("IncomeLevel").count().withColumn("IncomeLevelPercent", round
    (col("count") / data.count() * 100, 2))
  .show()
```

```
年收入等级划分：
+-----------+-----+------------------+
|IncomeLevel|count|IncomeLevelPercent|
+-----------+-----+------------------+
|          1|   38|              19.0|
|          3|   62|              31.0|
|          5|   16|               8.0|
|          4|   36|              18.0|
|          2|   48|              24.0|
+-----------+-----+------------------+
```

图 6-50　年收入等级统计

（5）构建消费等级特征

消费分数代表着客户对于商城的贡献和价值，也可以侧面反映出客户对于此商城的满意程度。根据用户的消费分数构建客户消费等级特征，将其作为新的一列保存至新的DataFrame中，并查看分布情况，如代码清单6-79所示，返回结果如图6-51所示。

代码清单6-79 构建消费等级特征

```
// 消费分数分布，根据消费字段新建消费水平等级字段，
//<10，10~30，30~50，50~70，70~100，划分为5个等级，并计算各个等级的数量和占比情况
println(" 消费等级分布：")
val newdata2 = newdata1.withColumn("SpendLevel",
    when(col("Spending Score (1-100)") <= 10, 1).
        when(col("Spending Score (1-100)") > 10 and col("Spending Score (1-100)")
            <= 30, 2).
        when(col("Spending Score (1-100)") > 30 and col("Spending Score (1-100)")
            <= 50, 3).
        when(col("Spending Score (1-100)") > 50 and col("Spending Score (1-100)")
            <= 70, 4).
        when(col("Spending Score (1-100)") > 70 and col("Spending Score (1-100)")
            <= 100, 5))
 newdata2.groupBy("SpendLevel").count().withColumn("SpendLevelPercent", round
     (col("count") / data.count() * 100, 2))
    .show()
```

```
消费等级分布：
+----------+-----+-----------------+
|SpendLevel|count|SpendLevelPercent|
+----------+-----+-----------------+
|         1|   16|              8.0|
|         3|   57|             28.5|
|         5|   54|             27.0|
|         4|   43|             21.5|
|         2|   30|             15.0|
+----------+-----+-----------------+
```

图6-51 消费等级分布统计

2. 保存数据至Hive

在Xshell中输入命令启动Hive的metastore服务以及hiveserver2服务，如代码清单6-80所示。对客户年收入与消费分数两个字段进行重命名，方便后续机器学习的模型构建，并将修改后的客户数据写入Hive中，如代码清单6-81所示。在Hive中查看已导入的数据，如图6-52所示。

代码清单6-80 启动Hive服务

```
// 启动 metastore 服务与 hiveserver2 服务
hive --service metastore &
hive --service hiveserver2 &
```

代码清单6-81 重命名字段并保存数据至Hive

```
// 重命名字段
```

```
println("对字段名进行重命名：")
val newdata3 = newdata2.withColumnRenamed("Annual Income (k$)", "Income")
    .withColumnRenamed("Spending Score (1-100)", "Spending")

// 写入数据至 Hive
newdata3.write.mode("overwrite")
    .option("header", "true")
    .saveAsTable("mall.customer")

println("写入数据至 Hive 表 ... 成功！ ")
```

```
hive> select * from customer limit 5;
2022-03-29 05:40:33,157 INFO  [a0046395-d613-4fe5-9
ad, use mapreduce.task.ismap
OK
2022-03-29 05:40:33,229 INFO  [a0046395-d613-4fe5-9
2022-03-29 05:40:33,582 INFO  [a0046395-d613-4fe5-9
use mapreduce.task.attempt.id
2022-03-29 05:40:33,661 INFO  [a0046395-d613-4fe5-9
1       Male    19      15      39      1       3
2       Male    21      15      81      1       5
3       Female  20      16      6       1       1
4       Female  23      16      77      1       5
5       Female  31      17      40      1       3
Time taken: 2.283 seconds, Fetched: 5 row(s)
```

图 6-52　查看 customer 表

3. K-Means 聚类

在构建 K-Means 聚类模型前，我们需要将建模所需的特征字段类型修改为 double 类型，使用 StringIndexer 将客户性别（Gender）字段的值编码成标签索引，再使用 VectorAssembler 将用户特征合并到一个特征列中。构建 K-Means 模型参数网格，设置最大迭代次数、随机种子和 k 值，使用训练集切分验证，获取最佳参数模型，设置模型评估器为 ClusteringEvaluator，训练模型，并得到聚类结果。完整实现如代码清单 6-82 所示，返回结果如图 6-53、图 6-54 所示。

代码清单 6-82　K-Means 聚类

```
import org.apache.spark.ml.Pipeline
import org.apache.spark.ml.clustering.KMeans
import org.apache.spark.ml.evaluation.ClusteringEvaluator
import org.apache.spark.ml.feature.{StringIndexer, VectorAssembler}
import org.apache.spark.ml.tuning.{ParamGridBuilder, TrainValidationSplit}
import org.apache.spark.sql.SparkSession
import org.apache.spark.sql.functions.desc

object kmeansModel {
    def main(args: Array[String]): Unit = {
        val spark = SparkSession.builder()
            .appName("kmeansModel")
            .master("local[*]")
            .enableHiveSupport()
```

```
    .getOrCreate()
spark.sparkContext.setLogLevel("WARN")
/**
 * 修改需要进行模型计算的特征字段为double类型
 */
val data = spark.table("mall.customer")
    .selectExpr("cast(age as double) age",
        "cast(income as double)income",
        "cast(spending as double)spending",
        "gender")
//获取数据列名
val columns = data.columns

/**
 * 构建模型，包含StringIndex(将gender性别字符数据转换为Int类型)、VectorAssembler(整
     合特征字段为Vector)和Kmeans模型。将这三个模型放入到管道中
 */
val StringIndex = new StringIndexer()
    .setInputCol("gender")
    .setOutputCol("sex")

val Vector = new VectorAssembler()
    .setInputCols((columns :+ "sex").filter(!_.contains("gender")))
    .setOutputCol("features")

val KMeanModel = new KMeans()
val pipeline = new Pipeline()
    .setStages(Array(StringIndex, Vector, KMeanModel))
/**
 * 构建K-Means模型参数网格，设置最大迭代次数、随机种子和k值
 * 使用训练集切分验证（默认75%），获取最佳参数模型，设置模型评估器为ClusteringEvaluator
 * 训练模型，并得到聚类结果
 */
val paramGrid = new ParamGridBuilder()
    .addGrid(KMeanModel.maxIter, Array(10, 20, 50))
    .addGrid(KMeanModel.seed, Array(1L, 2L, 3L))
    .addGrid(KMeanModel.k, Array(3, 4, 5, 6, 7, 8, 9, 10))
    .build()
val trainValidationSplit = new TrainValidationSplit()
    .setEstimator(pipeline)
    .setEvaluator(new ClusteringEvaluator())
    .setEstimatorParamMaps(paramGrid)
    .setParallelism(3)
val model = trainValidationSplit.fit(data)
val result = model.transform(data)

//计算最佳模型的轮廓系数
val evaluator = new ClusteringEvaluator()
val silhoette = evaluator.evaluate(result)

/**
```

```
 * 输出最佳模型的参数和轮廓系数
 */
import org.apache.spark.ml.Pipeline
val bestPipeline = model.bestModel.parent.asInstanceOf[Pipeline]
val stage = bestPipeline.getStages(2)
println("最佳迭代次数：" + stage.extractParamMap.get(stage.getParam("maxIter")))
println("最佳随机种子：" + stage.extractParamMap.get(stage.getParam("seed")))
println("最佳k值：" + stage.extractParamMap.get(stage.getParam("k")))
println("轮廓系数" + silhoette)

result.show(5,false)
println("查看分类结果：")
result.groupBy("prediction").count()
    .sort(desc("count")).show()

    }
}
```

```
最佳迭代次数：Some(10)
最佳随机种子：Some(3)
最佳k值：Some(7)
轮廓系数0.6240344630429748
```

图 6-53　最佳模型参数

```
查看聚类结果：
+----------+-----+
|prediction|count|
+----------+-----+
|         4|   44|
|         5|   39|
|         0|   37|
|         6|   26|
|         1|   22|
|         2|   22|
|         3|   10|
+----------+-----+
```

图 6-54　聚类结果

6.7　Spark Streaming——流计算框架

Spark Streaming 是 Spark API 的一个扩展，支持实时数据流的可扩展、高吞吐量、容错流处理。DStream（Discretized Stream，离散流）是 Spark Streaming 中一个非常重要的概念，Spark Streaming 读取数据时会得到一个 DStream 编程模型，而 DStream 提供了一系列操作的方法。本节将介绍 Spark Streaming 框架及其运行原理，以及 DStream 编程模型及其基础操作。

6.7.1　Spark Streaming 概述

Spark Streaming 是一个构建在 Spark 之上的子框架，是 Spark 生态圈中用于处理流式数据的分布式流式处理框架。流式数据可以从许多来源（如 Kafka、Kinesis 或 TCP 套接字）获取，获取的数据可以使用 map()、reduce()、join() 和 window() 等高级函数表达的复杂算法进行处理。如图 6-55 所示，处理后的数据可以推送到文件系统（如 HDFS）、数据库（如

MySQL）和仪表面板（如 Kibana）进行实时处理。除此之外，Spark Streaming 能够与 Spark SQL、MLlib、GraphX 进行无缝集成，使得用户可以将 Spark 的数据查询、机器学习与图形处理算法应用于数据流。

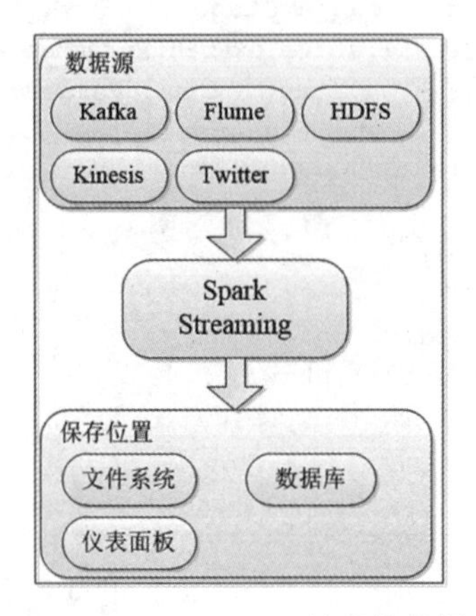

图 6-55　Spark Streaming 处理的数据流图

6.7.2　Spark Streaming 运行原理

Spark Streaming 的内部运行原理图如图 6-56 所示。Spark Streaming 接收实时数据并根据一定的时间间隔将其拆分成多个小的批处理作业，然后通过 Spark Engine 批处理引擎处理任务，并批量生成最终的结果。

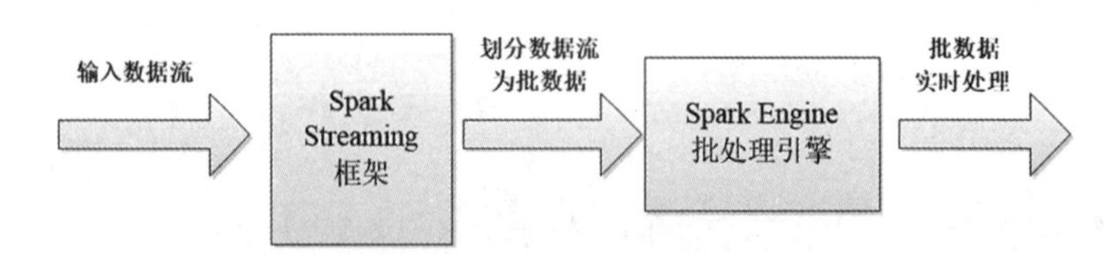

图 6-56　Spark Streaming 运行原理图

Spark Streaming 的输入数据会按照时间片（秒级）分成一段一段的数据。时间片可称为批处理时间间隔（batch interval），是人为地对数据进行定量的标准，可作为拆分数据的依据。一个时间片的数据对应一个 RDD 实例。按照时间片划分得到批（batch）数据后，每一段数据都转换成 Spark 中的 RDD，再将 Spark Streaming 中对 DStream 的转换操作变为对 Spark 中 RDD 的转换操作，并将中间结果保存在内存中。整个流式计算根据业务的需求可以对中间的结果进行叠加计算或存储至外部设备中。6.7.4 节将会详细讲述 DStream 编程模型的基础操作。

6.7.3　DStream 编程模型

DStream 是 Spark Streaming 对内部实时数据流的一个抽象描述，可将 DStream 理解为持续性的数据流。可以通过外部数据源（Kafka、Flume、Twitter 等）获取 DStream，也可以通过 DStream 现有的高级操作（如转换操作）获得 DStream。DStream 代表着一系列持续的 RDD，DStream 中的每个 RDD 都是一小段时间间隔分隔开的 RDD 数据集，如图 6-57 所示。

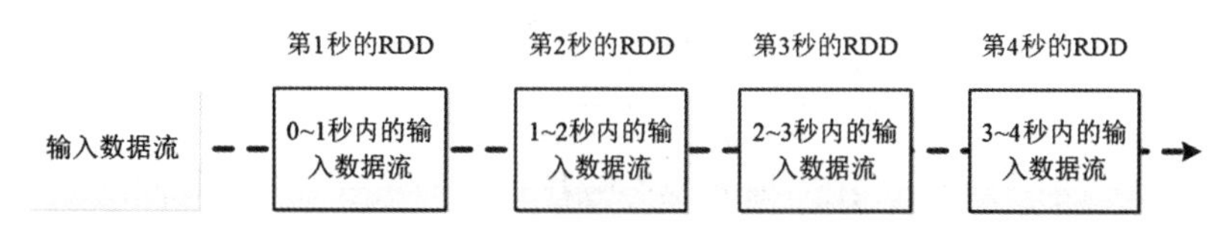

图 6-57 DStream 生成离散的 RDD 序列

对 DStream 的任何操作都会转化成对底层 RDD 的操作。以单词计数为例，获取文本数据形成文本的输入数据流（lines DStream），使用 flatMap() 方法进行扁平化操作并进行分割，得到每一个单词，形成单词的数据流（words DStream），如图 6-58 所示。这一过程实际上是对 lines DStream 内部的所有 RDD 进行 flatMap 操作，生成对应的 words DStream 里的 RDD。因此，对 DStream 的操作，可以通过 RDD 的转换操作生成新的 DStream。

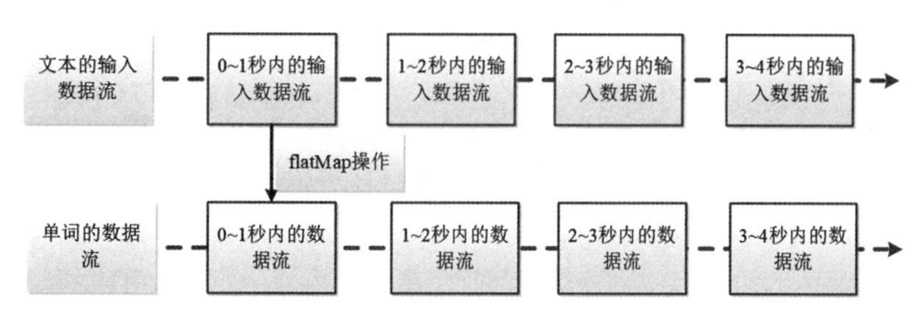

图 6-58 DStream 的转换操作

6.7.4 DStream 基础操作

与 RDD 类似，Spark Streaming 也提供了一系列对 DStream 进行操作的方法。这些方法根据操作的类型可以分成 3 类，即转换操作、窗口操作和输出操作，详细介绍如下。

1. DStream 转换操作

DStream API 提供了很多 DStream 转换操作的方法，如 map()、flatMap()、filter()、reduce() 等方法，DStream 转换操作常用的方法如表 6-26 所示。

表 6-26 DStream 转换操作常用的方法及说明

方法	说明
map(func)	对源 DStream 的每个元素应用 func 函数，返回一个新的 DStream
flatMap(func)	类似 map 操作，不同的是每个输入项可以映射到 0 个或多个输出项
filter(func)	对源 DStream 中的每一个元素应用 func 函数进行计算，如果 func 函数返回结果为 true，则保留该元素，否则丢弃该元素，返回一个新的 DStream
union(otherStream)	合并两个 DStream，生成一个包含两个 DStream 中所有元素的新的 DStream

（续）

方法	说明
count()	统计 DStream 中每个 RDD 包含的元素的个数，得到一个新的 DStream
reduce(func)	对源 DStream 中的每个元素应用 func 函数进行聚合操作，返回一个内部所包含的 RDD 只有一个元素的新 DStream
countByKey()	计算 DStream 中每个 RDD 内元素出现的频次，并返回新的 DStream [(Key,Long)]，其中 Key 是 RDD 中元素的类型，Long 是元素出现的频次
reduceByKey(func,[numTasks])	当一个类型为 (Key,Value) 键值对的 DStream 被调用时，返回类型为 (Key,Value) 键值对的新的 DStream，其中每个键的值（Value）都是使用聚合函数 func 汇总。配置 numTasks 可以设置不同的并行任务数
join(otherStream,[numTasks])	当调用形如 (Key1,Value1) 和 (Key1,Value2) 键值对的两个 DStream 时，返回形如 (Key1，(Value1，Value2)) 键值对的一个新 DStream
cogroup(otherStream, [numTasks])	当调用形如 (Key1,Value1) 和 (Key1,Value2) 键值对的两个 DStream 时，返回一个形如 (Key1,Seq[Value1],Seq[Value2]) 的新 DStream
transform(func)	通过对源 DStream 的每个 RDD 应用 func 函数返回一个新的 DStream，用于在 DStream 上进行 RDD 的任意操作

在表 6-26 所示的 DStream 转换操作的方法中，大部分转换操作的使用方法（如 map()、flatMap()、filter() 等方法）与 RDD 转换操作的使用方法类似，因此不再详细介绍表 6-26 中前 9 个方法的用法。

transform() 方法极大地丰富了 DStream 可以进行的操作内容。使用 transform() 方法后，除了可以使用 DStream 提供的其他转换方法之外，还可以直接调用 RDD 基础操作的任意方法。

例如，使用 transform() 方法将一行语句按空格分成单词，如代码清单 6-83 所示。

代码清单 6-83 transform() 方法操作示例

```
import org.apache.spark.streaming.StreamingContext
import org.apache.spark.streaming.StreamingContext._
import org.apache.spark.streaming.dstream.DStream
import org.apache.spark.streaming.Duration
import org.apache.spark.streaming.Seconds
# 设置日志级别
sc.setLogLevel("WARN")
# 从 SparkConf 创建 StreamingContext 并指定 5s 的批处理大小
val ssc = new StreamingContext(sc, Seconds(5))
# 启动连接到 slave1 8888 端口，使用收到的数据创建 DStream
val lines = ssc.socketTextStream("slave1", 8888)
val words = lines.transform(rdd=>rdd.flatMap(_.split(" ")))
words.print()
ssc.start()
```

运行代码清单 6-83 所示的命令，在 slave1 节点中进入 8888 监控端口，并输入“I am learning Spark Streaming now”语句，运行结果如图 6-59 所示，该语句在 5s 内被分成单词。

```
Time: 1502675380000 ms          [root@slave1 ~]# nc -l 8888
------------------------------- I am learning Spark Streaming now
I
am
learning
Spark
Streaming
now

-------------------------------
Time: 1502675385000 ms
```

图 6-59 transform() 方法运行结果

2. DStream 窗口操作

窗口操作是指在 DStream 流上，以一个可配置的长度作为窗口，通过一个可配置的速率向前移动窗口，并对窗口内的数据执行计算操作。每次掉落在窗口内的 RDD 数据均会进行聚合及计算，最后生成的新 RDD 会作为 Window DStream 的一个 RDD。

DStream 的窗口操作示意图如图 6-60 所示。设置滑动窗口的时间长度为 3s，滑动步长的时间长度为 2s，对输入数据流 original DStream 3s 内的 3 个 RDD 进行聚合处理，生成一个窗口计算结果，如 window at time 3。过了 2s 后，再对最近 3s 内的数据执行滑动窗口计算，再生成一个窗口计算结果，如 window at time 5。这样一个个窗口计算结果就组成了 windowed DStream。每个滑动窗口操作都必须指定两个参数，即窗口长度和滑动间隔，而且这两个参数值必须是 batch（批处理时间）间隔的整数倍。

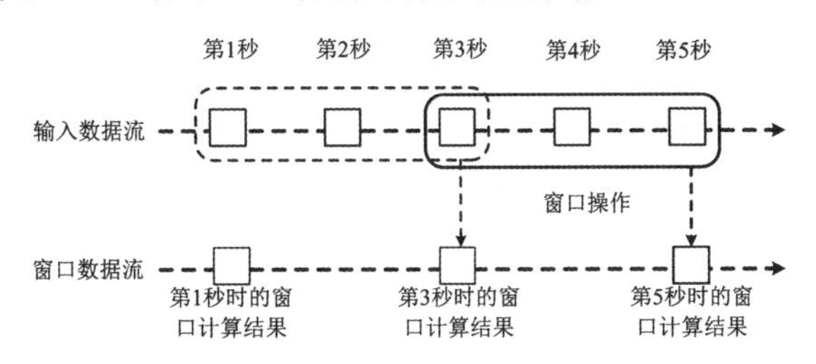

图 6-60 窗口操作示意图

DStream 窗口操作常用的方法及说明如表 6-27 所示。窗口操作的方法都需要两个参数，即 windowLength（窗口长度）和 slideInterval（时间间隔）。

表 6-27 窗口操作常用的方法及说明

方法	说明
window(windowLength, slideInterval)	返回一个基于源 DStream 的窗口批次计算后得到的新的 DStream
countByWindow(windowLength, slideInterval)	返回基于滑动窗口的 DStream 中的元素的数量
reduceByWindow(func, windowLength, slideInterval)	基于滑动窗口对源 DStream 中的元素进行聚合操作，得到一个新的 DStream
reduceByKeyAndWindow(func, windowLength, slideInterval, [numTasks])	基于滑动窗口对 (K，V) 键值对类型的 DStream 中的值按 K 使用 func 函数进行聚合操作，得到一个新的 DStream
reduceByKeyAndWindow(func, invFunc, windowLength, slideInterval, [numTasks])	reduceByKeyAndWindow() 的另一个更高效的版本，其中每个窗口的 reduce 值是使用前一个窗口的 reduce 值递增计算的。这是通过减少进入滑动窗口的新数据并“反向减少”离开窗口的旧数据来实现的

（续）

方法	说明
countByValueAndWindow(windowLength, slideInterval, [numTasks])	基于滑动窗口计算源 DStream 中每个 RDD 内每个元素出现的频次并返回 DStream[(K,Long)]，其中 K 是 RDD 中元素的类型，Long 是元素频次。与 countByValue 一样，reduce 任务的数量可以通过一个可选参数进行配置

我们以 window(windowLength,slideInterval) 和 reduceByKeyAndWindow(func,windowLength,slideInterval,[numTasks]) 方法为例，介绍 DStream 窗口操作的方法。

window() 方法将基于一个源 DStream 的窗口批次计算后得到新的 DStream，如设置窗口长度为 3s，滑动时间间隔为 1s，截取源 DStream 中的元素形成新的 DStream，如代码清单 6-84 所示。

代码清单 6-84　window(windowLength, slideInterval) 方法操作示例

```
import org.apache.spark.streaming.{Seconds, StreamingContext}
import org.apache.spark.streaming.StreamingContext._
val ssc=new StreamingContext(sc, Seconds(1))
val lines = ssc.socketTextStream("slave1", 8888)
val words = lines.flatMap(_.split(" "))
val windowWords = words.window(Seconds(3), Seconds(1))
windowWords.print()
ssc.start
```

运行代码清单 6-84，在 slave1 上启动监听，在监听端口控制每秒输入一个字母，输出结果如图 6-61 所示，取出 3s 中的所有元素并打印。可以看到，到第 4s 时已看不到 a，到第 5s 时则看不到 b 了，说明此时 a 和 b 已经不在当前窗口中。

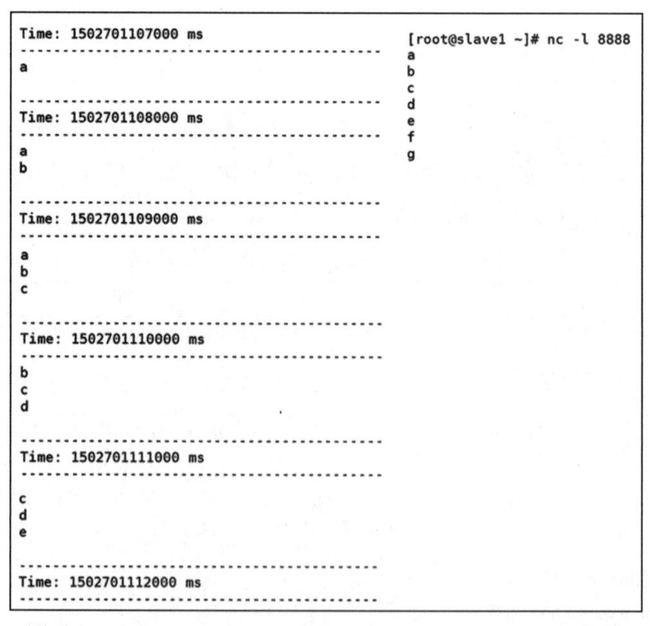

图 6-61　window(windowLength, slideInterval) 方法示例结果

reduceByKeyAndWindow(func,windowLength,slideInterval,[numTasks]) 方法与 reduceByKey() 方法类似，但两者的数据源不同，reduceByKeyAndWindow() 方法的数据源是基于 DStream 窗口长度中的所有数据。

例如，将当前长度为 3 的时间窗口中的所有数据元素根据 Key 进行合并，统计前 3s 内不同单词出现的次数，如代码清单 6-85 所示。

代码清单 6-85　reduceByKeyAndWindow() 方法操作示例

```
import org.apache.spark.streaming.{Seconds, StreamingContext}
import org.apache.spark.streaming.StreamingContext._
val ssc=new StreamingContext(sc,Seconds(1))
ssc.checkpoint("hdfs://master:8020/spark/checkpoint")
val lines = ssc.socketTextStream("slave1", 8888)
val words = lines.flatMap(_.split(" "))
val pairs = words.map(word => (word, 1))
val windowWords = pairs.reduceByKeyAndWindow(
(a: Int,b: Int) => (a + b), Seconds(3), Seconds(1))
windowWords.print()
ssc.start()
```

运行代码清单 6-85 所示的代码，结果如图 6-62 所示。从图中可以看出，到了第 4 s，最前面的两个 a 已经不在当前窗口中，所以没有打印出 a 的次数。

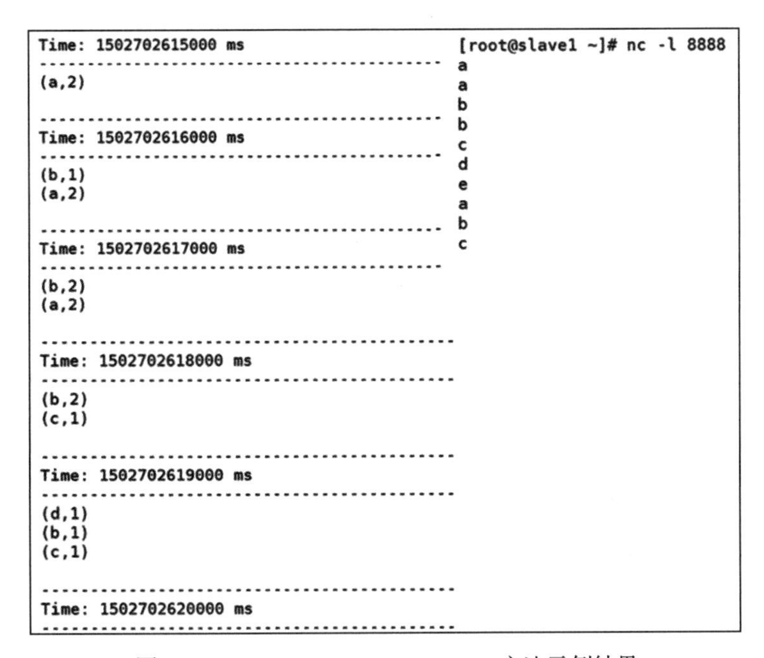

图 6-62　reduceByKeyAndWindow() 方法示例结果

3. DStream 输出操作

在 Spark Streaming 中，DStream 的输出操作才是 DStream 上所有转换的真正触发计算点，类似于 RDD 中的 Action 操作。经过输出操作，DStream 中的数据才能与外部进行交互，如将数据写入文件系统、数据库或其他应用中。目前 DStream 输出操作常用的方法及说明如表 6-28 所示。

表 6-28 DStream 输出操作常用的方法及说明

方法	描述
print()	在 Driver 中打印出 DStream 中数据的前 10 个元素
saveAsTextFiles(prefix,[suffix])	将 DStream 中的内容以文本的形式保存为文本文件，其中每次批处理间隔内产生的文件以 prefix_TIME_IN_MS[.suffix] 的方式命名
saveAsObjectFiles(prefix,[suffix])	将 DStream 中的内容按对象序列化，并且以 SequenceFile 的格式保存。其中每次批处理间隔内产生的文件以 prefix_TIME_ IN_MS[.suffix] 的方式命名
saveAsHadoopFiles(prefix,[suffix])	将 DStream 中的内容以文本的形式保存为 Hadoop 文件，其中每次批处理间隔内产生的文件以 prefix_TIME_IN_MS[.suffix] 的方式命名
foreachRDD(func)	基本的输出操作，将 func 函数应用于 DStream 中的 RDD 上，输出数据至外部系统，如保存 RDD 到文件或网络数据库等

其中，print() 方法已在前面的示例中介绍过，所以本节主要介绍除了 print() 之外的其他方法。

saveAsTextFiles()、saveAsObjectFiles() 和 saveAsHadoopFiles() 方法可以将 DStream 中的每个 batch 的数据内容保存为文本文件。文本文件将单独保存到一个文件夹中，其中 prefix 为文件夹名前缀，文件夹名前缀参数必须传入，[suffix] 为文件夹名后缀，文件夹名后缀参数可选，最终文件夹名称的完整形式为 prefix-TIME_IN_MS[.suffix]。此外，如果前缀中包含文件完整路径，那么该文件夹会建在指定路径下。saveAsTextFiles() 方法以文本的形式保存 DStream 中的内容，可以保存在任何文件系统中；saveAsObjectFiles() 方法以序列化的格式保存；而 saveAsHadoopFiles() 方法则以文本的形式保存在 HDFS 上。

例如，将 nc 窗口中输出的内容保存至 HDFS 的 /user/root/saveAsTextFiles 目录下，设置每秒生成一个文件夹，如代码清单 6-86 所示。

代码清单 6-86 saveAsTextFiles() 方法示例

```
import org.apache.spark.streaming.{Seconds, StreamingContext}
import org.apache.spark.streaming.StreamingContext._
val ssc = new StreamingContext(sc, Seconds(1))
val lines = ssc.socketTextStream("slave1", 8888)
lines.saveAsTextFiles("hdfs://master:8020/user/root/saveAsTextFiles/sahf","txt")
ssc.start()
```

运行代码清单 6-86，即可在 HDFS 的 Web 界面上看到一系列以 sahf 为前缀，txt 为后缀的文件夹，如图 6-63 所示。

foreachRDD() 方法是 DStream 提供的一个功能强大的方法，可以将数据发送至外部系统中。

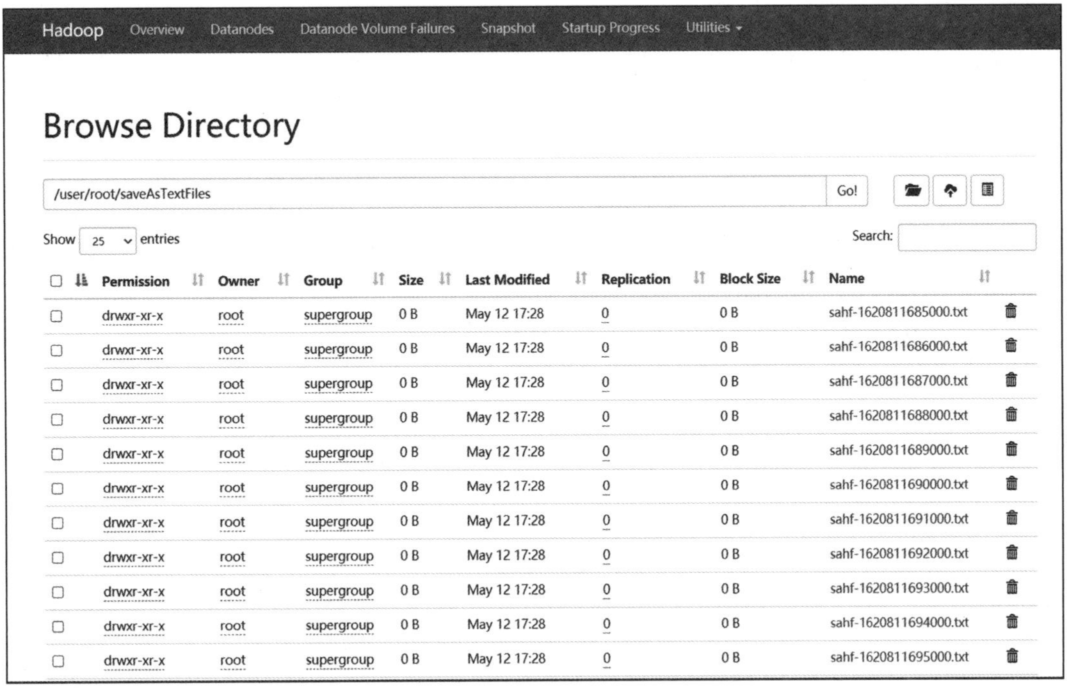

Hadoop Overview Datanodes Datanode Volume Failures Snapshot Startup Progress Utilities

Browse Directory

/user/root/saveAsTextFiles Go!

Show 25 entries Search:

Permission	Owner	Group	Size	Last Modified	Replication	Block Size	Name
drwxr-xr-x	root	supergroup	0 B	May 12 17:28	0	0 B	sahf-1620811685000.txt
drwxr-xr-x	root	supergroup	0 B	May 12 17:28	0	0 B	sahf-1620811686000.txt
drwxr-xr-x	root	supergroup	0 B	May 12 17:28	0	0 B	sahf-1620811687000.txt
drwxr-xr-x	root	supergroup	0 B	May 12 17:28	0	0 B	sahf-1620811688000.txt
drwxr-xr-x	root	supergroup	0 B	May 12 17:28	0	0 B	sahf-1620811689000.txt
drwxr-xr-x	root	supergroup	0 B	May 12 17:28	0	0 B	sahf-1620811690000.txt
drwxr-xr-x	root	supergroup	0 B	May 12 17:28	0	0 B	sahf-1620811691000.txt
drwxr-xr-x	root	supergroup	0 B	May 12 17:28	0	0 B	sahf-1620811692000.txt
drwxr-xr-x	root	supergroup	0 B	May 12 17:28	0	0 B	sahf-1620811693000.txt
drwxr-xr-x	root	supergroup	0 B	May 12 17:28	0	0 B	sahf-1620811694000.txt
drwxr-xr-x	root	supergroup	0 B	May 12 17:28	0	0 B	sahf-1620811695000.txt

图 6-63 saveAsTextFiles() 方法示例结果

通常将数据写入外部系统需要创建一个连接对象（如 TCP 连接到远程服务器），并使用该对象发送数据至远程系统中。在创建连接对象时一种错误的使用方式是在 Spark Driver 端创建连接对象，如代码清单 6-87 所示。因为在 Driver 端创建连接对象，需要连接对象进行序列化，并从 Driver 端发送到 Worker 上，但是连接对象很少在不同机器间进行序列化操作。

代码清单 6-87 创建连接对象的错误使用方式 1

```
dstream.foreachRDD {
    rdd => val connection = createNewConnection()
    rdd.foreach{record =>connection.send(record)
    }
}
```

创建连接对象时的另一种错误的使用方式是在 Worker 上创建连接对象，如代码清单 6-88 所示。这种创建连接对象的方式将会为每一条记录都创建一个连接对象。通常，创建一个连接对象就会有时间和资源的开销，那么为每条记录创建和销毁连接对象会导致非常高的开销，降低系统的整体吞吐量。

代码清单 6-88 创建连接对象的错误使用方式 2

```
dstream.foreachRDD {
    rdd => rdd.foreach{record =>
```

```
        val connection = createNewConnection()
        connection.send(record)}
    connection.close()
    }
}
```

对于连接对象的创建，可以使用 rdd.foreachPartition() 方法。rdd.foreachPartition() 方法是针对代码清单 6-87 和代码清单 6-88 所示的两种错误方法提出的一种正确的使用方式，如代码清单 6-89 所示。rdd.foreachPartition() 方法会创建一个单独的连接对象，由该连接对象输出所有 RDD 分区数据至外部系统中。这不仅可以缓解创建多条记录连接的开销，而且可以通过在多个 RDD 和 batch 上重用连接对象进行优化。

代码清单 6-89 rdd.foreachRDD() 方法的正确使用

```
dstream.foreachRDD {
    rdd =>rdd.foreachPartition{partitionOfRecords =>
        val connection = createNewConnection()
        partitionOfRecords.foreach(record => connection.send(record))
        connection.close()
    }
}
```

下面以网站热词排名为例，介绍如何正确使用 foreachPartition() 方法将处理结果写到 MySQL 数据库中。首先在 MySQL 数据库中创建数据库和表用于接收处理后的数据，如代码清单 6-90 所示，其中新建的 searchKeyWord 表有 3 个字段，分别为插入数据的日期（insert_date）、热词（keyword）和在设置的时间内出现的次数（search_count）。

代码清单 6-90 创建数据库和表

```
mysql> create database spark;
mysql> use spark;
mysql> create table searchKeyWord(
insert_time date,keyword varchar(30),search_count integer);
```

在 IntelliJ IDEA 中编写 Spark 代码，设置窗口长度为 60s，窗口滑动时间间隔为 10s，计算 10s 内每个单词出现的次数，并根据出现的次数对单词进行排序。虽然 DStream 没有提供 sort() 方法，但是可以使用 transform() 方法，将 DStream 转换成 RDD，再调用 RDD 的 sortByKey() 方法实现，再使用 foreachPartition() 方法创建 MySQL 数据库连接对象，使用该连接对象输出数据到 searchKeyWord 表中，如代码清单 6-91 所示。

代码清单 6-91 foreachPartition() 方法实现输出数据至 MySQL 代码

```
import java.sql.{Connection, DriverManager, PreparedStatement}
import org.apache.spark.SparkConf
import org.apache.spark.streaming
import org.apache.spark.streaming._
import org.apache.spark.streaming.Seconds
```

```
object WriteDataToMysql {
    def main(args: Array[String]): Unit = {
        val conf=new SparkConf().setMaster("local[3]").setAppName("WriteDataToMySQL")
        val ssc = new StreamingContext(conf, Seconds(5))
        val ItemsStream = ssc.socketTextStream("slave1", 8888)
        val ItemPairs = ItemsStream.map(line => (line.split(",")(0), 1))
        val ItemCount = ItemPairs.reduceByKeyAndWindow(
            (v1: Int,v2: Int) => v1 + v2, Seconds (60), Seconds(10))
        val hottestWord = ItemCount.transform(itemRDD => {
        val top3 = itemRDD.map (
                pair => (pair._2, pair._1)).sortByKey(false).map(
                pair => (pair._2, pair._1)).take(3)
                ssc.sparkContext.makeRDD(top3)
        })
        hottestWord.foreachRDD( rdd => {
        rdd.foreachPartition(partitionOfRecords =>{
                val url = "jdbc:mysql://192.168.128.130:3306/spark"
                val user = "root"
                val password = "root"
                Class.forName("com.mysql.jdbc.Driver")
                val conn = DriverManager.getConnection(url,user,password)
                conn.prepareStatement("delete from searchKeyWord where 1 = 1").
                    executeUpdate()
                conn.setAutoCommit(false)
                val stmt=conn.createStatement()
                partitionOfRecords.foreach(record => {
                    stmt.addBatch("insert into searchKeyWord (insert_time,keyword,
                        search_count)
                        values (now(),'"+record._1+"','"+record._2+"')")
                })
                stmt.executeBatch()
                conn.commit()
            })
        })
                ssc.start()
                ssc.awaitTermination()
                ssc.stop()
    }
}
```

运行代码清单 6-91，在 slave1 启动监听 8888 端口并输入图 6-65 所示的右侧的数据，然后查看 searchKeyWord 表中的数据，如图 6-64 所示。

```
mysql> select * from searchKeyWord;
+-------------+---------+--------------+
| insert_time | keyword | search_count |
+-------------+---------+--------------+
| 2017-08-16  | hadoop  |            3 |
| 2017-08-16  | hive    |            2 |
| 2017-08-16  | spark   |            1 |
+-------------+---------+--------------+
3 rows in set (0.00 sec)
```

```
[root@slave1 ~]# nc -l 8888
hadoop,1111
spark,2222
hadoop,2222
hadoop,2222
hive,2222
hive,3333
```

图 6-64　运行结果

6.7.5 场景应用：热门博文实时推荐

随着互联网和信息科学技术的发展，技术人员也需要不断紧跟潮流，学习新的技术。这些人在学习的过程中喜欢把所学的知识记录下来以便查看或者分享给他人。某些公司因此萌发了开发技术博客网站的想法：技术人员可以通过注册成为会员后把自己所学的知识记录在博客上分享给其他人学习，或者在网站上查看他人分享的知识。而随着推荐技术的发展，现在的博客网站也都会设置个性化的推荐板块，以此来吸引用户。比如，CSDN 网站就有推荐博客、最热下载、行业热点等推荐板块。

国内某个技术博客网站设置了热门博文板块，并设置系统每小时对博文网页进行快速统计，将热度最高的 10 个网页更新到热门博文版块。

一般，我们可以根据式（6-1）计算网页的热度，其中，u 代表用户等级，x 代表用户从进入网站到离开网站这段时间内对该网页的访问次数，y 代表停留时间，z 表示是否点赞，1 为赞，−1 表示踩，0 表示中立。

$$f(u,x,y,z)=0.1u+0.9x+0.4y+z \tag{6-1}$$

以下是从某网站中采集的用户对于某个网页的行为数据，如表 6-29 所示。

表 6-29 用户对某个网页的行为数据

pageId	userRank	visitTimes	waitTime	like
041.html	7	5	0.9	−1
030.html	7	3	0.8	−1
042.html	5	4	0.2	0
032.html	6	2	0.4	1
042.html	5	1	0.8	0
045.html	6	4	0.7	1
030.html	8	3	0.5	−1

其中 pageId 表示单击的网页 ID，userRank 表示用户等级，visitTimes 表示用户从进入网站到离开网站这段时间内对该网页的访问次数，waitTime 表示停留时间，like 表示是否点赞。

计算网页热度之后要求把热度最高的 10 个网页保存在 MySQL 数据库中，因此需要在 MySQL 数据库中设计一个表 top_web_page 接收热度最高的 10 个网页。top_web_page 表的结构如表 6-30 所示。

表 6-30 top_web_page 表结构

列名	说明	备注
rank	热度排名	主键
htmlID	网页 ID	
pageheat	网页热度	

为体现 Spark Streaming 实时处理数据的特点，笔者通过自定义模拟器产生用户对某个网页的行为数据。每隔 5s 产生一个文件保存在本地，编写 Spark Streaming 程序监控产生

文件的目录，自动处理新的文件，计算其中的网页热度并将热度最高的前 10 个博文更新到 MySQL 数据库。

1. 通过 Spark Streaming 输入数据源

一般情况下，Spark Streaming 实时处理网站上的数据时需要与 Kafka 结合。本章不打算介绍 Kafka，因此将简化本章的案例。笔者做了一个日志生成模拟器，首先采集用户对某个网页的行为数据并保存在本地 E 盘的 test.log 文件中，每隔 5s 随机地从 test.log 文件中挑选 100 行添加到新日志文件，新生成的日志文件存放在 E 盘的 streaming 目录下。test.log 文件的部分内容如表 6-31 所示。

表 6-31 test.log 文件内容

021.html,7,3,0.1,1	019.html,5,1,0.7,0
002.html,1,4,0.1,-1	021.html,6,5,0.2,1
016.html,9,4,0.1,-1	012.html,6,1,0.2,-1
036.html,2,4,0.9,-1	002.html,7,4,0.6,-1
044.html,5,3,0.1,1	050.html,2,3,0.2,-1
021.html,6,4,0.2,0	019.html,5,3,0.2,1
001.html,4,2,0.8,-1	028.html,6,1,0.5,0
049.html,10,4,0.2,0	009.html,4,1,0.7,-1
043.html,3,5,0.3,-1	050.html,8,5,0.6,-1
032.html,6,4,0.0,-1	030.html,3,3,0.9,0
048.html,2,3,0.6,0	041.html,2,1,0.2,1
015.html,5,1,0.3,-1	008.html,5,2,0.8,-1
033.html,8,2,0.9,1	017.html,4,2,0.3,0
028.html,3,2,0.1,1	043.html,6,4,0.6,0
009.html,1,1,0.8,0	015.html,1,1,0.7,-1
008.html,4,4,0.7,-1	

模拟器的代码如代码清单 6-92 所示，运行该代码，即可在 E:\\streaming 目录下产生一系列以 streamingdata 为前缀，.txt 为后缀的文件，每个文件都有 100 条记录。

代码清单 6-92 模拟器代码

```
import java.io._
import java.text.SimpleDateFormat
import java.util.Date
import java.io.PrintWriter
import scala.io.Source
object Simulator {
    def main(args: Array[String]) {
        var i=0
        while (true)
        {
            val filename="E:\\test.log"
            val lines = Source.fromFile(filename).getLines.toList
            val filerow = lines.length
            val writer = new PrintWriter(new File("E:\\streaming\\streamingdata"+i+".
                txt" ))
```

```
            i=i+1
            var j=0
            while(j<100)
            {
                writer.write(lines(index(filerow))+"\n")
                println(lines(index(filerow)))
                j=j+1
            }
            writer.close()
            Thread sleep 5000
            log(getNowTime(),"E:\\streaming\\streamingdata"+i+".txt generated")
        }
    }
    def log(date: String, message: String)  = {
        println(date + "----" + message)
    }
    def index(length: Int) = {
        import java.util.Random
        val rdm = new Random
        rdm.nextInt(length)
    }
    def getNowTime():String={
        val now:Date = new Date()
        val datetimeFormat:SimpleDateFormat = new SimpleDateFormat("yyyy-MM-dd
            hh:mm:ss")
        val ntime = datetimeFormat.format( now )
        ntime
    }
    /**
     * 根据时间字符串获取时间（单位为秒）
     *
     **/
    def getTimeByString(timeString: String): Long = {
        val sf: SimpleDateFormat = new SimpleDateFormat("yyyyMMddHHmmss")
        sf.parse(timeString).getTime / 1000
    }
}
```

E:\\streaming 目录下每隔 5s 都会有新文件产生，使用 Speak Streaming 来监控该目录。首先创建 StreamingContext 对象，设置批处理时间间隔为 5s，如代码清单 6-93 所示。

代码清单 6-93 创建 StreamingContext 对象并监控 E:\\streaming 目录

```
val ssc=new StreamingContext(sc,Seconds(5))
val lines=ssc.textFileStream("E:\\streaming")
```

2. 通过 Spark Streaming 计算网页热度

Spark Streaming 读取监控目录下的数据，生成一个 DStream。计算网页热度时，首先需要对每一行数据根据数据的分隔符（如“,”）进行分割，根据式（6-1）计算网页的热度，得到以网页为键、热度为值的键值对数据，接着根据相同的键计算网页的热度总和，最后根据热度总和对数据降序排序，取出热度最高的前 10 个网页。具体实现代码如代码清单 6-94 所示。

代码清单 6-94　计算网页热度代码

```
// 计算网页热度
val html=lines.map{
            line=>val words=line.split(",");
                (words(0),0.1*words(1).toInt+0.9*words(2).toInt+0.4*words(3).
                    toDouble+words(4).toInt)}
    // 计算每个网页的热度总和
    val htmlCount=
    html.reduceByKeyAndWindow((v1:Double,v2:Double)=>v1+v2,Seconds(60),Seconds(10))
    // 按照网页的热度总和降序排序
    val hottestHtml=htmlCount.transform(itemRDD=>{
        val top10=itemRDD
                .map(pair=>(pair._2,pair._1))
                .sortByKey(false).map(pair=>(pair._2,pair._1)).take(10)
        ssc.sparkContext.makeRDD(top10).repartition(1)
        }
)
```

3. 网页热度输出

每次更新网页及其热度后，需要把更新结果输出到 MySQL 中。Spark Streaming 使用 foreachRDD 把 DStream 数据输出到 MySQL。首先需要在 MySQL 数据库中设计一张表接收数据，表的结构如表 6-30 所示。在 MySQL 中创建名为 spark 的数据库，并在 spark 数据库下建立 top_web_page 表，如代码清单 6-95 所示。

代码清单 6-95　创建 spark 数据库与 top_web_page 表

```
mysql> create database spark;
mysql> use spark;
mysql> create table top_web_page(rank int,htmlID varchar(30),pageheat double);
```

使用 foreachpartition 方法创建连接对象，由于 top_web_page 表只保存最新的 10 条数据，因此在创建连接对象之后，先把 top_web_page 表中原有的数据清空。定义创建连接对象及清空表的方法如代码清单 6-96 所示。

代码清单 6-96　创建连接对象及清空表的方法

```
def getConn(url:String,user:String,password:String):Connection={
    Class.forName("com.mysql.jdbc.Driver")
    val conn=DriverManager.getConnection(url,user,password)
    return conn
}
def delete(conn:Connection,table:String)={
    val sql="delete from "+table+" where 1=1"
    conn.prepareStatement(sql).executeUpdate()
}
```

接着使用 DStream 提供的 foreachRDD 的方法将热度最高的 10 个网页数据信息输出到 MySQL 数据库的 top_web_page 表中，如代码清单 6-97 所示。

代码清单 6-97 输出热度最高的 10 个网页数据信息

```
hottestHtml.foreachRDD(rdd=>{
    rdd.foreachPartition(partitionOfRecords=>{
        val url="jdbc:mysql://192.168.128.130:3306/spark"
        val user="root"
        val password="root"
        val conn=getConn(url,user,password)
        delete(conn,"top_web_page")
        conn.setAutoCommit(false)
        val stmt=conn.createStatement()
        var i=1
        partitionOfRecords.foreach(record=>{
            println("input data is "+record._1+" "+record._2)
            stmt.addBatch("insert into top_web_page(rank,htmlID,pageheat) values
                ('"+i+"','"+record._1+"','"+record._2+"')")
            i+=1
        })
        stmt.executeBatch()
        conn.commit()
    })
})
```

4. 完整代码

实时更新热门博文案例代码都是在 Intellij IDEA 中实现，整体代码如代码清单 6-98 所示。

代码清单 6-98 实时更新热门博文案例代码

```
import java.sql.{Connection, DriverManager}
import org.apache.spark.SparkConf
import org.apache.spark.streaming.{Seconds, StreamingContext}
object PageHot {
    def main(args:Array[String])={
        val sc=new SparkConf().setMaster("local[4]").setAppName("pagehot")
        val ssc=new StreamingContext(sc,Seconds(5))
        val lines=ssc.textFileStream("E:\\streaming")
        //计算网页热度
        val html=lines.map{line=>val words=line.split(",");(words(0),0.1*wor
          ds(1).toInt+0.9*words(2).toInt+0.4*words(3).toDouble+words(4).toInt)}
        //计算每个网页的热度总和
        val htmlCount=html.reduceByKeyAndWindow((v1:Double,v2:Double)=>v1+v2,Sec
            onds(60),Seconds(10))
        //按照网页的热度总和降序排序
        val hottestHtml=htmlCount.transform(itemRDD=>{
            val top10=itemRDD.map(pair=>(pair._2,pair._1)).sortByKey(false).
                map(pair=>(pair._2,pair._1)).take(10)
            ssc.sparkContext.makeRDD(top10).repartition(1)
```

```
        })
        hottestHtml.foreachRDD(rdd=>{
            rdd.foreachPartition(partitionOfRecords=>{
                val url="jdbc:mysql://192.168.128.130:3306/spark"
                val user="root"
                val password="root"
                val conn=getConn(url,user,password)
                delete(conn,"top_web_page")
                conn.setAutoCommit(false)
                val stmt=conn.createStatement()
                var i=1
                partitionOfRecords.foreach(record=>{
                    println("input data is "+record._1+" "+record._2)
                    stmt.addBatch("insert into top_web_page(rank,htmlID,pageheat)
                        values ('"+i+"','"+record._1+"','"+record._2+"')")
                    i+=1
                })
                stmt.executeBatch()
                conn.commit()
            })
        })
        ssc.start()
        ssc.awaitTermination()
        ssc.stop()
    }
    def getConn(url:String,user:String,password:String):Connection={
        Class.forName("com.mysql.jdbc.Driver")
        val conn=DriverManager.getConnection(url,user,password)
        return conn
    }
    def delete(conn:Connection,table:String)={
        val sql="delete from "+table+" where 1=1"
        conn.prepareStatement(sql).executeUpdate()
    }
}
```

模拟器的代码如代码清单 6-92 所示，运行模拟器代码，同时运行代码清单 6-98。运行模拟器代码，每隔 5s 生成一个文件，如图 6-65 所示。Spark Streaming 监控产生文件的目录，一旦有新文件产生就会计算新文件的网页热度及其排名然后输出到 top_web_page 表。查看 top_web_page 表的内容，如图 6-66 所示。

streamingdata0	2017/8/16 14:38	文本文档	2 KB
streamingdata1	2017/8/16 14:38	文本文档	2 KB
streamingdata2	2017/8/16 14:38	文本文档	2 KB
streamingdata3	2017/8/16 14:38	文本文档	2 KB
streamingdata4	2017/8/16 14:38	文本文档	2 KB
streamingdata5	2017/8/16 14:38	文本文档	2 KB
streamingdata6	2017/8/16 14:39	文本文档	2 KB
streamingdata7	2017/8/16 14:39	文本文档	2 KB

图 6-65　模拟器产生的文件

```
mysql> select * from top_web_page;        mysql> select * from top_web_page;
+------+----------+----------+            +------+----------+----------+
| rank | htmlID   | pageheat |            | rank | htmlID   | pageheat |
+------+----------+----------+            +------+----------+----------+
|    1 | 019.html |    50.62 |            |    1 | 019.html |    67.74 |
|    2 | 018.html |    49.92 |            |    2 | 020.html |    64.48 |
|    3 | 039.html |    47.98 |            |    3 | 039.html |    63.24 |
|    4 | 020.html |    47.24 |            |    4 | 005.html |    61.38 |
|    5 | 040.html |     45.1 |            |    5 | 018.html |     60.6 |
|    6 | 027.html |     43.2 |            |    6 | 042.html |    59.58 |
|    7 | 014.html |    42.66 |            |    7 | 028.html |    58.72 |
|    8 | 001.html |    41.32 |            |    8 | 004.html |     56.1 |
|    9 | 049.html |    40.86 |            |    9 | 040.html |     55.4 |
|   10 | 042.html |    39.48 |            |   10 | 001.html |    55.38 |
+------+----------+----------+            +------+----------+----------+
10 rows in set (0.00 sec)                 10 rows in set (0.00 sec)
```

图 6-66　top_web_page 表中的数据

6.8　小结

本章首先简单介绍了 Spark 技术及应用场景，带领读者走进 Spark。然后详细介绍完全分布式模式下 Spark 集群环境的搭建过程。接着阐述了 Spark 的架构、Spark 作业的运行流程和 Spark 的核心数据集 RDD。重点介绍 Spark 的重要组件，包括查询引擎框架 Spark SQL、机器学习库 Spark MLlib 以及流计算框架 Spark Streaming，并对每个组件分别提供了对应的场景应用供读者实践，使读者能够熟练使用并深入理解 Spark 及其组件。

课后习题

（1）以下不属于 Spark 架构中的组件的是（　　）。

A．Driver　　B．Spark Context

C．Cluster Manager　　D．Resource Manager

（2）关于 RDD，下列说法错误的是？（　　）

A．RDD 支持转换操作和行动操作

B．RDD 只能存储在磁盘

C．RDD 是一个只读的、可分区的分布式数据集

D．RDD 是 Spark 对基础数据的抽象

（3）在 Spark SQL 中，DataFrame 可以将数据保存成持久化的表，使用的方法是（　　）

A．save()　　B．saveAsTextFile()

C．saveAsFile()　　D．saveAsTable()

（4）ALS 是 MLlib 的一个实现推荐算法包，需要输入的数据类型是（　　）

A．Vector　　B．LabeledPoint

C．Rating　　D．DStream

（5）用 Spark Streaming 连接 master 虚拟机的 9999 端口获取数据，以下选项中命令正确的是（　　）

A．ssc.socketTextStream(“master”, 9999)　　B．ssc.textFileStream(“master”, 9999)

C．Rating　　D．DStream

第 7 章 Chapter 7

大数据采集框架 Flume——实现日志数据实时采集

Flume 是由 Cloudera 软件公司开发的一个高可用的、高可靠的、分布式的海量日志采集、聚合和传输的系统，后于 2009 年捐赠给了 Apache 软件基金会，成为 Hadoop 相关的组件之一。近几年随着 Flume 不断完善，同时 Flume 内部的各种组件不断丰富，其升级版本逐一推出，特别是 Flume-NG 的出现，使得用户在开发过程中的使用便利性得到很大的改善，现已成为 Apache 的顶级项目之一。

本章将详细介绍如何使用 Flume 采集数据。首先简单介绍 Flume 技术以及应用场景，其次讲解 Flume 的安装配置过程，再详细介绍 Flume 采集方案的设计并实践方案，最后结合实际的场景应用，通过 Flume 实现广告系统日志采集系统采集数据的模拟过程。

7.1 Flume 技术概述

Apache Flume 是一个可以收集例如日志、事件等数据资源，并将这些数量庞大的数据从各项数据资源集中起来存储的工具 / 服务。Flume 是一个高可用、高可靠、分布式的采集工具，其设计原理是基于数据流将数据从各种网站服务器上汇集起来并存储到 HDFS、HBase 等集中存储器中。通俗一点来说，Flume 是一个很可靠、方便、强大的日志采集工具，是目前大数据领域数据采集最常用的框架之一。

7.1.1 Flume 的发展历程

Flume 最初是由 Cloudera 开发的日志收集系统，受到了业界的认可与广泛应用，后来逐步演化成支持任何流式数据收集的通用系统。Flume 目前存在两个版本，初始的发行版本

Flume OG（Original Generation）和重构后的版本 Flume NG（Next/New Generation）。

其中 Flume OG 对应的是 Apache Flume 0.9.x 之前的版本，早期随着 FLume 功能的不断扩展，Flume OG 代码工程臃肿、核心组件设计不合理、核心配置不标准等缺点被暴露出来，尤其是在 Flume OG 的最后一个发行版本 0.9.4 中，日志传输不稳定的现象尤为严重。为了解决这些问题，2011 年 10 月 22 日，Cloudera 完成了 Flume-728，对 Flume 进行了里程碑式的改动，重构后的版本统称为 Flume NG。同时此次改动后，Flume 也被纳入 Apache 旗下。

Flume NG 在 OG 的架构基础上做了调整，去掉了中心化组件 master 以及服务协调组件 ZooKeeper，使得架构更加简单和容易部署。Flume NG 和 OG 是完全不兼容的，但沿袭了 OG 中的很多概念，包括 Source、Sink 等。

7.1.2 Flume 的基本思想与特性

Flume 本质上是一个中间件，主要具有以下几个特点。

- 良好的扩展性。Flume的架构是完全分布式的，没有任何中心化组件，非常容易扩展。
- 高度定制化。Flume 采用的是插拔式架构，各组件可以进行插拔式配置，用户可以很容易地根据需求自由定义。
- 良好的可靠性。Flume 内置了事务支持，能保证发送的每条数据都能够被下一跳收到而不丢失。
- 可恢复性。Flume 的可恢复性依赖于其核心组件 Channel。当 Channel 的缓存类型设置为 FileChannel 时，事件可持久化到本地文件系统中。

7.1.3 Flume 的基本架构

Flume 的数据流是通过一系列称为 Agent 的组件构成的。Flume 以 Agent 为最小的独立运行单位，一个 Agent 就是一个 JVM。Flume 是一个完整的数据采集框架，其基本架构及数据流动模型图如图 7-1 所示。Flume 含有 3 个核心组件，分别是 Source、Channel、Sink。通过这些组件，Event 可以从一个地方流向另一个地方。

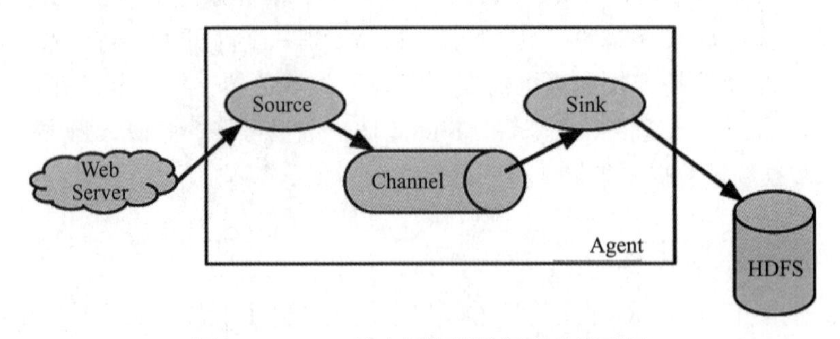

图 7-1　Flume 基本架构及数据流动模型图

Event 被外部 Source（例如 Web Server）发送到 Source，被发送的 Event 要有特定的格式。例如，Avro Source 可以用来接收来自客户端的 Avro Event 或者其他 Flume Agent。当收到 Event 时，Source 会将 Event 存储到一个或多个 Channel。该 Channel 是一个活动存储，用于保存 Event 直至它被 Sink 消费。Sink 把 Event 从 Channel 中移除并放进外部存储库，如 HDFS。Source 和 Sink 在 Agent 中是异步运行的。

7.1.4　Flume 的核心概念

Flume 的架构主要有以下 7 个核心概念。

1）Event：一个数据单元，带有一个可选的消息头。

2）Flow：Event 从源点到达目的点的迁移的抽象。

3）Client：操作位于源点处的 Event，将其发送到 Flume Agent。

4）Agent：一个独立的 Flume 进程，包含组件 Source、Channel、Sink。

5）Source：用来消费传递到该组件的 Event。

6）Channel：中转 Event 的一个临时存储，保存有 Source 组件传递过来的 Event。

7）Sink：从 Channel 中读取并移除 Event，将 Event 传递到 Flow Pipeline 中的下一个 Agent。

7.1.5　Flume Agent 的核心组件

前面提到，Flume Agent 主要由 3 个组件构成，分别是 Source、Channel、Sink，如图 7-2 所示。

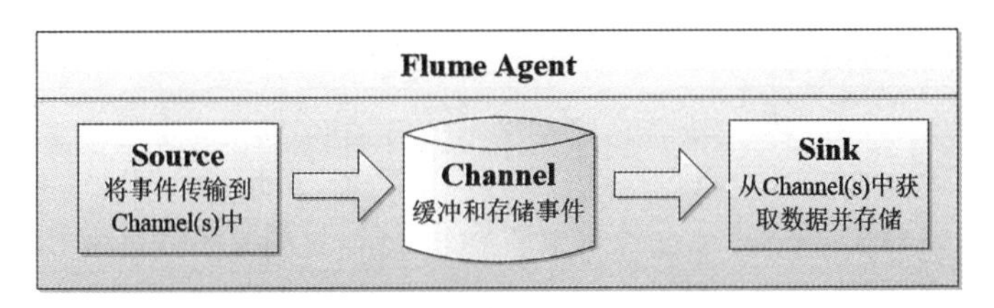

图 7-2　Flume Agent 的核心组件

各组件主要作用和功能说明如下。

1）Source 是数据的收集端，负责将数据捕获后对其进行特殊的格式化，并封装到事件（Event）里，然后将事件推入 Channel 中。Flume 提供了各种 Source 的实现，包括 Avro Source、Exec Source、Spooling Directory Source、Net Cat Source、Syslog Source、Syslog TCP Source、Syslog UDP Source、HTTP Source、HDFS Source 等。如果内置的 Source 无法满足需要，你还可以自定义 Source。

2）Channel 是连接 Source 和 Sink 的组件，可以看作一个数据的缓冲区（数据队列）。Channel 可以将事件暂存到内存中，也可以将事件持久化到本地磁盘上，直到 Sink 处理完该事件。对于Channel，Flume提供了Memory Channel、JDBC Chanel、File Channel等缓存类型。其中Memory Channel可以实现高速的吞吐，但是无法保证数据的完整性。目前官方文档已经建议使用File Channel替换Memory Recover Channel。

File Channel可以保证数据的完整性与一致性。在对File Channel进行具体配置时，建议将File Channel的缓存目录和程序日志文件保存的目录设置在不同的磁盘上，以便提高效率。

3）Sink取出Channel中的数据，存入相应的存储文件系统、数据库，或者提交到远程服务器。Flume也提供了各种Sink的实现，包括HDFS sink、Logger sink、Avro sink、File Roll sink、Null sink、HBase sink等。

Sink在设置数据的存储路径时，可以选择文件系统、数据库和Hadoop系统。在日志数据较少时，可以将数据存储在文件系统中，并且设定一定的时间间隔以保存数据。在日志数据较多时，可以将相应的日志数据存储到HDFS中，便于日后进行相应的数据分析。

7.2 Flume应用场景介绍

在大数据背景下，Flume作为一个分布式的、可靠的数据采集软件系统，主要从大量分散的数据源中收集、汇聚以及迁移大规模的日志数据并进行存储。业界对于Flume这一开源分布式技术的应用也在不断地拓展中，以下总结了Flume的三大应用场景。

1. 电子商务

首先获取消费用户访问电商网站页面以及单击产品等的日志数据，然后收集信息并移交给Hadoop平台，由Hadoop平台完成消费者行为或者购买意图的分析。现在流行的内容推送，比如广告定点投放以及新闻私人定制也是基于此。

2. ETL工具

对于固定且要求高实时的ETL动作，可以利用拦截器功能去完成，然后使用插件把关系型数据实时增量地导入HDFS外部数据源。通过Flume的各个Agent进行数据收集合并，并在Agent的进程内存中进行ETL，中间过程不经过硬盘以及文件操作，以达到实时快速的目的。

3. 银行事务

中国民生银行服务器的操作系统种类众多，部分银行的生产系统采用的是AIX和HP-UNIX操作系统。而Flume具备极好的兼容性，因此可以作为AIX和HP-UNIX操作系统上日志数据的采集端。

7.3 Flume安装与配置

对Flume有了初步了解后，我们还需要安装Flume组件，这是学习Flume的前提条件。Flume 对 Hadoop 和 ZooKeeper 的依赖只是在 jar 包上，并不要求启动 Flume 时必须也将 Hadoop 和 ZooKeeper 服务启动，因此，只需要在配置好 JDK 的 Linux 操作系统下部署 Flume 即可。

7.3.1 Flume 的安装

Flume 的安装过程简洁明了，本书所用的 Flume 版本是 1.9.0。安装 1.9.0 版 Flume 时要满足以下几个条件。

- Java 运行环境务必确保正确安装和配置 JDK1.7 以上版本（具体安装过程可参考第 2 章）。
- 系统内存要足够，以便运行 Agent 组件 Source、Channel 和 Sink。
- 磁盘空间要足够。
- 目录权限要明确，Agent 要有读写权限。

Flume 的安装步骤如下。

下载 Flume 的最新版本 apache-flume-1.9.0-bin.tar.gz 进行解压，但是务必要确保安装了 Java 运行环境。将 /opt 目录下的 apache-flume-1.9.0-bin.tar.gz 解压至 /usr/local 后，进入目录 /usr/local，将 apache-flume-1.9.0-bin 重命名为 flume，然后修改 Flume 的配置文件 /opt/conf/flume-env.sh，最后测试 Flume 是否安装成功，如代码清单 7-1 所示。

代码清单 7-1　Flume 安装与配置命令

```
# 查看 /opt 录下 apache-flume-1.9.0-bin.tar.gz 安装包是否就位
ls -al
# 解压 apache-flume-1.9.0-bin.tar.gz 安装包
tar -zxvf /opt/apache-flume-1.9.0-bin.tar.gz -C /usr/local/
# 进入安装路径的父目录
cd /usr/local
# 修改 apache-flume-1.9.0-bin 目录名称为 flume
mv apache-flume-1.9.0-bin flume
# 删除压缩包
rm -rf /opt/apache-flume-1.9.0-bin.tar.gz
# 将 /usr/local/flume/conf 下的 flume-env.sh.template 文件重命名为 flume-env.sh
cd /usr/local/flume/conf
mv flume-env.sh.template flume-env.sh
# 配置 flume-env.sh 文件
vi flume-env.sh
# 在 "# Enviroment variables can be set here." 下面添加内容
export JAVA_HOME=/usr/java/jdk1.8.0_281-amd64
# 按下 Esc，输入 :wq，保存并退出编辑
```

将 Hadoop 存放路径的 share/hadoop/hdfs/lib 里的文件 guava-27.0-jre.jar 替换为 Flume 存放路径的 lib 里的 guava-11.0.2.jar，并将 guava-11.0.2.jar 文件删除（或在文件名的末尾添加“.bak”的后缀以达到禁用文件的效果）。至此 Flume 安装配置完成。

7.3.2 Flume运行测试

在/usr/local/flume/conf/flume-env.sh添加JAVA_HOME后即可认为Flume安装成功。下面对Flume进行测试，检查它能否正常工作。Linux命令如代码清单7-2所示，测试结果如图7-3所示。

代码清单7-2 Flume运行测试

```
# 切换到 Flume 的 bin 目录
cd /usr/local/flume/bin
# 执行 flume-ng 程序，查看 flume-ng 版本号
./bin/flume-ng version
```

```
[root@master bin]# ./flume-ng version
Flume 1.9.0
Source code repository: https://git-wip-us.apache.org/repos/asf/flume.git
Revision: d4fcab4f501d41597bc616921329a4339f73585e
Compiled by fszabo on Mon Dec 17 20:45:25 CET 2018
From source with checksum 35db629a3bda49d23e9b3690c80737f9
```

图7-3 Flume运行测试

7.4 Flume核心组件的常见类型及参数配置

Flume Agent的配置存储在一个本地的配置文件中，文件遵循Java配置文件格式。一个或多个Agent可以在同一配置文件中。配置文件包含一个Agent内的每一个Source、Sink和Channel的配置，以及它们如何连接成数据流的配置。在数据流中每个组件（Source、Sink或者Channel）都需要设置名字、类型及一系列参数。

1. Source配置

Source与Agent中的其他组件都需要通过配置文件进行配置。Flume的配置系统会验证每个Source的配置，并屏蔽错误配置（缺少配置或缺少必要的参数）的Source。配置系统验证通过的Source会被实例化并进行配置，配置成功后，Flume的生命周期管理系统将会尝试启动Source。只有Agent自身停止或被杀死，或者Agent被用户重新配置时，Source才会停止。常见的Source类型及参数说明如表7-1所示。

表7-1 Source类型及参数说明

Source类型	参数说明
Avro	监听Avro端口并接收Avro Client的流数据
Thrift	监听Thrift端口并接收Thrift Client的流数据
Exec	基于UNIX的command在标准输出上生产数据
JMS	从JMS（Java消息服务）采集数据
Spooling Directory	监听指定目录
Kafka	采集Kafka Topic中的message
NetCat	监听端口（要求所提供的数据是换行符分隔的文本）

（续）

Source 类型	参数说明
Sequence Generator	序列产生器，连续不断产生 event，用于测试
Syslog	采集 Syslog 日志消息，支持单端口 TCP、多端口 TCP 和 UDP 日志采集
HTTP	接收 HTTP POST 和 GET 数据
Stress	用于 Source 压力测试

配置数据源时，配置文件中的每个 Source 至少要连接一个配置正确的 Channel；每个 Source 要有一个定义的 type 参数，即设置数据源的类型；配置的 Source 需要在配置文件中设置其属于某个 Agent。

2. Channel 配置

Channel 是位于 Source 与 Sink 之间的缓冲区，其行为类似于队列（先进先出），负责缓冲 Source 写入的数据并提供给 Sink 读取，使 Source 和 Sink 能够以不同速率运作。Channel 允许多个 Source 写入数据到相同的 Channel，并且多个 Sink 可以从相同的 Channel 读取数据，但是一个 Channel 中的一个事件只能被一个 Sink 读取，且被 Sink 安全读取的事件将会被通知从 Channel 中删除。

常见的 Channel 类型及参数说明如表 7-2 所示，不同的 Channel 类型具有不同的持久化水平。

表 7-2　Channel 类型及参数说明

Channel 类型	参数说明
Memory Channel	Event 数据存储在内存中
JDBC Channel	Event 数据存储在持久化存储中，当前 Flume Channel 内置支持 Derby
Kafka Channel	Event 存储在 Kafka 集群
File Channel	Event 数据存储在磁盘文件中
Spillable Memory Channel	Event 数据存储在内存中和磁盘上，当内存队列满了后，额外的 Event 将持久化到磁盘文件中（处于试验阶段，不建议生产环境使用）
Pseudo Transaction Channel	测试用途

在表 7-2 所示的 Channel 类型中，Memory Channel 和 File Channel 属于 Flume 内置的 Channel，并且是线程完全安全的，可以同时处理多个 Source 的写入操作和多个 Sink 的读取操作。

Memory Channel 是内存中的队列，Source 从队列的尾部写入事件，Sink 从队列的头部读取事件。因为 Memory Channel 在内存中存储数据，所以它支持很高的吞吐量，适用于不关心数据丢失的情景。

File Channel 是 Flume 的持久化 Channel。File Channel 将所有事件写到磁盘中，因此在程序关闭或机器宕机的情况下不会丢失数据，只有当 Sink 取走事件并提交给事务时，Channel 的事件才从 Channel 移除。

JDBC Channel 基于嵌入式 DataBase 实现，支持本身内置的 Derby 数据库，对 Event（事件）进行持久化，提供高可靠性，可以取代具有持久性特性的 File Channel。

Kafka Channel 表示在 Kafka 中缓存 Event。Kafka 提供了高容错性，允许可靠地缓存更多的数据，这为 Sink 重复读取 Channel 中的数据提供了可能。

3. Sink 配置

Sink 是 Agent 的组件，用于取出 Channel 的数据并写入另一个 Agent、其他数据存储或其他系统组件。Sink 具有事务性特征，在从 Channel 批量移除数据之前，每个 Sink 用 Channel 启动一个事务。当批量事件一旦成功写出到存储系统或下一个 Agent 时，Sink 就利用 Channel 提交事务。事务一旦被提交，该 Channel 则会从自己的内部缓冲区删除事件。

Flume 封装了很多 Sink，可以写到 HDFS、HBase、Solr、ElasticSearch 等存储和索引系统。常见的 Sink 类型及参数说明如表 7-3 所示。

表 7-3 Sink 类型及参数说明

Sink 类型	参数说明
HDFS	数据写入 HDFS
Logger	数据写入日志文件
Avro	数据被转换为 Avro Event，然后发送到配置的 RPC 端口上
Thrift	数据被转换为 Thrift Event，然后发送到配置的 RPC 端口上
IRC	数据在 IRC 上进行回放
File Roll	存储数据到本地文件系统
Null	丢弃所有数据
Hive	数据写入 Hive
HBase	数据写入 HBase 数据库
Morphline Solr	数据发送到 Solr 搜索服务器（集群）
ElasticSearch	数据发送到 Elastic Search 搜索服务器（集群）
Kite Dataset	写数据到 Kite Dataset，试验性质的
Kafka	数据写到 Kafka Topic

Sink 采用标准的 Flume 配置系统进行配置，每个 Agent 可以有 0 个或多个 Sink，每个 Sink 只能连接一个 Channel 读取事件。如果没有配置 Channel，Sink 就会被移出 Agent。因此，配置 Sink 时需要保证：每个 Sink 至少连接一个正确配置的 Channel，每个 Sink 有一个定义好的 type 参数，Sink 必须属于一个 Agent。

7.5 Flume 采集方案设计与实践

本节主要介绍 Flume 的几种常见的、基于“Source+Channel+Sink”的采集配置方案，同时以采集方案为基础，模拟并实现完整的采集过程。

7.5.1 将采集的数据缓存在内存中

Flume 配合 telnet 命令从指定的网络端口采集用户输入的数据并缓存在内存中，再将采集数据输出到控制台显示。

Channel 是一个缓存区，是连接 Source 和 Sink 的组件，用于缓存 Source 写入的 Event，直到 Event 被 Sink 发送出去。Memory Channel 表示在内存队列中缓存 Event，这种 Channel 类型具有非常高的性能，但出现故障后，内存中的数据会丢失。

1. 编写配置文件

编写配置文件 netcat-logger.conf，如代码清单 7-3 所示。

代码清单 7-3　编写配置文件 netcat-logger.conf

```
# 在 /opt/flume/job 目录中创建新的配置文件，编写配置文件
vim /opt/flume/job/netcat-logger.conf
# 配置文件内容
# 定义这个 agent 中各组件的名字
a1.sources = r1
a1.sinks = k1
a1.channels = c1
# 描述和配置 source 组件: r1
a1.sources.r1.type = netcat
a1.sources.r1.bind = localhost
a1.sources.r1.port = 44444
# 描述和配置 sink 组件: k1
a1.sinks.k1.type = logger
# 描述和配置 channel 组件，此处使用内存缓存的方式
a1.channels.c1.type = memory
a1.channels.c1.capacity = 1000
a1.channels.c1.transactionCapacity = 100
# 描述和配置 source、channel、sink 之间的连接关系
a1.sources.r1.channels = c1
a1.sinks.k1.channel = c1
# 编写完成后，按下 ESC，输入 :wq，保存退出
```

2. 构建方案环境

telnet 是常用的远程控制 Web 服务器的方法，在此案例中可用该方法向端口号 44444 输入数据。安装和设置 telnet，如代码清单 7-4 所示。

代码清单 7-4　安装和设置 telnet

```
# 查看本机是否安装 telnet，如果什么都不显示，说明没有安装 telnet
rpm -qa | grep telnet
# 开始安装 telnet 相关软件
yum install xinetd
yum install telnet
yum install telnet-server
# 安装完成后，将 xinetd 服务加入开机自启动
systemctl enable xinetd.service
# 将 telnet 服务加入开机自启动:
systemctl enable telnet.socket
# 启动以上两个服务
```

```
systemctl start telnet.socket
systemctl start xinetd
```

3. 启动监控程序

指定采集方案配置文件，在相应的节点上使用 Flume Agent 命令启动 Agent 去采集数据，如代码清单 7-5 所示。

代码清单 7-5 启动 Flume Agent 程序

```
# 移动至 flume 文件夹中
cd /usr/local/flume
# 启动 flume-ng 程序
bin/flume-ng agent -c conf/ -f /opt/flume/job/netcat-logger.conf -n a1 -Dflume.
    root.logger=INFO,console
```

启动 Flume Agent 命令的各参数解析如下。

- -c conf/：指定 Flume 自身配置文件所在目录，即 conf 目录。
- -f /opt/flume/job/netcat-logger.conf：指定采集配置文件为 netcat-logger.conf。
- -n a1：指定 Agent 的名字，与采集配置文件内的名字相同。

监控程序运行结果如图 7-4 所示。

```
nitoredCounterGroup.register(MonitoredCounterGroup.java:119)] Monitored counter group for typ
e: CHANNEL, name: c1: Successfully registered new MBean.
2022-03-25 14:49:34,599 (lifecycleSupervisor-1-0) [INFO - org.apache.flume.instrumentation.Mo
nitoredCounterGroup.start(MonitoredCounterGroup.java:95)] Component type: CHANNEL, name: c1 s
tarted
2022-03-25 14:49:35,067 (conf-file-poller-0) [INFO - org.apache.flume.node.Application.startA
llComponents(Application.java:171)] Starting Sink k1
2022-03-25 14:49:35,067 (conf-file-poller-0) [INFO - org.apache.flume.node.Application.startA
llComponents(Application.java:182)] Starting Source r1
2022-03-25 14:49:35,068 (lifecycleSupervisor-1-0) [INFO - org.apache.flume.source.NetcatSourc
e.start(NetcatSource.java:155)] Source starting
2022-03-25 14:49:35,075 (lifecycleSupervisor-1-0) [INFO - org.apache.flume.source.NetcatSourc
e.start(NetcatSource.java:166)] Created serverSocket:sun.nio.ch.ServerSocketChannelImpl[/127.
0.0.1:44444]
```

图 7-4 监控程序运行结果

4. 测试采集方案

使用 telnet 命令打开一个新会话，启动 44444 端口，如代码清单 7-6 所示，运行结果如图 7-5 所示。

代码清单 7-6 telnet 命令示例代码

```
# 打开一个新会话，启动 44444 端口
telnet localhost 44444
# 输入 "hello world"，显示 "OK"
```

```
[root@master ~]# telnet localhost 44444
Trying ::1...
telnet: connect to address ::1: Connection refused
Trying 127.0.0.1...
Connected to localhost.
Escape character is '^]'.
hello world
OK
```

图 7-5 telnet 命令运行结果

Flume 采集效果如图 7-6 所示，其中“Event: { headers:{} body: 68 65 6C 6C 6F 20 77 6F 72 6C 64 0D hello world. }”中的 Event 是 Flume 传输数据的基本单元，其内容是可选的 header+ 字节数组。

```
nitoredCounterGroup.start(MonitoredCounterGroup.java:95)] Component type: CHANNEL, name: c1 s
tarted
2022-03-25 14:49:35,067 (conf-file-poller-0) [INFO - org.apache.flume.node.Application.startA
llComponents(Application.java:171)] Starting Sink k1
2022-03-25 14:49:35,067 (conf-file-poller-0) [INFO - org.apache.flume.node.Application.startA
llComponents(Application.java:182)] Starting Source r1
2022-03-25 14:49:35,068 (lifecycleSupervisor-1-0) [INFO - org.apache.flume.source.NetcatSourc
e.start(NetcatSource.java:155)] Source starting
2022-03-25 14:49:35,075 (lifecycleSupervisor-1-0) [INFO - org.apache.flume.source.NetcatSourc
e.start(NetcatSource.java:166)] Created serverSocket:sun.nio.ch.ServerSocketChannelImpl[/127.
0.0.1:44444]
2022-03-25 14:49:44,079 (SinkRunner-PollingRunner-DefaultSinkProcessor) [INFO - org.apache.fl
ume.sink.LoggerSink.process(LoggerSink.java:95)] Event: { headers:{} body: 68 65 6C 6C 6F 0D
                                hello. }
2022-03-25 16:26:17,272 (SinkRunner-PollingRunner-DefaultSinkProcessor) [INFO - org.apache.fl
ume.sink.LoggerSink.process(LoggerSink.java:95)] Event: { headers:{} body: 68 65 6C 6C 6F 20
77 6F 72 6C 64 0D              hello world. }
```

图 7-6　Flume 采集效果

7.5.2　将采集的数据缓存在磁盘中

Flume 配合 telnet 命令从指定的网络端口采集用户输入的数据并缓存在磁盘中，再将采集数据输出到控制台显示。

1. 编写配置文件

编写配置文件 netcat-file-logger.conf，如代码清单 7-7 所示。

代码清单 7-7　编写配置文件 netcat-file-logger.conf

```
# 在 /opt/flume/job 目录中创建新的配置文件，编写配置文件
vim /opt/flume/job/netcat-file-logger.conf
# 配置文件内容
#  定义这个 agent 中各组件的名字
a1.sources = r1
a1.sinks = k1
a1.channels = c1
#  描述和配置 source 组件：r1
a1.sources.r1.type = netcat
a1.sources.r1.bind = localhost
a1.sources.r1.port = 44444
#  描述和配置 sink 组件：k1
a1.sinks.k1.type = logger
#  描述和配置 channel 组件，此处使用磁盘缓存的方式
a1.channels.c1.type = file
# 指定 channel 数据的存储目录
a1.channels.c1.checkpointDir = /opt/flume/chk
# 指定 channel 内存指针的保存路径
a1.channels.c1.dataDirs = /opt/flume/data
# 设置 channel 最小需要的空间设置为 100 兆
a1.channels.c1.minimumRequiredSpace = 102400
#  描述和配置 source、channel 和 sink 之间的连接关系
```

```
a1.sources.r1.channels = c1
a1.sinks.k1.channel = c1
```

2. 构建方案环境

在启动 Flume Agent 前，我们需要先确保配置文件中 Channel 数据的存放路径是不存在的，因此需要先删除数据的存储目录，如代码清单 7-8 所示。

代码清单 7-8 删除数据的存储目录

```
# 删除 /opt/flume 下的 chk、data 文件夹
rm -rf /opt/flume/chk /opt/flume/data
```

3. 启动监控程序

指定采集方案配置文件，在相应的节点上启动 Flume Agent 程序。Flume 将启动 Agent 去采集数据，如代码清单 7-9 所示，运行结果如图 7-7 所示。

代码清单 7-9 启动 Flume Agent 程序

```
# 移动至 flume 文件夹中
cd /usr/local/flume
# 启动 flume-ng 程序
bin/flume-ng agent -c conf/ -f /opt/flume/job/netcat-file-logger.conf -n a1
    -Dflume.root.logger=INFO,console
```

```
2022-03-26 14:15:30,709 (lifecycleSupervisor-1-0) [INFO - org.apache.flume.channel.file.FileChannel.start(
FileChannel.java:288)] Queue Size after replay: 0 [channel=c1]
2022-03-26 14:15:30,709 (conf-file-poller-0) [INFO - org.apache.flume.node.Application.startAllComponents(
Application.java:171)] Starting Sink k1
2022-03-26 14:15:30,710 (conf-file-poller-0) [INFO - org.apache.flume.node.Application.startAllComponents(
Application.java:182)] Starting Source r1
2022-03-26 14:15:30,711 (lifecycleSupervisor-1-2) [INFO - org.apache.flume.source.NetcatSource.start(Netca
tSource.java:155)] Source starting
2022-03-26 14:15:30,716 (lifecycleSupervisor-1-2) [INFO - org.apache.flume.source.NetcatSource.start(Netca
tSource.java:166)] Created serverSocket:sun.nio.ch.ServerSocketChannelImpl[/127.0.0.1:44444]
```

图 7-7 Flume Agent 程序运行结果

4. 测试采集方案

使用 telnet 命令向端口号 44444 发送数据，如代码清单 7-10 所示，运行结果如图 7-8 所示。

代码清单 7-10 telnet 命令示例代码

```
# 使用 telnet 命令登录本地
telnet localhost 44444
# 在 "Escape character is '^]'" 提示后直接输入 "Hello World!"
```

```
[root@master ~]# telnet localhost 44444
Trying ::1...
telnet: connect to address ::1: Connection refused
Trying 127.0.0.1...
Connected to localhost.
Escape character is '^]'.
Hello World!
OK
```

图 7-8 telnet 命令运行结果

采集效果如图 7-9 所示。

```
2022-03-26 14:16:15,733 (SinkRunner-PollingRunner-DefaultSinkProcessor) [INFO - org.apache.flume.sink.Logg
erSink.process(LoggerSink.java:95)] Event: { headers:{} body: 48 65 6C 6C 6F 20 57 6F 72 6C 64 21 0D
    Hello World!. }
2022-03-26 14:16:30,567 (Log-BackgroundWorker-c1) [INFO - org.apache.flume.channel.file.EventQueueBackingS
toreFile.beginCheckpoint(EventQueueBackingStoreFile.java:230)] Start checkpoint for /opt/flume/chk/checkpo
int, elements to sync = 1
2022-03-26 14:16:30,569 (Log-BackgroundWorker-c1) [INFO - org.apache.flume.channel.file.EventQueueBackingS
toreFile.checkpoint(EventQueueBackingStoreFile.java:255)] Updating checkpoint metadata: logWriteOrderID: 1
648275330654, queueSize: 0, queueHead: 0
2022-03-26 14:16:30,571 (Log-BackgroundWorker-c1) [INFO - org.apache.flume.channel.file.Log.writeCheckpoin
t(Log.java:1065)] Updated checkpoint for file: /opt/flume/data/log-1 position: 170 logWriteOrderID: 164827
5330654
```

图 7-9 Flume 采集效果

7.5.3 采集监控目录的数据

Flume 也经常被应用于监控目录下的文件并实时采集文件数据。Flume 可通过指定 Source 类型为 spooldir 来监控目录下的文件。当目录下有新增文件时，Flume 可读取到新增文件中的数据，而开发者只需要编写对应的文件序列化器即可将数据转存至 HBase、HDFS 或者其他存储系统中。

spooldir 即 Spooling Directory Source，它通过监听某个目录下的新增文件并读取文件的内容来实现日志信息的收集。在实际生产环境中开发者会结合 log4j 进行使用，因为传输结束的文件的后缀名会发生改变，增加 .completed 后缀（也可以自定义），所以开发者可以通过 log4j 判断采集的过程是否成功。

1. 编写配置文件

编写配置文件 spool-memory-logger.conf，如代码清单 7-11 所示。

代码清单 7-11 编写配置文件 spool-memory-logger.conf

```
# 在 /opt/flume/job 目录中创建新的配置文件，编写配置文件
vim /opt/flume/job/spool-memory-logger.conf
# 配置文件内容
a1.sources=r1
a1.channels=c1
a1.sinks=s1
# 设置 source 类型为监控目录类型
a1.sources.r1.type=spooldir
# 设置要监控的目录
a1.sources.r1.spoolDir=/opt/logs
a1.sources.r1.fileHeader=false
# 设置 channel 类型为内存
a1.channels.c1.type=memory
a1.channels.c1.capacity=1000
a1.channels.c1.transactionCapacity=100
#set sink
a1.sinks.s1.type=logger
#set link
a1.sources.r1.channels=c1
a1.sinks.s1.channel=c1
```

2. 构建方案环境

创建本地目录 /opt/logs，如代码清单 7-12 所示。

代码清单 7-12 创建本地目录 /opt/logs

```
mkdir /opt/logs
```

3. 启动监控程序

指定采集方案配置文件，在相应的节点上启动 Flume Agent 程序。Flume 将启动 Agent 去采集数据，如代码清单 7-13 所示，运行结果如图 7-10 所示。

代码清单 7-13 启动 Flume Agent 程序

```
# 移动至 flume 文件夹中
cd /usr/local/flume
# 启动 flume-ng 程序
bin/flume-ng agent -c conf -f /opt/flume/job/spool-memory-logger.conf -n a1
    -Dflume.root.logger=INFO,console
```

```
2022-03-25 17:16:23,057 (lifecycleSupervisor-1-0) [INFO - org.apache.flume.instrumentation.Mo
nitoredCounterGroup.start(MonitoredCounterGroup.java:95)] Component type: CHANNEL, name: c1 s
tarted
2022-03-25 17:16:23,525 (conf-file-poller-0) [INFO - org.apache.flume.node.Application.startA
llComponents(Application.java:171)] Starting Sink s1
2022-03-25 17:16:23,526 (conf-file-poller-0) [INFO - org.apache.flume.node.Application.startA
llComponents(Application.java:182)] Starting Source r1
2022-03-25 17:16:23,526 (lifecycleSupervisor-1-0) [INFO - org.apache.flume.source.SpoolDirect
orySource.start(SpoolDirectorySource.java:83)] SpoolDirectorySource source starting with dire
ctory: /opt/logs
2022-03-25 17:16:23,563 (lifecycleSupervisor-1-0) [INFO - org.apache.flume.instrumentation.Mo
nitoredCounterGroup.register(MonitoredCounterGroup.java:119)] Monitored counter group for typ
e: SOURCE, name: r1: Successfully registered new MBean.
2022-03-25 17:16:23,563 (lifecycleSupervisor-1-0) [INFO - org.apache.flume.instrumentation.Mo
nitoredCounterGroup.start(MonitoredCounterGroup.java:95)] Component type: SOURCE, name: r1 st
arted
```

图 7-10 Flume Agent 程序运行结果

4. 测试采集方案

创建 1.txt，写入任意内容，保存并拷贝至 /opt/logs 目录中，采集效果如图 7-11 所示。

```
2022-03-25 17:17:20,931 (pool-3-thread-1) [INFO - org.apache.flume.client.avro.ReliableSpooli
ngFileEventReader.readEvents(ReliableSpoolingFileEventReader.java:324)] Last read took us jus
t up to a file boundary. Rolling to the next file, if there is one.
2022-03-25 17:17:20,931 (pool-3-thread-1) [INFO - org.apache.flume.client.avro.ReliableSpooli
ngFileEventReader.rollCurrentFile(ReliableSpoolingFileEventReader.java:433)] Preparing to mov
e file /opt/logs/1.txt to /opt/logs/1.txt.COMPLETED
2022-03-25 17:17:25,563 (SinkRunner-PollingRunner-DefaultSinkProcessor) [INFO - org.apache.fl
ume.sink.LoggerSink.process(LoggerSink.java:95)] Event: { headers:{} body: 6A 69 69 6F 6A 65
69 6F 66 69 6A 65 66 69 65 6A jiiojeiofijefiej }
```

图 7-11 Flume 采集效果

spooldir 监控示例说明如下。

- ❑ 监视一个目录，只要目录中出现新文件，就会采集文件中的内容。
- ❑ 采集完成的文件会被 Agent 自动添加一个后缀：COMPLETED。
- ❑ 所监视的目录中不允许出现文件名相同的情况。

7.5.4 采集端口数据并存储至 HDFS 路径

Sink 负责从 Channel 读取数据，并发送给下一个 Agent 的 Source 或者文件存储系统。Sink 可以将事件写入 Hadoop 分布式文件系统（HDFS）中，这是 Flume 在 Hadoop 环境中的应用，适用于大数据日志采集和存储场景。

HDFS Sink 是最常用的 Sink 之一，负责将 Channel 中的数据写入 HDFS。本方案将监控端口收到的数据，并将数据存储到指定的 HDFS 路径中。

1. 编写配置文件

编写 netcat-memory-hdfs.conf，如代码清单 7-14 所示。

代码清单 7-14　编写 netcat-memory-hdfs.conf

```
# 在 /opt/flume/job 目录中创建新的配置文件，编写配置文件
vim /opt/flume/job/netcat-memory-hdfs.conf
# 配置文件内容
a1.sources=r1
a1.channels=c1
a1.sinks=s1
a1.sources.r1.type=netcat
a1.sources.r1.bind=localhost
a1.sources.r1.port=44444
a1.sources.r1.channels=c1
a1.channels.c1.type=memory
a1.channels.c1.capacity=1000
a1.channels.c1.transactionCapacity=100
a1.sinks.s1.type=hdfs
a1.sinks.s1.hdfs.path=hdfs://master:8020/flumedata/netcat_data
a1.sinks.s1.hdfs.fileType=DataStream
a1.sinks.s1.hdfs.rollInterval=0
a1.sinks.s1.hdfs.rollSize=0
a1.sinks.s1.hdfs.rollCount=5
a1.sinks.s1.channel=c1
```

2. 构建方案环境

在启动 Flume Agent 前，我们需要先确保 Hadoop 能够正常运行（完全分布式）。执行 jps 命令查看 Hadoop 运行情况，如图 7-12 所示。

```
[root@master ~]# jps
2322 JobHistoryServer
1575 NameNode
2105 ResourceManager
1822 SecondaryNameNode
2526 Jps
```

图 7-12　jps 命令运行示例图

3. 启动监控程序

指定采集方案配置文件，在相应的节点上启动 Flume Agent 程序，Flume 将启动 Agent 去采集数据，如代码清单 7-15 所示，运行结果如图 7-13 所示。

代码清单 7-15　启动 Flume Agent 程序

```
# 移动至 flume 文件夹中
cd /usr/local/flume
```

```
#启动flume-ng程序
bin/flume-ng agent -c conf -f /opt/flume/job/netcat-memory-hdfs.conf -n a1
    -Dflume.root.logger=INFO,console
```

```
2022-03-31 10:39:36,105 (lifecycleSupervisor-1-1) [INFO - org.apache.flume.instrumentation.Monitored
CounterGroup.register(MonitoredCounterGroup.java:119)] Monitored counter group for type: SINK, name:
 s1: Successfully registered new MBean.
2022-03-31 10:39:36,105 (lifecycleSupervisor-1-1) [INFO - org.apache.flume.instrumentation.Monitored
CounterGroup.start(MonitoredCounterGroup.java:95)] Component type: SINK, name: s1 started
2022-03-31 10:39:36,118 (lifecycleSupervisor-1-4) [INFO - org.apache.flume.source.NetcatSource.start
(NetcatSource.java:166)] Created serverSocket:sun.nio.ch.ServerSocketChannelImpl[/127.0.0.1:44444]
```

图 7-13 Flume Agent 程序运行结果

4. 测试采集方案

使用 telnet 向端口号 44444 发送消息，如代码清单 7-16 所示，运行结果如图 7-14 所示。

代码清单 7-16 telnet 命令示例代码

```
#使用telnet命令登录本地
telnet localhost 44444
#在"Escape character is '^]'"提示后直接输入"Hello World!"
```

```
[root@master hadoop]# telnet localhost 44444
Trying ::1...
telnet: connect to address ::1: Connection refused
Trying 127.0.0.1...
Connected to localhost.
Escape character is '^]'.
Hello Flume
OK
```

图 7-14 telnet 命令运行结果

采集效果如图 7-15 所示。在 Hadoop Web 端口（192.168.128.130:9870）可以查看到保存至 HSDFS 的采集文件 FlumeData.1648694391710.tmp，如图 7-16 所示。

```
2022-03-31 10:39:51,709 (SinkRunner-PollingRunner-DefaultSinkProcessor) [INFO - org.apache.flume.sin
k.hdfs.HDFSDataStream.configure(HDFSDataStream.java:57)] Serializer = TEXT, UseRawLocalFileSystem =
false
2022-03-31 10:39:51,960 (SinkRunner-PollingRunner-DefaultSinkProcessor) [INFO - org.apache.flume.sin
k.hdfs.BucketWriter.open(BucketWriter.java:246)] Creating hdfs://master:8020/flumedata/netcat_data/F
lumeData.1648694391710.tmp
```

图 7-15 Flume 采集效果

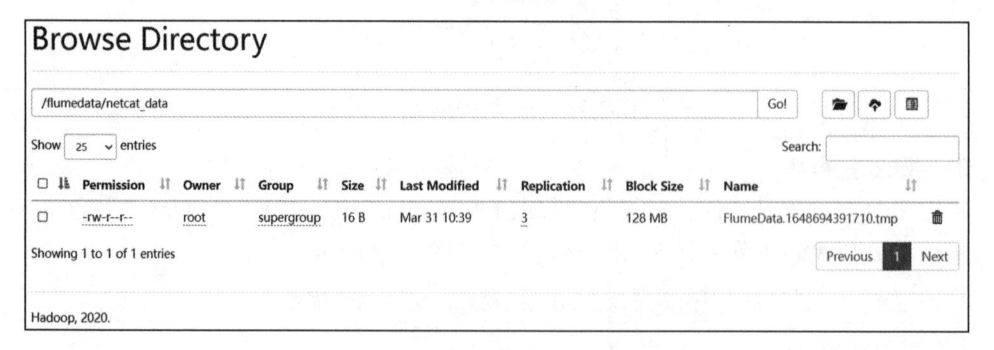

图 7-16 HDFS 存储示例图

7.5.5 采集本地文件数据并存储至 HDFS 路径

本方案将监控本地的文件数据，并将数据存储到指定的 HDFS 路径中。

1. 编写配置文件

编写配置文件 spool-file-hdfs.conf，如代码清单 7-17 所示。

代码清单 7-17 编写配置文件 spool-file-hdfs.conf

```
# 在 /opt/flume/job 目录中创建新的配置文件，编写配置文件
vim /opt/flume/job/spool-file-hdfs.conf
# 配置文件内容
a1.sources = r1
a1.sinks = k1
a1.channels = c1
# 配置 source 组件
a1.sources.r1.type = spooldir
a1.sources.r1.spoolDir = /opt/logs/
a1.sources.r1.fileHeader = false
a1.sources.r1.batchSize=250
a1.sources.r1.channels = c1
a1.channels.c1.type = file
a1.channels.c1.checkpointDir = /opt/flume/chk
a1.channels.c1.dataDirs = /opt/flume/data
# 配置 sink 组件
a1.sinks.k1.type = hdfs
a1.sinks.k1.hdfs.path =hdfs://master:8020/flumeData/logs/%y-%m-%d/%H-%M
a1.sinks.k1.hdfs.filePrefix = access_log
a1.sinks.k1.hdfs.fileType = DataStream
a1.sinks.k1.hdfs.writeFormat =Text
# 每隔 10 分钟就生成新的目录 2018-11-20/10-10  2018-11-20/10-20  2018-11-20/10-30
a1.sinks.k1.hdfs.round = true
a1.sinks.k1.hdfs.roundValue = 1
a1.sinks.k1.hdfs.roundUnit = minute
# 时间：每 30s 滚动生成一个新的文件 ,0 表示不使用时间来滚动
a1.sinks.k1.hdfs.rollInterval = 0
a1.sinks.k1.hdfs.rollSize = 0
a1.sinks.k1.hdfs.rollCount = 100
# 每 5 个事件便写入一次至 HDFS 中
a1.sinks.k1.hdfs.batchSize = 5
a1.sinks.k1.hdfs.useLocalTimeStamp = true
a1.sinks.k1.channel = c1
```

2. 构建方案环境

在启动 Flume Agent 前，我们需要先确保 Hadoop 能够正常运行。

3. 启动监控程序

指定采集方案配置文件，在相应的节点上启动 Flume Agent 程序。Flume 将启动 Agent 去采集数据，如代码清单 7-18 所示，运行结果如图 7-17 所示。

代码清单 7-18 启动 Flume Agent 程序

```
# 移动至 flume 文件夹中
cd /usr/local/flume
# 启动 flume-ng 程序
bin/flume-ng agent --conf conf/ --conf-file job/spool-file-hdfs.conf --name a1
    -Dflume.root.logger=INFO,console
```

```
2022-03-31 10:58:26,206 (lifecycleSupervisor-1-1) [INFO - org.apache.flume.instrumentation.MonitoredC
ounterGroup.start(MonitoredCounterGroup.java:95)] Component type: SINK, name: k1 started
2022-03-31 10:58:26,220 (lifecycleSupervisor-1-0) [INFO - org.apache.flume.source.SpoolDirectorySourc
e.start(SpoolDirectorySource.java:85)] SpoolDirectorySource source starting with directory: /opt/logs
/
2022-03-31 10:58:26,232 (lifecycleSupervisor-1-0) [INFO - org.apache.flume.instrumentation.MonitoredC
ounterGroup.register(MonitoredCounterGroup.java:119)] Monitored counter group for type: SOURCE, name:
 r1: Successfully registered new MBean.
2022-03-31 10:58:26,232 (lifecycleSupervisor-1-0) [INFO - org.apache.flume.instrumentation.MonitoredC
ounterGroup.start(MonitoredCounterGroup.java:95)] Component type: SOURCE, name: r1 started
```

图 7-17 Flume Agent 程序运行结果

4. 测试采集方案

在 /opt 目录下创建测试文件 2.txt，写入任意内容，然后将文件 2.txt 复制至目录 /opt/logs 下。采集效果如图 7-18 所示。在 Hadoop Web 端查看采集文件，如图 7-19 所示。

```
2022-03-31 10:58:42,175 (pool-6-thread-1) [INFO - org.apache.flume.client.avro.ReliableSpoolingFileEv
entReader.readEvents(ReliableSpoolingFileEventReader.java:384)] Last read took us just up to a file b
oundary. Rolling to the next file, if there is one.
2022-03-31 10:58:42,175 (pool-6-thread-1) [INFO - org.apache.flume.client.avro.ReliableSpoolingFileEv
entReader.rollCurrentFile(ReliableSpoolingFileEventReader.java:497)] Preparing to move file /opt/logs
/2.txt to /opt/logs/2.txt.COMPLETED
2022-03-31 10:58:46,266 (SinkRunner-PollingRunner-DefaultSinkProcessor) [INFO - org.apache.flume.sink
.hdfs.HDFSDataStream.configure(HDFSDataStream.java:57)] Serializer = TEXT, UseRawLocalFileSystem = fa
lse
2022-03-31 10:58:46,618 (SinkRunner-PollingRunner-DefaultSinkProcessor) [INFO - org.apache.flume.sink
.hdfs.BucketWriter.open(BucketWriter.java:246)] Creating hdfs://master:8020/flumeData/logs/22-03-31/1
0-58/access_log.1648695526267.tmp
2022-03-31 10:58:55,808 (Log-BackgroundWorker-c1) [INFO - org.apache.flume.channel.file.EventQueueBac
kingStoreFile.beginCheckpoint(EventQueueBackingStoreFile.java:230)] Start checkpoint for /opt/flume/c
hk/checkpoint, elements to sync = 1
2022-03-31 10:58:55,821 (Log-BackgroundWorker-c1) [INFO - org.apache.flume.channel.file.EventQueueBac
kingStoreFile.checkpoint(EventQueueBackingStoreFile.java:255)] Updating checkpoint metadata: logWrite
OrderID: 1648695505891, queueSize: 0, queueHead: 0
2022-03-31 10:58:55,828 (Log-BackgroundWorker-c1) [INFO - org.apache.flume.channel.file.Log.writeChec
kpoint(Log.java:1065)] Updated checkpoint for file: /opt/flume/data/log-3 position: 160 logWriteOrder
ID: 1648695505891
2022-03-31 10:58:55,829 (Log-BackgroundWorker-c1) [INFO - org.apache.flume.channel.file.LogFile$Rando
mReader.close(LogFile.java:520)] Closing RandomReader /opt/flume/data/log-1
```

图 7-18 Flume 采集效果

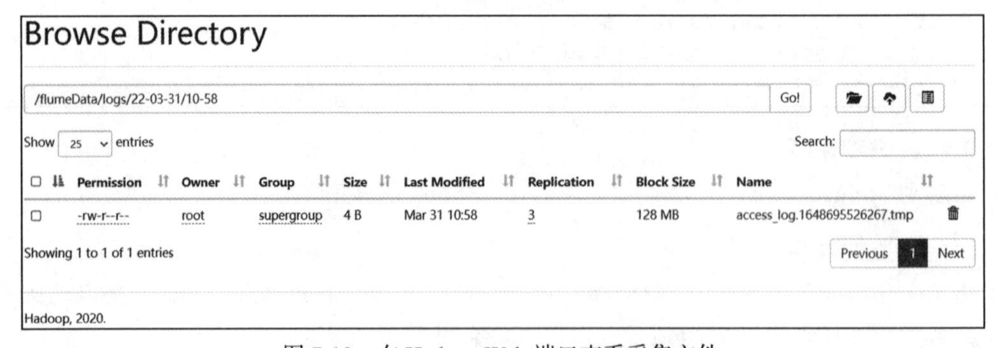

图 7-19 在 Hadoop Web 端口查看采集文件

7.5.6 时间戳拦截器

Flume 是高度可配置的，其具有的一项强大的优势便是拦截器。Flume 拦截器是简单的插件式组件，设置在 Source 和 Channel 之间，可支持在运行中修改或删除事件。即在 Source 将接收到的事件 Event 写入 Channel 之前，拦截器都可以转换或者删除这些事件。每个拦截器只处理同一个 Source 接收到的事件。可以自定义拦截器。

时间戳拦截器是 Flume 中最常用的拦截器之一，该拦截器的作用是将时间戳插入 Flume 的事件报头中。如果不使用任何拦截器，则 Flume 接收到的只有 Message。

1. 编写配置文件

编写加入了时间戳拦截器的配置文件 netcat-logger-ts.conf，采集端口的数据至控制台中显示，如代码清单 7-19 所示。

代码清单 7-19 编写配置文件 netcat-logger-ts.conf

```
# 在 /opt/flume/job 目录中创建新的配置文件，编写配置文件 netcat-logger-ts.conf
vim /opt/flume/job/netcat-logger-ts.conf
# 定义这个 agent 中各组件的名字
a1.sources=r1
a1.channels=c1
a1.sinks=s1
# 描述和配置 source 组件：r1
a1.sources.r1.type=netcat
a1.sources.r1.bind=localhost
a1.sources.r1.port=44444
#source 连接到时间戳拦截器的配置：
a1.sources.r1.interceptors=ts
a1.sources.r1.interceptors.ts.type=timestamp
a1.sources.r1.interceptors.ts.preserveExisting=false
# 描述和配置 sink 组件：k1
a1.sinks.s1.type=logger
# 描述和配置 channel 组件，此处使用内存缓存的方式
a1.channels.c1.type=memory
a1.channels.c1.capacity=1000
a1.channels.c1.transactionCapacity=100
# 描述和配置 source、channel、sink 之间的连接关系
a1.sources.r1.channels=c1
a1.sinks.s1.channel=c1
```

2. 构建方案环境

同 7.5.1 节 telnet 安装配置，这里不再赘述。

3. 启动监控程序

为了更直观地了解时间拦截器的作用，我们先指定采集配置文件 netcat-logger.conf，在相应的节点上启动 Flume Agent 程序。Flume 将启动 Agent 采集数据，如代码清单 7-20 所示，运行结果如图 7-20 所示。

代码清单 7-20 启动 Flume Agent 程序

```
# 移动至 flume 文件夹中
cd /usr/local/flume
# 启动 flume-ng 程序
bin/flume-ng agent -c conf -f /opt/flume/job/netcat-logger.conf -n a1 -Dflume.
    root.logger=INFO,console
```

```
2022-03-27 09:25:54,297 (conf-file-poller-0) [INFO - org.apache.flume.channel.DefaultChannelFactory.create
(DefaultChannelFactory.java:42)] Creating instance of channel c1 type memory
2022-03-27 09:25:54,299 (conf-file-poller-0) [INFO - org.apache.flume.node.AbstractConfigurationProvider.l
oadChannels(AbstractConfigurationProvider.java:201)] Created channel c1
2022-03-27 09:25:54,300 (conf-file-poller-0) [INFO - org.apache.flume.source.DefaultSourceFactory.create(D
efaultSourceFactory.java:41)] Creating instance of source r1, type netcat
2022-03-27 09:25:54,309 (conf-file-poller-0) [INFO - org.apache.flume.sink.DefaultSinkFactory.create(Defau
ltSinkFactory.java:42)] Creating instance of sink: k1, type: logger
2022-03-27 09:25:54,311 (conf-file-poller-0) [INFO - org.apache.flume.node.AbstractConfigurationProvider.g
etConfiguration(AbstractConfigurationProvider.java:116)] Channel c1 connected to [r1, k1]
2022-03-27 09:25:54,315 (conf-file-poller-0) [INFO - org.apache.flume.node.Application.startAllComponents(
Application.java:137)] Starting new configuration:{ sourceRunners:{r1=EventDrivenSourceRunner: { source:or
g.apache.flume.source.NetcatSource{name:r1,state:IDLE} }} sinkRunners:{k1=SinkRunner: { policy:org.apache.
flume.sink.DefaultSinkProcessor@1d308bb0 counterGroup:{ name:null counters:{} } }} channels:{c1=org.apache
.flume.channel.MemoryChannel{name: c1}} }
2022-03-27 09:25:54,316 (conf-file-poller-0) [INFO - org.apache.flume.node.Application.startAllComponents(
Application.java:144)] Starting Channel c1
2022-03-27 09:25:54,361 (lifecycleSupervisor-1-0) [INFO - org.apache.flume.instrumentation.MonitoredCounte
rGroup.register(MonitoredCounterGroup.java:119)] Monitored counter group for type: CHANNEL, name: c1: Succ
essfully registered new MBean.
2022-03-27 09:25:54,362 (lifecycleSupervisor-1-0) [INFO - org.apache.flume.instrumentation.MonitoredCounte
rGroup.start(MonitoredCounterGroup.java:95)] Component type: CHANNEL, name: c1 started
2022-03-27 09:25:54,364 (conf-file-poller-0) [INFO - org.apache.flume.node.Application.startAllComponents(
Application.java:171)] Starting Sink k1
2022-03-27 09:25:54,364 (conf-file-poller-0) [INFO - org.apache.flume.node.Application.startAllComponents(
Application.java:182)] Starting Source r1
2022-03-27 09:25:54,366 (lifecycleSupervisor-1-0) [INFO - org.apache.flume.source.NetcatSource.start(Netca
tSource.java:155)] Source starting
2022-03-27 09:25:54,374 (lifecycleSupervisor-1-0) [INFO - org.apache.flume.source.NetcatSource.start(Netca
tSource.java:166)] Created serverSocket:sun.nio.ch.ServerSocketChannelImpl[/127.0.0.1:44444]
```

图 7-20 Flume Agent 程序运行结果

使用 telnet 命令向端口号 44444 发送消息，如代码清单 7-21 所示，运行结果如图 7-21 所示。

代码清单 7-21 telnet 运行示例代码

```
# 使用 telnet 命令登录本地
telnet localhost 44444
# 在 "Escape character is '^]'" 提示后直接输入 "hello flume!"
```

```
[root@master ~]# telnet localhost 44444
Trying ::1...
telnet: connect to address ::1: Connection refused
Trying 127.0.0.1...
Connected to localhost.
Escape character is '^]'.
hello flume!
OK
```

图 7-21 telnet 运行结果

采集效果如图 7-22 所示。

```
2022-03-27 09:26:40,390 (SinkRunner-PollingRunner-DefaultSinkProcessor) [INFO - org.apache.flume.sink.Logg
erSink.process(LoggerSink.java:95)] Event: { headers:{} body: 68 65 6C 6C 6F 20 66 6C 75 6D 65 21 0D
    hello flume!. }
```

图 7-22 采集效果示意图

接着指定采集配置文件 netcat-logger-ts.conf，在相应的节点上启动 Flume Agent 程序。

Flume 将启动 Agent 去采集数据，如代码清单 7-22 所示，运行结果如图 7-23 所示。

代码清单 7-22　启动 Flume Agent 程序

```
# 移动至 flume 文件夹中
cd /usr/local/flume
# 启动 flume-ng 程序
bin/flume-ng agent -c conf -f /opt/flume/job/netcat-logger-ts.conf -n a1
    -Dflume.root.logger=INFO,console
```

```
2022-03-27 09:27:38,913 (conf-file-poller-0) [INFO - org.apache.flume.channel.DefaultChannelFactory.create
(DefaultChannelFactory.java:42)] Creating instance of channel c1 type memory
2022-03-27 09:27:38,916 (conf-file-poller-0) [INFO - org.apache.flume.node.AbstractConfigurationProvider.l
oadChannels(AbstractConfigurationProvider.java:201)] Created channel c1
2022-03-27 09:27:38,917 (conf-file-poller-0) [INFO - org.apache.flume.source.DefaultSourceFactory.create(D
efaultSourceFactory.java:41)] Creating instance of source r1, type netcat
2022-03-27 09:27:38,928 (conf-file-poller-0) [INFO - org.apache.flume.sink.DefaultSinkFactory.create(Defau
ltSinkFactory.java:42)] Creating instance of sink: s1, type: logger
2022-03-27 09:27:38,930 (conf-file-poller-0) [INFO - org.apache.flume.node.AbstractConfigurationProvider.g
etConfiguration(AbstractConfigurationProvider.java:116)] Channel c1 connected to [r1, s1]
2022-03-27 09:27:38,932 (conf-file-poller-0) [INFO - org.apache.flume.node.Application.startAllComponents(
Application.java:137)] Starting new configuration:{ sourceRunners:{r1=EventDrivenSourceRunner: { source:or
g.apache.flume.source.NetcatSource{name:r1,state:IDLE} }} sinkRunners:{s1=SinkRunner: { policy:org.apache.
flume.sink.DefaultSinkProcessor@52343aab counterGroup:{ name:null counters:{} } }} channels:{c1=org.apache
.flume.channel.MemoryChannel{name: c1}} }
2022-03-27 09:27:38,933 (conf-file-poller-0) [INFO - org.apache.flume.node.Application.startAllComponents(
Application.java:144)] Starting Channel c1
2022-03-27 09:27:38,965 (lifecycleSupervisor-1-0) [INFO - org.apache.flume.instrumentation.MonitoredCounte
rGroup.register(MonitoredCounterGroup.java:119)] Monitored counter group for type: CHANNEL, name: c1: Succ
essfully registered new MBean.
2022-03-27 09:27:38,966 (lifecycleSupervisor-1-0) [INFO - org.apache.flume.instrumentation.MonitoredCounte
rGroup.start(MonitoredCounterGroup.java:95)] Component type: CHANNEL, name: c1 started
2022-03-27 09:27:38,967 (conf-file-poller-0) [INFO - org.apache.flume.node.Application.startAllComponents(
Application.java:171)] Starting Sink s1
2022-03-27 09:27:38,969 (conf-file-poller-0) [INFO - org.apache.flume.node.Application.startAllComponents(
Application.java:182)] Starting Source r1
2022-03-27 09:27:38,969 (lifecycleSupervisor-1-0) [INFO - org.apache.flume.source.NetcatSource.start(Netca
tSource.java:155)] Source starting
2022-03-27 09:27:38,975 (lifecycleSupervisor-1-0) [INFO - org.apache.flume.source.NetcatSource.start(Netca
tSource.java:166)] Created serverSocket:sun.nio.ch.ServerSocketChannelImpl[/127.0.0.1:44444]
```

图 7-23　Flume Agent 程序运行结果

使用 telnet 命令向端口号 44444 发送数据，如代码清单 7-23 所示，运行结果如图 7-24 所示。

代码清单 7-23　telnet 命令示例代码

```
# 使用 telnet 命令登录本地
telnet localhost 44444
# 在 "Escape character is '^]'" 提示后直接输入 "hello timestamp!"
```

```
[root@master ~]# telnet localhost 44444
Trying ::1...
telnet: connect to address ::1: Connection refused
Trying 127.0.0.1...
Connected to localhost.
Escape character is '^]'.
hello timestamp!
OK
```

图 7-24　telnet 命令运行结果

采集效果如图 7-25 所示。

```
2022-03-27 09:29:13,712 (SinkRunner-PollingRunner-DefaultSinkProcessor) [INFO - org.apache.flume.sink.Logg
erSink.process(LoggerSink.java:95)] Event: { headers:{timestamp=1648344553710} body: 68 65 6C 6C 6F 20 74
69 6D 65 73 74 61 6D 70 21 hello timestamp! }
```

图 7-25　Flume 采集效果示例图

通过观察两套不同的采集方案，可以看出 netcat-logger-ts.conf 的采集方案获取的信息中有时间戳（timestamp=1648344553710），而 netcat-logger.conf 的采集方案获取的信息中没有时间戳。

7.5.7 正则过滤拦截器

本节将介绍 Regex_Filter 正则过滤拦截器的使用。

Regex_Filter 将事件解析为文本，将其与提供的正则表达式进行对比，并基于匹配的模式和表达式，筛选或排除事件。

1. 编写配置文件

编写将不含有“spark”或者“hadoop”这两种字符的信息过滤掉的配置文件 netcat-logger-regex.conf，如代码清单 7-24 所示。

代码清单 7-24 编写配置文件 netcat-logger-regex.conf

```
# 在 /opt/flume/job 目录中创建新的配置文件，编写配置文件 netcat-logger-regex.conf
vim /opt/flume/job/netcat-logger-regex.conf
# 配置文件内容
a1.sources=r1
a1.channels=c1
a1.sinks=s1
a1.sources.r1.type=netcat
a1.sources.r1.bind=localhost
a1.sources.r1.port=44444
a1.sources.r1.interceptors=rf
a1.sources.r1.interceptors.rf.type=REGEX_FILTER
a1.sources.r1.interceptors.rf.regex=(spark)|(hadoop)
a1.sources.r1.interceptors.rf.excludeEvents=false
a1.channels.c1.type=memory
a1.channels.c1.capacity=1000
a1.channels.c1.transactionCapacity=100
a1.sinks.s1.type=logger
a1.sources.r1.channels=c1
a1.sinks.s1.channel=c1
```

如果 excludeEvents 属性值为 true，则把正则匹配到的日志过滤掉，不读取到 Channel，并通过 Sink 进行输出。如果 excludeEvents 属性值为 false，则把正则没有匹配到的日志过滤掉，将正则匹配到的日志信息读取到 Channel，并通过 Sink 进行输出。excludeEvents 的默认值为 false。

2. 构建方案环境

启动 Flume Agent 前，需要先确保 Hadoop 能够正常运行。

3. 启动监控程序

指定采集方案配置文件，在相应的节点上启动 Flume Agent 程序。Flume 将启动 Agent

去采集数据，如代码清单 7-25 所示，运行结果如图 7-26 所示。

代码清单 7-25　启动 Flume Agent 程序

```
# 移动至 flume 文件夹中
cd /usr/local/flume
# 启动 flume-ng 程序
bin/flume-ng agent -c conf -f /opt/flume/job/netcat-logger-regex.conf -n a1
    -Dflume.root.logger=INFO,console
```

```
2022-03-31 11:31:08,879 (lifecycleSupervisor-1-0) [INFO - org.apache.flume.instrumentation.MonitoredCou
nterGroup.start(MonitoredCounterGroup.java:95)] Component type: CHANNEL, name: c1 started
2022-03-31 11:31:09,205 (conf-file-poller-0) [INFO - org.apache.flume.node.Application.startAllComponen
ts(Application.java:196)] Starting Sink s1
2022-03-31 11:31:09,207 (conf-file-poller-0) [INFO - org.apache.flume.node.Application.startAllComponen
ts(Application.java:207)] Starting Source r1
2022-03-31 11:31:09,209 (lifecycleSupervisor-1-4) [INFO - org.apache.flume.source.NetcatSource.start(Ne
tcatSource.java:155)] Source starting
2022-03-31 11:31:09,234 (lifecycleSupervisor-1-4) [INFO - org.apache.flume.source.NetcatSource.start(Ne
tcatSource.java:166)] Created serverSocket:sun.nio.ch.ServerSocketChannelImpl[/127.0.0.1:44444]
```

图 7-26　Flume Agent 程序运行结果

4. 测试采集方案

使用 telnet 命令向端口号 44444 发送数据，如代码清单 7-26 所示，运行结果如图 7-27 所示。

代码清单 7-26　telnet 命令示例代码

```
# 使用 telnet 命令登录本地
telnet localhost 44444
# 在 "Escape character is '^]'" 提示后分别输入
hello Regex！
hello spark!
hello hadoop!
spark hadoop!
```

```
[root@master ~]# telnet localhost 44444
Trying ::1...
telnet: connect to address ::1: Connection refused
Trying 127.0.0.1...
Connected to localhost.
Escape character is '^]'.
hello Regex!
OK
hello spark!
OK
hello hadoop!
OK
spark hadoop!
OK
```

图 7-27　telnet 命令运行结果

采集效果如图 7-28 所示，首先输入“hello Regex”，因为该信息没有满足正则表达式要求，所以监控端没有输出任何信息。后续输入的“hello spark!”“hello Hadoop!”“spark Hadoop!”均能够匹配正则表达式 (spark)|(hadoop)，所以监控端输出了相应的信息。

```
2022-03-31 11:31:09,234 (lifecycleSupervisor-1-4) [INFO - org.apache.flume.source.NetcatSource.start(Ne
tcatSource.java:166)] Created serverSocket:sun.nio.ch.ServerSocketChannelImpl[/127.0.0.1:44444]
2022-03-31 11:32:11,276 (SinkRunner-PollingRunner-DefaultSinkProcessor) [INFO - org.apache.flume.sink.L
oggerSink.process(LoggerSink.java:95)] Event: { headers:{} body: 68 65 6C 6C 6F 20 73 70 61 72 6B 21 0D
        hello spark!. }
2022-03-31 11:32:13,451 (SinkRunner-PollingRunner-DefaultSinkProcessor) [INFO - org.apache.flume.sink.L
oggerSink.process(LoggerSink.java:95)] Event: { headers:{} body: 68 65 6C 6C 6F 20 68 61 64 6F 6F 70 21
 0D     hello hadoop!. }
2022-03-31 11:32:22,459 (SinkRunner-PollingRunner-DefaultSinkProcessor) [INFO - org.apache.flume.sink.L
oggerSink.process(LoggerSink.java:95)] Event: { headers:{} body: 73 70 61 72 6B 20 68 61 64 6F 6F 70 21
 0D     spark hadoop!. }
```

图 7-28 Flume 采集效果

Regex_Filter 拦截器将根据规则来进行事件过滤，只有能够匹配规则的事件才会被发送到对应的槽中，同时忽略其他的事件。

7.5.8 Channel 选择器

Flume Channel 选择器分为两种。第一种是 Replicating Channel Selector（默认），可以不配置，此时系统默认会把数据发给所有 Sink。第二种是 Multiplexing Channel Selector，表示根据拦截器规则选择发送到哪个 Sink。本方案将监控端口数据并将其分别采集至控制台显示和 HDFS 文件系统中保存。

1. 编写配置文件

编写配置文件 netcat-memory-logger-hdfs.conf，如代码清单 7-27 所示。

代码清单 7-27 编写配置文件 netcat-memory-logger-hdfs.conf

```
# 在 /opt/flume/job 目录中创建新的配置文件，编写配置文件 netcat-memory-logger-hdfs.conf
vim /opt/flume/job/netcat-memory-logger-hdfs.conf
# 配置文件内容
a1.sources=r1
a1.channels=c1 c2
a1.sinks=s1 s2

a1.sources.r1.type=netcat
a1.sources.r1.bind=localhost
a1.sources.r1.port=44444
# Replicating：默认选择器。功能：将数据发往下一级所有通道
# Multiplexing：选择性发往指定通道
a1.sources.r1.selector=replicating
a1.sources.r1.channels=c1 c2

a1.channels.c1.type=memory
a1.channels.c1.capacity=1000
a1.channels.c1.transactionCapacity=100

a1.channels.c2.type=memory
a1.channels.c2.capacity=1000
a1.channels.c2.transactionCapacity=100
```

```
a1.sinks.s1.type=logger
a1.sinks.s1.channel=c1

a1.sinks.s2.type=hdfs
a1.sinks.s2.hdfs.path=hdfs://master:8020/flumeReplicating/netcat_data
a1.sinks.s2.hdfs.fileType=DataStream
a1.sinks.s2.channel=c2
```

2. 构建方案环境

启动 Flume Agent 前，需要先确保 Hadoop 能够正常运行。

3. 启动监控程序

指定采集方案配置文件，在相应的节点上启动 Flume Agent 程序。Flume 将启动 Agent 去采集数据，如代码清单 7-28 所示，运行结果如图 7-29 所示。

代码清单 7-28 启动 Flume Agent 程序

```
# 移动至 flume 文件夹中
cd /opt/flume
# 启动 flume-ng 程序
bin/flume-ng agent -c conf -f /opt/flume/job/netcat-memory-logger-hdfs.conf -n
    a1 -Dflume.root.logger=INFO,console
```

```
2022-03-31 11:47:27,650 (conf-file-poller-0) [INFO - org.apache.flume.node.Application.startAllComponen
ts(Application.java:169)] Starting Channel c1
2022-03-31 11:47:27,651 (conf-file-poller-0) [INFO - org.apache.flume.node.Application.startAllComponen
ts(Application.java:169)] Starting Channel c2
2022-03-31 11:47:27,655 (conf-file-poller-0) [INFO - org.apache.flume.node.Application.startAllComponen
ts(Application.java:184)] Waiting for channel: c1 to start. Sleeping for 500 ms
2022-03-31 11:47:27,836 (lifecycleSupervisor-1-2) [INFO - org.apache.flume.instrumentation.MonitoredCou
nterGroup.register(MonitoredCounterGroup.java:119)] Monitored counter group for type: CHANNEL, name: c2
: Successfully registered new MBean.
2022-03-31 11:47:27,836 (lifecycleSupervisor-1-2) [INFO - org.apache.flume.instrumentation.MonitoredCou
nterGroup.start(MonitoredCounterGroup.java:95)] Component type: CHANNEL, name: c2 started
2022-03-31 11:47:27,841 (lifecycleSupervisor-1-0) [INFO - org.apache.flume.instrumentation.MonitoredCou
nterGroup.register(MonitoredCounterGroup.java:119)] Monitored counter group for type: CHANNEL, name: c1
: Successfully registered new MBean.
2022-03-31 11:47:27,842 (lifecycleSupervisor-1-0) [INFO - org.apache.flume.instrumentation.MonitoredCou
nterGroup.start(MonitoredCounterGroup.java:95)] Component type: CHANNEL, name: c1 started
2022-03-31 11:47:28,157 (conf-file-poller-0) [INFO - org.apache.flume.node.Application.startAllComponen
ts(Application.java:196)] Starting Sink s1
2022-03-31 11:47:28,159 (conf-file-poller-0) [INFO - org.apache.flume.node.Application.startAllComponen
ts(Application.java:196)] Starting Sink s2
2022-03-31 11:47:28,163 (lifecycleSupervisor-1-6) [INFO - org.apache.flume.instrumentation.MonitoredCou
nterGroup.register(MonitoredCounterGroup.java:119)] Monitored counter group for type: SINK, name: s2: S
uccessfully registered new MBean.
2022-03-31 11:47:28,163 (lifecycleSupervisor-1-6) [INFO - org.apache.flume.instrumentation.MonitoredCou
nterGroup.start(MonitoredCounterGroup.java:95)] Component type: SINK, name: s2 started
2022-03-31 11:47:28,174 (conf-file-poller-0) [INFO - org.apache.flume.node.Application.startAllComponen
ts(Application.java:207)] Starting Source r1
2022-03-31 11:47:28,176 (lifecycleSupervisor-1-7) [INFO - org.apache.flume.source.NetcatSource.start(Ne
tcatSource.java:155)] Source starting
2022-03-31 11:47:28,212 (lifecycleSupervisor-1-7) [INFO - org.apache.flume.source.NetcatSource.start(Ne
tcatSource.java:166)] Created serverSocket:sun.nio.ch.ServerSocketChannelImpl[/127.0.0.1:44444]
```

图 7-29 Flume Agent 程序运行结果

4. 测试采集方案

使用 telnet 命令向端口号 44444 发送数据，如代码清单 7-29 所示，运行结果如图 7-30 所示。

代码清单 7-29 telnet 命令示例代码

```
# 使用 telnet 命令登录本地
telnet localhost 44444
# 在 "Escape character is '^]'" 提示后直接输入 "hello flume! "
```

```
[root@master ~]# telnet localhost 44444
Trying ::1...
telnet: connect to address ::1: Connection refused
Trying 127.0.0.1...
Connected to localhost.
Escape character is '^]'.
hello flume!
OK
```

图 7-30 telnet 命令运行结果

采集效果如图 7-31 所示，在 Hadoop Web 端查看采集文件，如图 7-32 所示。

```
2022-03-31 11:47:43,215 (SinkRunner-PollingRunner-DefaultSinkProcessor) [INFO - org.apache.flume.sink.L
oggerSink.process(LoggerSink.java:95)] Event: { headers:{} body: 68 65 6C 6C 6F 20 66 6C 75 6D 65 21 0D
         hello flume!. }
2022-03-31 11:47:43,221 (SinkRunner-PollingRunner-DefaultSinkProcessor) [INFO - org.apache.flume.sink.h
dfs.HDFSDataStream.configure(HDFSDataStream.java:57)] Serializer = TEXT, UseRawLocalFileSystem = false
2022-03-31 11:47:43,426 (SinkRunner-PollingRunner-DefaultSinkProcessor) [INFO - org.apache.flume.sink.h
dfs.BucketWriter.open(BucketWriter.java:246)] Creating hdfs://master:8020/flumeReplicating/netcat_data/
FlumeData.1648698463222.tmp
2022-03-31 11:48:15,272 (hdfs-s2-roll-timer-0) [INFO - org.apache.flume.sink.hdfs.HDFSEventSink$1.run(H
DFSEventSink.java:393)] Writer callback called.
2022-03-31 11:48:15,272 (hdfs-s2-roll-timer-0) [INFO - org.apache.flume.sink.hdfs.BucketWriter.doClose(
BucketWriter.java:438)] Closing hdfs://master:8020/flumeReplicating/netcat_data/FlumeData.1648698463222
.tmp
2022-03-31 11:48:15,314 (hdfs-s2-call-runner-4) [INFO - org.apache.flume.sink.hdfs.BucketWriter$7.call(
BucketWriter.java:681)] Renaming hdfs://master:8020/flumeReplicating/netcat_data/FlumeData.164869846322
2.tmp to hdfs://master:8020/flumeReplicating/netcat data/FlumeData.1648698463222
```

图 7-31 Flume 采集效果

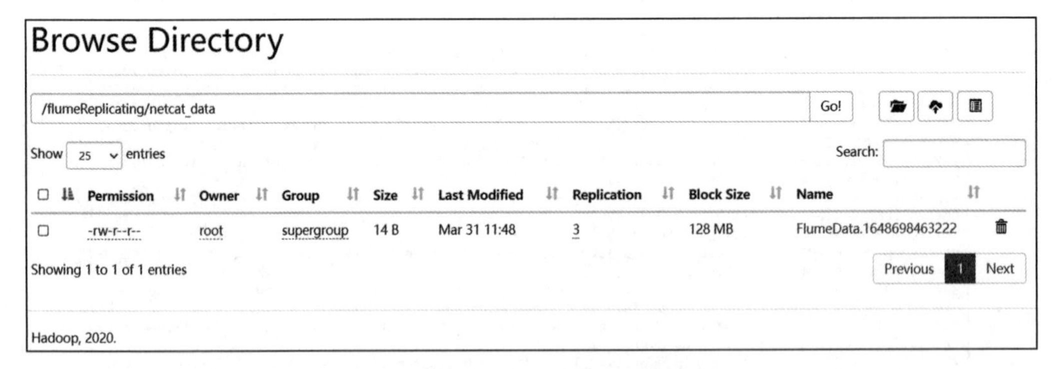

图 7-32 在 Hadoop Web 端查看采集文件

从图 7-31 可以看出，Channel Selector 将数据发往下一级所有通道，实现了把相同的数据发给所有 Sink，Sink 收到数据后会根据不同的配置文件，分别输出到终端和存储到 HDFS 中。

7.6 场景应用：广告日志数据采集系统

系统运维和开发人员可以通过日志了解服务器软硬件信息、检查配置过程中的错误及错误发生的原因。经常分析日志可以了解服务器的负荷、性能安全性，及时分析相关问题，追查错误根源并纠正错误。

许多公司的业务平台每天都会产生大量的日志数据。收集业务日志数据，供离线和在线的分析系统使用，正是日志收集系统要做的事情。现有一个服装电商网站与某热门视频网站公司广告部合作，在视频网站中为用户推送广告，要求在网站主页面投放广告，且曝光率不低于 1/5；在视频播放过程中穿插广告，且总曝光量不低于 100000 次。基于该目标，本例将使用 Flume 模拟广告日志采集系统的数据采集过程。

在广告日志采集系统中有两种日志类型：一种是广告系统运行过程中产生的日志，是广告系统在运行过程中产生的文件型系统日志；一种是广告曝光日志，一个广告的一次曝光会产生一条曝光日志。

本案例将会模拟实时采集系统生成的日志文件 catalina.log，并保存到 HDFS，接着模拟广告曝光记录数据的采集，并将广告曝光记录数据采集并保存至 HDFS，所用数据为 case_data_new.csv，各数据字段说明如表 7-4 所示。

表 7-4 case_data_new.csv 数据字段说明

属性名称	中文名称	示例	备注
rank	记录序号	5（第 5 条记录）	
dt	相对日期	3（第 3 天）	单位为天
cookie	cookie 值	7083a0cba2acd512767737c65d5800c8	
ip	IP 地址	101.52.165.247	经过脱敏
idfa	idfa 值	bc50cc5fb39336cf39e3c9fe1b16bf48	可用于识别 iOS 用户
imei	imei 值	990de8af5ed0f3744b61770173794555	可用于识别 Android 用户
android	android 值	7730a40b70cf9b023d23e332da846bfb	可用于识别 Android 用户
openudid	openudid 值	7aaeb5d6af25f9fe918ec39b0f79a2c8	可用于识别 iOS 用户
mac	mac 值	6ed9fcefd06a2ab5f901e601a3a53a2d	可用于识别不同硬件设备
timestamps	时间戳	0（记录于数据区间的初始时间点）	
camp	项目 ID	61520	
creativeid	创意 ID	0	
mobile_os	设备 OS 版本信息	5.0.2	该值为原始值
mobile_type	机型	'Redmi+Note+3'（设备为红米 Note3）	
app_key_md5	app key 信息	ffe435bdb6ce18dd4758c0005c4787db	
app_name_md5	app name 信息	6f569b4fa576d25fb98e60bda9c97426	
placementid	广告位信息	72ee620530c7c8cd4b423d4b4502b45b	
useragent	浏览器信息	"Mozilla%2f5.0%20%28compatible%3b	
mediaid	媒体 id 信息	1118	
os_type	OS 类型标记	0（采集到的 OS 类型标记为 0）	
born_time	cookie 生成时间	160807（第 160807 日）	

为了贴近真实的生产环境，针对广告日志系统中产生的系统日志和广告曝光记录数据，本例将通过数据模拟产生的方式对数据进行采集，采集步骤如下。

1）通过脚本定时抽取数据并写入指定的目录，模拟日志文件的产生过程。

2）编写 conf 脚本实现采集日志文件，并保存到 HDFS 文件系统。

3）创建 MySQL 数据表，并通过脚本实时导入数据，模拟曝光记录的产生过程。

4）编写 conf 脚本实现采集曝光记录，并保存到 HDFS 文件系统。

7.6.1 广告系统日志数据采集

将日志文件 catalina.log 上传至 Linux 系统目录 /opt，并在 /opt 目录下创建新文件夹 /flumeproject，用于存放抽取的数据。

在 /opt 目录下创建脚本 createLog.sh，如代码清单 7-30 所示，可用于抽取 100 行数据，并按日期格式存储至 /flumeproject。

代码清单 7-30 脚本 createLog.sh 的内容

```
time=$(date "+%Y%m%d%H%M%S")
shuf -n100 /opt/catalina.log > /opt/flumeproject/catalina_${time}.log
```

在 master 主节点输入代码“ crontab -e”，打开定时任务，输入内容“ * * * * * sh /opt/createLog.sh”，开始每分钟抽取 100 行数据，模拟日志文件的产生过程。

创建脚本 ad-spool-file-hdfs.conf，生成采集日志文件并保存至 HDFS 的配置，脚本内容如代码清单 7-31 所示。

代码清单 7-31 脚本 ad-spool-file-hdfs.conf 的内容

```
ad.sources=r1
ad.channels=c1
ad.sinks=s1
# 定义 source
ad.sources.r1.type=spooldir
ad.sources.r1.spoolDir=/opt/flumeproject
ad.sources.r1.channels=c1
# 设置时间戳拦截器
ad.sources.r1.interceptors=ts
ad.sources.r1.interceptors.ts.type=timestamp
# 定义 file channel
ad.channels.c1.type=file
ad.channels.c1.dataDirs=/opt/flumefilechannel
ad.channels.c1.checkpointDir=/opt/flumecheckpoint
# 定义 hdfs sink
ad.sinks.s1.type=hdfs
ad.sinks.s1.hdfs.path=hdfs://192.168.128.130:8020/user/root/flumeproject/%Y-%m-
    %d/%H-%M
ad.sinks.s1.hdfs.filePrefix=advance
ad.sinks.s1.hdfs.fileType=DataStream
```

```
ad.sinks.s1.hdfs.writeFormat=Text
# 设置每 60 秒将临时文件滚动成目标文件
ad.sinks.s1.hdfs.rollInterval=60
ad.sinks.s1.hdfs.rollCount=0
ad.sinks.s1.hdfs.rollSize=0
# 设置每隔 3 分钟生成一个新目录保存数据
ad.sinks.s1.hdfs.round=true
ad.sinks.s1.hdfs.roundUnit=minute
ad.sinks.s1.hdfs.roundValue=3
ad.sinks.s1.hdfs.useLocalTimeStamp=true
ad.sinks.s1.channel=c1
```

将脚本 ad-spool-file-hdfs.conf 放置在 /usr/local/flume/conf/ 目录下，启动 Flume Agent 采集广告系统日志数据，如代码清单 7-32 所示。

代码清单 7-32　启动 Flume Agent 采集广告系统日志数据

```
/usr/local/flume/bin/flume-ng agent -c /usr/local/flume/conf -f /usr/local/
    flume/conf/ad-spool-file-hdfs.conf -n ad -Dflume.root.logger=INFO,console
```

执行代码清单 7-32，即可在 Hadoop Web 端看到 /user/root/flumeproject 目录下有日志文件产生，如图 7-33 所示。

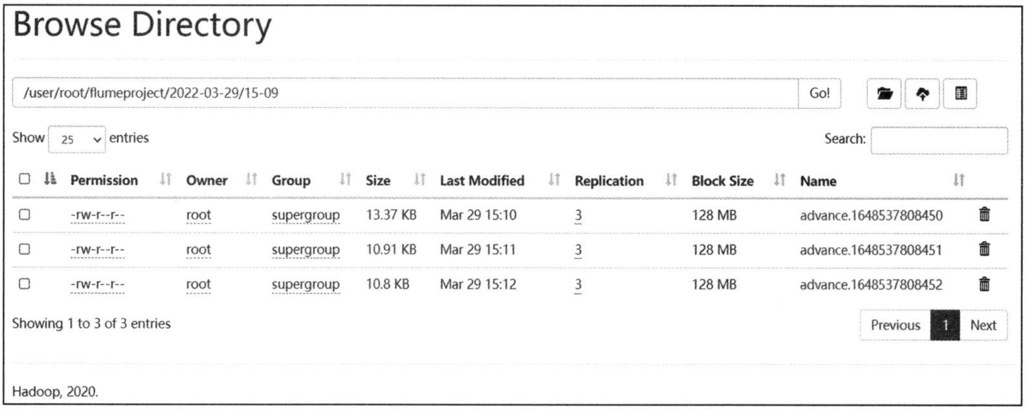

Browse Directory

/user/root/flumeproject/2022-03-29/15-09　Go!

Show 25 entries　Search:

Permission	Owner	Group	Size	Last Modified	Replication	Block Size	Name
-rw-r--r--	root	supergroup	13.37 KB	Mar 29 15:10	3	128 MB	advance.1648537808450
-rw-r--r--	root	supergroup	10.91 KB	Mar 29 15:11	3	128 MB	advance.1648537808451
-rw-r--r--	root	supergroup	10.8 KB	Mar 29 15:12	3	128 MB	advance.1648537808452

Showing 1 to 3 of 3 entries　Previous 1 Next

Hadoop, 2020.

图 7-33　在 Hadoop Web 端查看采集的文件

至此，广告系统日志数据的模拟产生和采集过程就完成了。

7.6.2　广告曝光日志数据采集

进入 MySQL 命令窗口，创建数据库 flume，并在 flume 下创建广告日志数据表 case_data，如代码清单 7-33 所示，用于存放广告系统日志数据。

代码清单 7-33　创建广告日志数据表 case_data

```
create database flume;
use flume;
```

```
create table case_data (
    'rank' int,
    dt int,
    cookie varchar(200),
    ip varchar(200),
    idfa varchar(200),
    imei varchar(200),
    android varchar(200),
    openudid varchar(200),
    mac varchar(200),
    timestamps int,
    camp int,
    creativeid int,
    mobile_os int,
    mobile_type varchar(200),
    app_key_md5 varchar(200),
    app_name_md5 varchar(200),
    placementid varchar(200),
    useragent varchar(200),
    mediaid varchar(200),
    os_type varchar(200),
    born_time int
);
# 开启 MySQL 的 local_infile 服务
set global local_infile=1;
```

将日志文件 case_data_new.csv 上传至 Linux 系统目录 /opt，在 /opt 目录下创建抽取 10 行数据的脚本 loaddata_mysql.sh，脚本内容如代码清单 7-34 所示。

代码清单 7-34　脚本 loaddata_mysql.sh 的内容

```
shuf -n10 /opt/case_data_new.csv > /opt/mysqltmp.txt
mysql -uroot -p123456 --local-infile -e "use flume;load data local infile '/
    opt/mysqltmp.txt' into table case_data fields terminated by ',' OPTIONALLY
    ENCLOSED BY '\"';"
```

在 master 主节点输入代码“crontab -e”，打开定时任务，输入内容“* * * * * sh /opt/loaddata_mysql.sh”，开始每分钟抽取 10 行数据，模拟日志文件的产生过程。

将 flume-ng-sql-source-1.5.2.jar 文件和 MySQL 连接驱动放入 Flume 安装包的 lib 目录。

创建脚本 ad_mysql_memory_hdfs.conf，实现从 MySQL 采集日志文件并保存至 HDFS 的配置过程，脚本内容如代码清单 7-35 所示。

代码清单 7-35　脚本 ad_mysql_memory_hdfs.conf 的内容

```
ad.sources=sqlSource
ad.channels=c1
ad.sinks=hdfssink
# 定义 mysql source
ad.sources.sqlSource.type=org.keedio.flume.source.SQLSource
```

```
ad.sources.sqlSource.channels=c1
ad.sources.sqlSource.hibernate.connection.url=jdbc:mysql://192.168.128.130:3306/
    flume
ad.sources.sqlSource.hibernate.connection.user=root
ad.sources.sqlSource.hibernate.connection.password=123456
ad.sources.sqlSource.table=case_data
ad.sources.sqlSource.status.file.path=/var/log/flume
ad.sources.sqlSource.status.file.name=sqlSource.ad1
ad.sources.sqlSource.start.from=0
ad.sources.sqlSource.run.query.delay=10000
ad.sources.sqlSource.hibernate.connection.driver_class=com.mysql.jdbc.Driver
ad.sources.sqlSource.hibernate.connection.provider_class=org.hibernate.
    connection.C3P0ConnectionProvider
ad.sources.sqlSource.selector.type=replicating
# 定义 memory channel
ad.channels.c1.type=memory
ad.channels.c1.capacity=1000
ad.channels.c1.transactionCapacity=100
# 定义 hdfs sink
ad.sinks.hdfssink.type=hdfs
ad.sinks.hdfssink.hdfs.path=hdfs://192.168.128.130:8020/user/root/
    flumeproject2/%Y-%m-%d/%H-%M
ad.sinks.hdfssink.hdfs.filePrefix=advance
ad.sinks.hdfssink.hdfs.fileType=DataStream
ad.sinks.hdfssink.hdfs.writeFormat=Text
# 设置每 60 秒将临时文件滚动成目标文件
ad.sinks.hdfssink.hdfs.rollInterval=60
ad.sinks.hdfssink.hdfs.rollCount=0
ad.sinks.hdfssink.hdfs.rollSize=0
# 设置每隔 3 分钟生成一个新目录保存数据
ad.sinks.hdfssink.hdfs.round=true
ad.sinks.hdfssink.hdfs.roundUnit=minute
ad.sinks.hdfssink.hdfs.roundValue=3
ad.sinks.hdfssink.hdfs.useLocalTimeStamp=true
ad.sinks.hdfssink.channel=c1
```

将脚本 ad_mysql_memory_hdfs.conf 放置在 /usr/local/flume/conf/ 目录下，启动 Flume Agent 采集广告系统日志数据，如代码清单 7-36 所示。

代码清单 7-36 启动 Flume Agent 采集广告系统日志数据

```
/usr/local/flume/bin/flume-ng agent -c /usr/local/flume/conf -f /usr/local/
    flume/conf/ad_mysql_memory_hdfs.conf -n ad -Dflume.root.logger=INFO,console
```

执行代码清单 7-36，即可在 Hadoop Web 端看到 /user/root/flumeproject2 目录下有曝光日志产生，如图 7-34 所示。

至此，广告曝光记录数据的模拟产生和采集过程就完成了。

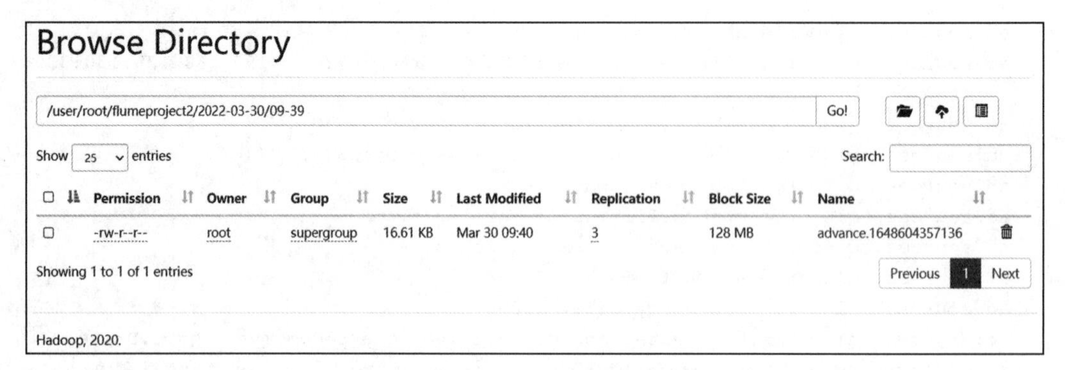

图 7-34 在 Hadoop Web 端查看采集的文件

7.7 小结

本章详细介绍了 Flume 的相关知识，从 Flume 技术简介及应用场景出发，介绍了 Flume 的发展历程、基本思想与特性，让读者了解 Flume 基本架构、核心组件及应用场景；通过介绍 Flume 的搭建过程，让读者熟悉 Flume 的安装步骤和管理；接着介绍了 Flume 的采集方案设计并进行了实践，通过几个典型场景的数据采集，让读者掌握采集配置文件的编写方法，掌握 Flume 与 Hadoop 等联合使用的方法。作为初学者，学习 Flume 需要实际动手操作能力，这也是掌握 Flume 的关键，因此最后结合广告日志数据采集系统场景应用实例，详细介绍了如何使用 Flume 解决具体的实际问题。

课后习题

（1）以下关于 Flume 的说法错误的是（　　）。

A. Flume 以 Agent 为最小的独立运行单位，一个 Agent 就是一个 JVM。单 Agent 由 Source、Sink 和 Channel 三大组件构成

B. Flume 的数据流由事件（Event）贯穿始终，事件是 Flume 的基本数据单位

C. Flume 三种级别的可靠性保障，从强到弱依次为：End-to-End、Store on Failure、Best Effort

D. Channel 中 File Channel 可将数据持久化到本地磁盘，但配置较为麻烦，需要配置数据目录和 Checkpoint 目录，不同的 File Channel 可以配置同一个 Checkpoint 目录

（2）以下关于 Flume 的说法正确的是（　　）。

A. Event 是 Flume 数据传输的基本单元　　B. Sink 是 Flume 数据传输的基本单元

C. Channel 是 Flume 数据传输的基本单元　　D. Source 是 Flume 数据传输的基本单元

（3）【多选】以下关于 Agent 正确的是（　　）。

A. Agent 利用组件将 Events 从一个节点传输到另一个节点或最终目标

B. Agent 不是 Flume 流的基础部分

C. 一个 Agent 包含 Source、Channel、Sink 和其他组件

D. Flume 为这些组件提供了配置、声明周期管理和监控支持

（4）【多选】Flume 中不同类型的 Source 有（　　）。

A. 与系统集成的 Source：Syslog、Netcat

B. 自动生成事件的 Source：Exec

C. 用于 Agent 和 Agent 之间通信的 RPC Source：Avro、Thrift

D. 自定义 Source 类型

（5）【多选】以下说法正确的是（　　）。

A. Sink 必须作用于一个确切的 Channel

B. Channel 可以和任何数量的 Source 和 Sink 工作

C. Source 必须至少和一个 Channel 关联

D. Channel Selector 允许 Source 基于预设的标准，选择一个或者多个 Channel

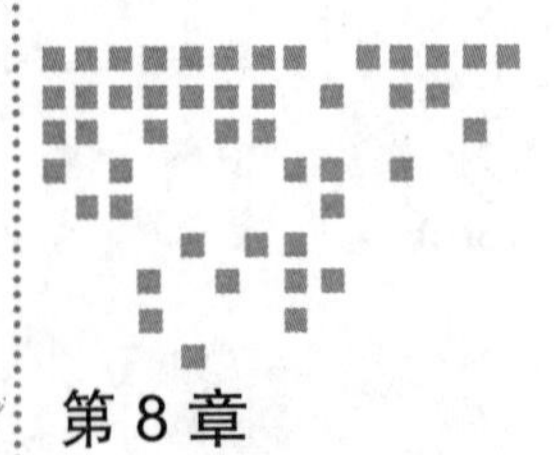

Chapter 8 第 8 章

消息订阅系统 Kafka——实现大数据实时传输

在大数据时代，用户的社交、搜索、浏览等行为都在源源不断地产生各种消息数据。数据就像工业时代的石油，为企业的发展提供动力。企业可以对用户产生的数据进行分析处理，并根据分析结果制定对应的策略，以提高企业的核心竞争力。而如何实时收集消息以便及时进行分析是企业正在面临的挑战。Kafka 的诞生，为这些问题提供了解决方案。

本章将首先介绍 Kafka 技术概述，包括 Kafka 的概念、基本框架及优势，接着介绍 Kafka 的应用场景，使读者对 Kafka 有一个初步的了解，然后介绍 Kafka 集群的安装配置过程，并重点介绍 Kafka 的基础操作和 Kafka Java API 的使用，最后结合使用 Kafka 实现广告日志数据的实时传输的实例，帮助大家了解如何将 Kafka 应用到实际的业务场景中。

8.1 Kafka 技术概述

Kafka 是一款开源、轻量级、分布式、可分区、具有备份机制和基于 ZooKeeper 协调管理的消息系统，也是一个功能强大的分布式流平台。与传统的消息系统相比，Kafka 能够很好地处理活跃的流数据，使得数据在各个子系统中高性能、低延迟地不停流转。

如果将前端应用产生的数据看作生产者生产信息，将后端的 Hadoop、Spark 等计算框架的执行流程看作消费者在消费并处理信息，那么两者之间就需要一个沟通管理的桥梁以保证消息传输的效率与安全，而 Kafka 实现这一点。

8.1.1 Kafka 的概念

Kafka 的定位是一个分布式流处理平台，它满足 3 个关键特性：能够允许发布和订阅流数据，在存储流数据时提供相应的容错机制，当流数据到达时能够及时处理。

Kafka 最初由美国领英（LinkedIn）公司开发，并于 2010 年开源。之后 Kafka 备受开源社区关注，并成为 Apache 软件基金会的顶级项目之一。Kafka 是一款允许发布与订阅的消息系统，具有高吞吐量、分布式、内置分区、支持数据副本和容错的特性，适用于多种类型的数据管道和大规模消息处理场景。

随着技术不断完善，Kafka 日益成为一个通用的数据管道，同时兼具高性能和高伸缩性。在 Linkedln 中，Kafka 既用于在线系统，也用于离线系统；既从上游系统接收数据，也给下游系统输送数据；既提供消息的流转服务，也提供数据的持久化存储。

8.1.2 Kafka 的基本框架

Kafka 的基本框架包括生产者（Producer）、消费者（Consumer）、主题（Topic）、分区（Partition）和代理（Broker），如图 8-1 所示。

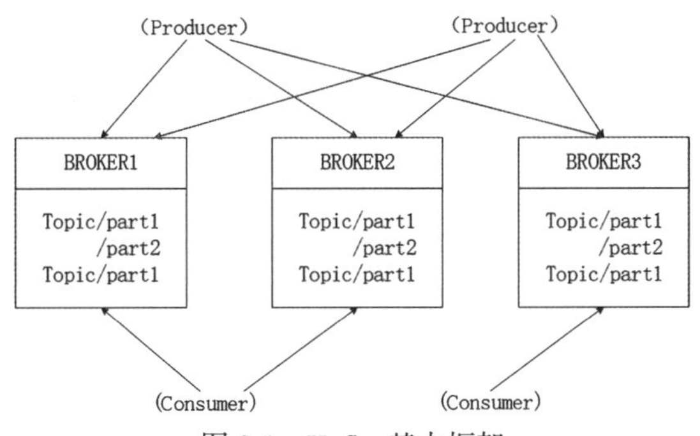

图 8-1　Kafka 基本框架

Kafka 的核心架构可以总结为生产者向 Kafka 服务器发送消息，消费者从 Kafka 集群服务器读取消息，Kafka 集群服务器依托 ZooKeeper 集群进行服务的协调管理。

1）生产者创建消息，并将消息发布到特定的主题上。在默认情况下生产者会将消息均衡地分布到主题的所有分区上，而不关心特定消息会被写入哪个分区。当然，读者也可以通过设置消息键和分区器为键生成一个散列值，并根据散列值将消息映射到指定的分区上，以保证同一个键的消息可以写入同一个分区中。

2）消费者读取消息，并按照消息生成的顺序读取它们。消费者是消费者组的一部分，一个消费者组里的消费者订阅同一个主题，也就是说，会有一个或多个消费者共同读取一个主题。通过这种方式，消费者可以进行横向扩展，增加消费者，让它们分担负载，分别处理部分分区的消息，从而解决消费者消费数据的速度跟不上生产者生产数据的速度的问题。而且当一个消费者发生故障时，群组里的其他消费者会接管其工作。

3）主题与分区。Kafka 的消息通过主题进行分类。主题是消息的归类，可以理解为数据库的表或者文件系统里的文件夹。主题可被细分为若干个分区，分区则是消息的二次分类。分区使得 Kafka 在并发处理上变得更加容易。一般情况下，分区数越多，吞吐量越高，但这要根据集群实际环境及业务场景确定。同时，分区也是 Kafka 保证消息被顺序消费以及对消息进行负载均衡的基础。

4）Leader 副本和 Follower 副本。由于 Kafka 副本的存在，所以我们需要保证一个分区的多个副本之间数据的一致性。每个分区可以有多个副本，Kafka 会选择将该分区的一个副本作为 Leader 副本，将该分区的其他副本作为 Follower 副本。只有 Leader 副本负责处理客户端读写请求，而 Follower 副本从 Leader 副本同步数据。

5）Broker 代理。Kafka 集群由一个或多个 Kafka 实例构成，每一个 Kafka 实例称为一个代理。在生产环境中 Kafka 集群一般包括一台或多台服务器，可以在一台服务器上配置一个或多个代理。Broker 为消费者提供服务，对其读取分区的请求做出反应，返回已经提交到磁盘上的消息。在特定的硬件及性能下，单个 Broker 可以轻松处理数千个分区及每秒百万级的消息量。

8.1.3 Kafka 的优势

Kafka 之所以能够成为数据交换的核心组件之一，是因为其具有以下几点优势。

- 多个生产者。Kafka 可以无缝地支持多个生产者，无论客户端使用单个主题还是多个主题，所以适用于从多个前端系统收集数据，并以统一的格式对外提供数据的场景。
- 多个消费者。Kafka 支持多个消费者从一个单独的信息流上读取数据，而且消费者之间互不干扰。这与其他队列系统不同，其他队列系统一旦被一个客户端读取，就无法被其他客户端读取。
- 基于磁盘的数据存储。在 Kafka 中消息被提交到磁盘，并根据设置的保留规则进行存储。每个主题可以设置单独的保留规则，以便满足不同消费者的需求，也可以保留不同数量的消息。消费者可能因为突发流量高峰期导致无法及时读取消息，但因为 Kafka 中的消息可以放在磁盘中持久化保存，消息将不会丢失，所以消费者依旧可以消费之前的消息。
- 伸缩性。为了能够处理海量数据，开发者将 Kafka 设计为一个具有灵活伸缩性的消息订阅系统，随着数据量不断增长，用户可以扩展在线集群的节点而不影响系统的可用性。一个 Kafka 集群可以包含上千个代理。
- 容错性。假设 Kafka 集群有 n 个节点，即使该集群在运行中有（n–1）个节点出现故障，只有 1 个节点正常运行，Kafka 就能够正常运行。
- 高性能。Kafka 通过横向扩展生产者、消费者和代理可以轻松处理海量的消息流，还可以在处理海量数据的同时保证低延迟。

8.2 Kafka 应用场景介绍

Kafka 作为一款优秀的消息系统，具有高吞吐量、内置分区、分布式等特点，为大规模消息处理提供了一种很好的解决方案。以下为 Kafka 常见的应用场景。

- 日志收集。在日志收集上体现了 Kafka 支持多个生产者的优势，即收集多个应用程序的日志记录发布到主题上，再通过 Kafka 以统一接口服务的方式开放给各种消费者。
- 传递消息。Kafka 的基本用途之一就是传递消息，应用程序向用户发送通知就是通过传递消息实现的。应用程序只需要产生消息，而不需要关心消息的格式及消息如何被发送。Kafka 会通过格式化消息、将多个消息放在同一个通知里、根据用户配置的首选项来发送数据。
- 用户活动跟踪。Kafka 常用于收集网站用户与前端应用程序发生交互（如浏览网页、搜索、单击等）时产生的用户活动相关消息，并将这些消息发布到一个或多个主题上，再通过消费者消费主题中的数据实现实时监控分析，或将主题的数据直接保存到数据库中以便后续使用。
- 运营指标。Kafka 常用于记录运营监控数据，也就是说，用户可以编写应用程序定期将数据发布到 Kafka 主题上，以便监控系统或报警系统读取这些数据。
- 流式处理。Kafka 可靠的传递能力让其成为流式处理系统完美的数据源，很多基于 Kafka 构建的流式处理系统，如 Storm、Spark Streaming、Flink、Samza 都是将 Kafka 作为可靠的数据来源。

8.3　Kafka 集群的安装

从 Kafka 官网上下载 Kafka 安装包，版本号为 kafka_2.11-2.3.1。将下载好的安装包上传至 Linux 系统 slave1 的 /opt/ 目录下。

进入安装包所在目录 /opt/。解压安装包 kafka_2.11-2.3.1 至 /usr/local 目录下，如代码清单 8-1 所示。

代码清单 8-1　解压并安装 Kafka

```
cd /opt/
tar -zxvf kafka_2.11-2.3.1.tgz -C /usr/local/
```

安装包解压成功后，并不意味着 Kafka 集群已部署完成，还需修改配备文件。进入 /usr/local/kafka_2.11-2.3.1/config/ 修改 server.properties 文件，修改内容如代码清单 8-2 所示。将 broker.id 改为 0；将 ZooKeeper 集群的地址改为配置时的地址；将 Kafka 数据存储地址改为 Kafka 的安装路径；修改完成后按 Esc 键，输入“: wq”保存并退出。

代码清单 8-2　修改 server.properties 文件

```
# 修改 server.properties 文件的内容
broker.id=0
zookeeper.connect=slave1:2181,slave2:2181,slave3:2181
log.dirs=/usr/local/logs/kafka-logs
```

在slave1节点上完成Kafka的安装及配置后，我们需要使用scp命令将Kafka的整个安装目录发送到slave2、slave3节点上，如代码清单8-3所示。命令执行过程中会要求输入密码，输入节点的登录密码“123456”即可。

代码清单 8-3　将 Kafka 发送到 slave2、slave3

```
scp -r /usr/local/kafka_2.11-2.3.1 slave2:/usr/local/
scp -r /usr/local/kafka_2.11-2.3.1 slave3:/usr/local/
```

分别进入slave2、slave3节点中Kafka安装目录的config目录下，通过vim命令编辑server.properties文件，如代码清单8-4所示。在slave2中将broker.id改为1，slave3中将broker.id改为2。

代码清单 8-4　修改 slave2、slave3 中的 broker.id

```
cd /usr/local/kafka_2.11-2.3.1/config/
vim server.properties
```

在slave1节点，通过vim命令编辑/etc/profile文件，设置Kafka环境变量，将Kafka的安装路径添加至profile文件的末尾中，添加的内容如代码清单8-5所示。Kafka的安装路径添加完成后，按Esc键，输入“:wq”保存并退出，同时通过source /etc/profile命令激活环境变量。

代码清单 8-5　profile 文件末尾添加的内容

```
#添加内容
export KAFKA_HOME=/usr/local/kafka_2.11-2.3.1
export PATH=$PATH:$KAFKA_HOME/bin
```

至此，Kafka安装配置部分已完成。若能成功启动Kafka，则证明安装成功。启动Kafka之前，需在各个节点依次启动ZooKeeper，然后在slave1节点上启动Kafka，具体命令如代码清单8-6所示。Kafka成功启动后，可通过jps查看相关进程，如图8-2所示。打开一个新终端，即可使用Kafka进行基础操作。

代码清单 8-6　启动 ZooKeeper 与 Kafka

```
#进入bin目录并启动ZooKeeper
cd /usr/local/zookeeper-3.4.6/bin/
./zkServer.sh start
#启动Kafka
cd /usr/local/kafka_2.11-2.3.1/
./bin/kafka-server-start.sh config/server.properties
```

```
[root@master kafka_2.11-2.3.1]# jps
37585 Kafka
27608 QuorumPeerMain
40463 Jps
```

图 8-2　Kafka 成功启动

8.4　Kafka 的基础操作

Kafka 支持单代理，也支持多代理，即它可以创建一个或多个 Broker，但一般建议使用多代理，这样即使其中一个宕机，生产者仍然能够连接到集群上。接下来将依次介绍 Kafka 的单代理和多代理的基础操作。

8.4.1　Kafka 操作的基本参数

Kafka 的命令都保存在其安装目录的 bin/ 目录下。Kafka 的 bin 目录下的每一个脚本工具都有很多的参数选项。常用的命令有 kafka-server-start.sh、kafka-topics.sh、kafka-console-producer.sh、kafka-console-consumer.sh。其中 kafka-server-start.sh 用于启动 Kafka。

kafka-topics.sh 用于 Kafka 主题的创建、删除、描述和更改。输入 kafka-topics.sh 命令时需要添加参数，其常见参数及说明如表 8-1 所示。

表 8-1　kafka-topics.sh 命令的常见参数及说明

常见参数	参数说明
--alter	改变分区数，修改副本分配和主题的配置
--config <String: name=value>	主题配置，覆盖正在创建或更改的主题
--create	创建一个新主题
--delete	删除主题
--describe	列出给定主题的详细信息
--list	列出所有可用的主题
--partitions <Integer: # of partitions>	正在创建或更改主题的分区数
--replication-factor	正在创建每个分区的主题中的复制因子
--topic <String: topic>	设置主题的名称
--zookeeper <String: urls>	连接 ZooKeeper 集群的主机端口。可以有多个 URL 允许故障转移
--force	禁止控制台提示
--help	打印使用信息

kafka-console-producer.sh 和 kafka-console-consumer.sh 用于生产者和消费者启动测试。kafka-console-producer.sh 命令可以将文件或标准输入的内容发送到 Kafka 集群的主题中，该命令的常见参数及说明如表 8-2 所示。

表 8-2　kafka-console-producer.sh 命令的常见参数及说明

常见参数	参数说明
--broker-list	指定 Kafka 的服务端，可以是一个服务器，也可以是一个集群
topic	主题的名称
--batch-size <Integer: size>	单次发送的消息数。如果它们没有被发送，则批处理同步（默认为 200）

kafka-console-consumer.sh 命令可以消费主题消息并输出到标准输出中，该命令的常见参数及说明如表 8-3 所示。

表 8-3 kafka-console-consumer.sh 命令的常见参数及说明

常见参数	参数说明
--bootstrap-server	指定目标集群服务器的地址，与 broker-list 功能一样，但启动消费者时要求使用 bootstrap-server
--topic	主题的名称
--from-beginning	消费者从 Kafka 最早的消息开始消费
--offset <String: consume offset>	可指定消费的偏移 id（非负数），或消费最早的消息（默认为最新）
--partition <Integer: partition>	要消费的分区

8.4.2 Kafka 单代理操作

在 Kafka 成功启动后，双击 slave1 打开一个新的 slave1 终端窗口，在新终端下进入 Kafka 的目录并对 Kafka 执行相应操作。创建一个主题并命名为“Hello-Kafka”，其中包含一个分区、一个副本因子，如代码清单 8-7 所示。

代码清单 8-7 创建 Kafka 主题

```
# 进入 Kafka 目录下
cd /usr/local/kafka_2.11-2.3.1/
# 创建名为 Hello-Kafka 的主题
./bin/kafka-topics.sh --create --zookeeper slave1:2181 --replication-factor 1
    --partitions 1 --topic Hello-Kafka
```

主题创建成功的效果如图 8-3 所示。

```
[root@slave1 kafka_2.11-2.3.1]# ./bin/kafka-topics.sh --create --zookeeper slave1:2181 --replication-factor
 1 --partitions 1 --topic Hello-Kafka
Created topic Hello-Kafka.
```

图 8-3 Hello-Kafka 主题创建成功

主题创建成功后，可以获取 Kafka 服务器中的主题列表，查看列表下的主题，如代码清单 8-8 所示。结果如图 8-4 所示，可以看出列表下有刚刚创建的“Hello-Kafka”主题。

代码清单 8-8 查看主题列表

```
./bin/kafka-topics.sh --list --zookeeper slave1:2181
```

```
[root@slave1 kafka_2.11-2.3.1]# ./bin/kafka-topics.sh --list --zookeeper slave1:2181
Hello-Kafka
```

图 8-4 查看主题结果

主题创建成功后，可以启动生产者以发送消息给主题，如代码清单 8-9 所示。按回车键后即可输入内容，“Hello、My first message”，再次按回车键后即发送消息到主题。

代码清单 8-9 生产者向主题发送消息

```
#Producer 向 Topic 发送消息
./bin/kafka-console-producer.sh --broker-list slave1:9092 --topic Hello-Kafka
```

```
>Hello
>My first message
```

生产者向主题发送消息后，再次打开一个新的 slave1 终端窗口，启动消费者以接收消息，如代码清单 8-10 所示。按回车键之后即可收到生产者发送的消息，如图 8-5 所示。这时也可以在生产者终端继续发送消息，此时消费者同样能接收到消息。

代码清单 8-10 消费者接收消息

```
#Consumer 读取 Topic
./bin/kafka-console-consumer.sh --bootstrap-server slave1:9092 -topic Hello-
    Kafka --from-beginning
```

```
[root@slave1 kafka_2.11-2.3.1]# ./bin/kafka-console-consumer.sh --bootstrap-server slave1:9092 -topic Hello
-Kafka --from-beginning
Hello
My first message
```

图 8-5 消费者成功收到消息

8.4.3 Kafka 多代理操作

启动 slave2、slave3 节点下的 Kafka，然后在各节点上输入 jps，检查 3 个节点是否已成功启动 Kafka，若成功启动，则表示现已有 3 个不同的代理在虚拟机上运行。

先创建一个“test_01”主题，设置副本数为 2，分区数为 2，如代码清单 8-11 所示。运行结果如图 8-6 所示。可以看到有警告，因为主题名包含“.”和“_”其一，所以可以选择忽视。副本数决定集群有几个代理，现有 3 个不同的代理，因此再创建一个“test_02”，设置副本数为 3，分区数为 3。

代码清单 8-11 创建 test_01、test_02 主题

```
# 创建 test_01 主题
./bin/kafka-topics.sh --bootstrap-server slave1:9092 --create --topic test_01
    --replication-factor 2 --partitions 2
# 创建 test_02 主题
./bin/kafka-topics.sh --bootstrap-server slave1:9092 --create --topic test_02
    --replication-factor 3 --partitions 3
```

```
[root@slave1 kafka_2.11-2.3.1]# ./bin/kafka-topics.sh --bootstrap-server slave1:9092 --create --topic test_
01 --replication-factor 2 --partitions 2
WARNING: Due to limitations in metric names, topics with a period ('.') or underscore ('_') could collide.
To avoid issues it is best to use either, but not both.
```

图 8-6 主题创建成功

“test_01”“test_02”主题创建成功后，可以获取 Kafka 服务器中的主题列表。查看列表下的主题，如代码清单 8-12 所示。结果如图 8-7 所示，可以看出副本数为 2 和 3 的两个主题都已创建成功。

代码清单 8-12 查看主题列表

```
./bin/kafka-topics.sh --bootstrap-server slave1:9092 -list
```

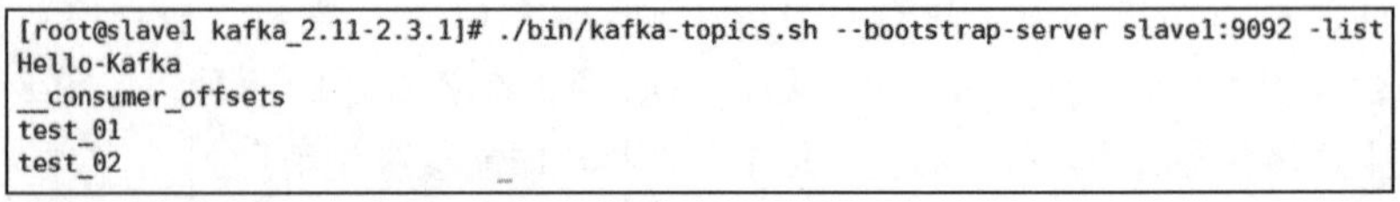

```
[root@slave1 kafka_2.11-2.3.1]# ./bin/kafka-topics.sh --bootstrap-server slave1:9092 -list
Hello-Kafka
__consumer_offsets
test_01
test_02
```

图 8-7 主题列表中包含 test_01、test_02

使用 describe 命令显示“ test_02”详细信息，如代码清单 8-13 所示，结果如图 8-8 所示。结果中第一行显示所有分区的整体信息，以下每行为每一个分区的信息。第二行表示“test_02”的第 0 个分区（Partition:0），对应的主副本 Leader 节点的 id=2（Leader:2），分区 0 对应的副本分别在 id 是 2、1、0 的节点上存储，Isr 表示副本的集合为 2,1,0，第三行、第四行的含义与第二行的含义相似。

代码清单 8-13 查看 test_02 详细信息

```
./bin/kafka-topics.sh --bootstrap-server slave1:9092 --describe --topic test_02
```

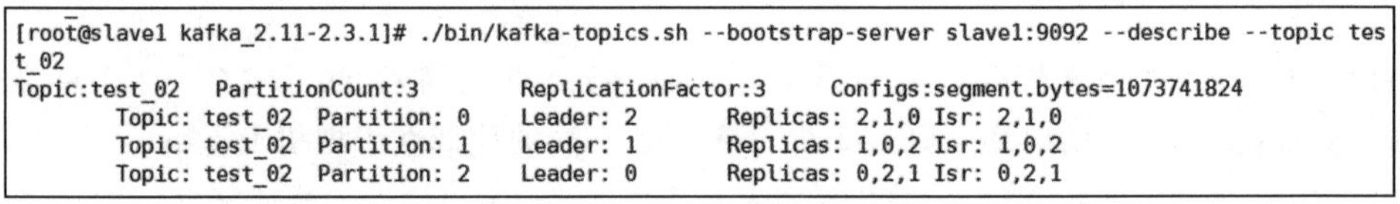

```
[root@slave1 kafka_2.11-2.3.1]# ./bin/kafka-topics.sh --bootstrap-server slave1:9092 --describe --topic tes
t_02
Topic:test_02   PartitionCount:3        ReplicationFactor:3     Configs:segment.bytes=1073741824
        Topic: test_02  Partition: 0    Leader: 2       Replicas: 2,1,0 Isr: 2,1,0
        Topic: test_02  Partition: 1    Leader: 1       Replicas: 1,0,2 Isr: 1,0,2
        Topic: test_02  Partition: 2    Leader: 0       Replicas: 0,2,1 Isr: 0,2,1
```

图 8-8 test_02 详细信息

启动生产者生产消息发送给主题，且消息需支持中文字符，如代码清单 8-14 所示。

代码清单 8-14 生产者发送消息到 test_02

```
./bin/kafka-console-producer.sh --broker-list slave1:9092,slave2:9092,sla
    ve3:9092 --topic test_02
>this is the first line
>你好中国
```

生产者消息已发送，下面查看消息在哪个分区上。启动消费者读取主题里的消息，读取分区 0 中的消息，如代码清单 8-15 所示。结果如图 8-9 所示。

代码清单 8-15 消费者读取分区 0 中的消息

```
./bin/kafka-console-consumer.sh --bootstrap-server slave1:9092 -topic test_02
    --partition 0 --from-beginning
```

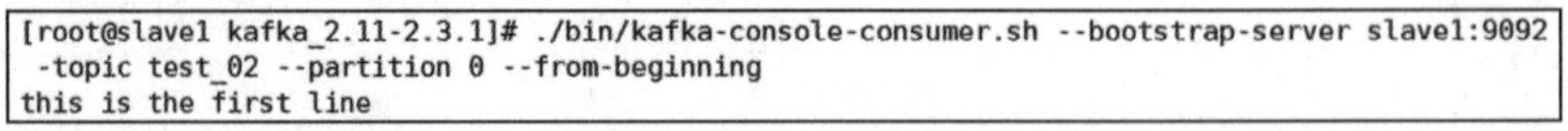

```
[root@slave1 kafka_2.11-2.3.1]# ./bin/kafka-console-consumer.sh --bootstrap-server slave1:9092
 -topic test_02 --partition 0 --from-beginning
this is the first line
```

图 8-9 分区 0 中的消息

使用 Ctrl+Z 组合键挂起该消费者消费对应的进程，并再次启动消费者读取分区 1 里的消息，如代码清单 8-16 所示。运行结果如图 8-10 所示。

代码清单 8-16 消费者读取分区 1 里的消息

```
./bin/kafka-console-consumer.sh --bootstrap-server slave1:9092 -topic test_02
    --partition 1 --from-beginning
```

```
[root@slave1 kafka_2.11-2.3.1]# ./bin/kafka-console-consumer.sh --bootstrap-server slave1:9092
 -topic test_02 --partition 1 --from-beginning
你好中国
```

图 8-10 分区 1 中的消息

“test_02”有三个副本，下面使用此主题检验 Kafka 的容错性。打开一个新的 slave2 窗口，通过 jps 命令查看 Kafka 进程，并将 Kafka 进程关掉。再次通过 jps 命令查看，发现 Kafka 进程已关闭，如图 8-11 所示。

```
[root@slave2 ~]# jps
2416 QuorumPeerMain
18233 Jps
4541 Kafka
[root@slave2 ~]# kill -9 4541
[root@slave2 ~]# jps
2416 QuorumPeerMain
18325 Jps
```

图 8-11 中断 slave2 中的 Kafka 进程

slave2 是 id=1 的节点，已被中断，此时切换到 slave1 节点，再使用 describe 命令显示“test_02”详细信息，如代码清单 8-17 所示。结果如图 8-12 所示，图中第三行里的 Leader 已由原来的 1 变更为现在的 0，后面的 Isr 副本集合中也少了 1 这一列。

代码清单 8-17 查看中断一个代理后主题的详细信息

```
./bin/kafka-topics.sh --bootstrap-server slave1:9092 --describe --topic test_02
```

```
[root@slave1 kafka_2.11-2.3.1]# ./bin/kafka-topics.sh --bootstrap-server slave1:9092 --describ
e --topic test_02
Topic:test_02   PartitionCount:3        ReplicationFactor:3     Configs:segment.bytes=10737418
24
        Topic: test_02  Partition: 0    Leader: 2       Replicas: 2,1,0 Isr: 2,0
        Topic: test_02  Partition: 1    Leader: 0       Replicas: 1,0,2 Isr: 0,2
        Topic: test_02  Partition: 2    Leader: 0       Replicas: 0,2,1 Isr: 0,2
```

图 8-12 中断一个代理后主题的详细信息

此时再去启动消费者访问 partition1 的数据，如代码清单 8-18 所示。结果如图 8-13 所示，可以得知，当 Kafka 集群的其中一个节点出现故障时，Kafka 仍然能正常使用。

代码清单 8-18 查看分区 1 里的消息

```
./bin/kafka-console-consumer.sh --bootstrap-server slave1:9092 -topic test_02
    --partition 1 --from-beginning
```

```
[root@slave1 kafka_2.11-2.3.1]# ./bin/kafka-console-consumer.sh --bootstrap-server slave1:9092
 -topic test_02 --from-beginning
你好中国
```

图 8-13 分区 1 中的消息

8.5 Kafka Java API 的使用

在终端操作 Kafka 并不方便，当生产者发送的消息有误并想要修改时，其操作较为复杂，需要全部重新操作。因此，可以使用 Kafka 的 API 在 IDEA 上进行操作。本节将依次介绍 Kafka 的 Producer API、Consumer API，以及二者如何结合使用。

8.5.1 Kafka Producer API

首先来了解如何使用 Producer API 将消息发送至 Kafka 中，使应用成为一个生产者，再在终端开启消费者以接收数据，验证 Producer API 是否编写成功。

新建 maven 项目类型的工程，工程名称为 kafkademeo，并选择存放路径（名称和路径可自行设置），然后单击 Finish 即可完成 kafkademeo 工程创建，如图 8-14 所示。

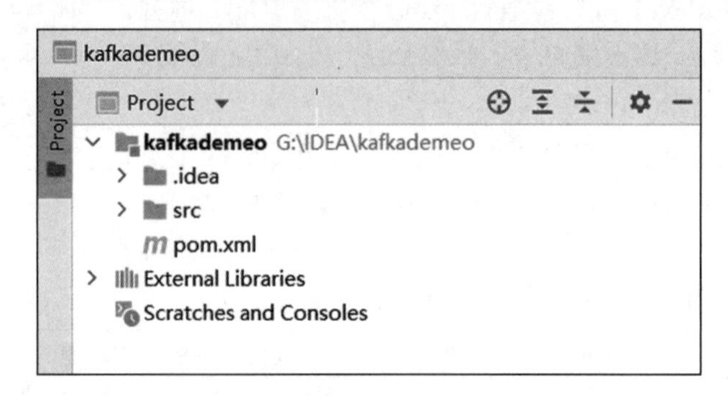

图 8-14 创建 kafkademeo 工程

kafkademo 工程创建成功后，在编写 Kafka Producer 前，还需要修改 pom.xml 文件，配置编程所需要的依赖包，如代码清单 8-19 所示。其中包括 kafka-clients、spark-core、spark-streaming、spark-streaming-kafka、spark-streaming-flume 等这些后续将会用到的编程语言。配置后只需单击右上角的加载依赖，系统就会自动下载没有的依赖，如图 8-15 所示。

代码清单 8-19 配置 pom.xml 文件

```
<?xml version="1.0" encoding="UTF-8"?>
<project xmlns="http://maven.apache.org/POM/4.0.0"
         xmlns:xsi="http://www.w3.org/2001/XMLSchema-instance"
         xsi:schemaLocation="http://maven.apache.org/POM/4.0.0 http://maven.
             apache.org/xsd/maven-4.0.0.xsd">
    <modelVersion>4.0.0</modelVersion>

    <groupId>org.example</groupId>
    <artifactId>kafkademeo</artifactId>
    <version>1.0-SNAPSHOT</version>

    <properties>
        <maven.compiler.source>8</maven.compiler.source>
        <maven.compiler.target>8</maven.compiler.target>
    </properties>

    <dependencies>
        <dependency>
```

```
        <groupId>junit</groupId>
        <artifactId>junit</artifactId>
        <version>4.11</version>
        <scope>test</scope>
    </dependency>
    <dependency>
        <groupId>org.apache.kafka</groupId>
        <artifactId>kafka_2.11</artifactId>
        <version>2.3.1</version>
    </dependency>
    <dependency>
        <groupId>org.apache.kafka</groupId>
        <artifactId>kafka-clients</artifactId>
        <version>2.3.1</version>
    </dependency>
    <dependency>
        <groupId>org.apache.spark</groupId>
        <artifactId>spark-core_2.11</artifactId>
        <version>2.4.7</version>
    </dependency>
    <dependency>
        <groupId>org.apache.spark</groupId>
        <artifactId>spark-streaming_2.11</artifactId>
        <version>2.4.7</version>
    </dependency>
    <dependency>
        <groupId>org.apache.spark</groupId>
        <artifactId>spark-streaming-kafka-0-10_2.11</artifactId>
        <version>2.4.7</version>
    </dependency>
    <dependency>
        <groupId>org.apache.spark</groupId>
        <artifactId>spark-streaming-flume_2.11</artifactId>
        <version>2.4.7</version>
    </dependency>
    <dependency>
        <groupId>org.apache.spark</groupId>
        <artifactId>spark-sql_2.11</artifactId>
        <version>2.4.7</version>
    </dependency>
    <!-- hivecontext 需要使用这个依赖 -->
    <dependency>
        <groupId>org.apache.spark</groupId>
        <artifactId>spark-hive_2.11</artifactId>
        <version>2.4.7</version>
    </dependency>

    <dependency>
        <groupId>org.apache.avro</groupId>
        <artifactId>avro-ipc</artifactId>
```

```
            <version>1.8.2</version>
        </dependency>
        <dependency>
            <groupId>org.apache.avro</groupId>
            <artifactId>avro</artifactId>
            <version>1.8.2</version>
        </dependency>
        <dependency>
            <groupId>javax.servlet</groupId>
            <artifactId>javax.servlet-api</artifactId>
            <version>3.0.1</version>
        </dependency>
    </dependencies>

    <build>
        <plugins>
            <plugin>
                <groupId>org.apache.maven.plugins</groupId>
                <artifactId>maven-compiler-plugin</artifactId>
                <version>3.6.1</version>
                <configuration>
                    <source>1.8</source>
                    <target>1.8</target>
                </configuration>
            </plugin>
        </plugins>
    </build>
</project>
```

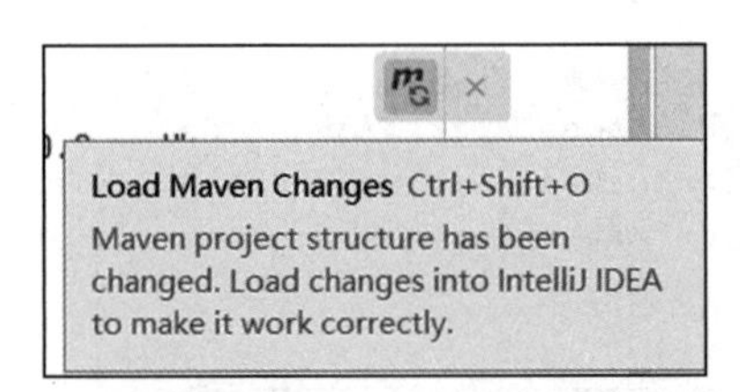

图 8-15 加载依赖

在 Java 文件下新建 Java Class——SimpleProducer.java，如图 8-16 所示。

现在，在 IDEA 上编写 Kafka Producer API 的类已经创建好，在编写前我们还需要回到 Xshell 页面打开另一个 slave1 终端，提前开启 Kafka 的消费者，如代码清单 8-20 所示。如果消费者开启成功，则结果如图 8-17 所示。接着运行 SimpleProducer.java 文件，此时消费者终端将会消费 SimpleProducer.java 生产的数据。

Kafka 消费者开启后，便可以在 IDEA 上编写 Producer API 以发送消息了，如代码清单 8-21 所示。其中 bootstrap.servers 配置的是需要发送的 Kafka 集群地址；acks 是消息的确认机制，默认值为 0，表示生产者不会等待 Kafka 的响应，当值为 –1 或 all 时则表示需要全部

ISR 集合返回确认才算消息接收成功，以确保消息不会丢失；retries 是如果数据发送失败自动尝试重新发送数据的次数；key.serializer、value.deserializer 则表示将消息键、值序列化。运行代码后，在终端可以看到消费者已经收到消息，如图 8-18 所示。

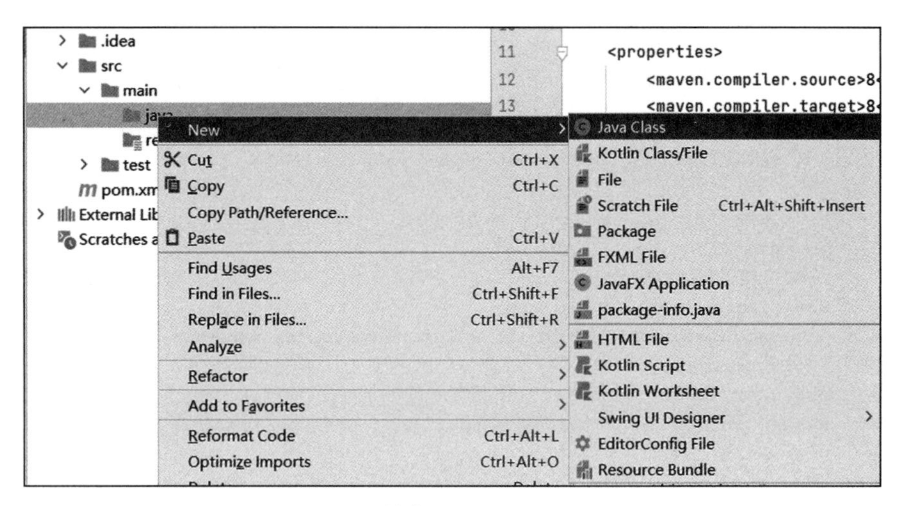

图 8-16　创建 SimpleProducer.java

代码清单 8-20　终端开启消费者

```
# 进入 Kafka 目录下
cd /usr/local/kafka_2.11-2.3.1/
# 开启 Kafka Consumer
./bin/kafka-console-consumer.sh --bootstrap-server slave1:9092 --topic test_02
```

```
[root@slave1 kafka_2.11-2.3.1]# ./bin/kafka-console-consumer.sh --bootstrap-server slave1:9092
 --topic test_01
```

图 8-17　消费者开启成功

代码清单 8-21　编写 Producer API

```
import org.apache.kafka.clients.producer.KafkaProducer;
import org.apache.kafka.clients.producer.Producer;
import org.apache.kafka.clients.producer.ProducerRecord;

import java.util.HashMap;
import java.util.Map;

public class SimpleProducer {
    public static void main(String[] args) {
        String topic = "test_01";
        Map<String, Object> kafkaProperties = new HashMap<>();
        // 连接指定的 Kafka 集群的地址
        kafkaProperties.put("bootstrap.servers", "slave1:9092,slave2:9092,sla
```

```
        ve3:9092");
    //ack 配置为 all
    kafkaProperties.put("ack", "all");
    // 发送失败后重试 3 次
    kafkaProperties.put("retries", 3);
    // 消息序列化 (key,value)
    kafkaProperties.put("key.serializer", "org.apache.kafka.common.
        serialization.StringSerializer");
    kafkaProperties.put("value.serializer", "org.apache.kafka.common.
        serialization.StringSerializer");

    Producer<String, String> producer = new KafkaProducer<>(kafkaProperti
        es);
    // 向主题发送数字 0-9
    for (int i = 0; i <10; i++)
        producer.send(new ProducerRecord<>(topic, Integer.toString(i)));
    // 关闭 producer
    producer.close();
    System.out.println(" 消息发送完成 !");
  }
}
```

```
[root@slave1 kafka_2.11-2.3.1]# ./bin/kafka-console-consumer.sh --bootstrap-server slave1:9092
 --topic test_01
1
3
5
7
9
0
2
4
6
8
```

图 8-18 消费者消费数据

8.5.2 Kafka Consumer API

在 IDEA 使用 Kafka Consumer API 可以接收生产者发送到主题的消息。同理，在编写 Consumer API 前需要在 Xshell 页面打开一个 slave1 终端，开启 Kafka 的生产者，如代码清单 8-22 所示。如果生产者成功开启，则结果如图 8-19 所示。接下来向生产者终端中发送消息，运行成功的 SimpleConsumer 将会消费生产者产生的数据。

代码清单 8-22 终端开启生产者

```
./bin/kafka-console-producer.sh --broker-list slave1:9092 --topic test_01
```

```
[root@slave1 kafka_2.11-2.3.1]# ./bin/kafka-console-producer.sh --broker-list slave1:9092 --to
pic test_01
>
```

图 8-19 生产者开启成功

在Java文件下新建Java Class——SimpleConsumer.java，创建成功后便可开始编写Consumer API以接收终端生产者发送的消息，如代码清单8-23所示。其中bootstrap.servers配置了指定消费者需要连接的Kafka集群地址，虽然配置一个地址也可以发现集群中的其他服务器并接收消息，但为了避免宕机引发的单点问题，所以将所有Kafka集群地址列举出来，地址之间用“,”分隔。

enable.auto.commit用于配置offset的提交方式，默认值为true，即消费者的偏移量将在后台定期自动提交，这也是消费数据最简单的方式。如果值为false，则表示不提交偏移量。

代码清单8-23 编写Consumer API

```
import org.apache.kafka.clients.consumer.ConsumerRecord;
import org.apache.kafka.clients.consumer.ConsumerRecords;
import org.apache.kafka.clients.consumer.KafkaConsumer;

import java.time.Duration;
import java.util.Arrays;
import java.util.HashMap;
import java.util.Map;

public class SimpleConsumer {
    public static void main(String[] args){
        String topic = "test_01";
        String group = "test_group";
        Map<String,Object> kafkaProperties = new HashMap<>();
        //连接指定的Kafka集群的地址
        kafkaProperties.put("bootstrap.servers","slave1:9092,slave2:9092,sla
            ve3:9092");
        //消费者组标签
        kafkaProperties.put("group.id", group);
        //关闭自动提交
        kafkaProperties.put("enable.auto.commit","true");

        kafkaProperties.put("key.deserializer", "org.apache.kafka.common.
            serialization.StringDeserializer");
        kafkaProperties.put("value.deserializer", "org.apache.kafka.common.
            serialization.StringDeserializer");

        KafkaConsumer<String,String> consumer = new KafkaConsumer<>(kafkaPropert
            ies);
        consumer.subscribe(Arrays.asList(topic));
        while (true) {
                ConsumerRecords<String, String> records = consumer.poll(Duration.
                    ofMillis(100));
            for (ConsumerRecord<String, String> record : records)
                System.out.printf("offset = %d, key = %s, value = %s%n ",
```

```
                        record.offset(), record.key(), record.value());
            }
        }
    }
```

在终端的生产者发送消息，如图 8-20 所示。

```
[root@slave1 kafka_2.11-2.3.1]# ./bin/kafka-console-producer.sh --broker-list slave1:9092 --to
pic test_01
>hello world
>this is the first line
>1
>2
>3
>
```

图 8-20 生产者发送消息

在 IDEA 运行 SimpleConsumer.java，这时可以接收到终端生产者的消息，如图 8-21 所示。可以发现代码还一直在运行，所以回到终端继续发送消息，在 IDEA 的消费者还能继续接收到消息。

```
log4j:WARN See http://logging.apache.org/log4j/1.2/faq.html#noconfig for more info.
offset = 37, key = null, value = hello world
 offset = 33, key = null, value = this is the first line
 offset = 38, key = null, value = 1
 offset = 34, key = null, value = 2
 offset = 39, key = null, value = 3
```

图 8-21 Consumer API 消费消息

8.5.3 Kafka Producer 与 Consumer API 结合使用

至此，Producer API 和 Consumer API 都已完成编写并实现了基本使用，接着即可将二者结合使用。设计一个 Producer 产生一段字符，随机向主题发送消息，同时设计 Consumer 每 6 秒读取一次数据。

首先在 Java 下创建一个 package，命名为 demeo1。在 demeo1 下创建一个 Java 类并命名为 StringConsumer，如代码清单 8-24 所示。运行代码，在对应的控制台可以看到每隔 6 秒就消费一次数据，但目前还没有消费到数据，因为 StringConsumer 还没有运行发送数据，如图 8-22 所示。

代码清单 8-24 编写 StringConsumer

```
package demeo1;

import org.apache.kafka.clients.consumer.ConsumerRecord;
import org.apache.kafka.clients.consumer.ConsumerRecords;
import org.apache.kafka.clients.consumer.KafkaConsumer;
```

```
import java.util.Arrays;
import java.util.Date;
import java.util.Properties;

public class StringConsumer {
    public static void main(String[] args) throws InterruptedException {
        Properties props = new Properties();
        props.setProperty("bootstrap.servers", "slave1:9092,slave2:9092,sla
            ve3:9092");
        props.setProperty("group.id", "test");
        props.setProperty("enable.auto.commit", "true");
        props.setProperty("auto.commit.interval.ms", "1000");
        props.setProperty("key.deserializer", "org.apache.kafka.common.
            serialization.StringDeserializer");
        props.setProperty("value.deserializer", "org.apache.kafka.common.
            serialization.StringDeserializer");
        KafkaConsumer<String, String> consumer = new KafkaConsumer<>(props);
        consumer.subscribe(Arrays.asList("string"));
        while (true) {
            ConsumerRecords<String, String> records = consumer.poll(3000);
            System.out.printf("\n Time:%s \n",new Date());
            for (ConsumerRecord<String, String> record : records) {
                System.out.printf("offset = %d, value = %s%n", record.offset(),
                    record.value());
            }
            Thread.sleep(3000L);
        }
    }
}
```

运行代码后查看结果，如图 8-22 所示，可以看到控制台每隔 6 s 就消费一次数据，但目前还没有消费到数据，因为还未启动生产者产生数据。

```
Time:Tue Mar 29 11:24:49 CST 2022

Time:Tue Mar 29 11:24:55 CST 2022

Time:Tue Mar 29 11:25:01 CST 2022

Time:Tue Mar 29 11:25:07 CST 2022

Time:Tue Mar 29 11:25:13 CST 2022
```

图 8-22　无数据消费

在 demeo1 下创建一个 Java 类，命名为 StringProducer，用于模拟数据产生，如代码清单 8-25 所示。Producer API 作为生产者产出消息，随机发送消息。运行成功后，再次查看 StringConsumer.java 对应的控制台，发现消费者已经开始消费数据，如图 8-23 所示。

代码清单 8-25 编写 StringProducer

```
package demeo1;

import org.apache.kafka.clients.producer.KafkaProducer;
import org.apache.kafka.clients.producer.Producer;
import org.apache.kafka.clients.producer.ProducerRecord;
import org.apache.kafka.common.serialization.StringSerializer;

import java.util.Properties;
import java.util.Random;

public class StringProducer {
    public static final String[] WORDS="A traditional queue retains records in-
        order on the server, and if multiple consumers consume from the queue
        then the server hands out records in the order they are stored. However,
        although the server hands out records in order, the records are delivered
        asynchronously to consumers, so they may arrive out of order on different
        consumers. This effectively means the ordering of the records is lost
        in the presence of parallel consumption. Messaging systems often work
        around this by having a notion of \"exclusive consumer\" that allows
        only one process to consume from a queue, but of course this means that
        there is no parallelism in processing. Kafka does it better. By having
        a notion of parallelism—the partition—within the topics, Kafka is able
        to provide both ordering guarantees and load balancing over a pool of
        consumer processes. This is achieved by assigning the partitions in the
        topic to the consumers in the consumer group so that each partition is
        consumed by exactly one consumer in the group. By doing this we ensure
        that the consumer is the only reader of that partition and consumes the
        data in order. Since there are many partitions this still balances the
        load over many consumer instances. Note however that there cannot be
        more consumer instances in a consumer group than partitions.".split(" ");
    public static void main(String[] args) throws InterruptedException {
        Properties prop = new Properties();
        prop.put("bootstrap.servers","slave1:9092,slave2:9092,slave3:9092");
        prop.put("acks","all");
        prop.put("retries", 0);
        prop.put("batch.size", 16000);
        prop.put("linger.ms", 1);
        Producer<String, String> producer = new KafkaProducer<>(prop,new
            StringSerializer(),new StringSerializer());

        for (int i = 0; i < 60; i++) {
            int index = new Random().nextInt(WORDS.length);
            producer.send(new ProducerRecord<String, String>("string",
                WORDS[index]));
            Thread.sleep(1000L);
        }
        producer.close();
    }
}
```

```
 Time:Tue Mar 29 10:33:27 CST 2022

 Time:Tue Mar 29 10:33:33 CST 2022

 Time:Tue Mar 29 10:33:36 CST 2022
offset = 0, value = by

 Time:Tue Mar 29 10:33:39 CST 2022
offset = 1, value = course

 Time:Tue Mar 29 10:33:42 CST 2022
offset = 2, value = both
offset = 3, value = in

 Time:Tue Mar 29 10:33:45 CST 2022
offset = 4, value = still
offset = 5, value = although
offset = 6, value = from
```

图 8-23　开始消费 StringProducer 的数据

8.6　场景应用：广告日志数据实时传输

Flume 作为日志收集系统，可以从不同的数据源源源不断地收集数据，但 Flume 不会持久地保存数据，需要使用 Sink 将数据存储到外部存储系统，例如 HDFS、HBase、Kafka 等。Flume 与 HDFS、HBase 的结合一般适用于离线批处理场景。而 Flume 与 Kafka 的结合一般适用于数据实时流处理场景，通过 Flume 的 Agent 代理收集日志数据，再由 Flume 的 Sink 将数据传送到 Kafka 集群，完成数据的生产流程，最后交给 Storm、Flink、Spark Streaming 等进行实时消费计算。

本案例将基于第 7 章的 case_data_new.csv 广告日志数据，使用 Flume 和 Kafka 实现广告日志数据的实时传输。首先用脚本模拟实时生成的日志数据并存入 MySQL，再使用 Flume 实时监视 MySQL 中增加的数据，采集到 Kafka 集群的主题中，并启动消费者消费主题数据，最终实现数据的实时传输。

广告日志数据的实时传输的实现步骤如下。

1）脚本定时抽取数据到指定目录，模拟日志文件产生过程，并将其存入 MySQL 表中。

2）创建 Kafka 主题，开启消费者以消费数据。

3）编写 conf 采集配置文件，将存入 MySQL 中的数据传入 Kafka 主题。

8.6.1　创建脚本文件

在 master 节点下运行“ mysql -u root -p123456”进入 MySQL 数据库中，创建数据库 kafka，并在 kafka 下创建表用于存储数据，如代码清单 8-26 所示。

代码清单 8-26 创建数据表

```
create database kafka;
use kafka;
create table case_data (
    'rank' int,
    dt int,
    cookie varchar(200),
    ip varchar(200),
    idfa varchar(200),
    imei varchar(200),
    android varchar(200),
    openudid varchar(200),
    mac varchar(200),
    timestamps int,
    camp int,
    creativeid int,
    mobile_os int,
    mobile_type varchar(200),
    app_key_md5 varchar(200),
    app_name_md5 varchar(200),
    placementid varchar(200),
    useragent varchar(200),
    mediaid varchar(200),
    os_type varchar(200),
    born_time int
);
// 开启 MySQL 的 local_infile 服务
set global local_infile=1;
```

打开一个新的 master 终端，运行“ vim /data/datamysql.sh”创建一个脚本文件，脚本内容如代码清单 8-27 所示。脚本内容为一个 while true 循环，该循环会每分钟在 case_data_new.csv 随机提取 100 条数据，存入“ /data/datamysql/mysqltmp.txt” 文件，再将文件中的数据存入 MySQL 数据库中。

代码清单 8-27 脚本 datamysql.sh

```
#!/bin/bash
while true
do
    time=$(date "+%Y%m%d_%H%M%S")
    shuf -n100 /opt/case_data_new.csv > /data/datamysql/mysqltmp.txt
    mysql -uroot -p123456 --local-infile -e "use Kafka;load data local infile '/
        data/datamysql/mysqltmp.txt' into table case_data fields terminated by ','
        OPTIONALLY ENCLOSED BY '\"';"
    sleep 60
done
```

脚本创建完成后，赋予脚本权限，然后将其启动，如代码清单 8-28 所示。启动成功后可能会发出如图 8-24 所示的警报信息，表示在命令行中直接输入密码账户信息是不安全的。该警报信息是在 MySQL 5.6 版本后出现的，但并不影响运行结果，可以忽视。

代码清单 8-28　关于脚本的命令

```
//脚本权限
chmod 777 /data/data2mysql.sh
//脚本启动命令
sh /data/datamysql.sh &
//脚本中断命令
ps aux | grep "datamysql.sh" |grep -v grep| cut -c 9-15 | xargs kill -9
```

```
[root@master data]# sh /data/datamysql.sh &
[1] 24921
[root@master data]# mysql: [Warning] Using a password on the command line interface can be ins
ecure.
```

图 8-24　执行脚本文件

在 MySQL 数据库中查看数据是否成功存入表中，如代码清单 8-29 所示。结果如图 8-25 所示。可以看出已经有数据存入表中，并正在实时更新。

代码清单 8-29　查看数据是否存入

```
//进入数据库Kafka
use kafka;
//查看表中有几行
select count(*) from case_data;
```

```
mysql> select count(*) from case_data;
+----------+
| count(*) |
+----------+
|      200 |
+----------+
1 row in set (0.10 sec)

mysql> select count(*) from case_data;
+----------+
| count(*) |
+----------+
|      400 |
+----------+
1 row in set (0.06 sec)
```

图 8-25　数据已存入

8.6.2　创建 Kafka 主题

分别在 slave1、slave2、slave3 中开启 ZooKeeper、Kafka。在 slave1 节点创建一个 Kafka 主题 RealTime，设置 3 个副本，3 个分区。创建成功后，开启消费者消费，如代码清单 8-30 所示。

代码清单 8-30 创建 Kafka 主题并开启消费

```
//创建 RealTime 主题
kafka-topics.sh -create --topic RealTime --bootstrap-server slave1:9092,slave2:9
    092,slave3:9092 --partitions 3 --replication-factor 3
//开启消费者
kafka-console-consumer.sh --topic RealTime --bootstrap-server slave1:9092,slave2
    :9092,slave3:9092
```

目前，该消费者并没有在指定主题中消费到数据。

8.6.3 Flume 采集日志

在 Flume 的 conf 目录下创建一个 datamysql.conf 文件，实现从 MySQL 中采集数据，并传入 RealTime 主题中，如代码清单 8-31 所示。

代码清单 8-31 创建 Flume 脚本 datamysql.conf

```
agent.sources = sql-source
agent.sinks = k1
agent.channels = ch

agent.sources.sql-source.type= org.keedio.flume.source.SQLSource
agent.sources.sql-source.hibernate.connection.url=jdbc:mys
    ql://192.168.128.130:3306/Kafka?&characterEncoding=UTF-8&useSSL=false&allowP
    ublicKeyRetrieval=true&serverTimezone=GMT

agent.sources.sql-source.hibernate.connection.user=root
agent.sources.sql-source.hibernate.connection.password =123456
agent.sources.sql-source.hibernate.dialect = org.hibernate.dialect.MySQLDialect
agent.sources.sql-source.hibernate.driver_class = com.mysql.cj.jdbc.Driver
agent.sources.sql-source.hibernate.connection.autocommit = true
agent.sources.sql-source.table=case_data
agent.sources.sql-source.columns.to.select = *
agent.sources.sql-source.run.query.delay=10000
agent.sources.sql-source.status.file.path = /var/lib/flume-ng
agent.sources.sql-source.status.file.name = sql-source.status

agent.sinks.k1.type = org.apache.flume.sink.kafka.KafkaSink
agent.sinks.k1.topic = RealTime
agent.sinks.k1.brokerList = slave1:9092,slave2:9092,slave3:9092
agent.sinks.k1.batchsize = 200

agent.sinks.kafkaSink.requiredAcks=1
agent.sinks.k1.serializer.class = kafka.serializer.StringEncoder
agent.sinks.kafkaSink.zookeeperConnect=slave1:2181,slave2:2181,slave3:2181
agent.channels.ch.type = memory
agent.channels.ch.capacity = 10000
agent.channels.ch.transactionCapacity = 10000
```

```
agent.channels.hbaseC.keep-alive = 20

agent.sources.sql-source.channels = ch
agent.sinks.k1.channel = ch
```

启动 Flume Agent 命令开始采集 MySQL 中的数据，如代码清单 8-32 所示。切换到 Kafka 消费者的终端，可以看到主题上已经有数据被消费者消费，如图 8-26 所示。观察消费者终端，可以看到消费者每过一分钟就会有新数据消费，因为脚本文件一直在模拟用户产生数据，而 Flume 在实时采集并传入 Kafka 主题上。

至此，实时传输已经完成。在现实应用中，一般实时传输将应用于实时计算的场景，因此，Flume 与 Kafka 还可以与实时计算框架，如 Spark Streaming 结合使用。如果想要实现 Flume、Kafka、Spark Streaming 框架的结合应用，可参考后面第 9 章的实现过程。

代码清单 8-32　执行 Flume 脚本

```
flume-ng agent -n agent -f /usr/local/flume/conf/datamysql.conf -c /usr/local/
    flume/conf/ -Dflume.root.logger=INFO,console
```

```
,"1a30de95de4358577e65c5f1f57dfc10","Apache-HttpClient%2fUNAVAILABLE%20%28java%201.4%29","1118
","0","160809"
"28145390","5","5d11df19a4d9dcae5ca1f5d5ed74a006","70.195.177.254","","","","","","385577","62
895","0","0","","","","188fbb38e9c74815caa585890e060dde","Mozilla%2f5.0%20%28Windows%20NT%206.
1%3b%20WOW64%29%20AppleWebKit%2f536.11%20%28KHTML%2c%20like%20Gecko%29%20Chrome%2f20.0.1132.57
%20Safari%2f536.11","1849","","160811"
"42258022","7","8686350b29f8b62477009564022e445d","222.149.144.109","","","","","","600255","5
5722","0","0","","","","086d68ce6db1468b140e88ec93e7a3fe","Mozilla%2f5.0%20%28Windows%20NT%205
.1%29%20AppleWebKit%2f537.36%20%28KHTML%2c%20like%20Gecko%29%20Chrome%2f47.0.2526.80%20Safari%
2f537.36%20Core%2f1.47.933.400%20QQBrowser%2f9.4.8699.400","166","","160811"
"27071777","5","5d9075f0af953ea34c1948e062119070","246.124.11.119","","","","","","374224","60
411","0","0","","","","9b709d842da439bf9e16d1f39a37c830","Mozilla%2f5.0%20%28Linux%3b%20U%3b%2
0Android%204.4.4%3b%20zh-CN%3b%20Lenovo%20A938t%20Build%2fKTU84P%29%20AppleWebKit%2f534.30%20%
28KHTML%2c%20like%20Gecko%29%20Version%2f4.0%20UCBrowser%2f10.7.0.634%","211","","151115"
"14274579","3","7e02d080aed65fb0a6272ed54e0934b1","228.40.67.59","","","","","","192363","6289
0","0","0","","","","ddb0ac313552db763d068479adc54576","Mozilla%2f5.0%20%28Windows%20NT%206.1%
29%20AppleWebKit%2f537.36%20%28KHTML%2c%20like%20Gecko%29%20Chrome%2f29.0.1547.59%20QQ%2f8.1.1
7255.201%20Safari%2f537.36","2083","","160525"
```

图 8-26　Kafka 主题数据已被消费

8.7　小结

Kafka 作为消息订阅系统，具有分布式存储数据，利用磁盘存储数据，按照主题、分区来分布式存放数据，持久化存储，提供海量数据存储能力等特点。本章首先对 Kafka 的概念和安装进行了详细介绍，接着重点介绍了 Kafka 的基础操作及 Kafka Java API 的使用，帮助读者由浅入深地掌握 Kafka。最后通过场景应用实例，模拟生产者产生广告日志消息，基于 Flume 和 Kafka 实现广告日志数据的实时传输，将 Kafka 运用到现实应用中。

课后习题

（1）下列关于创建主题的命令正确的是（　　）。

A. kafka-topics.sh --describe --zookeeper master:2181 --topic topicName

B. kafka-topics.sh --zookeeper master:2181 --delete --topic topicName

C. kafka-topics.sh --create --zookeeper master:2181 --topic topicName

D. kafka-topics.sh --zookeeper master:2181 --alter --topic topicName

（2）默认启动 Kafka 时监听的端口号是（　　）。

A. 9090　　B. 9091　　C. 9092　　D. 9093

（3）retries 参数的意义是（　　）。

A. 指定了生产者在发送批次之前等待更多消息加入批次的时间

B. 如果生产者请求失败，则使用特定值自动重试

C. 指定生产者所在的主机 id

D. 缓冲区的大小

（4）【多选】以下（　　）应用属于 Kafka 的应用。

A. 日志收集　　B. 用户活动跟踪　　C. 运营指标　　D. 日志分析

（5）【多选】KafkaProducer 中的 send 的参数 ProducerRecoder 方法需要（　　）参数。

A. topic　　B. key：消息的键　　C. value：消息的内容　　D. partition

第二部分 Part 2

实 战 篇

第9章 图书热度实时分析系统
第10章 O2O优惠券个性化投放
第11章 消费者人群画像——信用智能评分

Chapter 9 第9章

图书热度实时分析系统

9.1 背景与目标

“书”这个汉字最早出现在甲骨文中，但揭开文字实体的面纱，“书”的真实含义其实早在发生在7万年前的认知革命中已经体现，当时的智人通过壁画的形式记录了日常生活或追求的信仰，从某种意义上讲这种形式也是“书”。从商周的甲骨文到秦时的竹简，再到如今的纸质图书，我们可以看到“书”的载体在不断地发生变化。数字化时代的来临，也催生出“书”的新型载体，即电子书。同时，众多售书的电商平台也应运而生。电商平台如果想要在激烈的竞争中脱颖而出，就需要更着重于改善用户体验，并增加用户的黏性。当用户无法找到适宜的图书时往往会相信大众的选择，从评价、销量等方面综合考虑最终确定购买的图书，基于这种情况，电商平台可以根据现有图书的评分、销量、用户的评分次数等信息计算出图书的热度，将一些热度较高的书推荐给没有目标的用户，进而改善用户体验，增加用户黏性，促进用户的购买欲。

图书热度的计算可以根据式（91）进行，其中，u 表示用户的平均评分，x 表示用户的评分次数，y 表示书的平均评分，z 表示书被评分的次数。

$$f(u,x,y,z)=u\times x\times 0.3+y\times z \tag{9-1}$$

目前已采集了某购书电商网站上用户对图书的评分数据文件BookRating.txt，数据字段说明如表9-1所示。其中UserID表示用户ID，BookID表示图书ID，Rating表示用户对该书的评分，Rating字段中评分范围为1～5分。

表9-1 用户对图书的评分数据字段说明

字段名称	说明
UserID	用户 ID
BookID	图书 ID
Rating	用户对图书的评分

实时计算图书热度后，可以将热度最高的 10 本书保存在 Hive 数据库中，因此需要在 Hive 数据库中设计一个表保存热度最高的 10 本书。将 DataFrame 写入 Hive 时。Spark 会根据 DataFrame 格式自动创建表。为模拟实时数据的流式计算，本章将使用 Kafka、Flume 和 Spark Streaming 实现图书热度实时分析。

9.2　创建 IDEA 项目并添加依赖

图书热度实时计算需要代码实现，打开 IDEA 并新建 Maven 工程，项目名称为“book-Rating”。Maven 工程创建成功后，修改 pom.xml 文件，找到文件中的“</properties>”标签，在此标签下方插入项目依赖，如代码清单 9-1 所示。IDEA 识别项目依赖后，单击右侧“加载 Maven 变更按钮”，如图 9-1 所示，IDEA 将会自动下载并加载对应的依赖。

代码清单 9-1　添加项目依赖

```
<dependencies>
    <dependency>
        <groupId>junit</groupId>
        <artifactId>junit</artifactId>
        <version>4.11</version>
        <scope>test</scope>
    </dependency>
    <dependency>
        <groupId>org.apache.kafka</groupId>
        <artifactId>kafka_2.11</artifactId>
        <version>2.3.1</version>
    </dependency>
        <dependency>
            <groupId>org.apache.kafka</groupId>
            <artifactId>kafka-clients</artifactId>
            <version>2.3.1</version>
        </dependency>
        <dependency>
            <groupId>org.apache.spark</groupId>
            <artifactId>spark-core_2.11</artifactId>
            <version>2.4.7</version>
        </dependency>
        <dependency>
            <groupId>org.apache.spark</groupId>
            <artifactId>spark-streaming_2.11</artifactId>
            <version>2.4.7</version>
        </dependency>
        <dependency>
            <groupId>org.apache.spark</groupId>
            <artifactId>spark-streaming-kafka-0-10_2.11</artifactId>
            <version>2.4.7</version>
        </dependency>
        <dependency>
```

```
            <groupId>org.apache.spark</groupId>
            <artifactId>spark-streaming-flume_2.11</artifactId>
            <version>2.4.7</version>
        </dependency>
        <dependency>
            <groupId>org.apache.spark</groupId>
            <artifactId>spark-sql_2.11</artifactId>
            <version>2.4.7</version>
        </dependency>
        <!-- hivecontext 需要使用这个依赖 -->
        <dependency>
            <groupId>org.apache.spark</groupId>
            <artifactId>spark-hive_2.11</artifactId>
            <version>2.4.7</version>
        </dependency>

        <dependency>
            <groupId>org.apache.avro</groupId>
            <artifactId>avro-ipc</artifactId>
            <version>1.8.2</version>
        </dependency>
        <dependency>
            <groupId>org.apache.avro</groupId>
            <artifactId>avro</artifactId>
            <version>1.8.2</version>
        </dependency>
        <dependency>
            <groupId>javax.servlet</groupId>
            <artifactId>javax.servlet-api</artifactId>
            <version>3.0.1</version>
        </dependency>
    </dependencies>
```

图 9-1 加载 Maven 变更

9.3 图书数据采集

利用已有的图书评分数据文件 BookRating.txt，使用 Linux Shell 脚本与 crond 定时任务模拟实时生成图书评分数据。编写 Flume 配置文件将实时生成的数据采集至 Kafka Channel，并将 Kafka 接收到的消息发送至 Spark Streaming。

9.3.1　准备数据并启动组件

获取实时的图书数据，需要编写 Linux Shell 脚本并设置定时任务，模拟数据的实时产生。将用户对图书的评分数据文件 BookRating.txt 上传至 master 虚拟机的 /data 目录下，同时创建新的目录用于保存后续生成的文件。启动 ZooKeeper 与 Kafka，完整步骤如代码清单 9-2 所示。

代码清单 9-2　准备数据并启动组件

```
// 创建 bookdata 目录
mkdir -p /data/bookdata

// 启动 ZooKeeper
ssh slave1 "/usr/local/zookeeper/bin/zkServer.sh start"
ssh slave2 "/usr/local/zookeeper/bin/zkServer.sh start"
ssh slave3 "/usr/local/zookeeper/bin/zkServer.sh start"

// 启动 Kafka
kafka-server-start.sh -daemon $KAFKA_HOME/config/server.properties
ssh slave1 "source /etc/profile;kafka-server-start.sh -daemon $KAFKA_HOME/
    config/server.properties"
ssh slave2 "source /etc/profile;kafka-server-start.sh -daemon $KAFKA_HOME/
    config/server.properties"
ssh slave3 "source /etc/profile;kafka-server-start.sh -daemon $KAFKA_HOME/
    config/server.properties"
```

9.3.2　创建 topic 并启动 Consumer

启动 Kafka 后，创建名为“bookChannel”的 Kafka topic，查看 Kafka 的 topic list 并启动 Kafka Consumer，如代码清单 9-3 所示。

代码清单 9-3　创建 topic 并启动 Consumer

```
// 创建 Kafka topic
kafka-topics.sh -create --topic bookChannel --bootstrap-server slave1:9092,
    slave2:9092,slave3:9092 --partitions 3 --replication-factor 3

// 查看 Kafka topic list
kafka-topics.sh -list --bootstrap-server slave1:9092

// 启动 Kafka Consumer
kafka-console-consumer.sh --topic bookChannel --bootstrap-server slave1:9092,
    slave2:9092,slave3:9092
```

9.3.3　替换与添加库依赖

为了后续结合使用 Spark Streaming 与 Flume，需要先替换和添加 Flume 库依赖。打开新的 master 虚拟机对话窗口，进入 Flume 的 lib 目录，删除目录中的 avro-1.7.4.jar 和 avro-ipc-1.7.4.jar，如代码清单 9-4 所示。

代码清单 9-4 删除旧的库依赖

```
// 进入 Flume 的 lib 目录
cd /usr/local/apache-flume-1.9.0-bin/lib

// 删除目录中的 avro-1.7.4.jar 和 avro-ipc-1.7.4.jar
rm avro-1.7.4.jar
rm avro-ipc-1.7.4.jar
```

删除旧的库依赖后，使用 Xftp 将新的库依赖 avro-1.8.2.jar、avro-ipc-1.8.2.jar 和 spark-streaming-flume-sink_2.11-2.4.7.jar 共 3 个文件添加至 lib 目录中，如图 9-2、图 9-3 所示。

```
-rw-r--r--. 1 root  root   1556863 11月 10 17:46 avro-1.8.2.jar
-rw-r--r--. 1 root  root    132989 11月 10 17:45 avro-ipc-1.8.2.jar
```

图 9-2 添加新依赖

```
-rw-r--r--. 1 root  root     89045 11月 11 22:20 spark-streaming-flume-sink_2.11-2.4.7.jar
```

图 9-3 添加 Spark Streaming 相关库依赖

9.3.4 编写 Flume 配置文件

进入 Flume 的 conf 目录，如代码清单 9-5 所示。新建 Flume 配置文件 Spooldir-KafkaChannel.conf 和 KafkaSources-StreamingSink.conf，其中 Spooldir-KafkaChannel.conf 的作用是将 /data/bookdata 目录中生成的文件实时采集到 Kafka 中，而 KafkaSources-StreamingSink.conf 的作用是将 Kafka 接收到的消息发送至 Spark Streaming。具体如代码清单 9-6、代码清单 9-7 所示。

代码清单 9-5 进入 Flume 的 conf 目录

```
// 进入 Flume 的 conf 目录
cd /usr/local/apache-flume-1.9.0-bin/conf
```

代码清单 9-6 Spooldir-KafkaChannel.conf 配置文件

```
# 设置 sources 和 channels
a1.sources=s1
a1.channels=c1

# 设置 sources 类别
a1.sources.s1.type=spooldir
a1.sources.s1.spoolDir=/data/bookdata

# 设置 sources 拦截器
a1.sources.s1.interceptors=i1
a1.sources.s1.interceptors.i1.type=regex_filter
```

```
a1.sources.s1.interceptors.i1.regex=([0-9])
a1.sources.s1.channels=c1

# 设置 Kafka Channels
a1.channels.c1.type=org.apache.flume.channel.kafka.KafkaChannel
a1.channels.c1.kafka.bootstrap.servers=slave1:9092,slave2:9092,slave3:9092
a1.channels.c1.kafka.topic=bookChannel
a1.channels.c1.kafka.consumer.group.id=flume_book
a1.channels.c1.kafka.parseAsFlumeEvent=false
```

代码清单 9-7　KafkaSources-StreamingSink.conf 配置文件

```
# 设置 sources、sinks 和 channels
a2.sources=s2
a2.sources=s2
a2.sinks=k2
a2.channels=c2

a2.sources.s2.type=org.apache.flume.source.kafka.KafkaSource
a2.sources.s2.kafka.bootstrap.servers=slave1:9092,slave2:9092,slave3:9092
a2.sources.s2.kafka.topics=bookChannel
a2.sources.s2.consumer.auto.offset.reset=latest

# 设置缓存池为本地存储
a2.channels.c2.type=file
a2.channels.c2.checkpointDir=/data/Flume_Channel_Data/check
a2.channels.c2.dataDir=/data/Flume_Channel_Data/data
a2.channels.c2.capacity=100000
a2.channels.c2.transactionCapacity=100000

# 设置 Spark Streaming 为拉取
a2.sinks.k2.type=org.apache.spark.streaming.flume.sink.SparkSink
a2.sinks.k2.port=16161
a2.sinks.k2.hostname=master
a2.sinks.k2.btchSize=100000
#a2.sinks.k2.type=logger

a2.sources.s2.channels=c2
a2.sinks.k2.channel=c2
```

9.3.5　编写脚本定时采集数据

打开新的 master 虚拟机对话窗口，编写 bookdata.sh 脚本文件，每分钟采集一次 BookRating.txt 的数据，每次读取 100 行，并生成 txt 文件，将文件保存至“/data/bookdata”目录中，如代码清单 9-8 所示。

代码清单 9-8 创建 bookdata.sh 脚本文件

```
// 创建并编辑 bookdata.sh 脚本文件
vim /data/bookdata.sh

// 输入以下代码至 bookdata.sh 中，完成后保存
#!/bin/bash
while true
do
    time=$(date "+%Y%m%d_%H%M%S")
    shuf -n100 /data/BookRating.txt > /data/bookdata/log_${time}.txt
    sleep 60
done
```

执行脚本文件前，需要先修改脚本文件的权限，再将脚本文件放到后台运行，如代码清单 9-9 所示。如果需要停止采集数据，则需要将运行脚本文件的进程手动结束，如代码清单 9-10 所示。

代码清单 9-9 执行脚本文件

```
// 修改脚本权限
chmod 777 /data/bookdata.sh
// 将脚本文件放到后台执行
sh /data/bookData.sh &
```

代码清单 9-10 停止脚本

```
// 停止脚本
ps aux | grep "bookdata.sh" |grep -v grep| cut -c 9-15 | xargs kill -9
```

9.3.6 运行 Flume 配置文件

启动定时任务后，在 Xshell 中打开两个 master 虚拟机对话窗口，分别运行 Flume 配置文件 Spooldir-KafkaChannel.conf 和 KafkaSources-StreamingSink.conf，将 /data/bookdata 目录中生成的文件实时采集到 Kafka 中，将 Kafka 接收到的消息发送至 Spark Streaming，如代码清单 9-11 所示。

代码清单 9-11 运行 Flume 配置文件

```
// 先运行 Spooldir-KafkaChannel.conf
flume-ng agent -n a1 -f /usr/local/apache-flume-1.9.0-bin/conf/Spooldir-
    KafkaChannel.conf -c /usr/local/apache-flume-1.9.0-bin/conf/ -Dflume.root.
    logger=WARN,console

// 再运行 KafkaSources-StreamingSink.conf
flume-ng agent -n a2 -f /usr/local/apache-flume-1.9.0-bin/conf/KafkaSources-
    StreamingSink.conf -c /usr/local/apache-flume-1.9.0-bin/conf/ -Dflume.root.
    logger=INFO,console
```

9.3.7　编写 Spark Streaming 代码

实例化 StreamingContext 对象并监控 Flume 发送至 Spark Streaming 的数据，实时抽取并转化为数据流，设置批处理时间间隔为 60s。在获取到数据流后通过 split() 方法按“\t”分隔符进行切分，并输出数据流进行测试，如代码清单 9-12 所示。

代码清单 9-12　实例化 StreamingContext 对象并获取数据流

```
//设置批处理时间间隔、日志文件存放点
val ssc = new StreamingContext(sc, Seconds(60))
ssc.checkpoint("./flume")

//获取数据流
val stream = FlumeUtils.createPollingStream(ssc, "192.168.128.130", 16161)
val data = stream.map(x => new String(x.event.getBody.array()).trim)
data.print()

//以转译字符分割数据
val split_data = data.map {
    x =>
        val y = x.split("\t");
        (y(0), y(1), y(2).toInt)
}
```

执行代码清单 9-12，结果如图 9-4 所示，每隔 60s 实例化后的 SparkStreaming 会读取新产生的文件数据流，并将数据流按“\t”进行切分。

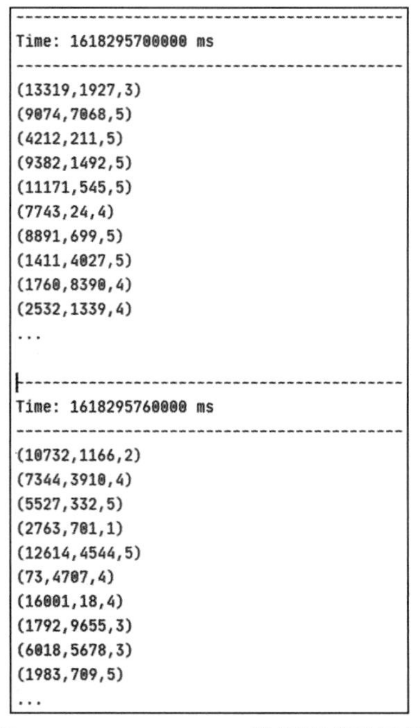

图 9-4　SparkStreaming 数据流获取结果

9.4 图书热度指标构建

根据图书热度计算公式（9-1），图书热度指标包括用户的评分次数、用户的平均评分、图书被评分的次数以及图书的平均评分。本节将介绍如何从数据流中提取计算图书热度的多个指标。

9.4.1 计算用户评分次数及平均评分

在数据流中出现的次数即用户在分析时间范围内对图书进行评分的次数，用户评分次数越多，侧面反映出该用户的阅读积累量越多，那么该用户对图书的评分也可能更专业。同时考虑到个人评分存在主观因素，有些用户较为严苛，其评分一般普遍较低，反之也存在评分普遍偏高的情况，因此计算的是用户的平均评分。再将用户的评分次数和用户的平均评分相乘，得到用户的专业评分。用户对于图书评价必然会出现偏差，因此在式（9-1）所示的图书热度计算公式中可以看出，用户的专业评分并不作为图书热度的主导因素，需要乘以系数 0.3。

首先需要将代码清单 9-12 中切分后的数据流由 DStream 形式转换为 DataFrame 形式，再使用 Spark SQL API 进行后续的数据处理。通过 foreachRDD() 方法将数据流由 DStream 形式转换为 RDD 格式，再使用 toDF() 方法将 RDD 格式的数据流转换为 DataFrame 形式，如代码清单 9-13 所示。

代码清单 9-13 使用 foreachRDD() 方法将 DStream 数据流转换为 DataFrame 形式

```
splitData.foreachRDD(line => {
    import hiveContext.implicits._
    import org.apache.spark.sql.functions._
    val dataFrame = line.toDF("UserID","BookID","Ratings")
```

将数据流转换为 DataFrame 格式后，使用 groupBy() 方法根据 UserID 字段进行分组，分别求出用户评分次数和用户的平均评分，并将统计结果分别存放在不同的 DataFrame 中。因为统计结果需要在图书热度计算公式中应用，所以需要根据 UserID 字段将原始 DataFrame 数据、用户评分次数、用户的平均评分进行合并，可以通过 join() 方法根据 UserID 字段将 3 份 DataFrame 数据进行连接，如代码清单 9-14 所示。

代码清单 9-14 用户评分次数和平均评分统计

```
val user_rating = dataFrame.groupBy("UserID").avg(
        "Ratings").withColumnRenamed("avg(Ratings)","user_avg_rating")
val user_count = dataFrame.groupBy(
        "UserID").count().withColumnRenamed("count","user_count")
val data_user_rating = dataFrame.join(user_rating,user_rating(
        "UserID")===dataFrame("UserID")).drop(user_rating("UserID"))
val data_user = data_user_rating.join(user_count,user_count(
        "UserID")===data_user_rating("UserID")).drop(user_count("UserID"))
```

```
    val time = new Date().getTime
    val format = new SimpleDateFormat("HH:mm:ss")
    println("="*20+format.format(time)+"="*20)
    data_user.show()
            })
    ssc.start()
    ssc.awaitTermination()
        }
    }
```

执行代码清单 9-13 和代码清单 9-14，结果如图 9-5 所示。由于该任务为模拟场景，时间间隔仅为 60s，所以从图 9-5 中可以看出，大部分用户仅进行了一次评分行为。真实场景中由于图书的特殊性，时间间隔建议设置为 24 小时以上。

```
====================15:22:00====================
+------+-------+------+---------------+----------+
|BookID|Ratings|UserID|user_avg_rating|user_count|
+------+-------+------+---------------+----------+
|  2309|      4| 14879|            4.0|         1|
|    40|      4|  2275|            4.0|         1|
|  8882|      4|  3057|            4.0|         1|
|   266|      5|  2808|            5.0|         1|
|  2559|      3|   462|            3.0|         1|
|   287|      4|  5104|            4.0|         1|
|   609|      3| 10228|            3.0|         1|
|  1392|      4| 13636|            4.0|         1|
|  1319|      4| 15229|            4.0|         1|
|  1645|      3|  8743|            3.0|         1|
|   278|      5| 11869|            5.0|         1|
|   714|      2|  7037|            2.0|         1|
|   309|      3|  9580|            3.0|         1|
|   528|      4|  6119|            4.0|         1|
|    62|      5| 11500|            5.0|         1|
|  7970|      4| 13661|            4.0|         1|
|  5539|      3| 14833|            3.0|         1|
|  3258|      3| 11238|            3.0|         1|
|    57|      4|  4823|            4.0|         1|
|    40|      5| 14715|            5.0|         1|
+------+-------+------+---------------+----------+
only showing top 20 rows

====================15:23:00====================
```

图 9-5　用户访问次数和平均评分统计

9.4.2　计算图书被评分次数及平均评分

图书被评分次数可以最为直观地反映出该图书的受欢迎程度，但也有可能出现一本图书的品质太差，导致该图书被评分次数较多的情况，因此仅将图书的被评分次数加入图书热度计算公式并不能真实地为用户推荐热度、质量双高的图书，还需加入图书的评分。而部分图书有可能存在两极分化的评分，所以这里选择计算图书的平均评分。

同用户评分次数和平均评分的统计方法类似，图书的被评分次数和平均评分也使用 groupBy() 方法进行统计，并将统计结果与代码清单 9-14 运行得到的 DataFrame 数据根据

BookID 字段进行连接，得到最终数据集，如代码清单 9-15 所示。

代码清单 9-15 图书被评分次数、平均评分统计

```
val book_rating = dataFrame.groupBy("BookID").avg(
    "Ratings").withColumnRenamed("avg(Ratings)", "book_avg_rating")
val book_count = dataFrame.groupBy("BookID").count().withColumnRenamed(
    "count", "book_count")
val data_user_book_rating = data_user.join(book_rating, book_rating(
    "BookID") === data_user("BookID")).drop(book_rating("BookID"))
val total_data = data_user_book_rating.join(book_count, book_count("BookID") ===
    data_user_book_rating("BookID")).drop(book_count("BookID"))
```

显示连接的具体时间点，并输出每个时间窗口下合并后的前 5 行数据，如代码清单 9-16 所示（此部分代码为测试代码）。

代码清单 9-16 输出测试

```
val time = new Date().getTime
val format = new SimpleDateFormat("HH:mm:ss")
println("="*30 + format.format(time) + "="*30)
total_data.show(5)
})
ssc.start()
ssc.awaitTermination()
    }
}
```

执行代码清单 9-15 和代码清单 9-16，结果如图 9-6 所示，可以看出，热度计算公式所需要的用户评分次数、用户的平均评分、图书的被评分次数、图书的平均评分均已连接至同一个 DataFrame 中。

```
==============================10:01:02==============================
+-------+------+---------------+----------+------+---------------+----------+
|Ratings|UserID|user_avg_rating|user_count|BookID|book_avg_rating|book_count|
+-------+------+---------------+----------+------+---------------+----------+
|      3| 10911|            3.0|         1|   944|            3.0|         1|
|      3| 15057|            3.0|         1|  1043|            3.0|         1|
|      4|   928|            4.0|         1|    54|            3.5|         2|
|      3| 12002|            3.0|         1|    54|            3.5|         2|
|      5| 13126|            5.0|         1|   132|            4.0|         2|
+-------+------+---------------+----------+------+---------------+----------+
only showing top 5 rows

==============================10:02:02==============================
+-------+------+---------------+----------+------+---------------+----------+
|Ratings|UserID|user_avg_rating|user_count|BookID|book_avg_rating|book_count|
+-------+------+---------------+----------+------+---------------+----------+
|      3|  5831|            3.0|         1|    15|            3.0|         1|
|      4|  9731|            4.0|         1|  1236|            4.0|         1|
|      5|    55|            5.0|         1|   101|            5.0|         1|
|      5|  5240|            5.0|         1|  8898|            5.0|         1|
|      4|  4300|            4.0|         1|    42|            4.0|         1|
+-------+------+---------------+----------+------+---------------+----------+
only showing top 5 rows
```

图 9-6 图书被评分次数、平均评分结果合并

9.5　图书热度实时计算

图书热度计算公式所需的数据已计算完成，现根据公式对时间窗口内的数据进行热度计算。

使用 withcolumn() 方法新增一个字段 hot 用于存储计算所得到的图书热度，再使用 sort() 方法根据图书热度进行降序排序，查询出前 10 行数据记录并保存至 Hive 的 book 数据库下的 topBookHot 表中，如代码清单 9-17 所示。注意，Hive 中的 book 数据库需要自行创建，topBookHot 表则不需要创建。

代码清单 9-17　图书热度计算

```
val BookHot = total_data.withColumn("hot", col(
    "user_avg_rating") * col("user_count")*0.3 + col(
    "book_avg_rating") * col("book_count"))
// 排序并保存
BookHot.sort(desc("hot")).limit(10).write.mode(
    "overwrite").saveAsTable("book.topBookHot")
// 设置时间
val time = new Date().getTime
val format = new SimpleDateFormat("HH:mm:ss")
println("="*30+format.format(time)+"="*30)
BookHot.sort(desc("hot")).show(5)
})
ssc.start()
ssc.awaitTermination()
}}
```

运行代码清单 9-17，结果如图 9-7 所示。我们可以在 spark-shell 界面中看到，每隔 60s 图书热度排名前 10 的图书信息将更新并保存至 topBookHot 表中。后续开发者即可将表中图书热度排行前 10 的图书推送给目标不明确的读者。

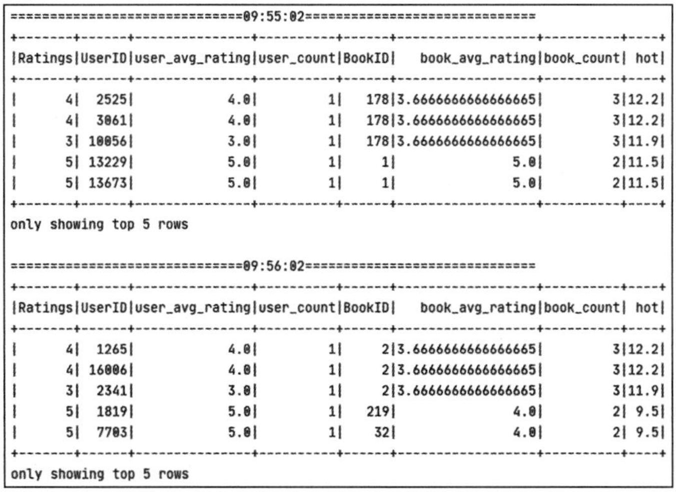

```
==============================09:55:02==============================
+-------+------+---------------+----------+------+------------------+----------+----+
|Ratings|UserID|user_avg_rating|user_count|BookID|   book_avg_rating|book_count| hot|
+-------+------+---------------+----------+------+------------------+----------+----+
|      4|  2525|            4.0|         1|   178|3.6666666666666665|         3|12.2|
|      4|  3061|            4.0|         1|   178|3.6666666666666665|         3|12.2|
|      3| 10056|            3.0|         1|   178|3.6666666666666665|         3|11.9|
|      5| 13229|            5.0|         1|     1|               5.0|         2|11.5|
|      5| 13673|            5.0|         1|     1|               5.0|         2|11.5|
+-------+------+---------------+----------+------+------------------+----------+----+
only showing top 5 rows

==============================09:56:02==============================
+-------+------+---------------+----------+------+------------------+----------+----+
|Ratings|UserID|user_avg_rating|user_count|BookID|   book_avg_rating|book_count| hot|
+-------+------+---------------+----------+------+------------------+----------+----+
|      4|  1265|            4.0|         1|     2|3.6666666666666665|         3|12.2|
|      4| 16006|            4.0|         1|     2|3.6666666666666665|         3|12.2|
|      3|  2341|            3.0|         1|     2|3.6666666666666665|         3|11.9|
|      5|  1819|            5.0|         1|   219|               4.0|         2| 9.5|
|      5|  7703|            5.0|         1|    32|               4.0|         2| 9.5|
+-------+------+---------------+----------+------+------------------+----------+----+
only showing top 5 rows
```

图 9-7　图书热度计算

9.6 图书热度实时分析过程的完整实现

图书热度实时计算可以实时统计出排名前10的热门图书，完整代码将通过IntelliJ IDEA实现，如代码清单9-18所示。

代码清单9-18 实时统计图书热度

```
package Book

import java.text.SimpleDateFormat
import java.util.Date
import org.apache.spark.sql.hive.HiveContext
import org.apache.spark.streaming.{Seconds, StreamingContext}
import org.apache.spark.streaming.flume.FlumeUtils
import org.apache.spark.{SparkConf, SparkContext}

object bookRating {
    def main(args: Array[String]): Unit = {

        // 实例化SparkContext，设置日志输出等级为ERROR
        val conf = new SparkConf().setAppName("book").setMaster("local[*]")
        val sc = new SparkContext(conf)
        val hiveContext = new HiveContext(sc)
        sc.setLogLevel("ERROR")

        // 设置批处理时间间隔、日志文件存放点
        val ssc = new StreamingContext(sc, Seconds(30))
        ssc.checkpoint("./flume")
        // 获取数据流
        val stream = FlumeUtils
            .createPollingStream(ssc, "192.168.128.130", 16161)
        val data = stream.map(x =>
            new String(x.event.getBody.array()).trim)
        data.print()
        // 以转译字符分割数据
        val split_data = data.map {
            x => val y = x.split("\t"); (y(0), y(1), y(2).toInt)
        }

        // 使用foreachRDD将DStream转换为RDD处理
        split_data.foreachRDD(line => {
            import hiveContext.implicits._
            import org.apache.spark.sql.functions._
            // 将RDD数据转换为DataFrame处理
            val dataFrame = line.toDF("UserID", "BookID", "Ratings")
            // 根据需求计算用户平均分、书本平均分、用户出现次数、书本出现次数
```

```
            val user_rating = dataFrame.groupBy("UserID").avg("Ratings").withCol
                umnRenamed("avg(Ratings)", "user_avg_rating")
            val book_rating = dataFrame.groupBy("BookID").avg("Ratings").withCol
                umnRenamed("avg(Ratings)", "book_avg_rating")
            val user_count = dataFrame.groupBy("UserID").count().withColumnRenamed
                ("count", "user_count")
            val book_count = dataFrame.groupBy("BookID").count().withColumnRenamed
                ("count", "book_count")

            // 合并四份 dataFrame
            val data_user_rating = dataFrame.join(user_rating, user_rating("UserID")
                === dataFrame("UserID")).drop(user_rating("UserID"))
            val data_user = data_user_rating.join(user_count, user_count("UserID")
                === data_user_rating("UserID")).drop(user_count("UserID"))
            val data_user_book_rating = data_user.join(book_rating, book_rating
                ("BookID") === data_user("BookID")).drop(book_rating("BookID"))
            val total_data = data_user_book_rating.join(book_count, book_count("BookID")
                === data_user_book_rating("BookID")).drop(book_count("BookID"))

            // 计算图书热度
            val new_rating = total_data.withColumn("hot", col("user_avg_rating") *
                col("user_count") * 0.3 + col("book_avg_rating") * col("book_count"))
            // 排序并保存
            new_rating.sort(desc("hot")).write.mode("append").saveAsTable("book.
                book_hot")

            new_rating.show()
        })
        // 设置时间
        val time = new Date().getTime
        val format = new SimpleDateFormat("yyyy-MM-dd HH:mm:ss")
        println("=" * 10 + format.format(time) + " 数据已写入" + "=" * 10)
        ssc.start()
        ssc.awaitTermination()
    }
}
```

运行模拟器代码实时生成数据，如代码清单 9-2 所示。同时运行代码清单 9-18 实时计算图书热度并推送图书相关指标与热度至 Hive 数据表。模拟器代码每隔 60 秒生成一个文件，而 Spark Streaming 负责监控产生文件的目录，一旦有新文件产生就会计算新文件的图书热度及其排名，然后输出到 topBookHot 表。查看 topBookHot 表的内容，如图 9-8 所示。

```
hive> select * from book.topBookHot limit 10;
OK
4       1265    4.0     1       2       3.6666666666666665      31
2.2
4       16006   4.0     1       2       3.6666666666666665      31
2.2
3       2341    3.0     1       2       3.6666666666666665      31
1.9
5       1819    5.0     1       219     4.0     2       9.5
5       7703    5.0     1       32      4.0     2       9.5
4       2453    4.0     1       398     4.0     2       9.2
4       13810   4.0     1       398     4.0     2       9.2
3       10293   3.0     1       219     4.0     2       8.9
3       12629   3.0     1       32      4.0     2       8.9
5       1598    5.0     1       696     3.5     2       8.5
Time taken: 0.18 seconds, Fetched: 10 row(s)
hive>
```

图 9-8 topBookHot 表中的数据

9.7 小结

本章首先介绍了图书热度的计算公式以及评分数据文件的字段说明，接着介绍了通过编写 Java 代码对评分数据文件进行定时抽取数据，模拟实时产生数据。同时结合生成的数据，构建计算图书热度所需的指标，使用 Kafka、Flume 和 Spark Streaming 实现图书热度实时分析系统。通过本章的学习，读者可以更加熟悉 Kafka、Flume 和 Spark Streaming 的组合使用，能够灵活地应用相关技术来解决相应的问题。

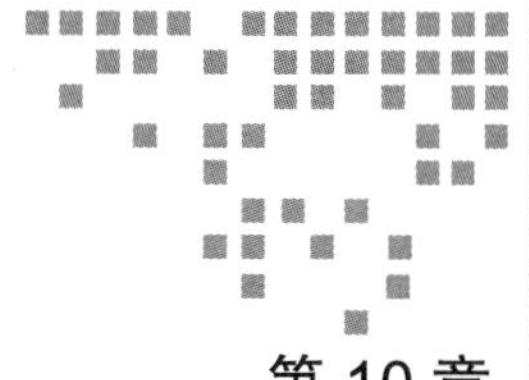

第 10 章 Chapter 10

O2O 优惠券个性化投放

10.1 背景与目标

在 O2O 消费模式运营局面下，优惠券的合理投放已成为现在商户经营店铺要考虑的一项因素。在本例中，某电商平台想要根据自身拥有的用户消费信息数据，预测用户在领取优惠券后 15 天以内的使用情况，详细分析如下。

10.1.1 案例背景

随着移动设备的完善和普及，移动互联网 + 各行各业的运营模式进入了高速发展的阶段，其中 O2O 消费模式最吸引眼球，它将线上消费和线下消费进行了结合。据不完全统计，O2O 行业内估值上亿的创业公司超过 10 家，其中不乏百亿巨头的身影。O2O 行业天然关联数亿消费者，各类 App 每天记录了超过百亿条用户行为和位置记录，如在美团点餐、用滴滴打车、在天猫购物或者浏览商品等行为都会被记录，因而 O2O 成为大数据科研和商业化运营的最佳结合点之一。O2O 消费对于用户而言，不仅可以使用户获得更丰富、全面的商户及服务信息内容，还可以使用户获得比线下直接消费更低的价格；对于商户而言，不仅可以使商户获得更多、更好的宣传机会去吸引新用户到店消费，还可以使商户通过在线预约的方式合理安排经营方式，节约成本。

在市场竞争十分激烈的情况下，商户会想出各种各样的办法去吸引用户，其中用优惠券维持老用户或吸引新用户进店消费成为 O2O 的一种重要营销方式。但如果投放优惠券的形式不恰当，可能会造成一定的负面影响。例如，人们在生活中常常会收到各式各样关于优惠券、其他活动的短信或 App 推送的消息，但在大多数情况下，人们并不会去使用或在意这些优惠券，因为商户并没有摸清用户的实际需要，盲目使用这种方式进行消息推送会对多数用户造成无意义的干扰。同样，对于商户而言，滥发优惠券可能会降低品牌声誉，还可能会增加营销成本。个性化投放是提高优惠券核销率的重要技术，不仅可以让具有一定偏好的消费者得到真正的优惠，而且赋予了商户更强的营销能力。

10.1.2 数据说明及存储

某平台拥有用户线下的真实消费行为和位置信息等数据，为保护用户隐私和数据安全，这些数据已经过随机采样和脱敏处理。数据样本包括训练样本和测试样本。其中，训练样本共有 1444037 条记录，是用户在 2016 年 1 月 1 日至 2016 年 5 月 30 日之间的真实线下消费行为信息。测试样本是用户在 2016 年 6 月 1 日至 15 日之间的领取商户优惠券信息。所有样本的数据属性包含用户 ID、商品 ID、优惠券 ID、优惠券折扣力度、用户与门店的距离、领取优惠券日期、消费日期，如表 10-1 所示。

表 10-1 数据说明

名称	含义
user_id	用户 ID
merchant_id	商户 ID
coupon_id	优惠券 ID。null 表示无优惠券消费，此时 discount_rate 和 date_received 属性无意义
discount_rate	优惠券折扣力度。其中 a 代表折扣率，取值范围是 0 ～ 1；x ： y 表示满 x 减 y。例如，当 a=0.9 时，商品的折扣率为 0.9；当 x=200、y=30 时（即 200 ： 30），商品满 200 元减 30 元
distance	用户与门店的距离（如果是连锁店，那么取最近的一家门店）。表示用户经常活动的地点与该商户的最近门店距离是 $x \times 500$m，x 的取值范围是 (0,10) 且 x 取整数。例如，当 $x = 1$ 时，用户活动地点与最近门店的距离为 500m ；当 $x = 2$ 时，距离为 1 000m，以此类推。此外，null 表示无此信息，x=0 表示距离小于 500m，x=10 表示距离大于或等于 5000m
date_received	领取优惠券日期
date	消费日期。如果消费日期为 null 但优惠券 ID 不为 null，则该记录表示领取了优惠券但没有使用；如果消费日期不为 null 但优惠券 ID 为 null，则表示普通消费日期；如果消费日期和优惠券 ID 都不为 null，则表示使用优惠券消费的日期

将文件 train.csv、test.csv 上传至 Linux 系统目录 /opt，在主节点执行代码“ sed -i '1d' train.csv”、“ sed -i '1d' test.csv”，删除数据首行字段名，启动 Hadoop 集群、MySQL 配置、Hive 元数据服务，进行数据存储，如代码清单 10-1 所示。

代码清单 10-1 数据存储至 Hive

```
create database if not exists customer;
use customer;
create table test(
user_id int,
merchant_id int,
coupon_id int,
discount_rate string,
distance int,
date_received string,
```

```
'date' string)
ROW FORMAT DELIMITED FIELDS TERMINATED BY ',';
load data local inpath '/opt/test.csv' overwrite into table test;
create table train(
user_id int,
merchant_id int,
coupon_id int,
discount_rate string,
distance int,
date_received string,
'date' string)
ROW FORMAT DELIMITED FIELDS TERMINATED BY ',';
load data local inpath '/opt/train.csv' overwrite into table train;
```

10.1.3　案例目标

本案例的主要目标是预测用户在领取优惠券后15天以内的使用情况。为了将该问题转化为分类问题，将领取优惠券后15天以内使用优惠券的样本标记为正样本，记为1；将15天以内没有使用优惠券的样本标记为负样本，记为0；将未领取优惠券进行消费的样本标记为普通样本，记为–1。确定是分类问题后，我们还需要结合用户使用优惠券的情景和实际业务场景，构建用户、商户、优惠券、用户和商户交互的相关指标，并根据这些指标构建分类模型，预测用户在领取优惠券后15天以内的使用情况。

根据上述分析过程与思路，结合数据特点和分析目标，可得总体流程图如图10-1所示。该流程主要包括以下步骤。

1）读取用户真实线下消费行为历史数据。

2）对读取的数据进行探索性分析与预处理，包括对数据缺失值与异常值的处理、数据清洗、数据变换等操作。

3）使用决策树分类模型、梯度提升分类模型和XGBoost分类模型进行分类预测，并对构建好的模型进行模型评价。

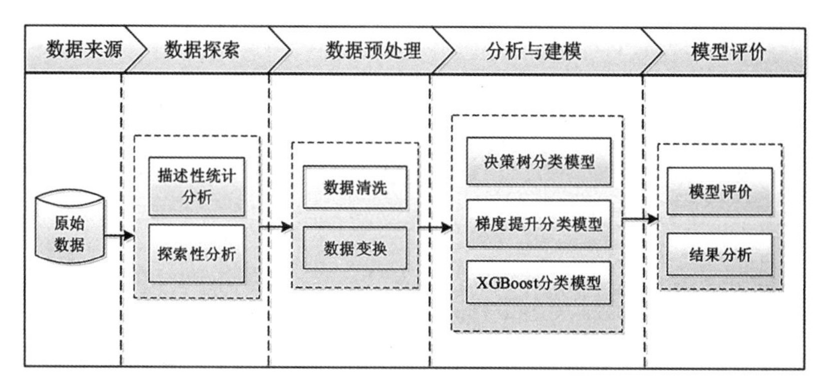

图10-1　O2O数据分析建模总体流程

10.2 数据探索及预处理

数据的探索和预处理将在 IDEA 开发环境下进行。打开 IDEA，并创建一个名为 O2O 的 Project，在 pom.xml 文件添加依赖，如代码清单 10-2 所示。

代码清单 10-2 添加依赖

```
<dependencies>
    <dependency>
        <groupId>org.apache.logging.log4j</groupId>
        <artifactId>log4j-to-slf4j</artifactId>
        <version>2.9.1</version>
    </dependency>
    <dependency>
        <groupId>org.slf4j</groupId>
        <artifactId>slf4j-api</artifactId>
        <version>1.7.24</version>
    </dependency>
    <dependency>
        <groupId>org.slf4j</groupId>
        <artifactId>slf4j-simple</artifactId>
        <version>1.7.21</version>
    </dependency>
    <dependency>
        <groupId>log4j</groupId>
        <artifactId>log4j</artifactId>
        <version>1.2.12</version>
    </dependency>
    <dependency>
        <groupId>junit</groupId>
        <artifactId>junit</artifactId>
        <version>4.11</version>
        <scope>test</scope>
    </dependency>
    <dependency>
        <groupId>org.apache.spark</groupId>
        <artifactId>spark-sql_2.11</artifactId>
        <version>2.4.3</version>
    </dependency>
    <dependency>
        <groupId>org.apache.spark</groupId>
        <artifactId>spark-core_2.11</artifactId>
        <version>2.4.3</version>
    </dependency>
    <dependency>
        <groupId>org.apache.spark</groupId>
        <artifactId>spark-streaming_2.11</artifactId>
        <version>2.4.7</version>
    </dependency>
    <dependency>
```

```
            <groupId>org.apache.spark</groupId>
            <artifactId>spark-hive_2.11</artifactId>
            <version>2.4.7</version>
        </dependency>
    <!-- https://mvnrepository.com/artifact/ml.dmlc/xgboost4j -->
        <dependency>
            <groupId>ml.dmlc</groupId>
            <artifactId>xgboost4j</artifactId>
            <version>0.81</version>
        </dependency>
        <dependency>
            <groupId>ml.dmlc</groupId>
            <artifactId>xgboost4j-spark</artifactId>
            <version>0.81</version>
        </dependency>
    </dependencies>
```

单击上面的工具栏中的File，选择“Project Structure”，选择“Libraries”，单击加号“+”，选择“Java”，定位到连接驱动的位置，如图10-2所示。单击两次“OK”按钮；再单击加号“+”，选择“Scala SDK”，选择2.11.12版本的Scala SDK，如图10-3所示。单击两次“OK”按钮，单击“Apply”和“OK”按钮，环境搭建成功。

图10-2　添加连接驱动

Location	Version	Sources	Docs
System	2.11.12		

图10-3　添加Scala SDK

10.2.1　数据探索

原始数据包括用户ID、商户ID、优惠券ID、优惠券折扣力度、用户经常活动的地点与商户最近的门店的距离等信息。下面对原始数据进行描述性统计分析，并从多个维度进行探索性分析。在工程O2O目录src/main创建Scala文件Analysis.scala，并在main方法内添加Hive连接，如代码清单10-3所示。

代码清单10-3　连接Hive

```
import org.apache.spark.sql.SparkSession

object Analysis {
    def main(args: Array[String]): Unit = {
```

```
        val spark = SparkSession.builder()
            .master("local[3]")
            .appName("Analysis")
            .enableHiveSupport()
            .getOrCreate()
        spark.sparkContext.setLogLevel("Error")
    }
}
```

1. 描述性统计分析

在 Analysis.scala 中对训练样本、测试样本进行描述性统计分析，如代码清单 10-4 所示，运行可得训练样本和测试样本的属性观测值中的缺失值数量、最大值和最小值。

代码清单 10-4 描述性统计分析

```
//读取数据
val test = spark.read.table("customer.test")
val train = spark.read.table("customer.train")

// 对数据进行描述性统计分析
// 返回缺失值数量、最大值、最小值
// 训练样本的描述性统计分析
println("train:")
print(train.where("user_id is null").count() + "\t")
print(train.where("merchant_id is null").count() + "\t")
print(train.where("coupon_id is null").count() + "\t")
print(train.where("discount_rate is null").count() + "\t")
print(train.where("distance is null").count() + "\t")
print(train.where("date_received is null").count() + "\t")
println(train.where("'date' is null").count())
train.where("discount_rate !='null'").agg(max("user_id"),max("merchant_
    id"),max("coupon_id"),
    max("discount_rate"),max("distance"),max("date_received"),max("'date'")).
        show()
train.agg(min("user_id"),min("merchant_id"),min("coupon_id"),min("discount_
    rate"),
    min("distance"),min("date_received"), min("'date'")).show()
// 测试样本的描述性统计分析
println("test:")
print(test.where("user_id is null").count() + "\t")
print(test.where("merchant_id is null").count() + "\t")
print(test.where("coupon_id is null").count() + "\t")
print(test.where("discount_rate is null").count() + "\t")
print(test.where("distance is null").count() + "\t")
print(test.where("date_received is null").count() + "\t")
println(test.where("'date' is null").count())
test.where("discount_rate !='null'").agg(max("user_id"),max("merchant_
    id"),max("coupon_id"),
    max("discount_rate"), max("distance"),max("date_received"), max("'date'")).
        show()
```

```
test.agg(min("user_id"),min("merchant_id"),min("coupon_id"),min("discount_
    rate"),
    min("distance"),min("date_received"),min("'date'")).show()
```

运行结果如图 10-4 所示。训练样本的优惠券 ID、领取优惠券日期的缺失值数量是一致的，这可能是因为一部分用户没有领取优惠券而直接到门店消费；而 date 属性的缺失值数量比优惠券 ID 的缺失值数量多，即存在一部分用户的消费日期为 null 而优惠券 ID 不为 null 的情况，这可能是因为这部分用户领取了优惠券但没有消费。在图 10-4 中，测试样本的优惠券 ID、优惠率、领取优惠券日期和消费日期同样存在缺失值。

```
train:
0   0   578569  0   0   578569  804951
+------------+----------------+--------------+------------------+-------------+------------------+---------+
|max(user_id)|max(merchant_id)|max(coupon_id)|max(discount_rate)|max(distance)|max(date_received)|max(date)|
+------------+----------------+--------------+------------------+-------------+------------------+---------+
|     7361032|            8854|         14045|               5:1|           10|          20160531| 20160630|
+------------+----------------+--------------+------------------+-------------+------------------+---------+

+------------+----------------+--------------+------------------+-------------+------------------+---------+
|min(user_id)|min(merchant_id)|min(coupon_id)|min(discount_rate)|min(distance)|min(date_received)|min(date)|
+------------+----------------+--------------+------------------+-------------+------------------+---------+
|           4|               1|             1|               0.2|            0|          20160101| 20160101|
+------------+----------------+--------------+------------------+-------------+------------------+---------+

test:
0   0   123033  0   0   123033  75163
+------------+----------------+--------------+------------------+-------------+------------------+---------+
|max(user_id)|max(merchant_id)|max(coupon_id)|max(discount_rate)|max(distance)|max(date_received)|max(date)|
+------------+----------------+--------------+------------------+-------------+------------------+---------+
|     7360961|            8856|         14045|               5:1|           10|          20160615| 20160630|
+------------+----------------+--------------+------------------+-------------+------------------+---------+

+------------+----------------+--------------+------------------+-------------+------------------+---------+
|min(user_id)|min(merchant_id)|min(coupon_id)|min(discount_rate)|min(distance)|min(date_received)|min(date)|
+------------+----------------+--------------+------------------+-------------+------------------+---------+
|           4|               1|             1|               0.5|            0|          20160601| 20160601|
+------------+----------------+--------------+------------------+-------------+------------------+---------+
```

图 10-4　描述性统计分析

2. 分析优惠形式信息

由于原始训练样本中的 discount_rate 字段部分是以小数形式（如 0.8、0.9 等）存在的（表示折扣率），部分是以比值形式（如 30 ： 5、100 ： 10 等）存在的（表示满额减免），所以考虑折扣率和满额减免这两种优惠形式可能是影响用户是否使用优惠券的因素。下面分别分析这两种优惠形式的分布情况并绘制饼图，如代码清单 10-5 所示。

代码清单 10-5　分析优惠形式信息

```
// 分析优惠形式信息
// 合并数据
val data = test.union(train)
// 取出满减优惠形式的数据
val dfone = data.where("discount_rate like '%:%'")
// 取出折扣率优惠形式的数据
val dftwo = data.where("discount_rate like '%.%'")
```

```
//统计数据量
val countOne = dfone.count()
val countTwo = dftwo.count()
println("满减优惠形式的数据量：" + countOne)
println("折扣率优惠形式的数据量：" + countTwo)
println("在满减优惠形式的数据中")
val numberOne = dfone.where("'date'-date_received<=15").count()
println("15天内优惠券被使用的数目：" + numberOne)
println("15天内优惠券未被使用的数目：" + (countOne - numberOne))
println("在折扣率优惠形式的数据中")
val numberTwo = dftwo.where("'date'-date_received<=15").count()
println("15天内优惠券被使用的数目：" + numberTwo)
println("15天内优惠券未被使用的数目：" + (countTwo - numberTwo))
```

运行结果如图 10-5 所示，满减优惠形式和折扣率优惠形式的优惠券在 15 内未被使用的比例相对较大，分别为 95.4%（878359/920646*100%）、89.1%（23740/26633*100%）；满减优惠形式的优惠券在 15 天内被使用的比例仅为 4.6%，折扣率优惠形式的优惠券被使用的比例为 10.9%，说明大多数用户没有使用优惠券到店进行消费。

3. 分析用户消费行为信息

选择领取优惠券日期、消费日期这两个属性计算用户消费次数、领券次数和领券消费次数，进而分析用户的消费行为信息。

（1）分析用户消费次数

统计 2016 年前 6 个月各月份的用户消费次数，如代码清单 10-6 所示。

代码清单 10-6 分析用户消费次数

```
// 分析用户消费行为信息
//分析用户消费次数
println("统计各月份用户消费次数：")
data.selectExpr("substring('date',5,2) as data_month").where("'date' is not
    null")
    .groupBy("data_month").count().sort("data_month").show()
```

运行结果如图 10-6 所示。5 月份用户消费次数最多，有可能是因为“五一”节假日商户投放优惠券的优惠率较大，吸引了用户消费；2 月份处于低谷，可能是因为春节长假店铺休息。

```
满减优惠形式的数据量：920646
折扣率优惠形式的数据量：26633
在满减优惠形式的数据中
15天内优惠券被使用的数目：42287
15天内优惠券未被使用的数目：878359
在折扣率优惠形式的数据中
15天内优惠券被使用的数目：2893
15天内优惠券未被使用的数目：23740
```

图 10-5 分析优惠形式信息

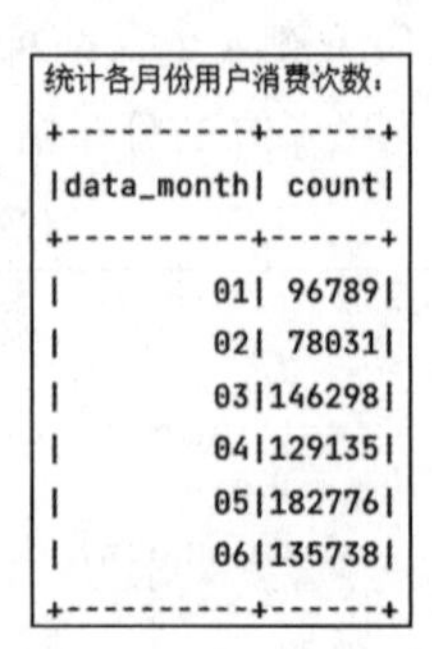

```
统计各月份用户消费次数：
+----------+------+
|data_month| count|
+----------+------+
|        01| 96789|
|        02| 78031|
|        03|146298|
|        04|129135|
|        05|182776|
|        06|135738|
+----------+------+
```

图 10-6 分析用户消费次数

（2）分析用户领券次数与领券消费次数

统计 2016 年前 6 个月各月份用户领券次数和领券消费次数，如代码清单 10-7 所示。

代码清单 10-7　分析各月份用户领券次数和领券消费次数

```
// 分析用户领券次数与领券消费次数
println("统计用户领券次数与领券消费次数：")
val received_count = data.selectExpr("substring(date_received,5,2) as received_
    month")
    .groupBy("received_month").count()
    .withColumnRenamed("count", "received_count")
val datemonth_count = data.selectExpr("substring('date',5,2) as data_month")
    .where("'date' is not null and coupon_id is not null")
    .groupBy("data_month").count()
    .withColumnRenamed("count", "datemonth_count")
datemonth_count.join(received_count, datemonth_count("data_month") === received_
    count("received_month"), "left_outer")
    .sort("data_month").drop("received_month").show()
```

运行结果如图 10-7 所示。1 月份用户领取优惠券的次数最多，可能是因为用户领取优惠券为春节囤年货做准备；5 月份用户领取优惠券数量较多，可能是为母亲节给母亲送礼物做准备。从用户领券消费情况来看，虽然商户投放的优惠券很多，但相对于投放的优惠券数量，用户很少使用优惠券到门店进行消费，说明出现了商户滥发优惠券的现象。

```
统计用户领券次数与领券消费次数：
+----------+---------------+--------------+
|data_month|datemonth_count|received_count|
+----------+---------------+--------------+
|        01|           4992|        339266|
|        02|          12271|        118699|
|        03|          11253|         93010|
|        04|           7964|        126168|
|        05|          17980|        188325|
|        06|          12705|         81811|
+----------+---------------+--------------+
```

图 10-7　各月份用户领券次数和领券消费次数

4. 分析商户投放优惠券信息

统计商户投放优惠券的数量、用户到门店的距离、持券与未持券用户到门店的距离等，分析商户投放优惠券信息。

（1）分析商户投放优惠券的数量

平台有多家商户参与优惠券投放，统计投放优惠券数量排名前 10 的商户 ID，如代码清单 10-8 所示。

代码清单 10-8　统计投放优惠券数量排名前 10 的商户 ID

```
// 分析商户投放优惠券信息
// 分析商户投放优惠券的数量
val merchant_count = data.where("coupon_id is not null").groupBy("merchant_id").
    count()
println("参与投放优惠券商户总数为：")
merchant_count.agg(sum("count")).show()
println("商户最多投放优惠券数为：")
merchant_count.agg(max("count")).show()
println("商户最少投放优惠券数为：")
merchant_count.agg(min("count")).show()
println("投放优惠券数量前 10 名的商户 ID:")
```

```
merchant_count.sort(desc("count")).show(10)
```

运行结果如图 10-8、图 10-9 所示。ID 为 3381 的商户投放优惠券的数量高达 117818 张，其次是 ID 为 450 和 760 的商户，投放数量分别为 60092 张、43182 张，其他商户投放优惠券的数量都相对较低。

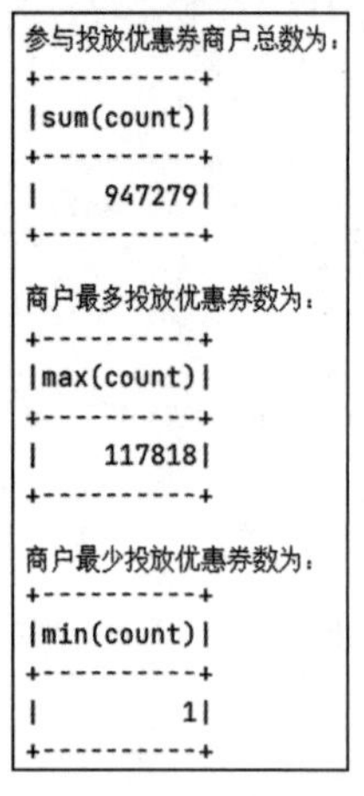

```
参与投放优惠券商户总数为：
+----------+
|sum(count)|
+----------+
|    947279|
+----------+

商户最多投放优惠券数为：
+----------+
|max(count)|
+----------+
|    117818|
+----------+

商户最少投放优惠券数为：
+----------+
|min(count)|
+----------+
|         1|
+----------+
```

图 10-8 商户投放优惠券数据

```
投放优惠券数量前10名的商户ID:
+-----------+------+
|merchant_id| count|
+-----------+------+
|       3381|117818|
|        450| 60092|
|        760| 43182|
|       5341| 34135|
|       2709| 33535|
|       1569| 30887|
|       7555| 26329|
|       4660| 23709|
|       6454| 19358|
|       3621| 19235|
+-----------+------+
only showing top 10 rows
```

图 10-9 投放优惠券数量排名前 10 的商户 ID

（2）分析用户到门店的距离

分析用户到门店的距离，如代码清单 10-9 所示。

代码清单 10-9 分析用户到门店的距离

```
//分析用户到门店的距离
println("统计用户消费次数：")
val date_distance = data.where("'date' is not null and distance is not null")
date_distance.groupBy("distance").count()
    .withColumn("percent", functions.round(col("count") / date_distance.count()
        * 100, 1))
    .sort("percent").show()
```

运行结果如图 10-10 所示。大部分用户更偏向近距离消费，其中到门店消费距离不足 500m 的用户占所有有消费的用户的 68.3%，但也有 4.7% 的用户选择到距离大于或等于 5000m 的门店进行消费，可以看出这部分用户对该品牌门店的消费依赖性很高。

（3）分析持券与未持券用户到门店的距离

分析持券与未持券用户到门店的距离，如代码清单 10-10 所示。

代码清单 10-10 分析持券与未持券用户到门店的距离

```
//分析持券与未持券用户到门店的距离
val cop_distance = data.where("'date' is not null and distance is not null and
    coupon_id is not null")
val cop_count = cop_distance.groupBy("distance").count()
```

```
    .withColumn("cop_percent", functions.round(col("count") / cop_distance.
        count() * 100, 1))
    .withColumnRenamed("count", "cop_count")
//提取用户未持券到店铺消费距离数据
val nocop_distance = data.where("'date' is not null and distance is not null and
    coupon_id is null")
val nocop_count = nocop_distance.groupBy("distance").count()
    .withColumn("nocop_percent", functions.round(col("count") / nocop_distance.
        count() * 100, 1))
    .withColumnRenamed("count", "nocop_count")
    .withColumnRenamed("distance", "distance2")
cop_count.join(nocop_count, nocop_count("distance2") === cop_count("distance"),
    "left_outer")
    .sort("distance").drop("distance2").show()
```

运行结果如图 10-11 所示。无论是否持券，大部分用户都偏向于去距离近的门店消费；只有少部分用户愿意选择去 5000m 以外的门店进行消费，说明这些用户对门店有一定的依赖性。

统计用户消费次数：

distance	count	percent
9	4330	0.6
8	5417	0.7
7	6429	0.8
6	8428	1.1
5	11273	1.5
4	15830	2.1
3	23515	3.1
10	36231	4.7
2	40619	5.3
1	91952	12.0
0	524743	68.3

图 10-10 用户到门店的距离

distance	cop_count	cop_percent	nocop_count	nocop_percent
0	46852	69.8	477891	68.1
1	8602	12.8	83350	11.9
2	3485	5.2	37134	5.3
3	1861	2.8	21654	3.1
4	1287	1.9	14543	2.1
5	831	1.2	10442	1.5
6	603	0.9	7825	1.1
7	430	0.6	5999	0.9
8	385	0.6	5032	0.7
9	333	0.5	3997	0.6
10	2496	3.7	33735	4.8

图 10-11 持券与未持券用户到门店的距离

10.2.2 数据预处理

在对原始数据进行探索性分析时，我们发现这些数据存在缺失值、部分属性的数据类型不统一、数据的属性过少等问题，因此需要对数据进行数据清洗和数据变换。创建 Preprocess_train.scala，与 Analysis.scala 一样，在 main 方法内添加 Hive 连接设置，仅把 appName 改为 Preprocess_train 即可。

1. 数据清洗

通过观察原始数据，我们发现数据中存在 3 种数据缺失的情况：第一种是优惠券 ID 为 null，优惠率也为 null，但有消费日期，这类用户属于没有领优惠券进行消费的普通消费者；第二种是用户消费记录中同时存在优惠券 ID、优惠率、消费日期，这类用户属于领取了优惠券进行消费的消费者；第三种是用户虽然领取了商户的优惠券，但没有消费日期，可能是因为门店与用户的距离比较远，所以用户没使用优惠券进行消费。

优惠率存在两种形式：一种为折扣率形式，如 0.8，即商品折扣为 8 折；另一种是满减优惠形式，如 300 ∶ 30，即商品满 300 减 30。如果该属性没有进行统一处理，可能会导致结果不准确，因此要使用统一形式，这里的处理方法是将满减优惠统一替换成折扣率。

综上所述，数据清洗的方法如下。

1）将 date_rececived 和 date 属性的数据类型转为时间类型。

2）将 discount_rate 属性中的满减优惠统一替换成折扣率，例如，满减优惠形式为“300:30”或“300:30:00”，改为折扣率形式“0.9”。

数据清洗的代码如代码清单 10-11 所示。

代码清单 10-11　数据清洗

```
        //读取训练数据
        var train = spark.read.table("customer.train")

        //1.数据清洗
        //将 date_received 和 date 属性的数据类型转为时间类型
        train = train.selectExpr("user_id", "merchant_id", "coupon_id", "discount_
            rate", "distance",
            "to_date(date_received,'yyyyMMdd') as date_received", " to_
                date('date','yyyyMMdd') as 'date'")
        //调用 discount 函数将满减优惠形式的值改写成折扣率形式的值
        val disc = udf { (x: String) => discount(x) }
            train = train.withColumn("discount_rate", disc(col("discount_rate")))

        //在 main 方法外，自定义 discount 函数处理优惠率属性
    def discount(x: String): Float = {
        if (x.contains(":")) {
            val split = x.split(":")
            val discount_rate = (split(0).toFloat - split(1).toFloat) / split(0).
                toFloat
            discount_rate.formatted("%.2f").toFloat
```

```
        }
        else if (x == "null") {
            NaN
        }
        else {
            x.toFloat
        }
    }
```

2. 数据变换

经过对原始数据的观察，我们发现数据中属性的个数较少，不足以精确地分析问题，因此需要从更多维度上构造出新的属性。

本案例主要的分析目标是预测用户在领取优惠券后15天以内的使用情况，以15天为阈值划分样本，如表10-2所示。

表10-2　划分样本

类别	标签	说明
普通样本	−1	没有领取优惠券进行消费的样本
正样本	1	领取了优惠券并在15天内使用的样本
负样本	0	领取了优惠券但在15天后使用的样本或领取了优惠券但未使用的样本

基于上节数据处理后的数据集构建训练样本分类标签，如代码清单10-12所示。

代码清单10-12　构建训练样本分类标签

```
// 2. 数据变换
// 标记样本
// 优惠券 ID 为空（即未领取优惠券进行消费）的样本为普通样本，记为 -1；领取了优惠券在 15 天内使用的
    样本为正样本，记为 1；其余的都记为 0
train = train.withColumn("label",
    when(col("coupon_id") === null, col("user_id") * 0 - 1)
        .when(datediff(col("'date'"), col("date_received")) <= 15, col("user_
            id") * 0 + 1)
        .otherwise(col("user_id") * 0))
```

10.3　多维度指标构建

前文提到，由于原始数据中仅有6个属性，不足以精确地描述问题，因此需要进行数据变换，从而构造出新的、更加有效的属性。用户是否会使用优惠券可能会受到优惠券的折扣力度、商户知名度、门店与用户的距离或用户自身消费习惯等因素的影响。一般优惠券的折扣力度越大，用户使用优惠券的可能性也越大；投放优惠券的商户的知名度越高，用户使用优惠券的可能性也越大；同时，若用户对某商户较为熟悉，则使用该商户投放的优惠券的可能性较大。

所以，结合O2O消费模式的特点，可以从用户、商户、优惠券以及用户和商户的交互

关系这 4 个维度进行深入分析，将指标扩展为与用户、商户、优惠券、交互关系相关的指标。构建的指标及其说明如表 10-3 所示。

表 10-3 构建的指标及其说明

类别	指标名称	说明
用户	优惠券使用频数	用户使用优惠券消费次数
	消费频数	用户总消费次数
	领取优惠券率	用户使用优惠券消费次数与总消费次数的比值
	领取优惠券的未使用率	用户领取优惠券而未使用的数量
	领取、使用优惠券间隔	用户使用优惠券日期与领取日期的平均相隔天数
商户	优惠券核销频数	商户发放的优惠券被使用的数量
	优惠券核销率	商户发放的优惠券被使用的占比
	投放优惠券频数	商户发放优惠券的数量
	优惠券未核销频数	商户发放优惠券而未被使用的数量
	投放、使用优惠券间隔	商户发放优惠券日期与被使用日期的平均相隔天数
交互关系	距离	distance 字段
优惠券	折扣率	coupon_discount 字段
	优惠券流行度	被使用优惠券与发放优惠券总数的比值

基于代码清单 10-11、代码清单 10-12 处理后的样本数据，构建表 10-3 中的指标，如代码清单 10-13 所示。其中各指标的表示形式如表 10-4 所示。

代码清单 10-13 构建相关指标

```
// 构建指标
// 1. 用户特征
// 用户使用优惠券消费次数
val user_use_coupon_times = train.where("date_received is not null and 'date' is
    not null").groupBy("user_id").count()
    .withColumnRenamed("count", "user_use_coupon_times")
    .withColumnRenamed("user_id", "user_id2")
// 用户总消费次数
val user_consume_times = train.where("'date' is not null").groupBy("user_id").
    count()
    .withColumnRenamed("count", "user_consume_times")
    .withColumnRenamed("user_id", "user_id3")
train = train.join(user_use_coupon_times, user_use_coupon_times("user_id2") ===
    train("user_id"), "left_outer").drop("user_id2")
    .join(user_consume_times, user_consume_times("user_id3") === train("user_
        id"), "left_outer").drop("user_id3")
// 用户使用优惠券消费次数与总消费次数的比值
train = train.withColumn("user_use_coupon_rate", col("user_use_coupon_times") /
    col("user_consume_times"))
// 用户领取优惠券而未使用的数量
val user_receive_coupon_unused_times = train.where("coupon_id is not null and
    'date' is null").groupBy("user_id").count()
    .withColumnRenamed("count", "user_receive_coupon_unused_times")
```

```
    .withColumnRenamed("user_id", "user_id4")
train = train.join(user_receive_coupon_unused_times, user_receive_coupon_unused_
    times("user_id4") === train("user_id"), "left_outer").drop("user_id4")
// 用户使用优惠券的日期与领取日期平均相隔多少天
var user_mean_use_coupon_interval = train.selectExpr("user_id",
    "datediff('date',date_received) as interval").groupBy("user_id").
    agg(avg("interval"))
    .withColumnRenamed("avg(interval)", "user_mean_use_coupon_interval")
    .withColumnRenamed("user_id", "user_id5")
user_mean_use_coupon_interval.agg(max("user_mean_use_coupon_interval")).show()
    //92
user_mean_use_coupon_interval = user_mean_use_coupon_interval.na.fill(93) //92+1
train = train.join(user_mean_use_coupon_interval, user_mean_use_coupon_
    interval("user_id5") === train("user_id"), "left_outer").drop("user_id5")

//2. 商户特征
// 商户投放的优惠券被使用的数量
val merchant_launch_coupon_used_count = train.where("date_received is not null
    and 'date' is not null").groupBy("merchant_id").count()
    .withColumnRenamed("count", "merchant_launch_coupon_used_count")
    .withColumnRenamed("merchant_id", "merchant_id2")
train = train.join(merchant_launch_coupon_used_count, merchant_launch_coupon_
    used_count("merchant_id2") === train("merchant_id"), "left_outer").
    drop("merchant_id2")
// 商户发放的优惠券被使用数与商户总消费次数的比值
val merchant_consume_times = train.where("'date' is not null").groupBy("merchant_
    id").count()
    .withColumnRenamed("count", "merchant_consume_times")
    .withColumnRenamed("merchant_id", "merchant_id3")
train = train.join(merchant_consume_times, merchant_consume_times("merchant_
    id3") === train("merchant_id"), "left_outer").drop("merchant_id3")
train = train.withColumn("merchant_launch_coupon_used_rate", col("merchant_
    launch_coupon_used_count") / col("merchant_consume_times"))
// 商户投放优惠券的数量
val merchant_launch_coupon_count = train.where("coupon_id is not null").
    groupBy("merchant_id").count()
    .withColumnRenamed("count", "merchant_launch_coupon_count")
    .withColumnRenamed("merchant_id", "merchant_id4")
train = train.join(merchant_launch_coupon_count, merchant_launch_coupon_
    count("merchant_id4") === train("merchant_id"), "left_outer").drop("merchant_
    id4")
// 商户投放优惠券而未被使用的数量
val merchant_receive_coupon_unused_times = train.where("coupon_id is not null
    and 'date' is null").groupBy("merchant_id").count()
    .withColumnRenamed("count", "merchant_receive_coupon_unused_times")
    .withColumnRenamed("merchant_id", "merchant_id5")
train = train.join(merchant_receive_coupon_unused_times, merchant_receive_
    coupon_unused_times("merchant_id5") === train("merchant_id"), "left_outer").
    drop("merchant_id5")
// 商户投放的优惠券平均相隔多少天会被使用
```

```
var merchant_mean_launch_coupon_interval = train.selectExpr("merchant_id",
    "datediff('date',date_received) as interval").groupBy("merchant_id").
    agg(avg("interval"))
    .withColumnRenamed("avg(interval)", "merchant_mean_launch_coupon_interval")
    .withColumnRenamed("merchant_id", "merchant_id6")
merchant_mean_launch_coupon_interval.agg(max("merchant_mean_launch_coupon_
    interval")).show() //76
merchant_mean_launch_coupon_interval = merchant_mean_launch_coupon_interval.
    na.fill(77) //76+1
train = train.join(merchant_mean_launch_coupon_interval, merchant_mean_launch_
    coupon_interval("merchant_id6") === train("merchant_id"), "left_outer").
    drop("merchant_id6")

//3. 优惠券
// 优惠券流行度 = 被使用优惠券 / 发放优惠券总数
val coupon_used_count = train.where("'date' is not null").groupBy("merchant_
    id").count()
    .withColumnRenamed("count", "coupon_used_count")
    .withColumnRenamed("merchant_id", "merchant_id7")
train = train.join(coupon_used_count, coupon_used_count("merchant_id7") ===
    train("merchant_id"), "left_outer").drop("merchant_id7")
train = train.withColumn("coupon_used_rate", col("coupon_used_count") /
    col("merchant_launch_coupon_count"))

// 缺失值填充
val clean_train = train.na.fill(0)
```

表 10-4 指标的表示形式

指标名称	表示形式
优惠券使用频数	user_use_coupon_times
消费频数	user_consume_times
领取优惠券率	user_use_coupon_rate
领取优惠券未使用率	user_receive_coupon_unused_times
领取、使用优惠券间隔	user_mean_use_coupon_interval
优惠券核销频数	merchant_launch_coupon_used_count
投放优惠券频数	merchant_launch_coupon_count
优惠券核销率	merchant_consume_times
优惠券未核销频数	merchant_receive_coupon_unused_times
投放、使用优惠券间隔	merchant_mean_launch_coupon_interval
距离	distance
折扣率	discount_rate
优惠券流行度	coupon_used_rate

测试数据集的数据预处理方法和多维度指标构建与训练数据集的方法相似。

10.4 模型构建

预测用户领券后的使用情况是一个分类问题。对于分类模型的建立和预测，可采用朴素贝叶斯、决策树、SVM、逻辑回归、神经网络、深度学习等分类算法。为了预测用户在2016年6月领取优惠券后15天以内的使用情况，本案例主要采用决策树分类算法、梯度提升分类算法和XGBoost分类算法。创建Model.scala，连接Hive，并将appName修改为Model。

10.4.1 决策树分类模型

一般的决策树算法都采用自顶向下递归的方式，从训练集以及与训练集相关联的类标号开始构造决策树。随着决策树构建完成，训练集会被递归地划分成较小的子集。此算法的重点是确定分裂准则。分裂准则通过将训练集划分成个体类的“最好”方法，确定在节点上根据哪个属性的哪个分裂点来划分训练集。

采用ml算法包的决策树分类器DecisionTreeClassifier来构建决策树分类模型，该分类器基于CART决策树进行优化，选择最小的基尼指数（Gini Index）作为节点特征。CART决策树是二叉树，即一个节点只分两支。

在测试数据与训练数据经过相同的数据预处理后，接下来将构建特征列，包括合并成Vector、标准化和归一化。由于本案例是对用户领取优惠券的使用预测，而未领取优惠券进行消费的样本不满足分析要求，所以只抽取正、负样本进行模型构建与分析。对训练样本建立基于CART的决策树分类模型，并进行预测，如代码清单10-14所示，得到的测试样本的部分预测结果如图10-12所示。

代码清单10-14　构建决策树分类模型并进行预测

```
// 读取数据
val clean_train = spark.read.table("customer.clean_train")
val clean_test = spark.read.table("customer.clean_test")

// 构建特征列
// 将用户特征、商户特征、优惠券、距离、交互指标放入Array中，合并成Vector
val vec = Array("user_use_coupon_times", "user_consume_times", "user_use_coupon_
    rate", "user_receive_coupon_unused_times", "user_mean_use_coupon_interval",
    "merchant_launch_coupon_used_count", "merchant_launch_coupon_used_rate",
        "merchant_launch_coupon_count", "merchant_receive_coupon_unused_times",
        "merchant_mean_launch_coupon_interval",
    "discount_rate", "coupon_used_rate", "distance")
val vec2 = Array("user_use_coupon_times", "user_consume_times", "user_use_
    coupon_rate", "user_receive_coupon_unused_times", "user_mean_use_coupon_
    interval",
    "merchant_launch_coupon_used_count", "merchant_launch_coupon_used_rate",
        "merchant_launch_coupon_count", "merchant_receive_coupon_unused_times",
        "merchant_mean_launch_coupon_interval",
        "discount_rate", "coupon_used_rate", "distance")
var data_train = new VectorAssembler()
    .setInputCols(vec)
```

```
    .setOutputCol("features")
    .transform(clean_train)
var data_test = new VectorAssembler()
    .setInputCols(vec2)
    .setOutputCol("features")
    .transform(clean_test)
// 抽取正、负样本
data_train = data_train.where("label==1 or label==0")
data_test = data_test.where("label==1 or label==0")

// 决策树分类模型
val dt = new DecisionTreeClassifier()
    .setLabelCol("label")
    .setFeaturesCol("features")
val model_dt = dt.fit(data_train)
val pre_dt = model_dt.transform(data_test)
pre_dt.select("user_id", "merchant_id", "coupon_id", "prediction").show()
```

```
+-------+-----------+---------+----------+
|user_id|merchant_id|coupon_id|prediction|
+-------+-----------+---------+----------+
|1169589|          6|        0|       0.0|
|1169589|          6|        0|       0.0|
|4372540|          6|        0|       0.0|
|4372540|          6|        0|       0.0|
|5300307|          6|        0|       0.0|
|5300307|          6|        0|       0.0|
|5771125|          6|        0|       0.0|
|1065504|          6|        0|       0.0|
|1065504|          6|        0|       0.0|
|1065504|          6|        0|       0.0|
|1065504|          6|        0|       0.0|
|1065504|          6|        0|       0.0|
|3253685|         86|        0|       0.0|
|3374806|         86|        0|       0.0|
|3614780|         86|        0|       0.0|
| 887247|         86|        0|       0.0|
|4506839|        474|        0|       0.0|
|3496413|        636|        0|       0.0|
|1937011|        636|        0|       0.0|
|  33602|        760|     2418|       0.0|
+-------+-----------+---------+----------+
only showing top 20 rows
```

图 10-12 决策树分类模型预测测试样本的部分结果

10.4.2 梯度提升分类模型

使用训练样本构建梯度提升分类模型并对测试样本进行预测，如代码清单 10-15 所示，得到的部分预测结果如图 10-13 所示。

代码清单 10-15 构建梯度提升分类模型并进行预测

```
// 梯度提升分类模型
val gbt = new GBTClassifier()
```

```
    .setLabelCol("label")
    .setFeaturesCol("features")
val model_gbt = gbt.fit(data_train)
val pre_gbt = model_gbt.transform(data_test)
pre_gbt.select("user_id", "merchant_id", "coupon_id", "prediction").show()
```

```
+-------+-----------+---------+----------+
|user_id|merchant_id|coupon_id|prediction|
+-------+-----------+---------+----------+
|1169589|          6|        0|       0.0|
|1169589|          6|        0|       0.0|
|4372540|          6|        0|       0.0|
|4372540|          6|        0|       0.0|
|5300307|          6|        0|       0.0|
|5300307|          6|        0|       0.0|
|5771125|          6|        0|       0.0|
|1065504|          6|        0|       0.0|
|1065504|          6|        0|       0.0|
|1065504|          6|        0|       0.0|
|1065504|          6|        0|       0.0|
|1065504|          6|        0|       0.0|
|3253685|         86|        0|       0.0|
|3374806|         86|        0|       0.0|
|3614780|         86|        0|       0.0|
| 887247|         86|        0|       0.0|
|4506839|        474|        0|       0.0|
|3496413|        636|        0|       0.0|
|1937011|        636|        0|       0.0|
|  33602|        760|     2418|       0.0|
+-------+-----------+---------+----------+
only showing top 20 rows
```

图 10-13 梯度提升分类模型预测测试样本的部分结果

10.4.3 XGBoost 分类模型

XGBoost 算法是集成学习中的序列化方法，其目标函数是正则项，误差函数为二阶泰勒展开。由于 XGBoost 算法的目标函数中加入了正则项，能控制模型的复杂度，因此用 XGBoost 算法训练出的模型不容易过拟合。

使用 xgboost4j 库中的分类子库（XGBoostClassifier）实现 XGBoost 算法，使用训练样本构建 XGBoost 分类模型并预测测试样本，如代码清单 10-16 所示，得到的部分预测结果如图 10-14 所示。

代码清单 10-16 构建 XGBoost 分类模型并进行预测

```
//XGBoost 分类模型
val xgbParam = Map("eta" -> 0.1f,
    "objective" -> "binary:logistic",
    "num_round" -> 150,
    "num_workers" -> 1
)
val xgb = new XGBoostClassifier(xgbParam)
```

```
    .setFeaturesCol("features")
    .setLabelCol("label")
val model_xgb = xgb.fit(data_train)
val pre_xgb = model_xgb.transform(data_test)
pre_xgb.select("user_id", "merchant_id", "coupon_id", "prediction").show()
```

```
+-------+-----------+---------+----------+
|user_id|merchant_id|coupon_id|prediction|
+-------+-----------+---------+----------+
|1169589|          6|        0|       0.0|
|1169589|          6|        0|       0.0|
|4372540|          6|        0|       0.0|
|4372540|          6|        0|       0.0|
|5300307|          6|        0|       0.0|
|5300307|          6|        0|       0.0|
|5771125|          6|        0|       0.0|
|1065504|          6|        0|       0.0|
|1065504|          6|        0|       0.0|
|1065504|          6|        0|       0.0|
|1065504|          6|        0|       0.0|
|1065504|          6|        0|       0.0|
|3253685|         86|        0|       0.0|
|3374806|         86|        0|       0.0|
|3614780|         86|        0|       0.0|
| 887247|         86|        0|       0.0|
|4506839|        474|        0|       0.0|
|3496413|        636|        0|       0.0|
|1937011|        636|        0|       0.0|
|  33602|        760|     2418|       0.0|
+-------+-----------+---------+----------+
only showing top 20 rows
```

图 10-14 XGBoost 分类模型预测测试样本的部分结果

将决策树分类模型、梯度提升分类模型和 XGBoost 分类模型的分类预测结果进行对比，可看出部分测试样本的类别预测结果相同，因此需要对模型进行评价。

10.5 模型评价

常用的评价分类模型的指标有准确率、精确率、召回率、F1 值、AUC 值等。这些指标是相互联系的，只是侧重点不同。本案例选用准确率、精确率、AUC 值这 3 个指标对各个模型进行评价。

分别计算决策树分类模型、梯度提升分类模型和 XGBoost 分类模型的准确率、精确率、AUC 值，如代码清单 10-17 所示。

代码清单 10-17 模型评价

```
// 模型评价
// 分类指标
val mc = new MulticlassClassificationEvaluator()
```

```
    .setLabelCol("label").setPredictionCol("prediction")
// 准确率
val evaluator_accuracy = mc.setMetricName("accuracy")
// 精确率
val evaluator_p = mc.setMetricName("weightedPrecision")
// AUC 值
val evaluator_auc = new BinaryClassificationEvaluator()
    .setLabelCol("label")
    .setRawPredictionCol("prediction")
    .setMetricName("areaUnderROC")

//决策树分类模型
println("决策树分类模型准确率为: " + evaluator_accuracy.evaluate(pre_dt))
println("决策树分类模型精确率为: " + evaluator_p.evaluate(pre_dt))
println("决策树分类模型AUC值为: " + evaluator_auc.evaluate(pre_dt))
println("-----------------------------------")

//梯度提升分类模型
println("梯度提升分类模型准确率为: " + evaluator_accuracy.evaluate(pre_gbt))
println("梯度提升分类模型精确率为: " + evaluator_p.evaluate(pre_gbt))
println("梯度提升分类模型AUC值为: " + evaluator_auc.evaluate(pre_gbt))
println("-----------------------------------")

//XGBoost分类模型
println("XGBoost分类模型准确率为: " + evaluator_accuracy.evaluate(pre_xgb))
println("XGBoost分类模型精确率为: " + evaluator_p.evaluate(pre_xgb))
println("XGBoost分类模型AUC值为: " + evaluator_auc.evaluate(pre_xgb))
```

得到的各模型的评价指标值如图10-15所示。由运行结果可知，决策树分类模型、梯度提升分类模型和XGBoost分类模型3个模型的准确率和精确率均超过99%，且各指标之间的值相差不大，决策树分类模型的AUC值比梯度提升分类模型和XGBoost分类模型的AUC值高一些，可以说明决策树分类模型的预测效果优于梯度提升分类模型和XGBoost分类模型。

```
决策树分类模型准确率为：0.9913470803837519
决策树分类模型精确率为：0.9913470803837519
决策树分类模型AUC值为：0.9339637932349888
-----------------------------------
梯度提升分类模型准确率为：0.9917904056215878
梯度提升分类模型精确率为：0.9917904056215878
梯度提升分类模型AUC值为：0.9236766479589257
-----------------------------------
XGBoost分类模型准确率为：0.9923818017714777
XGBoost分类模型精确率为：0.9923818017714777
XGBoost分类模型AUC值为：0.9310122705618445
```

图10-15　模型评价指标

10.6 O2O平台营销手段和策略分析

根据样本预测分类结果时，可以采取下面的一些营销手段和策略，为O2O平台、商家管理提供参考。

10.6.1 用户分级

在使用O2O平台用户数据构建用户标签的过程中，我们已将数据分成正样本、负样本，同时将未领券的用户剔除，因此，我们可根据该构建用户标签的划分标准，将正样本、负样本、未领券用户划分为3个用户等级。

正样本用户在领券后15天内进行消费，是O2O平台的高价值用户，对O2O行业贡献比较大，在总用户中所占比例较小，属于重要保持用户。对于该类用户，商户应优先进行资源投放，提高用户忠诚度。

负样本用户在领券后15天内未入门店消费，在总用户中所占比例较高，可能存在用户流失风险，属于挽留用户。由于商户投放优惠券有消费时间、消费等级限制，如果有些用户因没有过多关注优惠券可使用时间而错过消费机会，那么可以采取一些营销手段，增加用户对平台的依赖，如平台可给用户发送消息，提醒优惠券的有效时间。

直接到门店进行消费的未领券用户属于普通用户。可以考虑将普通用户作为发展对象，引导这类用户使用优惠券进行消费，即将其发展为新的持券消费用户。具体来说，商户可向用户投放流行度较高、优惠力度较高的优惠券来吸引更多用户领取优惠券并入门店消费，从而将其发展为高黏性用户。

10.6.2 优惠券分级

平台发放优惠券的目的无非是拉新或者促活。良好的优惠券设计能扩大平台知名度，降低用户使用门槛，迅速吸引一批新用户进入平台，提升平台的活跃度，提高平台交易流水。但平台商户众多，商户之间竞争比较激烈，部分商户滥发优惠券，可能会影响品牌信誉，导致客户流失。平台可根据优惠券流行度、用券数等对优惠券进行价值分析并划分级别。例如可将优惠券分为优质优惠券、谨慎优惠券、一般优惠券、低质优惠券。优质优惠券是流行度较高、用户用券数较高的优惠券，可优先发放给新用户和正样本用户（重要保持客户）；谨慎优惠券次之，可发放给负样本用户（挽留客户）。

10.6.3 商户分级

O2O平台通过线上和线下的结合方式，实现互联网与实体店的融合与对接，帮助实体店吸引更多的人流，发挥出实体店的位置优势。平台将掌握的用户消费行为数据经过数据脱敏后提供部分数据给商户查询。商户根据用户消费规律和喜好对商品进行在线有效预订等方式，可大大提升对老客户的黏性与平台的经营效果，同时还能节约运营成本。根据商户的优惠券核销率、用户消费频数、消费层级、新增用户数、用户复购率、最近用户消费日期消费等指标，可刻画商户的销售运营特点，从而对商户划分级别。商户级别通常可分为活跃商户、保持商户、发展商户、低活跃商户。对不同级别商户可以采取不同的激励策略。

10.7 小结

本章根据 O2O 平台中用户使用优惠券的历史记录，首先对原始数据进行描述性统计和探索性分析，主要分析优惠形式、用户消费行为和商户投放优惠券信息。然后对数据进行数据预处理，包括数据清洗和数据变换，以及结合用户、商户、优惠券、用户和商户交互关系的特点构造新指标。接着分别建立决策树分类模型、梯度提升分类模型和 XGBoost 分类模型，预测用户在领取优惠券后 15 天以内的使用情况，并对各个模型进行评价。最后针对已有的优惠券发放机制，为优惠券实际发放提出了新的可行方案，期望能够帮助商户合理发放优惠券，为用户提供差异化服务，满足用户个性化需求。

Chapter 11 第 11 章

消费者人群画像——信用智能评分

11.1 背景与目标

随着社会信用体系建设的深入推进，个人信用已经成为社会信用标准体系的重要组成部分。个人的信用评分逐渐成为人们的第二张身份证，体现了一个人的还款能力和还款意愿。当今社会，银行对个人的贷款金额、企业对个人的优惠力度等便利服务都是通过个人信用评分进行衡量后提供的。建全个人信用评估体系，对促进社会经济发展起了重要作用。完善企业信用评分体系能助推整个社会的信用体系升级，有助于建立一个诚信、公平的市场交易环境。

对于金融企业而言，在极短的时间里得知客户的信用等级和潜在的信用风险，有利于企业在低成本情况下决定是否授信、授信的额度等一系列决策。利用大数据技术能更加全面地建立消费者信用智能评分，完善企业信用评分体系，提升企业的服务品质。Hadoop 与 Spark 分布式计算框架作为处理海量数据的首选技术，均有助于提高模型的迭代计算效率。而 Spark 除了拥有 Hadoop 框架所具有的优点外，其数据计算是基于内存进行的，因此能更好地适用于需要多层迭代的算法。

本章将以某通信运营商的样本数据（已脱敏）为研究对象，数据集包括客户的各类通信支出、欠费情况、出行情况、消费场所、社交、个人兴趣等多维度数据，基于 Spark MLlib 机器学习库，使用随机森林和梯度提升树两个回归算法构建消费用户模型，预测评估用户信用分值，实现客户信用智能评分。

11.2 数据探索

数据探索是对数据进行的初步工作，目的是对要分析的数据有个大致的了解，为后续的数据处理提供一个判断基础。数据探索包括了解数据集的大小、字段特征的数量、数据类型、数据的分布情况等，也包括检查原始数据是否存在缺失值、异常值或不一致的值等探索分析。数据探索是准备过程中的重要一环，是数据预处理的前提，也是大数据挖掘分析结论有效性和准确性的基础。

11.2.1 数据集说明

通信运营商的用户数据分为训练集和测试集。数据集各 50000 行记录，且均有 30 个数据字段，其中 29 个数据字段主要包含身份特征、消费能力、位置轨迹、人脉关系、应用行为偏好等用户信息，最后一个字段为该用户的信用分（测试集的信用分字段的值均为 0），具体数据集字段说明如表 11-1 所示。

表 11-1 数据集字段说明

字段名	字段说明
用户编码	数值，唯一性
用户实名制是否通过核实	1 为是，0 为否
用户年龄	数值
是否大学生客户	1 为是，0 为否
是否黑名单客户	1 为是，0 为否
是否不健康客户	1 为是，0 为否
用户网龄（月）	数值
用户最近一次缴费距今时长（月）	数值
缴费用户最近一次缴费金额（元）	数值
用户近 6 个月平均消费话费（元）	数值
用户账单当月总费用（元）	数值
用户当月账户余额（元）	数值
缴费用户当前是否欠费	1 为是，0 为否
用户话费敏感度	用户话费敏感度一级表示敏感等级最大。 用户话费敏感度是根据极值计算法计算指标权重后得出的结果：先将敏感度用户按中间分值按降序排序，前 5% 的用户对应的敏感级别为一级；接下来的 15% 的用户对应的敏感级别为二级；接下来的 15% 的用户对应的敏感级别为三级；接下来的 25% 的用户对应的敏感级别为四级；最后 40% 的用户对应的敏感度级别为五级
当月通话交往圈人数	数值
是否经常逛商场	1 为是，0 为否
近三个月月均商场出现次数	数值
当月是否逛过福州仓山万达	1 为是，0 为否
当月是否到过福州山姆会员店	1 为是，0 为否
当月是否看电影	1 为是，0 为否
当月是否游览景点	1 为是，0 为否
当月是否在体育场馆消费	1 为是，0 为否

（续）

字段名	字段说明
当月网购类应用使用次数	数值
当月物流快递类应用使用次数	数值
当月金融理财类应用使用总次数	数值
当月视频播放类应用使用次数	数值
当月飞机类应用使用次数	数值
当月火车类应用使用次数	数值
当月旅游资讯类应用使用次数	数值
信用分	数值

11.2.2 字段分析

首先要对数据进行分析，统计各字段的缺失值，查看各字段的最大、最小值，以及标准差和百分位数。这里使用的是 IDEA 编程软件。在配置环境下运行 Spark SQL，将训练数据集和测试数据集转换为 DataFrame，并对其进行分析。

1. 配置 IDEA 环境

在 IDEA 中创建一个 Maven 工程，命名为 ConsumerCredit，创建成功后需要配置 pom.xml。在 pom.xml 文件中添加依赖，其中包括 spark-core、mysql、spark-sql、spark-hive、hadoop-client、spark-mllib，依赖配置如代码清单 11-1 所示。完成配置后我们只需单击 pom.xml 文件中如图 11-1 所示的按钮刷新依赖，就会使项目自动下载没有的依赖。

代码清单 11-1 配置 pom.xml 文件

```
<dependencies>
    <dependency>
        <groupId>org.apache.spark</groupId>
        <artifactId>spark-core_2.11</artifactId>
        <version>2.4.7</version>
    </dependency>
    <dependency>
        <groupId>mysql</groupId>
        <artifactId>mysql-connector-java</artifactId>
        <version>8.0.20</version>
    </dependency>
    <dependency>
        <groupId>org.apache.spark</groupId>
        <artifactId>spark-sql_2.11</artifactId>
        <version>2.4.7</version>
    </dependency>
    <dependency>
        <groupId>org.apache.spark</groupId>
        <artifactId>spark-hive_2.11</artifactId>
        <version>2.4.7</version>
    </dependency>
    <dependency>
        <groupId>org.apache.hadoop</groupId>
```

```
            <artifactId>hadoop-client</artifactId>
            <version>2.7.1</version>
        </dependency>
<!--        xgboost 算法 -->
<!--        <dependency>-->
<!--            <groupId>ml.dmlc</groupId>-->
<!--            <artifactId>xgboost4j</artifactId>-->
<!--            <version>1.0.0/version>-->
<!--        </dependency>-->
        <!-- https://mvnrepository.com/artifact/ml.dmlc/xgboost4j-spark -->
<!--        <dependency>-->
<!--            <groupId>ml.dmlc</groupId>-->
<!--            <artifactId>xgboost4j-spark_2.11</artifactId>-->
<!--            <version>1.0.0</version>-->
<!--        </dependency>-->
        <dependency>
            <groupId>org.apache.spark</groupId>
            <artifactId>spark-mllib_2.11</artifactId>
            <version>2.4.7</version>
        </dependency>
    </dependencies>
```

图 11-1　依赖加载按钮

依赖加载完成并不意味着我们可以编写 Spark 代码了，由于 Spark 的框架是基于 Scala 编写的，所以还需要在 IDEA 中添加 Scala 模块。单击左上角的 file，然后单击 Project Structure 进入项目结构，如图 11-2 所示。

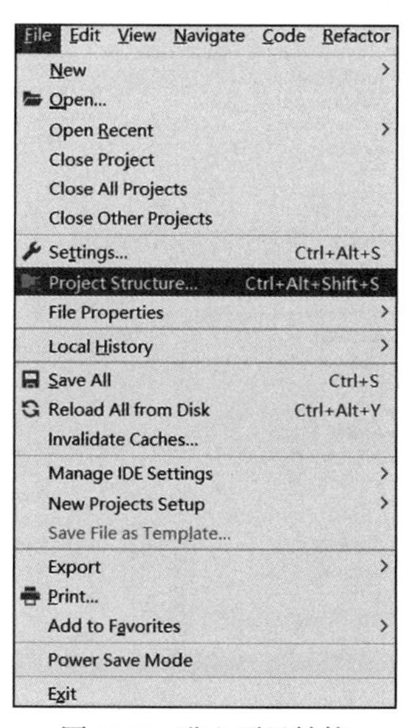

图 11-2　进入项目结构

进入 Project Structure 后单击 Libraries 库，接着单击加号添加新的项目库，选择 Scala SDK，如图 11-3 所示。

这里选择 Scala SDK 2.11.12 版本，单击 OK 按钮，如图 11-4 所示。单击 OK 按钮后，将会弹出一个 Choose Modules 窗口，提示用户再次确认自己的选择，我们继续单击 OK 按钮即可。

选择完成后，只需单击 Apply 应用即可，如图 11-5 所示。

成功添加 Scala 模块后，我们就可以在 IDEA 上进行 Spark 编程了。单击 src 查看，单击 main，在看到 java 时右击，选择 New，然后单击 Scala Class 创建一个 Scala 类，如图 11-6 所示。

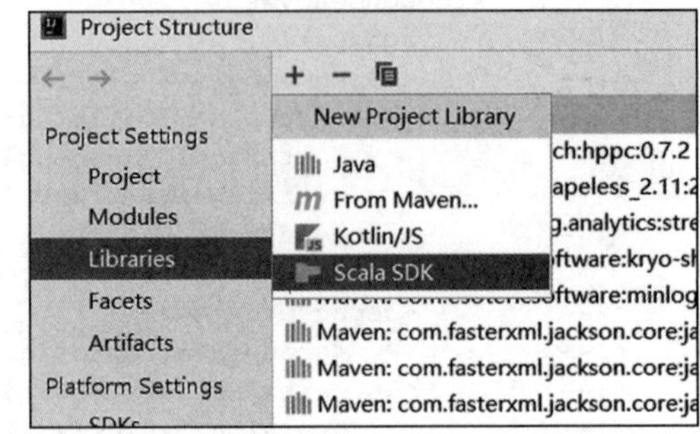

图 11-3 添加 Scala SDK

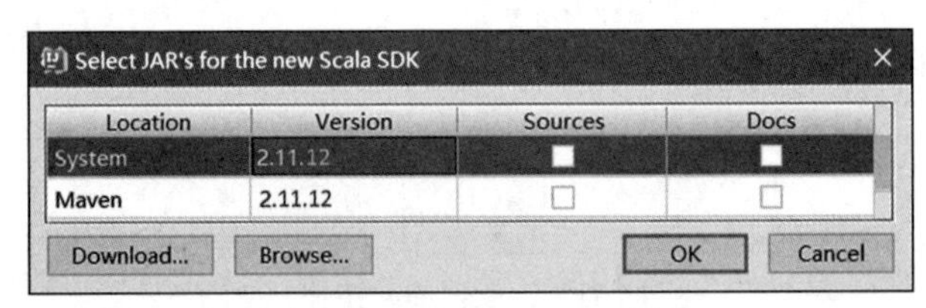

图 11-4 选择 Scala SDK 模块

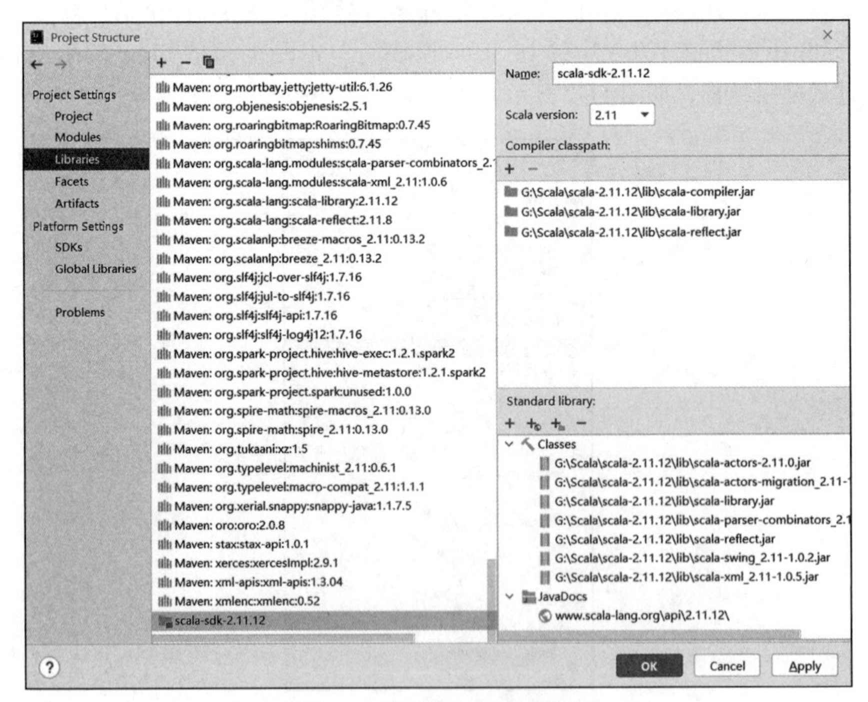

图 11-5 确认添加 Scala 模块

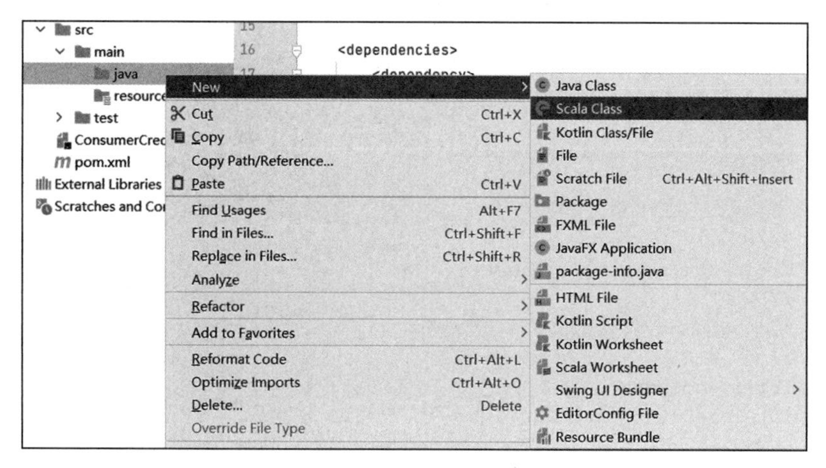

图 11-6　创建 Scala Class

选择 Object，如图 11-7 所示，并将此类命名为 DataAnalyse，最后按 Enter 键确认创建。

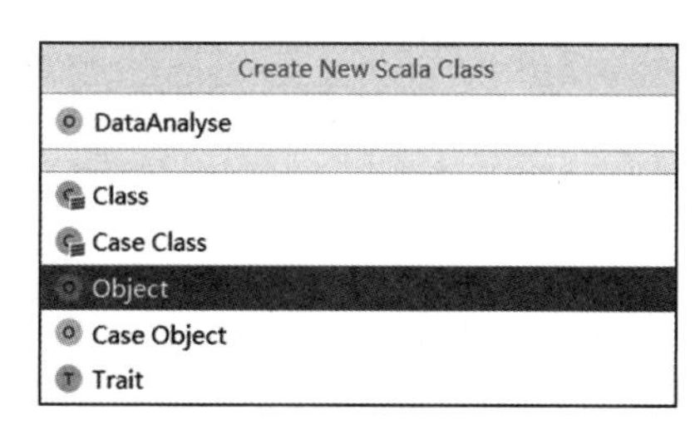

图 11-7　创建 Object 类

2. 缺失值探索分析

在 DataAnalyse 类中，我们首先将读取训练数据集和测试数据集转换为 DataFrame，并通过 option() 方法将 header 参数设置为 true，表示将文件的第一行作为列名；将 encoding 参数设置为 utf8，表示文件将按照 utf8 的编码类型进行解码；inferSchema 参数设置为 true，表示开启数据自动推断输入模式，该模式可以自动识别数据类型。

使用 Spark SQL 对数据进行初步探索，注意训练集与测试集的行数和列数应与数据源文件一致；查看两个数据集中是否有缺失值，统计缺失值的部分运行结果，如图 11-8 所示。具体如代码清单 11-2 所示。

代码清单 11-2　数据导入分析

```
import org.apache.spark.sql.functions.{desc, min}
import org.apache.spark.sql.{DataFrame, SparkSession}

object DataAnalyse {
    def main(args: Array[String]): Unit = {
        val spark = SparkSession.builder()
            .enableHiveSupport()
            .master("local[*]")
            .appName("Analyse")
            .getOrCreate()
        spark.sparkContext.setLogLevel("WARN")
        val trainData = spark.read
            .option("header","true")
```

```
            .option("encoding","utf8")
            .option("inferSchema","true")
            .csv("G:\\消费者人群画像—信用智能评分\\data\\train_dataset.csv")
        trainData.count()
        println(trainData.explain())
        /*
        计算每个字段的数量、平均值、方差、最小值、百分位值、最大值
         */
        trainData.summary().show()
        //获取列名
        val columns = trainData.columns
        //统计缺失值
        for(i<-columns){
            loseCount(trainData,i)
        }
        // 用户年龄分布情况
        trainData.groupBy("用户年龄").count().sort(desc("count")).show()
        // 黑名单客户分布
        trainData.groupBy("是否黑名单客户").count().show()
    }
    /**
     * 缺失值统计
     */
    def loseCount(data:DataFrame,columnName:String): Unit ={
        println(columnName+"缺失值 : "+(data.count()-data.select(columnName).
            na.drop().count()))
    }
}
```

```
用户编码缺失值 : 0
用户实名制是否通过核实缺失值 : 0
用户年龄缺失值 : 0
是否大学生客户缺失值 : 0
是否黑名单客户缺失值 : 0
是否4G不健康客户缺失值 : 0
用户网龄（月）缺失值 : 0
用户最近一次缴费距今时长（月）缺失值 : 0
缴费用户最近一次缴费金额（元）缺失值 : 0
用户近6个月平均消费值（元）缺失值 : 0
用户账单当月总费用（元）缺失值 : 0
用户当月账户余额（元）缺失值 : 0
缴费用户当前是否欠费缴费缺失值 : 0
用户话费敏感度缺失值 : 0
当月通话交往圈人数缺失值 : 0
是否经常逛商场的人缺失值 : 0
近三个月月均商场出现次数缺失值 : 0
当月是否逛过福州仓山万达缺失值 : 0
当月是否到过福州山姆会员店缺失值 : 0
```

图 11-8 统计缺失值的部分运行结果

源数据中并没有缺失值，但0值数量较多。数据无缺失值的情况十分少见，观察每一个字段并结合实际意义分析可知，“用户年龄”为0不符合实际情况，“用户话费敏感度”

也不该出现0值，后续需考虑使用中位数替代这些0值。

通过对数据的每个字段进行数量、平均值、方差、最小值、百分位值、最大值统计，发现部分数据存在很大的偏差。部分字段的分析结果如表11-2所示。以“当月网购类应用使用次数”这个字段为例，当月使用次数平均值为1148.8，但最大值达到234336，标准差为3993；偏差更为严重的是“当月视频播放类应用使用次数”字段，其最大值高达1382227，而平均值只有3366.5。结合现实中手机应用的实际情况，可能是手机应用后台偷开引起，后续可以考虑将极端值剔除。

表11-2 部分字段的分析结果

参数说明	用户年龄	当月网购类应用使用次数	当月金融理财类应用使用总次数	当月视频播放类应用使用次数	用户话费敏感度
count	50000	50000	50000	50000	50000
mean	37.883	1148.8	971.50	3366.5	3.35192
stddev	11.613	3993	3006.2	11510	1.2412022902260922
min	0	0	0	0	0
25%	30	18	6	10	2
50%（中位数）	36	250	267	335	4
75%	45	931	1147	2421	4
max	111	234336	496238	1382227	5

11.3 数据预处理

在实际的数据挖掘中，我们得到的数据往往会存在缺失值、重复值等，所以在使用这些数据之前需要进行数据预处理。数据预处理没有标准的流程，通常不同的任务和数据集属性，对应的预处理流程不同。数据预处理的常用流程为处理缺失值、属性编码、数据标准化正则化、特征选择、主成分分析等，以尽量提高数据的质量，降低实际挖掘所需要的时间。下面结合具体案例来详细说明。

11.3.1 用户年龄处理

从上一节中统计缺失值的运行结果发现，用户年龄为0，这不符合常识，推测用户年龄可能不是填写信息中的必选项，许多用户选择不填写，导致缺失值被填上了0值。此时可以将用户年龄中的0值替换为中位数，同时对用户年龄进行分层，80岁以下的按每10岁为一个间隔进行拆分，并贴上标签作为新的一列。结果如图11-9所示。

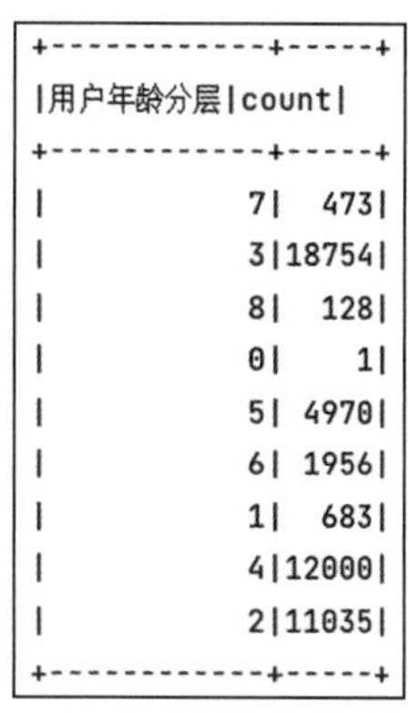

用户年龄分层	count
7	473
3	18754
8	128
0	1
5	4970
6	1956
1	683
4	12000
2	11035

图11-9 用户年龄预处理结果

11.3.2 用户话费敏感度处理

用户话费敏感度1～5级概率总和为100%，因此，我们可以将用户话费敏感度为 0 判断为缺失值，并使用中位数替换 0 值。由表 11-2 的结果中可知，用户话费敏感度第 50 百分位数的值为 4，因此我们使用 4 替换用户话费敏感度的 0 值。替换后查看用户话费敏感度的最小值，结果如图 11-10 所示。

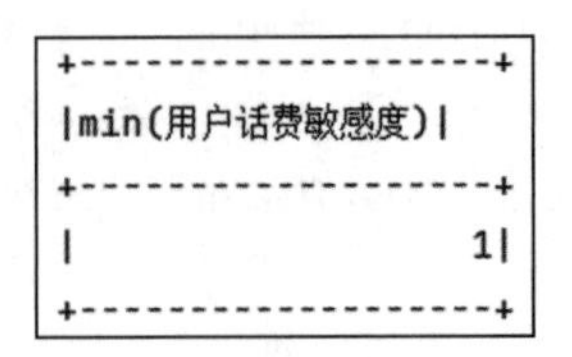

图 11-10 用户话费敏感度处理结果

11.3.3 应用使用次数偏差值剔除

处于特定分布区域或范围之外的数据通常会被定义为异常或噪音。大多数情况下，异常值（极值）会被认为是噪音而被剔除，以避免其影响总体数据评估和分析挖掘，但如果删除数据过多，可能会出现偏差过小、结果过分拟合的情况。因此，通常我们只将"当月网购类应用使用次数""当月金融理财类应用使用总次数"和"当月视频播放类应用使用次数"3 个字段中大于 100000 的数据剔除。数据预处理的具体代码如代码清单 11-3 所示。

代码清单 11-3 数据预处理

```
import org.apache.spark.sql.{DataFrame, SparkSession}
import org.apache.spark.sql.functions.{col, min, when}

object TrainClean {
    def main(args: Array[String]): Unit = {
        val spark = SparkSession.builder()
            .enableHiveSupport()
            .master("local[*]")
            .appName("clean")
            .config("spark.debug.maxToStringFields", "100")
            .getOrCreate()
        spark.sparkContext.setLogLevel("WARN")
        val trainData = spark.read
            .option("header", "true")
            .option("encoding", "utf8")
            .option("inferSchema", "true")
            .csv("G:\\消费者人群画像—信用智能评分\\data\\train_dataset.csv")
        // 将用户年龄、用户话费敏感度为 0 的替换为中位数
        val trainData_1 = trainData
            .withColumn("用户年龄",
                when(col("用户年龄") < 1, 36).otherwise(col("用户年龄")))
            .withColumn("用户话费敏感度",
                when(col("用户话费敏感度") < 1, 4).otherwise(col("用户话费敏感度")))
        // 对用户年龄进行分层
        val tmp = trainData_1.withColumn("用户年龄分层", when(col("用户年龄") <
            10, "0")
```

```
            .otherwise(when(col("用户年龄") < 20, "1")
                .otherwise(when(col("用户年龄") < 30, "2")
                    .otherwise(when(col("用户年龄") < 40, "3")
                        .otherwise(when(col("用户年龄") < 50, "4")
                            .otherwise(when(col("用户年龄") < 60, "5")
                                .otherwise(when(col("用户年龄") < 70, "6")
                                    .otherwise(when(col("用户年龄") < 80, "7")
                                        .otherwise(when(col("用 户 年 龄") >= 80,
                                            "8")))))))))
        )
        // 将异常值剔除
        var tmp_1 = tmp
            .filter(col("当月网购类应用使用次数").<=("100000"))
            .filter(col("当月金融理财类应用使用总次数").<=("100000"))
            .filter(col("当月视频播放类应用使用次数").<=("100000"))
        tmp_1.describe().show(false)
        // 倒序查看一下用户年龄是否还有 0 值
        tmp_1.sort(col("用户年龄")) show()
        tmp_1.groupBy("用户年龄分层").count().show()
        // 查看用户话费敏感度最小值
        tmp_1.agg(min("用户话费敏感度")).show()
        // 将处理后的数据保存
            tmp_1.coalesce(1).write
                .option("header", "true")
                .option("encoding", "utf8")
                .mode("overwrite")
                .csv("data.csv")
    }
}
```

将预处理后的数据以 .csv 文件格式保存在当前目录下，保存成功后将在 IDEA 右上角出现一个文件夹，如图 11-11 所示。为方便后续文件的使用，我们选中该文件，右键单击并选择“Refactor”→“Rename”选项，将文件重命名为 cleandata.csv。

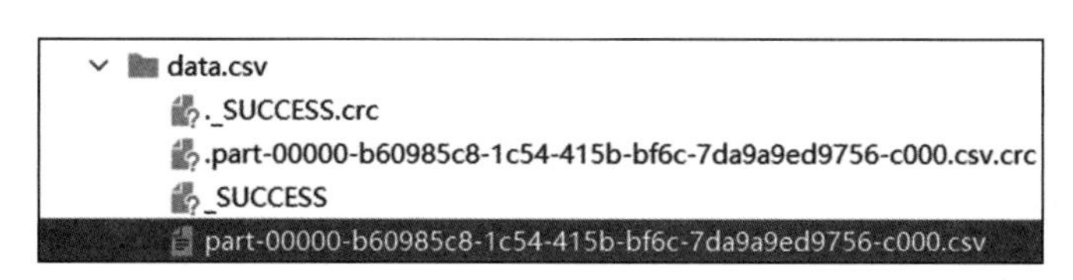

图 11-11 预处理结果保存

11.4 消费者信用特征关联

特征工程（Feature Engineering）是将原始数据转化成更好的表达问题本质的特征的过程。将转化后的特征运用到预测模型中，能提高模型对不可见数据的预测精度。特征关联是机器学习的一个很重要的环节。

11.4.1 Pearson 相关系数

在统计学中，Pearson 相关系数（Pearson Correlation Coefficient），又称皮尔逊积矩相关系数，是用于度量两个变量 X 和 Y 之间的相关性（线性相关）的，其值介于 –1 与 1 之间。相关系数的绝对值越大，相关性越强；相关系数越接近于 1 或 –1，相关性越强；相关系数越接近于 0，相关性越弱。

通常情况下，我们通过皮尔逊相关系数的取值范围来判断变量的相关强度：相关系数 0.8 ～ 1.0 表示极强相关，0.6 ～ 0.8 表示强相关，0.4 ～ 0.6 表示中等程度相关，0.2 ～ 0.4 表示弱相关，0.0 ～ 0.2 表示极弱相关或无相关。Spark MLlib 中的 stat 类包含了与统计相关的函数，使用 Pearson 相关系数计算字段之间的相关性，具体代码如代码清单 11-4 所示。

代码清单 11-4 使用 Pearson 相关系数计算字段之间的相关性

```
import org.apache.spark.sql.SparkSession
import org.apache.spark.mllib.stat.Statistics

object Pearson {
    def main(args: Array[String]): Unit = {
        val spark = SparkSession.builder()
            .enableHiveSupport()
            .master("local[*]")
            .appName("process")
            .getOrCreate()
        spark.sparkContext.setLogLevel("WARN")
        //   Pearson 相关系数
        val df = spark.read
            .option("header", "true")
            .option("encoding", "utf8")
            .option("inferSchema", "true")
            .csv("G:\\IDEA\\ConsumerCredit2\\data.csv\\cleandata.csv")
        val columns = List("当月金融理财类应用使用总次数", "当月网购类应用使用次数", "
            当月飞机类应用使用次数", "当月火车类应用使用次数")
        for (col <- columns) {
            val df_real = df.select("当月旅游资讯类应用使用次数", col)
            val rdd_real = df_real.rdd.map(x => (x(0).toString.toDouble, x(1).
                toString.toDouble))
            val label = rdd_real.map(x => x._1.toDouble)
            val feature = rdd_real.map(x => x._2.toDouble)
            val cor_pearson: Double = Statistics.corr(label, feature, "pearson")
            println(s"${col} 当月旅游资讯类应用使用次数 pearson 相关系数 ------" + cor_
                pearson)
        }
    }
}
```

字段间 Pearson 相关系数的运行结果如图 11-12 所示。根据相关性可知，“用户账单当月总费用（元）”与“用户当月账户余额（元）”呈弱相关性，与“用户近 6 个月平均消费值

(元)”呈强相关性，与“缴费用户最近一次缴费金额（元)”呈中等相关。

```
用户当月账户余额（元）与用户账单当月总费用（元）pearson相关系数------0.1330258433078897
用户近6个月平均消费值（元）与用户账单当月总费用（元）pearson相关系数------0.9034107102238526
缴费用户最近一次缴费金额（元）与用户账单当月总费用（元）pearson相关系数------0.4481458809549001
```

图 11-12 用户话费之间的相关性

11.4.2 构建关联特征

特征选择通过剔除不相关或冗余的特征，从而达到减少特征个数，提高模型精确度，减少运行时间的目的。去除不相关的特征可以降低学习任务的难度，降低模型过拟合的风险，减轻维数灾难，使模型更易于理解。

使用相关系数删除了强相关性的特征后，可能会使模型的精度降低，所以不能说剔除线性相关性强的特征就一定能够提升模型的表现，应视具体的数据集和特征之间的关系以及所使用的模型来进一步确定。综合数据字段的现实意义、字段间的相关性和特征工程的原理，我们最终选择了以下字段进行模型构建，如表 11-3 所示。

表 11-3 关联特征分析

关联特征	特征关联算法
UserInfo(用户身份信息)	“是否大学生客户” + “是否黑名单客户” + “是否 4G 不健康客户”
Age（用户年龄划分）	“用户年龄分层” + “用户年龄”
Sensitive（用户话费敏感度）	“用户话费敏感度”
Market（是否去过高档超市）	“当月是否到过福州山姆会员店” + “当月是否逛过福州仓山万达”，结果大于等于 1 则标记为 1，否则标记为 0，即二者去过其一为 1
Traffic（用户出行方式）	“当月飞机类应用使用次数” + “当月火车类应用使用次数”
TravelTrip（是否经常外出消费）	“是否经常逛商场的人” + “当月是否看电影” + “当月是否景点游览” + “当月是否体育场馆消费”
AppTrip（手机应用使用次数）	“当月物流快递类应用使用次数”+“当月金融理财类应用使用总次数”+“当月视频播放类应用使用次数” + “当月旅游资讯类应用使用次数”
Revenue（用户收入稳定）	“用户账单当月总费用（元)” / “用户当月账户余额（元)”
Stable（话费稳定）	“用户账单当月总费用（元)” – “用户近 6 个月平均消费值（元)”
Count（用户消费汇总）	“缴费用户最近一次缴费金额（元)”+“用户近 6 个月平均消费值（元)”+“用户账单当月总费用（元)”
FiveMonth（前 5 个月消费总费用）	“用户近 6 个月平均消费值（元)” *6– “用户账单当月总费用（元)”
Internet（用户网龄）	“用户网龄（月)” /12

要通过 Spark SQL 读取 Hive 中的数据，首先要准备好测试环境。将 Hive 中 conf 目录下的 hive-site.xml 拷贝到 resources 目录下，如图 11-13 所示。

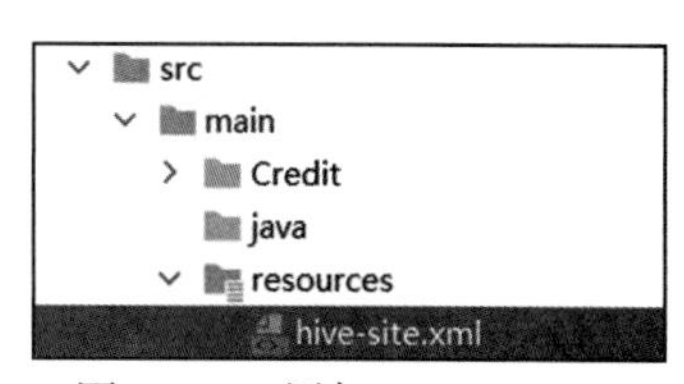

图 11-13 添加 hive-site.xml

环境配置好之后，如果在 Xshell 上能够开启 Hadoop 集群、元数据服务并成功进入 Hive，则表示可在 IDEA 连接

Hive。构建特征前需要先创建一个 ImportHive 类，主要用于连接 Hive 并在 Hive 中创建 credit 数据库。后续构建特征关联的结果将存储于此数据库中。具体代码如代码清单 11-5 所示。

代码清单 11-5 创建 credit 数据库

```
import org.apache.spark.sql.{DataFrame, SparkSession}

object ImportHive {
    val spark = SparkSession.builder()
        .master("local[*]")
        .appName("ImportHive")
        .enableHiveSupport()
        .getOrCreate()
    spark.sparkContext.setLogLevel("WARN")
    def main(args: Array[String]): Unit = {
        val data = spark.read
            .option("header", "true")
            .option("encoding", "utf8")
            .csv("G:\\ 消费者人群画像——信用智能评分 \\data\\test_dataset.csv")
        data.show()
    }
    def importHive(data: DataFrame, tableName: String): Unit = {
        // 创建 credit 数据库，并进入该数据库
        spark.sql("create database if not exists credit")
        spark.sql("use credit")
        // 将 DataFrame 写入数据库中
        data.write.option("header", "true").mode("overwrite").
            saveAsTable("credit." + tableName)
        printf(" 已将 %s 数据集导入 Hive", tableName)
    }
}
```

根据特征关联分析的结果构建特征，再将经过正则筛选所构建的特殊字段与特征字段合并为一个 Vector。将合并后的特征字段和标签列（信用）存入 Hive 中，这里调用了前文的 ImportHive 类来创建 modelData 表，存储 feature 和 credit 两列，供后续模型使用。关联特征并存入 Hive 的具体代码如代码清单 11-6 所示。

代码清单 11-6 关联特征并存入 Hive

```
import ImportHive.importHive
import org.apache.spark.ml.feature.VectorAssembler
import org.apache.spark.sql.SparkSession
import org.apache.spark.sql.functions.{col, when}

object DataProcess {
    def main(args: Array[String]): Unit = {
        val spark = SparkSession.builder()
            .enableHiveSupport()
            .master("local[*]")
```

```
    .appName("process")
    .config("spark.debug.maxToStringFields", "100")
    .getOrCreate()
spark.sparkContext.setLogLevel("WARN")
// 导入预处理后保存的数据
val trainData = spark.read
    .option("header", "true")
    .option("encoding", "utf8")
    .option("inferSchema", "true")
    .csv("G:\\IDEA\\ConsumerCredit2\\data.csv\\cleandata.csv")
/**
 * 娱乐活动属于相似字段信息，进行组合构造
 */
val featuresData = trainData
    // 用户身份信息
    .withColumn("UserInfo", col("是否大学生客户") + col("是否黑名单客户") +
        col("是否4G不健康客户"))
    .withColumn("Age", col("用户年龄分层") + col("用户年龄"))
    // 用户话费敏感度
    .withColumn("Sensitive", col("用户话费敏感度"))
    // 是否去过高档超市
    .withColumn("Market", when((col("当月是否到过福州山姆会员店") + col("当
        月是否逛过福州仓山万达")) >= 1, 1).otherwise(0))
    // 用户出行
    .withColumn("Traffic", col("当月飞机类应用使用次数")
        + col("当月火车类应用使用次数"))
    // 是否经常外出消费
    .withColumn("TravelTrip", col("是否经常逛商场的人") + col("当月是否看电
        影")
        + col("当月是否景点游览") + col("当月是否体育场馆消费"))
    //app使用次数总和
    .withColumn("AppTrip", col("当月网购类应用使用次数")
        + col("当月物流快递类应用使用次数") + col("当月金融理财类应用使用总次数")
        + col("当月视频播放类应用使用次数") + col("当月旅游资讯类应用使用次数"))
    // 用户收入稳定
    .withColumn("Revenue", col("用户账单当月总费用（元）") / col("用户当月账户
        余额（元）"))
    // 话费稳定
    .withColumn("Stable", col("用户账单当月总费用（元）") - col("用户近6个月
        平均消费值（元）"))
    // 用户消费汇总
    .withColumn("Count", col("缴费用户最近一次缴费金额（元）")
        + col("用户近6个月平均消费值（元）") + col("用户账单当月总费用（元）"))
    // 前5个月消费总费用
    .withColumn("FiveMonth", col("用户近6个月平均消费值（元）") * 6 - col
        ("用户账单当月总费用（元）"))
    // 用户网龄
    .withColumn("Internet", col("用户网龄（月）") / 12)
    // 修改标签字段特征名
    .withColumnRenamed("信用分", "credit").na.drop()
```

```
        /**
         * 通过正则筛选出所构建的特征字段，并存入到 Array 中
         */
        val columns = featuresData.columns
        //构建正则规则
        val pattern = "[A-z]*".r
        //构建空数组
        var feature = Array[String]()
        var a = ""
        for (i <- columns) {
            a = (pattern findAllIn i).mkString("")
            if (a != "") {
                feature = feature :+ a
            }
        }
        /**
         * 将特征字段合并为一个 Vector
         */
        val vector = new VectorAssembler()
            .setInputCols(feature.drop(1).drop(2))
            .setOutputCol("feature")
        val VectorData = vector.transform(featuresData)
        println(feature.drop(1).toList)

        VectorData.show()
        importHive(VectorData.select(
            "Userinfo", "Age", "Sensitive", "Market", "AppTrip", "Traffic",
                "TravelTrip", "Stable", "Count", "FiveMonth", "Internet"
            , "credit"), "modelData")
        //选取转换后的特征字段和标签列（信用）存入 hive
        importHive(VectorData.select("feature", "credit"), "modelData")
    }
}
```

11.5 模型构建

在对原始数据进行了数据预处理、相关性分析、特征构建后，接下来我们将按照 8 ∶ 2 的比例将数据划分为训练数据集和测试集。训练数据集用于模型训练，测试数据集用于已有模型的效果验证。

11.5.1 随机森林及梯度提升树算法简介

随机森林的名字中有两个词，第一个是“随机”，第二个是“森林”，其中最主要的是森林。从字面上看，森林是由多棵不同的树组成的，每棵树都是独立且不相同的。随机森林的基本单元是决策树，且随机森林在每棵决策树的基础上加入 Bagging（随机抽取样本）

以增加随机性。如图 11-14 所示，输入一个原始数据集，样本个数为 M，特征数目为 N，从训练样本中有放回地抽取样本，抽取数目小于样本的个数 M，形成 M 个训练集，剩下的样本用于验证集，做误差分析。每一个训练集随机抽取 N 个特征得出决策数，然后使用 CART 算法计算，投票得出最优结果，中途不会剪枝。由此可知，随机森林不仅能处理高维度数据，而且能集合多个弱的分类器形成一个高准确度的分类器，还有很好的抗噪能力（如对缺失值不敏感）以及更好的平衡准确度；同时优化了决策树，在 Bagging 基础上添加了一层随机属性。

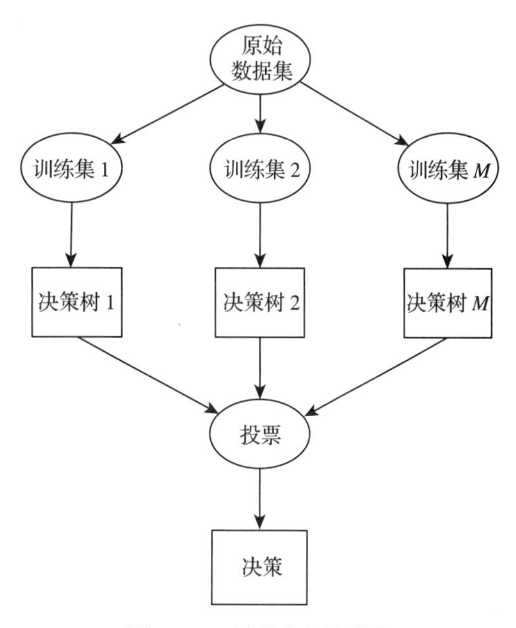

图 11-14　随机森林流程图

随机森林的随机性体现在从选取决策树到选取特征数目是随机的，这种随机性保证了即使随机森林没有剪枝也不会产生过拟合的现象。而在森林中抽取的样本数量和特征数量是可控的也是最重要的因素，任意两棵树之间的相关性越大，分类效果越低；每一棵树的分类能力越低，分类效果也越低；因此在实验过程中我们需要把控两个参数的大小，从而获得较好的准确率。

梯度提升树算法是 Boosting 算法的一种提升算法，它利用前一轮的弱学习器的误差来更新样本权重值，在学习的过程中，首先学习一棵回归树，然后将“真实值 – 预测值”得到残差，再把残差作为一个学习目标，学习下一棵回归树，依次类推，直到残差小于某个接近 0 的阈值或回归树数目达到某一个阈值。其核心思想是每轮通过拟合残差来降低损失函数然后一轮一轮迭代。梯度提升树算法流程图如图 11-15 所示。

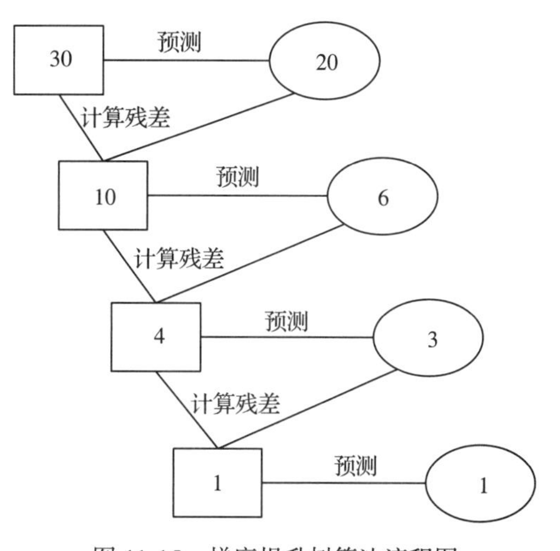

图 11-15　梯度提升树算法流程图

11.5.2　模型构建与评估

构建随机森林模型与梯度提升树模型，读取已存入 Hive 中关联特征后的 modelData 表，数据导入后按 8 ∶ 2 的划分比例将数据集分为训练集和测试集，用于训练和测试模型，再通过交叉验证获取最佳模型，具体代码如代码清单 11-7 所示。最后将最佳模型保存在当前路径下，以供后续测试集预测信用分使用。

代码清单 11-7 预测评估信用分

```
import org.apache.spark.ml.evaluation.RegressionEvaluator
import org.apache.spark.ml.regression.{DecisionTreeRegressor, GBTRegressor,
    RandomForestRegressor}
import org.apache.spark.ml.tuning.{CrossValidator, ParamGridBuilder}
import org.apache.spark.sql.{DataFrame, SparkSession}
import org.apache.spark.sql.functions.col
import org.apache.spark.sql.types.DoubleType
object ModelPre {
    def main(args: Array[String]): Unit = {
        val spark = SparkSession.builder()
            .master("local[*]")
            .appName("Model")
            .enableHiveSupport()
            .getOrCreate()
        spark.sparkContext.setLogLevel("WARN")

        val data = spark.table("credit.modelData")
            .withColumn("label",col("credit").cast(DoubleType)).drop("credit")
            .na.drop()
        //分割数据集
        val Array(train,test) = data.randomSplit(Array(0.8,0.2))

        /**
         * 模型构建（采用随机森林和 GBT 树）
         * 设置模型的特征字段和标签字段
         */
            //构建随机森林回归模型
        val randomForest = new RandomForestRegressor()
            .setFeaturesCol("feature")
            .setLabelCol("label")
            //构建 GBDT 树回归模型
        val gbt = new GBTRegressor()
            .setLabelCol("label")
            .setFeaturesCol("feature")

        val paramGrid = new ParamGridBuilder()
            .build()
        /**
         * 交叉验证
         */
        val model = Array(randomForest,gbt)
            for(i<-model){
                //通过交叉验证获取最佳参数模型
                val cv = new CrossValidator()
                    //设置进行参数寻优的模型
```

```
                .setEstimator(i)
                //设置模型参数网格
                .setEstimatorParamMaps(paramGrid)
                //设置模型结果比较器
                .setEvaluator(new RegressionEvaluator())
                //训练次数
                .setNumFolds(5)
            //使用最佳参数模型进行训练及预测
            val cvModel = cv.fit(train)
            val result = cvModel.transform(test)
            result.show(5,false)

        //保存模型在当前路径下的model文件夹
        cvModel.write.overwrite().save("./model")
        /**
         * 计算两个模型最佳参数的误差
         */
        //计算该最佳模型的误差值
        val forestEvaluator = new RegressionEvaluator()
            .setLabelCol("label")
            .setPredictionCol("prediction")
            .setMetricName("rmse")
        val forestEvaluator2 = new RegressionEvaluator()
            .setLabelCol("label")
            .setPredictionCol("prediction")
            .setMetricName("mae")
        val rmse = forestEvaluator.evaluate(result)
        val mae=forestEvaluator2.evaluate(result)
            if(i==gbt){
                println(s"GBDT Model rmse = $rmse")
                println(s"GBDT model mae = $mae")
            }
        else{
                println(s"RandomForest Model rmse = $rmse")
                println(s"RandomForest Model mae = $mae")
            }
    }
  }
}
```

随机森林的预测与误差结果如图11-16所示。梯度提升树预测与误差结果如图11-17所示。feature列为构建的特征，label列为真实值（即信用分），prediction为预测值。从图中可以看出预测值与真实值接近，证明模型效果较优。但二者也存在差值，预测值与真实值的差值称为误差值。当预测值与真实值完全吻合时等于0，即完美模型。MAE（平均绝对误差）、RMSE（均方根误差）是两个回归算法评价指标，值越小表示模型的误差越小，模型效果越好，因此，使用梯度提升树的预测结果较好。

```
+--------------------------------------------------------------------------+-----+------------------+
|feature                                                                   |label|prediction        |
+--------------------------------------------------------------------------+-----+------------------+
|(11,[0,1,6,8,9,10],[28.0,4.0,0.5125,131.9,205.0,9.583333333333334])|595.0|602.7895277400008|
|(11,[0,1,6,8,9,10],[28.0,5.0,0.45,36.0,90.0,4.5])                  |513.0|561.5482878542563|
|(11,[0,1,6,8,9,10],[31.0,5.0,4.0,80.0,200.0,14.083333333333334])   |573.0|605.9011503369444|
|(11,[0,1,6,8,9,10],[33.0,4.0,0.27,153.8,135.0,1.25])               |518.0|541.1006598305066|
|(11,[0,1,6,8,9,10],[33.0,5.0,0.6,60.0,150.0,0.8333333333333334])   |524.0|521.0745107556115|
+--------------------------------------------------------------------------+-----+------------------+
only showing top 5 rows

RandomForest Model rmse = 24.17617034142868
RandomForest Model mae = 18.71665459784214
```

图 11-16 随机森林预测结果

```
+--------------------------------------------------------------------------+-----+------------------+
|feature                                                                   |label|prediction        |
+--------------------------------------------------------------------------+-----+------------------+
|(11,[0,1,6,8,9,10],[28.0,4.0,0.5125,131.9,205.0,9.583333333333334])|595.0|612.4867163962583|
|(11,[0,1,6,8,9,10],[28.0,5.0,0.45,36.0,90.0,4.5])                  |513.0|529.9490615525607|
|(11,[0,1,6,8,9,10],[31.0,5.0,4.0,80.0,200.0,14.083333333333334])   |573.0|591.6105655794952|
|(11,[0,1,6,8,9,10],[33.0,4.0,0.27,153.8,135.0,1.25])               |518.0|501.0042410577493|
|(11,[0,1,6,8,9,10],[33.0,5.0,0.6,60.0,150.0,0.8333333333333334])   |524.0|513.8070560953406|
+--------------------------------------------------------------------------+-----+------------------+
only showing top 5 rows

GBDT Model rmse = 22.71573182915063
GBDT model mae = 17.489381009748815
```

图 11-17 梯度提升树预测结果

11.6 模型加载应用

实现了信用分预测并保存模型后，下面来了解模型的应用。在实际应用中，出于成本与时间考虑，我们通常会在训练模型时保存效果较为理想的模型，以便后续再次使用。

测试集在使用模型进行预测时，需要与训练集进行一样的数据预处理和关联特征操作，且经过预处理和关联特征后的测试数据在存入 Hive 表时，其表名需要与训练集的进行区分，避免覆盖训练集的结果。使用 CrossValidatorModel.load() 方法导入模型，具体如代码清单 11-8 所示。

代码清单 11-8 测试集预测

```scala
import org.apache.spark.ml.tuning.{CrossValidator, CrossValidatorModel}
import org.apache.spark.sql.{Row, SparkSession}
import org.apache.spark.sql.functions.col
import org.apache.spark.sql.types.{DoubleType, IntegerType, StructField,
    StructType}
object ModelTest {
    def main(args: Array[String]): Unit = {
        val spark = SparkSession.builder()
```

```
            .master("local[*]")
            .appName("ModelTest")
            .enableHiveSupport()
            .getOrCreate()
        spark.sparkContext.setLogLevel("WARN")

        // 读取测试集处理后存入 Hive 中的表
        val data = spark.table("credit.modelData_1")
            .withColumn("label", col("credit").cast(DoubleType)).drop("credit").
                na.drop()

        // 将保存好的模型导入
        val sameModel = CrossValidatorModel.load("G:\\IDEA\\ConsumerCredit2\\
            model")
        val prediction = sameModel.transform(data)
        prediction.show(10, false)
    }
}
```

测试集数据中没有用户的真实信用分，需要使用模型预测其信用分，但在模型应用时，测试集的操作与训练集的操作需保持一致。测试集预测的运行结果如图 11-18 所示，prediction 列为预测信用分。至此，我们就完成了对用户的信用分预测。

feature	label	prediction
[33.0,4.0,0.0,0.0,1.0,1164.0,0.2651578947368421,-19.15,219.70999999999998,366.8,1.8333333333333333]	0.0	594.3694199166396
[77.0,5.0,0.0,0.0,0.0,0.0,1.703,21.17,46.95,43.28,7.0]	0.0	528.8980863731164
[38.0,2.0,1.0,0.0,3.0,1390.0,1.42575,9.379999999999995,332.8,799.17,19.75]	0.0	659.7024113748741
[48.0,5.0,0.0,0.0,3.0,910.0,1.0136363636363637,-6.599999999999994,452.6,1154.6,13.416666666666666]	0.0	675.5254066710991
[48.0,4.0,0.0,0.0,2.0,220.0,2.072,-1.8200000000000074,308.82,528.92,12.75]	0.0	653.9852685316813
[58.0,2.0,0.0,0.0,1.0,4758.0,3.4,6.57,91.37,130.57999999999998,11.833333333333334]	0.0	610.9302177385081
[39.0,4.0,0.0,0.0,1.0,5109.0,2.4457142857142857,21.75,420.45,725.5,5.5]	0.0	639.1712251267563
[27.0,2.0,0.0,0.0,4.0,1319.0,10.394,30.129999999999995,227.65,338.92,0.75]	0.0	574.668152919218
[42.0,2.0,1.0,3.0,4.0,6391.0,1.3064285714285715,12.230000000000018,353.57,841.12,15.75]	0.0	665.6371843044254
[59.0,5.0,0.0,0.0,0.0,27.0,3.0,-5.100000000000001,95.1,180.60000000000002,7.25]	0.0	589.0732080747784

图 11-18 测试集预测信用分

11.7 小结

本章展示了消费者人群画像——信用智能评分案例，从案例背景、实现目标展开，到整个数据分析、处理以及模型构建，分步骤较为完整地实现了信用评分预测。在实际实现的过程中，包括数据探索分析、处理异常值、构建关联特征、数据标准化、模型构建、模型评估、模型保存与应用等均提供了相关的分析思路和参考代码，便于读者实际操作。期望通过本案例中每个环节的实现过程，让读者深刻体会 Spark MLlib 在真实生产环境中发挥的作用。必须指出的是，为了方便展示实现过程，本章使用的案例是一个经过简化的实现版本，实际业务环境的工作版本会更加完善与复杂一些。

推荐阅读

R Data Analysis and Data Mining
R语言数据分析
与挖掘实战

Hadoop Practice of Big Data Analysis and Mining
Hadoop大数据分析
与挖掘实战

R and Data Mining
R语言与数据挖掘

Python and Data Mining
Python与数据挖掘

Hadoop and Big Data Mining
Hadoop与大数据挖掘

Get Start with the Intelligent Data Analysis by Python3
Python3智能数据分析
快速入门

Python数据分析
与数据化运营
（第2版）

Deep Learning with Python and Pytorch
Python深度学习
基于PyTorch

Python数据分析
与挖掘实战
（第2版）

推荐阅读

数据挖掘
原理与实践
Data Mining
Data Mining
The Textbook

数据挖掘
原理与实践
Data Mining
Data Mining
The Textbook

深入浅出Pandas
利用Python进行数据处理与分析

数据科学工程实践
用户行为分析与建模、A/B实验、SQLFlow
DATA
SCIENCE
ENGINEERING
PRACTICE

Python金融数据分析
（原书第2版）
Mastering
Python
for Finance
MASTERING PYTHON FOR FINANCE

Python数据分析
与数据化运营
（第2版）

Python数据可视化
基于Bokeh的可视化绘图

Python数据分析
与挖掘实战
（第2版）

增强型分析
AI驱动的数据分析、业务决策与案例实践